职业教育“十三五”规划课程改革创新教材

Photoshop CS5 平面设计案例教程

刘　斯　编著

科 学 出 版 社

北　京

内 容 简 介

本书根据编者多年的教学经验编写而成，以实际工作中常见的平面作品的设计方法为主线，重点介绍利用 Photoshop CS5 中文版进行平面设计的基本方法。主要内容包括 Photoshop CS5 快速入门、图像的选取与移动、图像的绘制与编辑、图像色彩及其调整、图像的修复与修饰、矢量图形的绘制和编辑、图层的应用、通道和蒙版的应用、滤镜的应用、动作功能的应用和综合实训。本书还配有相关实例素材、效果源文件与教学视频，以全面、直观、实战的特点展示了 Photoshop 的设计魅力。通过案例性的职业技能活动，全面提高学生的职业实践能力和职业素养。

本书适合作为职业院校“平面设计”与“计算机图形图像”课程的教材，也可供各类平面设计专业人员及电脑美术爱好者学习参考。

图书在版编目(CIP)数据

Photoshop CS5 平面设计案例教程/刘斯编著. —北京：科学出版社，2015
（职业教育“十三五”规划课程改革创新教材）
ISBN 978-7-03-045230-6

Ⅰ. ①P… Ⅱ. ①刘… Ⅲ. ①平面设计－图像处理软件－职业教育－教材 Ⅳ. ①TP391.41

中国版本图书馆 CIP 数据核字（2015）第 166797 号

责任编辑：张振华 / 责任校对：马英菊
责任印制：吕春珉 / 封面设计：曹 来

科学出版社 出版
北京东黄城根北街 16 号
邮政编码：100717
http://www.sciencep.com
新科印刷有限公司 印刷
科学出版社发行 各地新华书店经销
*
2015 年 8 月第 一 版 开本：787×1092 1/16
2021 年 8 月第十二次印刷 印张：22
字数：500 000

定价：42.00 元

（如有印装质量问题，我社负责调换<新科>）
销售部电话 010-62142126 编辑部电话 010-62135120-2005

前　言

Photoshop 是一款优秀的图形图像处理软件，在专业领域，它使得与图像有关的设计行业发生了巨大的变化。无数设计师使用此软件设计制作出了数不尽的优秀作品。无论是广告设计、产品包装、报纸插图、杂志封面，还是网页图画，只要有图像出现的地方，都能找到 Photoshop 应用的影子。

编者在编写本书的过程中，充分考虑了职业院校的实际情况和就业需求。书中所设计的实例尽量贴近生活和实际应用；在内容安排上尽量做到寓教于乐，使学生在学习和实践的过程中逐步加深对一些图像处理基本概念的理解，逐步熟练掌握有关的技巧和技能，做到举一反三、融会贯通，在学习和模仿的基础上，勇于自我探索，用自己的创意和方法来设计相关的平面作品，在实现一个个具体任务的过程中充分体验设计和创作的成就感。本书遵循初学者的认知规律，由浅入深、循序渐进地介绍了 Photoshop CS5 的操作方法和设计技巧。

相比以往的同类教材，本书具有许多特点和亮点，主要体现在如下几个方面。

1. 面向职教，理念新颖

本书编者均来自教学或企业一线，有多年教学和实践经验，多数人带队参加过国家或省级的技能大赛，并取得了优异的成绩。在教材的编写过程中，编者能紧扣该专业的培养目标，借鉴技能大赛所提出的能力要求，把技能大赛过程中所体现的规范、高效等理念贯穿其中，符合当前企业对人才的综合素质要求。

本书采用“基于项目教学”、“基于工作过程”的职业教育课改理念，力求建立以项目为核心、以任务为载体、以工作过程为导向的教学模式，安排了“任务目的”、“相关知识”和“任务实施”等模块，并加以适当的提示，具有很强的针对性和可操作性。实例设计也环环相扣，采用梯度式教学，便于学生在短期内掌握。

2. 针对性强，实用性强

本书切实从职业院校学生的实际出发，以浅显易懂的语言和丰富的图示来进行说明，不强调理论和概念，主要介绍操作技能技巧，主要培养职业能力，扩大学生视野，帮助学生树立创新精神，培养学生独立解决问题的能力与创业能力。

本书抛弃了以往 Photoshop 类书籍过多的理论文字描述，从实用、专业的角度出发，剖析各个知识点。能够以练代讲，练中学，学中悟，只要跟随操作步骤完成每个案例的制作，就可以掌握 Photoshop 的技术精髓。这种全新的教学方式不仅可以大幅度提高学习效率，还可以很好地激发读者的学习兴趣和创作灵感。

3. 结构清晰，案例经典

本书在每个项目开始部分明确地指出了学习目标，有助于学生抓住重点，明确自己的学习计划。内容部分将知识点贯穿于实例中进行讲解，在每个项目的结束部分均配有“实践探索”环节，以帮助学生巩固所学的内容，达到举一反三的目的。内容的总体结构切实做到了契合职业院校学生的学习规律。

本书大量的实例应用，蕴涵了 Photoshop 的大部分图像处理技巧，并且包含了平面设计在各个领域中的应用，如海报、包装、网页类等。通过学习，读者能够迅速掌握各种作品的制作特点和制作技术，快速提升软件应用技能和设计水平，以达到事半功倍的学习效果。

4. 资源立体，方便教学

本书配有立体化的教学资源包，收录了每个项目所有实例的源文件和相关素材，并配有实例教学视频，便于教学。希望读者能够根据素材、教学视频的步骤和提示进行快速而全面的学习和理解，也希望读者更多地关注本书案例所包含的设计思路和艺术表现技巧，充分发挥想象力，大胆尝试，提高设计的艺术水准和审美能力。

本书建议教学时数为 96 课时，各项目课时分配请参考下表。

项目	课程内容	合计	讲授	上机
1	Photoshop CS5 快速入门	8	4	4
2	图像的选取与移动	8	4	4
3	图像的绘制与编辑	8	2	6
4	图像色彩及其调整	6	2	4
5	图像的修复与修饰	6	2	4
6	矢量图形的绘制和编辑	12	4	8
7	图层的应用	12	4	8
8	通道和蒙版的应用	12	4	8
9	滤镜的应用	8	4	4
10	动作功能的应用	4	2	2
11	综合实训	12	2	10
总　　计		96	34	62

本书项目 1 和项目 2 由刘斯、江铁成编写，项目 3 由刘斯、江铁成、许碧玉编写，项目 4 和项目 5 由刘斯、江铁成、杨华盛编写，项目 6 和项目 7 由刘斯、吴小菊编写，项目 8 由刘斯、陈斐编写，项目 9 由刘斯、赵泉编写。项目 10 和项目 11 由刘斯、许碧玉、关根香、孙艳红编写。本书各项目所举实例为编者独立创意、自行设计。

由于编者水平有限，书中难免存在疏漏和不足之处，恳请广大读者不吝赐教。

目　　录

项目 1 Photoshop CS5 快速入门

◎ **项目导读**

Photoshop 是设计领域中最为常用的软件，随着 CS5 版本的推出，其功能变得更为强大，应用范围也变得更加广泛。在本项目的学习中，我们将一起来了解它在设计领域中的应用，熟悉 Photoshop CS5 的工作环境及图像的基础知识，然后通过实例进一步了解文件的基本操作与图像的入门编辑应用。

◎ **学习目标**

- 了解 Photoshop 在设计领域的应用及图像的基本概念。
- 熟悉 Photoshop CS5 的工作环境及基本操作。
- 掌握图像文件的管理。
- 掌握图像颜色的设置与填充。
- 掌握图像标尺及参考线的应用。
- 了解文档的基本操作。

走进 Photoshop CS5——制作生日贺卡

作为设计领域中最为常用的图像编辑软件，Photoshop 软件从 1.0 版本发展到 CS5 版本，其功能更强大，操作更便捷。Photoshop 软件已经成为设计领域图像处理的标准工具。那么，它在设计领域中有哪些广泛的应用呢？Photoshop CS5 文件操作是否复杂？接下来，我们一起来揭开 Photoshop CS5 软件的神秘面纱。

◎ 任务目的

首先，通过展示 Photoshop 软件在设计领域的应用，介绍该软件所应用图像的基本概念与要求，让学生了解软件的应用范围，学习图像在实际设计中如何设置。此外，通过制作如图 1.1 所示的“生日贺卡”，让学生对软件的工作环境有基本的了解。

图 1.1　生日贺卡

相关知识

1. Photoshop 的设计领域

（1）广告设计

随着科技的发展，计算机设计在广告设计中已经占据主导地位。Photoshop 软件广泛地应用于平面广告及招贴的设计。人们平时经常看到的平面广告展板、海报、传单等大部分是由 Photoshop 软件制作的。由 Photoshop 软件制作的平面广告更直观，表达更透彻，形象也更加鲜明、生动，便于传达信息和实现促销。我们来看一组可口可乐的广告，如图 1.2～图 1.4 所示。

图 1.2　可口可乐广告一

图 1.3　可口可乐广告二

图 1.4　可口可乐广告三

（2）电影海报

随着社会和科技的发展，电影海报不仅作为电影上映的宣传广告，还可作为收藏的艺术品。当今的电影海报大多画面精美，即使是同一部电影的海报，各国的版本也会有不同的表现手法，也可能突出不同的主题。而为了很好地表达出画面、人物形象、剧情氛围，电影海报常需要通过 Photoshop 软件制作出精彩效果，以达到吸引观众的目的，如图 1.5 和图 1.6 所示。

图 1.5　电影海报一

图 1.6　电影海报二

（3）包装设计

随着经济社会的发展，越来越多的产品，除了注重本身的品质外，还特别注重包装设计。不论是食品、服装，还是办公用品等，都力求实现包装精美，以达到吸引消费者的目的。而精美的包装设计，如封面图案，大多用 Photoshop 软件就能实现其设计效果，如图 1.7 和图 1.8 所示。

图 1.7　封面图案一

图 1.8　封面图案二

（4）VI 设计

在商品繁多的时代，只有独特的品质及视觉形象才能吸引消费者，并且充分地表达企业的文化精神。VI 设计以企业的标志设计为核心，力求简约、大方、醒目。VI 设计大多由 AI、CorelDraw、Photoshop 这 3 个软件来完成，如图 1.9 和图 1.10 所示。

（5）视觉艺术

迷幻的线条、大胆的用色与配比、夸张的表达方式，以及不失实用主义的图形应用，具备强烈的视觉冲击力，渗透独特的气质。这种视觉艺术常用于个人的创意设计，可以天马行空，追求独特，常用 Photoshop 与 Illustrator 结合制作，如图 1.11 和图 1.12 所示。

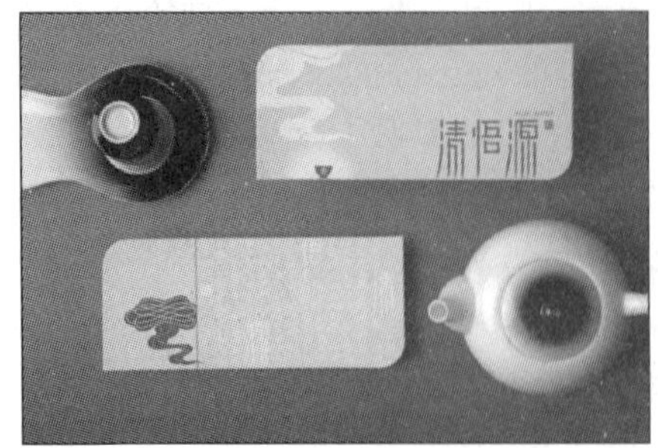

图 1.9　茶馆形象

图 1.10　标志设计

图 1.11　创意设计一

图 1.12　创意设计二

（6）网页设计

在追求个性的互联网信息时代，许多企业、学校、个人都用网页来宣传自己。在众多的网页中，制作精美、充满个性的页面往往令人喜爱和印象深刻，同时有利于网站信息的传播。而网页的设计利用 Photoshop 软件即可实现，如图 1.13 和图 1.14 所示。

图 1.13　网页设计一

图 1.14　网页设计二

除了以上六大方面，Photoshop 软件还应用于影楼后期图像处理（如婚纱照、艺术照、证件照修饰）、建筑后期上色（如室内装潢）、书籍封面设计、插画绘制等方面。

2. 图像的基本概念

计算机图形图像可以分为位图图像和矢量图像两种，两者之间有着本质的区别，Photoshop 是以处理位图图像为主的软件，但同时又能导入矢量图，因此对于学习 Photoshop 而言，理解并掌握这两种形式图像的区别非常重要。

（1）位图图像

位图图像由像素组成，也称作栅格图像。像素就是一个个带有颜色的小方格，每个小方格拥有自己的独立颜色和位置。将这一类图像放大到一定程度时，图像会显示出明显的点块化像素，当位图图像被放大甚至超出原尺寸比例 100%时就会显示出明显的锯齿，如图 1.15 和图 1.16 所示。位图的优点就是颜色逼真。位图文件格式包括 BMP 格式、JPG 格式、PSD 格式等，这里主要介绍常使用的文件格式。

图 1.15　放大前

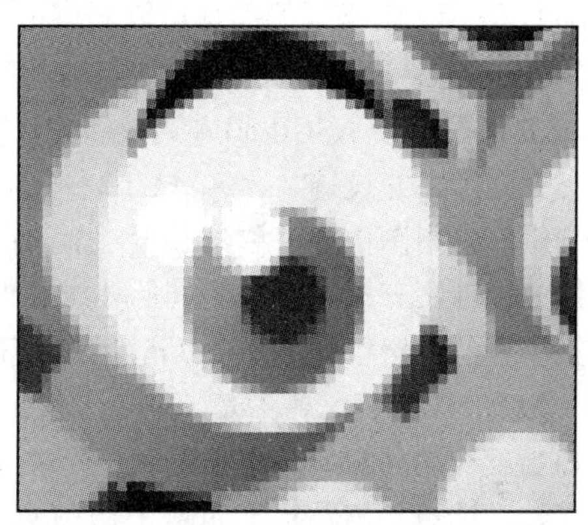

图 1.16　放大后

BMP 格式：支持 RGB、索引颜色、灰度和位图样式模式，但不支持 Alpha 通道。BMP 格式不会将文件压缩，所以 BMP 文件所占用的存储空间很大，但图像信息会保存得很完整，不会丢失。

JPEG 格式：存储照片的标准格式，采用有损压缩的方式存储文件，具有较好的压缩效果，占用存储空间较小，常用于网络上传和图片预览。

PSD 格式：Photoshop 文件的默认格式，能保存 Photoshop 对图像进行各种处理的信息。在没有最终确定文件存储的格式前，最好先以此种格式存储，方便以后的编辑修改。其最大的缺点是占用的存储空间较大。

TIFF 格式：常用的打印格式，大量用于传统的图像印刷，可进行有损或无损压缩。

PDF 格式：便携式文件格式，可保存多页信息，其中可以包含图像和文本。

GIF 格式：支持透明背景和动画，广泛应用在网络文档中。GIF 文档比较小，它形成一种压缩的 8 位图像文件。

PNG 格式：用于无损压缩和在网页上显示图像。PNG 格式不仅兼有 JPEG 格式和 GIF 格式所能使用的所有颜色模式，还能将图像压缩到最小，以便于网络上的传输。

（2）矢量图像

矢量图是由 CorelDraw、Illustrator 等软件绘制，由数学方式描述的曲线及曲线围成的色块制作的图形，其基本单位是锚点和路径。因此，矢量图无论如何放大或缩小，都有一样平滑的边缘，以及一样的视觉细节和清晰度，如图 1.17 所示。矢量图处理软件多用于标志、图案、文字设计。矢量文件格式包括 AI 格式、SWF 格式、EPS 格式、SVG 格式、WMF 格式、DX 格式等。

AI 格式：一种矢量图形文件，AI 文件也是一种分层文件，用户可以对图形内的图层进行操作。

SWF 格式：二维动画软件 Flash 的默认矢量动画格式，这种格式的动画图像能够用比较小的体积来表现丰富的多媒体形式。

EPS 格式：为压缩 PostScript 格式，既可存储矢量图，也可储存位图，最高表示 32 位颜色深度。

SVG 格式：该格式的图像可以任意地放大，不会使图像的质量受损。

WMF 格式：一种常见的文件格式，其图形往往会显得较粗糙。

DXF 格式：以 ASCII 码方式存储文件，能十分精确地表现图像的大小。

（3）分辨率的设置

分辨率是指图像中每单位长度上显示的像素数量，分辨率越高图像就越清晰。针对不同类型的设计，分辨率有着不同的要求。例如，在进行网页设计和软件界面设计时，由于计算机屏幕的分辨率为 72dpi（d/in，即点/英寸，dpi 为习惯用法），因此将分辨率设置为 72dpi 即可，如图 1.18 所示。

而当设计作品需要印刷喷墨时，要求设置的分辨率达到 300dpi 以上，如我们看到的海报、书籍、请柬、招贴等，如图 1.19 所示。如果进行室外大型喷绘，边长超过 3m，分辨率设置为 45dpi，写真喷绘则要求为 72～100dpi。

图 1.17　矢量图

图 1.18　网页

图 1.19　书籍

小贴士

在新建图像前，一定要根据图像的用途来设置图像的分辨率。一般用于计算机屏幕观看的图像，分辨率保留默认的 72dpi 即可。

3. Photoshop CS5 的工作界面

双击 Photoshop CS5 软件快捷方式图标 ，即可打开 Photoshop CS5 工作界面。Photoshop CS5 的工作界面主要由程序栏、菜单栏、工具属性栏、工具箱、工作区、状态栏和浮动面板等部分组成，如图 1.20 所示。Photoshop CS5 的工作界面较之前版本的又有了一些变化，除了工具箱和面板依附在界面两侧，可以拖动出来自由组合外，图像窗口也可以依附在工作区的上方，并且可以将多个图像窗口组合在一起。

图 1.20　Photoshop CS5 工作界面

程序栏：位于界面的顶端，在标题栏中可以看到【启动 Bridge】按钮、【抓图工具】按钮、缩放级别等内容。

菜单栏：由【文件】、【编辑】、【图像】、【图层】、【选择】、【滤镜】、【视图】、【窗口】和【帮助】菜单项组成，每个菜单项内包含多个菜单命令。

工具属性栏：Photoshop CS5 中大部分工具的属性在工具属性栏中进行设置，它位于菜单栏的下方。在工具箱中选择不同的工具后，工具属性栏也会随着当前工具的不同而发生变化，用户可以很方便地利用它来设定该工具的各种属性。

工具箱：通过工具箱中的工具可以进行绘制图像、修饰图像、创建选区和调整图像显示比例等操作。要选择工具箱中的工具，只需要单击该工具对应的图标按钮即可。有的工具按钮右下角有一个黑色的小三角，表示该工具位于一个工具组中，其下还有一些隐藏的工具，在该工具按钮上按住鼠标左键不放或右击，可显示该工具组中隐藏的工具。

工作区：对图像进行浏览和编辑操作的主要区域，在其中可以显示图像文件、编辑或处理图像。在图像的上方是标题栏，标题栏中会显示当前文件的名称、格式、显示比例、色彩模式、所属通道和图层状态，如果该文件未被存储过，则标题栏会以“未命名”并加上连续的数字显示文件的名称。

状态栏：位于图像窗口的底部，最左端的百分比值为当前图像窗口的显示比例，在其中输入数值后按Enter键可以改变图像的显示比例；中间显示当前图像文件的大小；右端显示滑动条。

浮动面板：在 Photoshop CS5 中，通过面板可以进行选择颜色、编辑图层、新建通道、编辑路径和撤销编辑等操作。执行【窗口】命令，在弹出的子菜单中可以选择需要打开的面板。系统默认情况下，打开的面板都是以面板组的形式出现的，通常依附在工作界面右侧，使用时只需直接单击所需面板按钮即可打开该面板。

任务实施

技能点拨：制作贺卡，首先要新建图像文件，制作背景，将素材导入图像中，可使用【套索工具】，截取素材中部分图像。利用【自由变换工具】对其进行方向、大小、位置的调整，最后添加文字，对文字进行修饰。

实施步骤

01 新建文件。执行【文件】|【新建】命令，弹出【新建】对话框，参数设置如图 1.21 所示。

02 执行【文件】|【打开】命令，打开“背景.jpg”图像文件。使用【移动工具】将素材图像移动到新建的文件中，调整其位置，效果如图 1.22 所示。

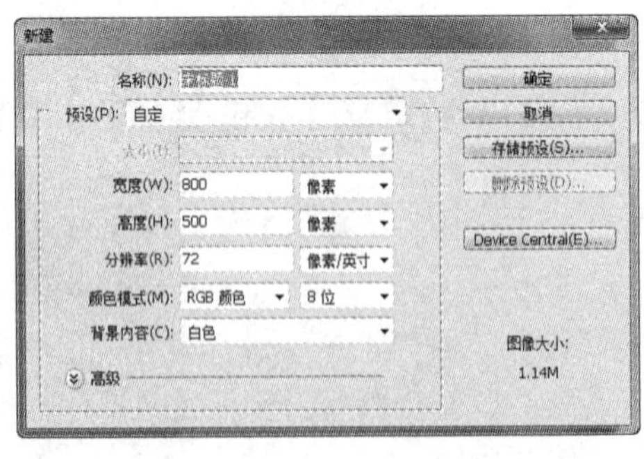

图 1.21 【新建】对话框

图 1.22 添加背景素材

03 执行【文件】|【打开】命令，打开“小熊.jpg”图像文件。使用【套索工具】，将其属性栏中的【羽化】设置为 10，创建如图 1.23 所示的选区。

04 双击“背景”图层，修改图层名称，使用【移动工具】将选区的素材图像移动到

“贺卡”文件中，执行【编辑】|【自由变换】命令或按 Ctrl + T 组合键调整位置和大小，效果如图 1.24 所示。

图 1.23　创建选区

05 使用【横排文字工具】T，将文字的颜色设置为白色，在图像上输入“花儿带去我的祝福”和“祝你生日快乐！”字样，效果如图 1.25 所示。

06 设置文字图层的图层样式。执行【窗口】|【图层】命令，打开【图层】控制面板，单击【图层】面板下方的【添加图层样式】fx.按钮，在弹出的下拉列表中选择【投影】选项，弹出【图层样式】对话框，参数设置如图 1.26 所示。

07 单击【图层】面板下方的【添加图层样式】按钮，在弹出的下拉列表中选择【描边】选项，参数设置如图 1.27 所示，得到的最终效果如图 1.28 所示。

08 执行【文件】|【存储】命令，将文件保存为“生日贺卡.psd”。

图 1.24　调整素材大小

图 1.25　添加文字

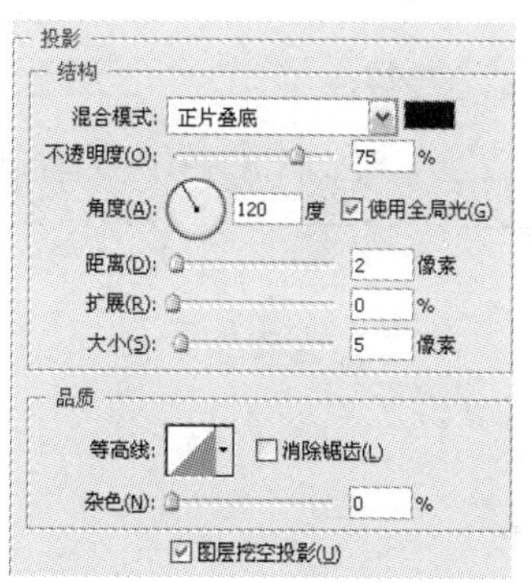

图 1.26　【投影】参数设置

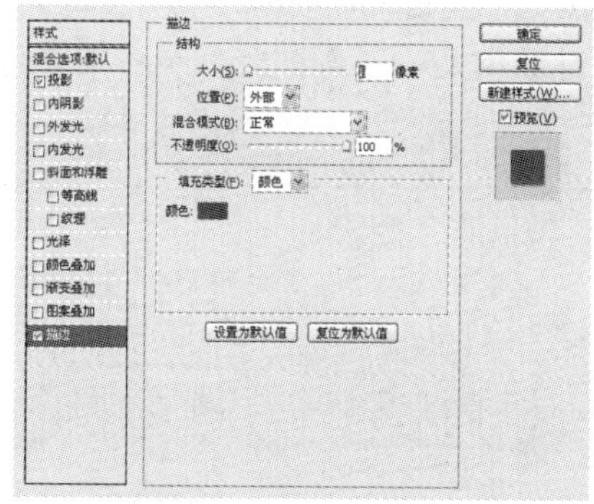

图 1.27　【内发光】参数设置

图 1.28　贺卡的最终效果

小贴士

为了使得图片便于在网络中传输，一般将图像处理的最终文件以扩展名“.jpg”保存，而不是“.psd”。

图像文件基础操作——相册内页排版

我们常常在新人的婚纱相册上看到一些色调非常漂亮的婚纱图片，大家跃跃欲试也想把自己的相片处理成那种感觉。怎么做呢？其实，只要通过 Photoshop 进行简单的处理操作就能够实现。那么，在设计前，首先要进行文件的基本操作，如文件的新建、打开、关闭等。这些基本操作看起来很简单，但是就像建房屋时打地基一样，都是十分重要的。

图 1.29　婚纱照相册的内页排版效果

◎ 任务目的

通过学习图 1.29 所示的婚纱照相册的内页排版实例，掌握文件的新建、打开、关闭，以及调整图像大小、画布大小和画布方向等技能。

相关知识

1. 文件的基本操作

（1）文件的新建

在进行设计前，要新建一个所需要的图像。在文件的【新建】对话框中可以设定图像的尺寸、分辨率、颜色模式和背景内容等，如图 1.30 所示。

1）【名称】：即图像的“名字”，可以对图像的名称进行修改并且根据设计的需求设定。系统默认的名称为“未标题-1”，如果不改名称，再次新建图像时，系统将依次命名为“未标题-2”、“未标题-3”……

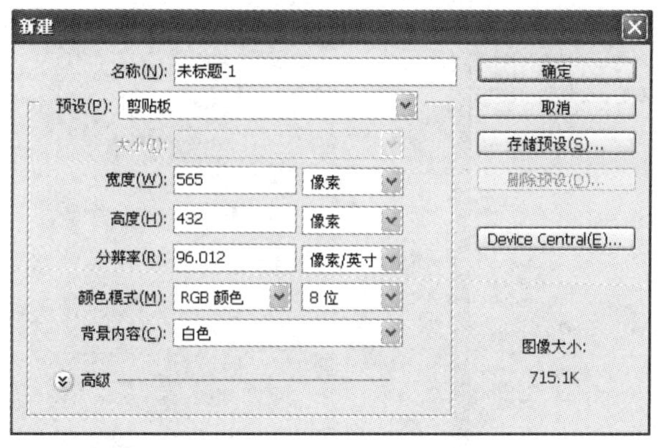

图 1.30　【新建】对话框

2)【预设】: 为 Photoshop 默认的尺寸设置。可以根据需要来设置尺寸，如图 1.31 所示。

3)【高度】和【宽度】: 设置图像尺寸大小。单位除了像素外，还有厘米、毫米、点、派卡和列，如图 1.32 所示。

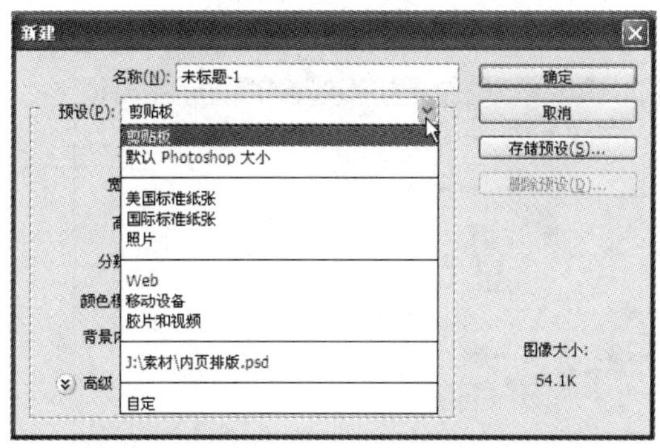

图 1.31　【预设】选项

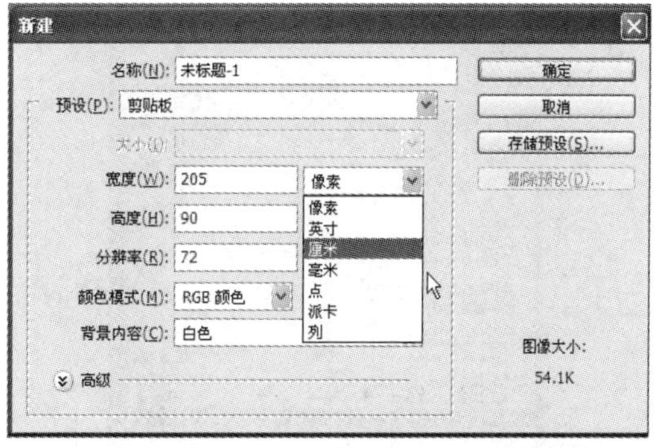

图 1.32　【高度】和【宽度】选项

4)【分辨率】: 根据设计类型，确定不同的分辨率。当作品用于计算机浏览、印刷出品、室外喷绘时，有具体分辨率大小的要求，此时需要根据要求进行设定。

5)【颜色模式】: 颜色模式主要有 RGB 模式、位图模式、灰度模式、CMYK 模式和 Lab 模式。RGB 模式是屏幕常用的颜色模式，CMYK 模式主要用于印刷。

6)【背景内容】: 背景常用的颜色为白色，在其下拉列表单中还包括【背景色】和【透明】两个选项。

(2) 文件的打开

新建文件后，需要置入素材图片时，执行【文件】|【打开】命令，如图 1.33 所示，在弹出的【打开】对话框中选择所需要的素材文件，在 Photoshop 中打开。

此外，在 Photoshop 界面的灰色工作区双击，在弹出的【打开】对话框中也可以打开素材图片，如图 1.34 所示。或将素材图片拖入工作界面也可以打开。

(3) 文件的格式与保存

设计好作品后，就需要保存图像，执行【文件】|【存储】命令即可，如图 1.35 所示。在【存储为】对话框中，要选择文件存放的位置和文件的格式，单击【保存】按钮即可，如图 1.36 所示。

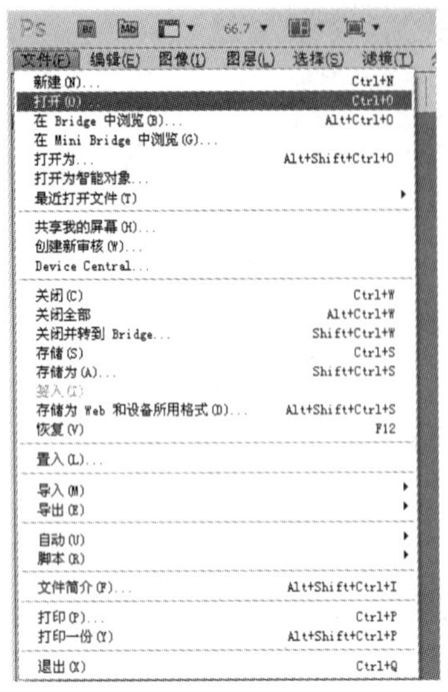

图 1.33 【文件】菜单中的【打开】命令

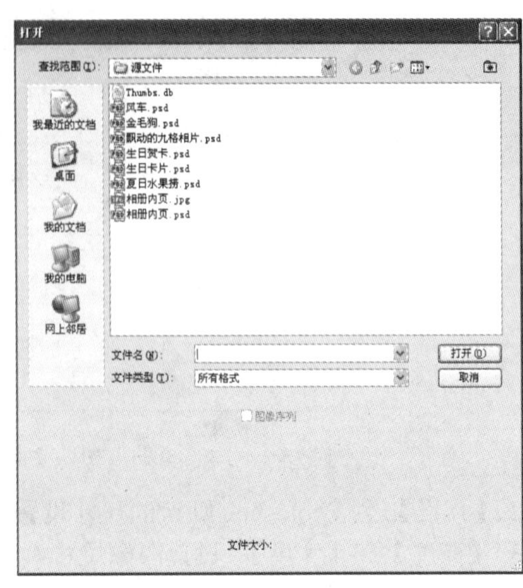

图 1.34 【打开】对话框

图 1.35 【文件】菜单中的【存储】命令

图 1.36 【存储为】对话框

2. 画布大小的调整

在编辑图片时，发现已经设置好的图像大小不符合要求时，可按以下方法对画布的大小进行调整。

如图 1.37 所示，执行【图像】|【画布大小】命令，在弹出的【画布大小】对话框中，对画布的大小进行设置。直接输入想要更改的尺寸大小，为保留画布的原本比例，必须勾选【相对】复选框。此外，添加画布的颜色可以自行设定，如图 1.38 所示。

图 1.37　【图像】菜单中的【画布大小】命令

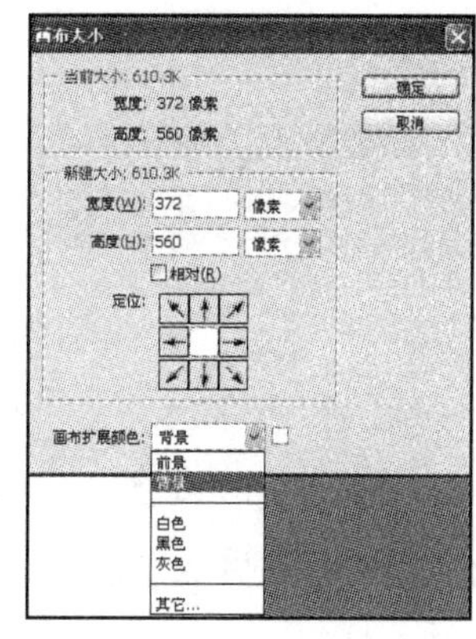

图 1.38　【画布大小】对话框

3. 移动工具

使用【移动工具】可以移动素材图像，在同一图像文件中移动，或在不同的图像文件中相互移动。【移动工具】的属性栏如图 1.39 所示。

图 1.39　【移动工具】的属性栏

勾选【自动选择】复选框，在图像上单击，可自动选择光标所接触的非透明图像的图层。使用该工具在图像上右击，出现鼠标指针所在处非透明的各个图层，可选择所需的图层。

任务实施

技能点拨：新建图像。打开素材，将素材处理为圆角矩形后，复制一层。然后利用【直线工具】和【自定形状工具】绘制线条和花朵作为修饰，并且添加文字。最后，为图片添加画框即可完成作品。

实施步骤

01 执行【文件】|【新建】命令，弹出【新建】对话框，设置文件大小为 800px×600px，分辨率为 72px/in，背景为白色，如图 1.40 所示。

02 执行【文件】|【打开】命令，弹出【打开】对话框，打开“婚纱.jpg”素材图片。

03 使用【移动工具】将“婚纱.jpg”素材图片移入新建的图像文件中。使用【矩形选框工具】，创建如图 1.41 所示的矩形选区。

04 执行【选择】|【修改】|【平滑】命令，弹出【平滑选区】对话框，参数设置如图 1.42 所示。

05 执行【选择】|【反向】命令，将选区反选。然后按 Delete 键，将多余的区域删除，如图 1.43 所示。

图 1.40 【新建】对话框

图 1.41 创建矩形选区

图 1.42 【平滑选区】对话框

图 1.43 删除多余图像

06 使用【移动工具】将图像移动至合适的位置，并且调整大小。

07 新建图层，使用【直线工具】，属性栏的设置如图 1.44 所示，在背景上绘制两条垂直相交的灰色线条，如图 1.45 所示。

08 同步骤 3～6，再次截取婚纱照部分图像，调整大小及位置，效果如图 1.46 所示。

09 使用【自定形状工具】中的花朵形状，其属性设置如图 1.47 所示，新建图层，在其上绘制淡紫色的小花，然后使用【横排文字工具】添加一些有关结婚的文字，标题用紫色，说明文字用灰色，如图 1.48 所示。

图 1.44 【直线工具】的属性栏

图 1.45 绘制直线

图 1.46 截取婚纱照

图 1.47　【自定形状工具】的属性设置

图 1.48　绘制淡紫色小花和说明文字

10 婚纱照相册的内页还略显单调，最后可以为其添加边框，让整幅图像显得更加完整。执行【图像】|【画布大小】命令，弹出【画面大小】对话框，设置画布大小，如图 1.49 所示，最终效果如图 1.50 所示。

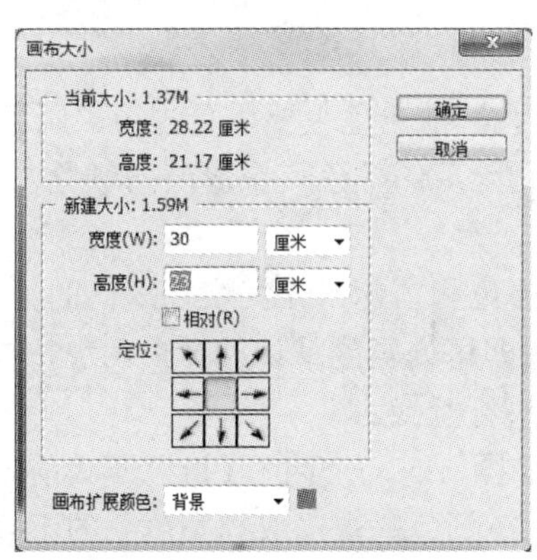

图 1.49　设置画布大小

图 1.50　婚纱相册内页最终效果

11 最后执行【文件】|【存储】命令，弹出【存储为】对话框，确定保存的位置，输入文件名，最后保存文件为“相册内页.psd”。

颜色的设置与填充——彩色风车

童年的美好回忆中，总有一段是关于“风车”的。举着它，奔跑着，迎着风，呼呼地旋转，十分快乐。带给我们快乐的风车应该是彩色的，那么在 Photoshop 中，如何为白色的“风车”上色呢？本任务中我们将一起通过颜色的设置及填充来完成。

◎ 任务目的

通过制作如图 1.51 所示的“彩色风车”，介绍有关前景色和背景色的设置和填充颜色的方法。

图 1.51　彩色风车效果图

相关知识

1. 前景色和背景色设置的相关知识

（1）工具箱上的前景色和背景色设置

Photoshop 软件中的颜色大致分为前景色和背景色。前景色主要用于描边、画笔颜色、文本颜色等颜色的设置，背景色主要用于部分选区删除后的颜色、橡皮擦的颜色及背景色的填充等。

工具箱上的前景色和背景色在默认的情况下是黑色和白色，让其恢复默认的颜色时，只需单击工具箱上的【默认前景色和背景色】按钮即可恢复到默认的黑白两色，单击【切换前景色和背景色】按钮，可将前景色和背景色进行互换。

更改颜色时，单击【设置前景色】按钮，弹出如图 1.52 所示的【拾色器（前景色）】对话框，可以在颜色框内选取同类色系的不同颜色，可以通过右侧的彩条选框，更改颜色框的颜色系。确定颜色后，单击【确定】按钮即可更换前景色。背景色的更改操作与前景色的大致相同。

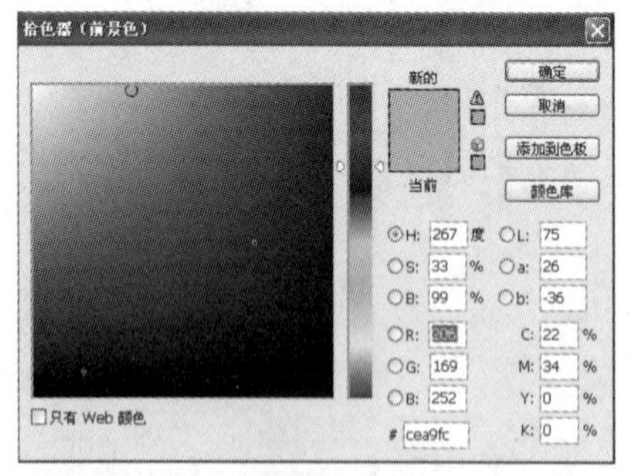

图 1.52　【拾色器（前景色）】对话框

【拾色器】对话框中包括 4 种颜色模式，还有一个十六进制的颜色值，都可以用来精准地设置颜色值。HSB 模式是将色彩分为色相、饱和度、亮度 3 个部分，其色相色域为 0～360，饱和度和亮度色域为 0～100。RGB 模式分为红、绿、蓝 3 个组成色，分为 0～255 个色阶。CMYK 模式主要通过控制青色、洋红色、黄色、黑色等 4 色的值进行调色。而 Lab 模式通过调整 A、B 两个色调参数和光强度来进行调色。

在图 1.53 中，发现在【新的/当前】区域中多了一个感叹号标志，其下方有两个不同颜色的正方形，这表示当前所选的颜色无法用于印刷，而印刷出的颜色为感叹号标志下的颜色。假如此时颜色要用于印刷，可以单击感叹号标志，颜色马上变为印刷色。

单击【颜色库】按钮即可弹出【颜色库】对话框，在这里可以挑选不同类型已经搭配好的颜色系，如图 1.54 所示。

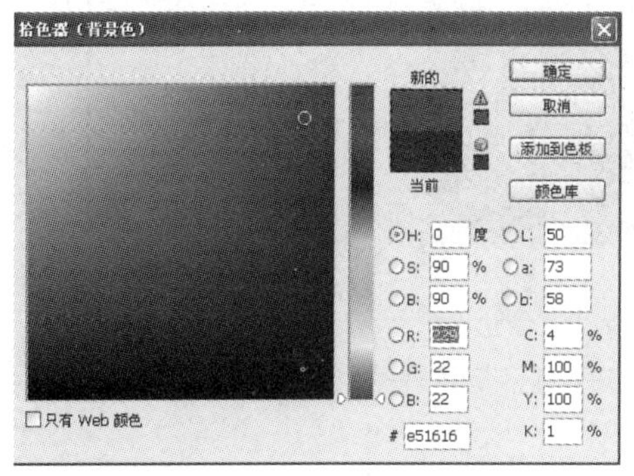

图 1.53　更改颜色设置

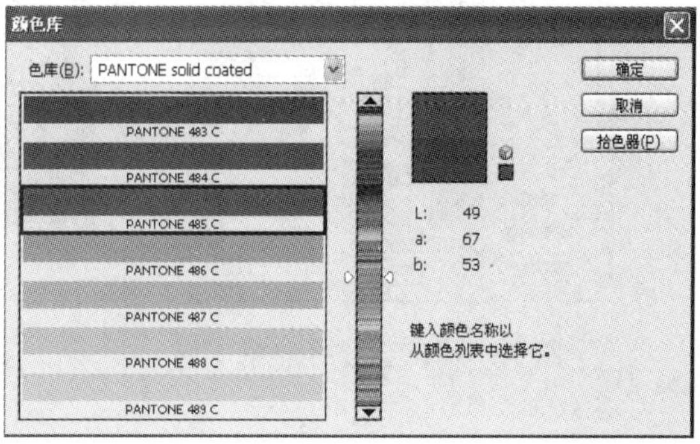

图 1.54　【颜色库】对话框

（2）【颜色】面板和【色板】面板

除了通过单击工具箱上的【设置前/背景色】按钮，弹出对应的【拾色器】对话框更改颜色外，还可以通过【颜色】面板和【色板】面板来更改前景色、背景色。

在【颜色】面板中包含不同模式的滑块系列，如图 1.55 所示。当滑动滑块时，前景色就随之发生变化。在【色板】面板中，可以直接单击色块选取颜色改变前景色，如图 1.56 所示，若要改变背景色，则需要按 Ctrl 键再选取颜色即可。同样，【色板】面板也具有颜色库，在面板的右上方。

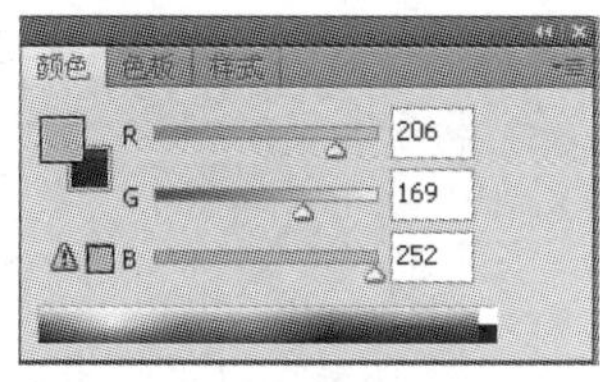

图 1.55　【颜色】面板

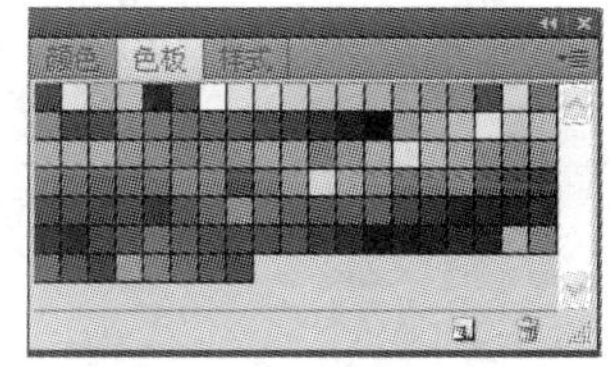

图 1.56　【色板】面板

此外，若有一种自定义的颜色没有出现在面板上，可以单击下方的【创建前景色的新色板】按钮，将颜色保存起来，便于颜色切换时的应用。

2. 填充颜色

（1）快捷键方式

填充前景色，按 Alt + Delete 组合键即可；填充背景色，按 Ctrl + Delete 组合键即可。

（2）执行菜单命令方式

执行【编辑】|【填充】命令，弹出【填充】对话框，选择填充用的内容及模式，即可将所选的颜色进行填充，如图 1.57 所示。假如要选择前景色和背景色以外的颜色，可以执行【使用】|【颜色】命令，弹出【选取一种颜色】对话框，即可挑选自己喜欢的颜色，如图 1.58 所示。该命令除了可以填充颜色外，还可以填充图案，方法跟填充颜色一致。

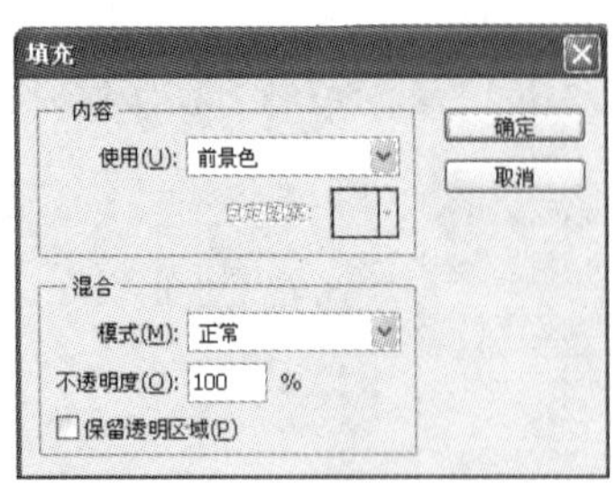

图 1.57 【填充】对话框

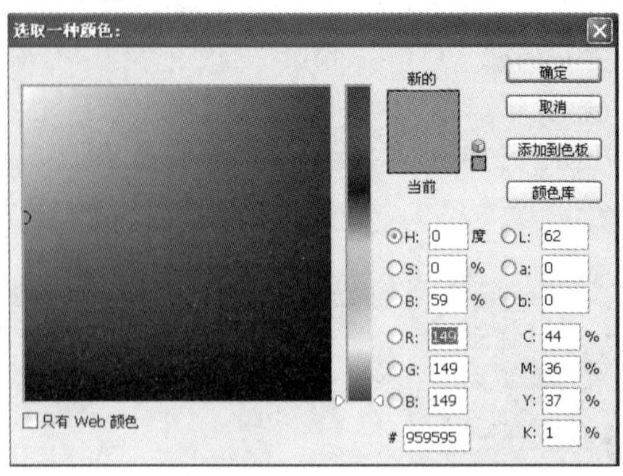

图 1.58 【选取一种颜色】对话框

3. 魔棒工具

使用【魔棒工具】可以选择颜色一致的区域，其属性设置如图 1.59 所示。魔棒的容差范围为 0～255。当容差值被设为 0 时，选区只能是和取样颜色完全相同的颜色区域，随着容差值的递增，选择的色彩范围也越来越大。如果勾选了工具选项中的【连续】复选框，那么【魔棒工具】在选择时只选择连续区域。

图 1.59 【魔棒工具】的属性栏

技能点拨：打开“风车.psd”素材，使用【魔棒工具】选取区域，建新图层，打开【色板】面板选取颜色，应用快捷键进行颜色填充。

实施步骤

01 执行【文件】|【打开】命令，打开“风车.jpg”素材。

02 使用【魔棒工具】，其属性设置如图 1.60 所示。单击【添加到选区】按钮，设置容差为 10，勾选【连续】复选框，选择相邻区域的颜色。

图 1.60 【魔棒工具】的属性设置

03 使用【魔棒工具】单击 1 个叶片，一共 4 个选区，即可将 1 个叶片选中，如图 1.61 所示。

04 新建图层，在【色板】面板上选取黄色，如图 1.62 所示。这时前景色变成黄色，按 Alt+Delete 组合键，即可在选区内填充黄色，如图 1.63 所示。按 Ctrl+D 组合键，取消选区。

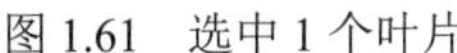
图 1.61 选中 1 个叶片

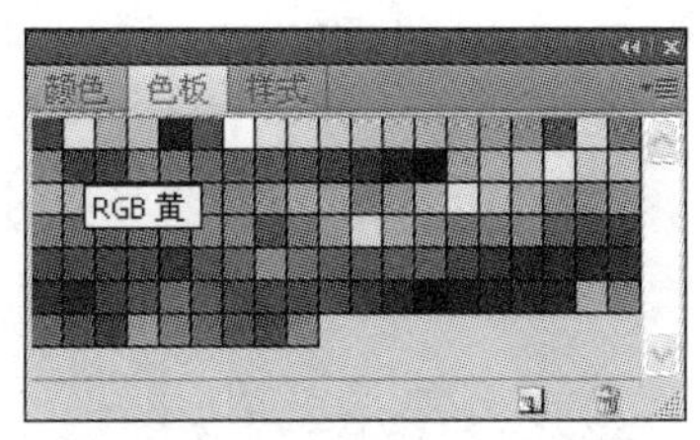

图 1.62 选择前景色为黄色

图 1.63 选区内填充前景色

05 单击背景图层，切换回背景图层，如图 1.64 所示。重复操作步骤 3 和 4，使用【魔棒工具】选取第二个叶片区域，然后在【色板】面板上选取橙色，切换回刚才新建的图层并按 Alt+Delete 组合键即可填充，如图 1.65 所示。

06 在背景图层上建立选区，然后切换回新建图层，在【色板】面板上一次选取桃红、紫色、蓝色、湖蓝、绿色、浅绿，对剩余的 6 个选区进行填色，最终效果如图 1.51 所示。

07 最后执行【文件】|【存储】命令，将该作品保存为“彩色风车.psd”。

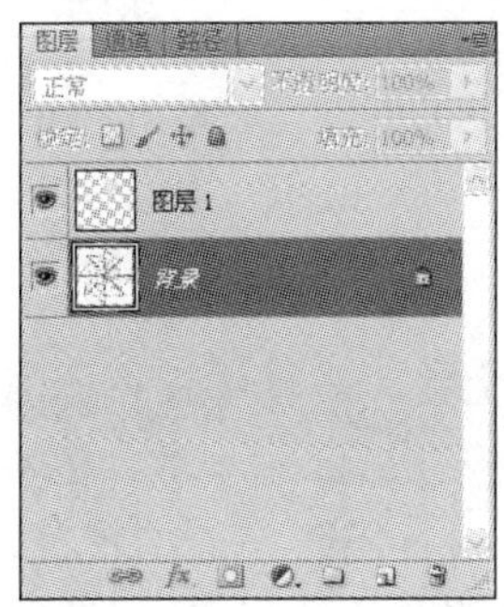

图 1.64 切换回背景图层

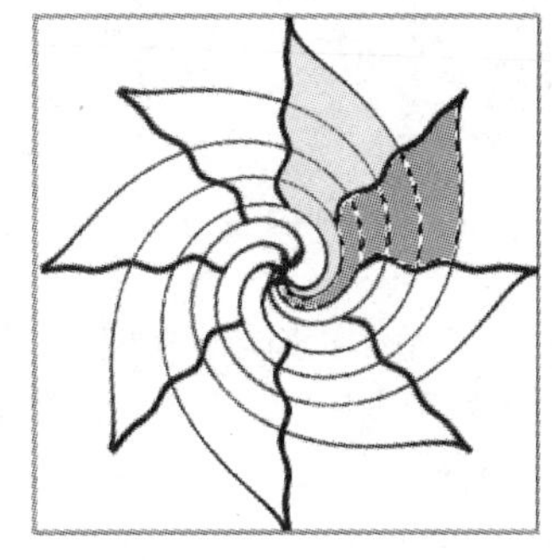
图 1.65 填充第二个叶片区域

图像标尺与参考线的应用——飘动的九格相片

为了使得设计的图像更加精准，在设计的过程中经常会用到参考线，如进行 Logo 设计、网页绘制、对称图像的制作等。如何操作呢？标尺和参考线的作用是什么呢？本任务我们将一起来学习相关的知识。

◎ 任务目的

通过制作如图 1.66 所示的“飘动的九格相片”，学习辅助线的应用知识与技巧，提高图片设计的精准度。

图 1.66　飘动的九格相片效果图

相关知识

1. 标尺的应用

标尺可以帮助我们精确地确定图像或元素的位置。执行【视图】|【标尺】命令或按Ctrl+R组合键即可打开标尺。标尺的单位可以改变，可以为厘米、毫米、像素、英寸等，如图 1.67 所示。通过标尺，我们可以了解图形的大小，同时通过结合辅助线使得图像的位置更加精准。此外，通过双击标尺，还可以直接更改图片及文字的单位、装订线的大小、打印分辨率和屏幕分辨率等，如图 1.68 所示。

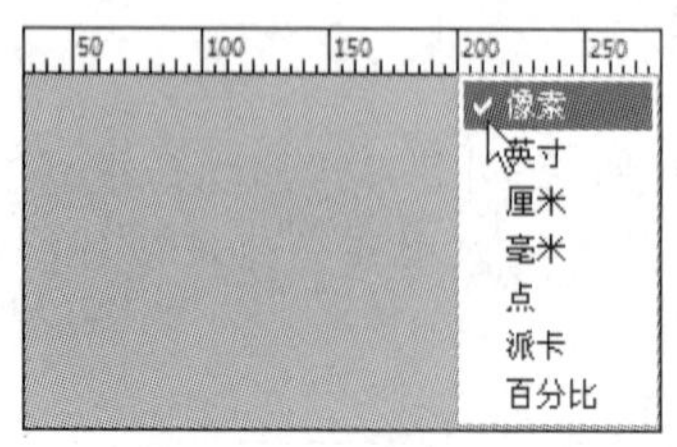

图 1.67　标尺的单位设置

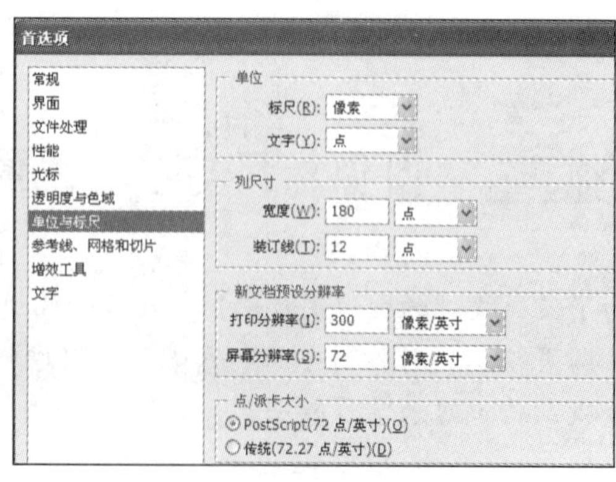

图 1.68　【首选项】对话框

2. 参考线的应用

在设定辅助线前，必须先打开标尺工具，可使用【选择工具】并拖动鼠标从标尺位置拖出参考线，也可以执行【视图】|【新建参考线】命令，弹出【新建参考线】对话框来设置参考线，如图 1.69 所示。当完成设计，想将辅助线去除时，只需选中参考线，拖动鼠标将参考线拖回标尺或执行【视图】|【清除参考线】命令。拖动鼠标添加与删除参考线的操作方法如图 1.70 所示。

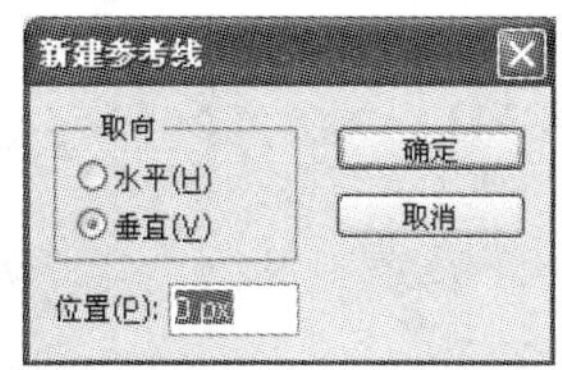

图 1.69　【新建参考线】对话框

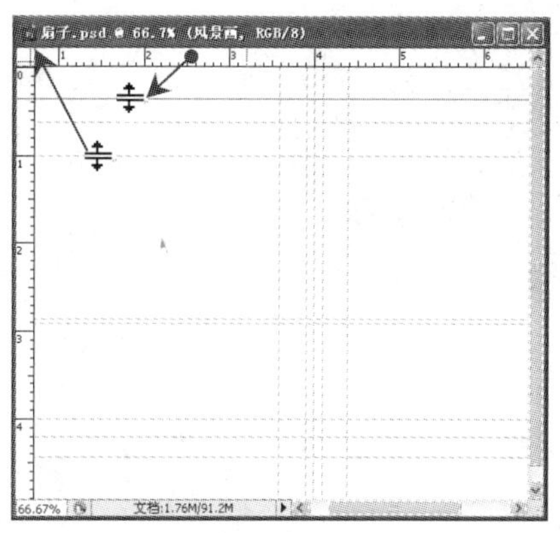

图 1.70　添加、删除参考线的操作方法

小贴士

可以通过执行【视图】|【显示额外内容】命令或按 Ctrl + H 组合键将参考线与标尺隐藏。

技能点拨：打开图像设置标尺后，通过新建参考线，将图像均分为 9 个区域，使视图对齐到参考线上，然后使用【矩形选框工具】，选取大小一致的小图片进行复制。最后将小图片缩小，添加投影效果完成实例。

实施步骤

01 打开“向日葵.jpg”素材，按 Ctrl + R 组合键打开标尺。该图片的大小为 1080px×1080px，要将图片变成 9 等份。执行【视图】|【新建参考线】命令，弹出【新建参考线】对话框，在对话框中输入参考线的位置，如图 1.71 所示，分别在水平和垂直方向的 360px、360px 位置各建立两条参考线，如图 1.72 所示。

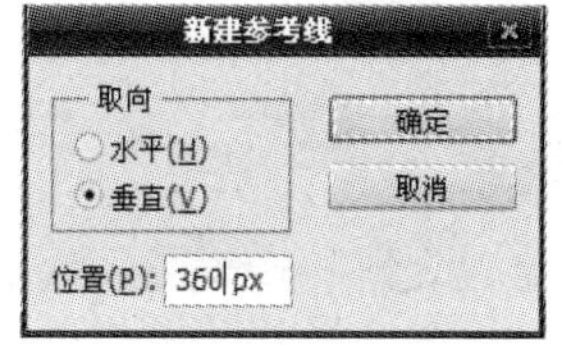

图 1.71　【新建参考线】对话框

02 执行【视图】|【对齐到】|【参考线】命令，使得接下来的绘图能够对齐参考线，如图 1.73 所示。欲将图像分为 9 个小格子，必须建立格子的选取范围。使用【矩形选框工具】，设置其大小为 360px×360px，使得接下来绘制的每个矩形选框大小都一致，避免图像不够精准，如图 1.74 所示。

图 1.72 “参考线”效果

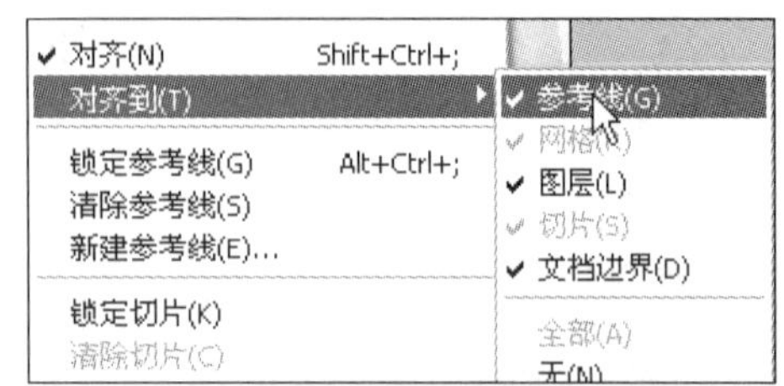

图 1.73 执行【视图】|【对齐到】|【参考线】命令

图 1.74 【矩形选框工具】的属性设置

03 想将一张相片分成 9 个部分，必须分别选取，复制到新的图层再进行缩小，重新排版。因此，使用固定好大小的【矩形选框工具】在参考线画好的格子里画一个 360px×360px 大小的正方形选区，如图 1.75 所示。

04 按 Ctrl+J 组合键复制背景图层选中的区域，如图 1.76 所示。然后，移动选区到不同的参考线方格位置，返回背景图层，按 Ctrl+J 组合键复制，重复步骤 04 直到把背景图层分为 9 块，如图 1.77 所示。

图 1.75 绘制矩形选框

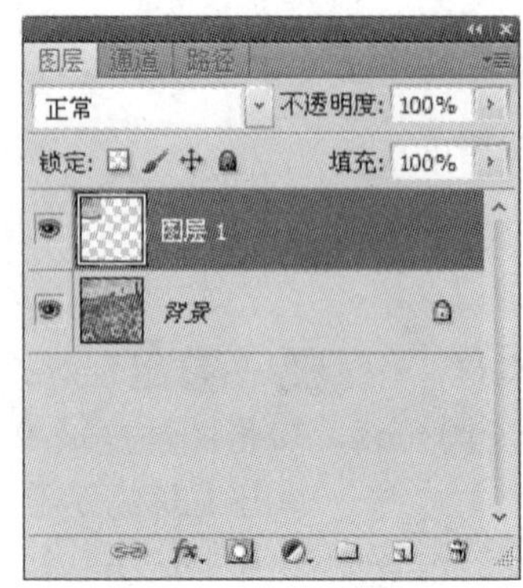

图 1.76 复制背景图层选中区域

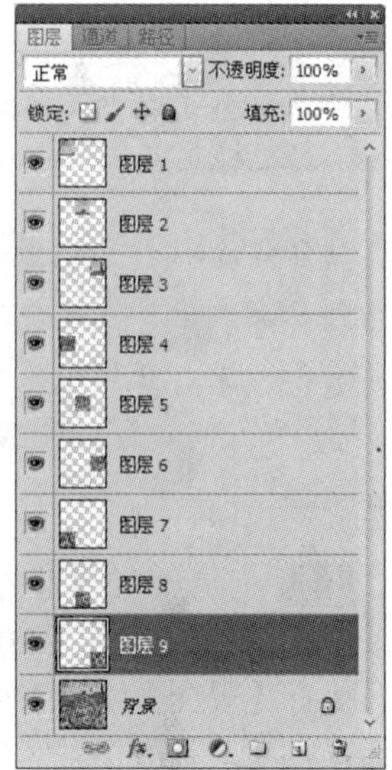

图 1.77 复制背景图层其他区域

05 单击背景图层，将前景色设置为白色，按 Alt + Delete 组合键将背景图层变成白色。单击图层 9，按 Ctrl + T 组合键对其进行自由变换，为了使每个图层缩小的比例一致，不使用手动修改，而使用变换的属性修改，具体修改数值如图 1.78 所示。

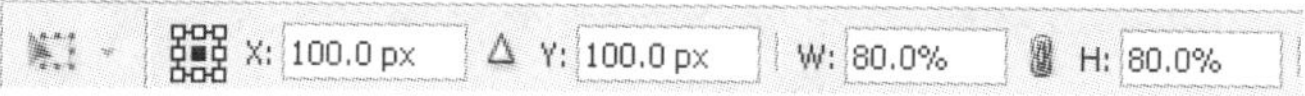

图 1.78　缩小图层设置

06 对每个图层都进行以上的设置，将高和宽的比值设置为 80%，图像的效果如图 1.79 所示。

07 为了使图片变得更加立体，为其添加图层样式的投影效果。单击【图层】面板上的【添加图层样式】按钮，在弹出的下拉列表中选择【投影】选项，弹出【投影】对话框，投影主要通过叠在其下的影子图层的颜色、大小、距离、扩展来凸显图像的立体感。颜色为阴影的颜色，默认为 75%黑；大小为影子的大小，扩展为影子的模糊程度，距离为图像与影子的距离。参数设置如图 1.80 所示。

图 1.79　缩小图层的图像效果

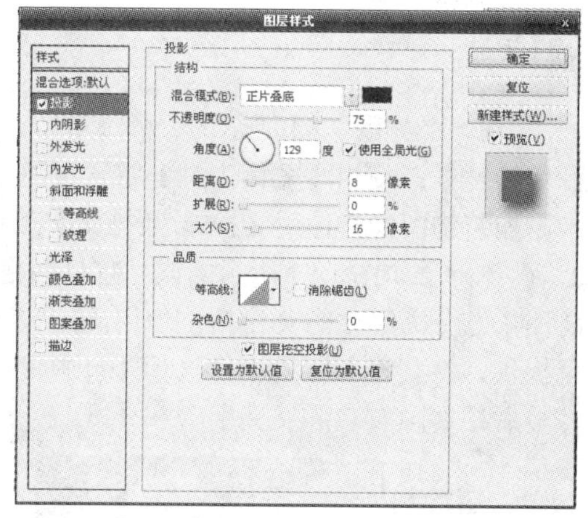

图 1.80　【投影】参数设置

08 当为“图层 1”～“图层 9”都添加投影效果后，图像的效果如图 1.81 所示。为了使图像看起来更具动感、更加生动，按 Ctrl + T 组合键进行自由变换，将鼠标指针移动到矩形块的顶点，当其变为双向箭头时，移动方向；不同的图层移动的方向不必相同，这样相片看起来就有动感，最终效果如图 1.66 所示。

09 执行【文件】|【存储为】命令，将图像保存为“飘动的九格相片.psd”。

图 1.81　添加投影效果后的图像效果

一、选择题

1．用于网络上传和图片预览的文件存储格式为（　　）。

A．JPEG 格式　　B．PSD 格式　　C．TIFF 格式　　D．BMP 格式

2．下列说法正确的是（　　）。

A．进行网页设计和软件界面设计时，将分辨率设为 72dpi

B．当设计作品需要印刷喷墨时，要求设置的分辨率达到 72dpi 即可

C．分辨率是指显示器所能显示的像素的多少，分辨率越高图像就越模糊

D．针对不同类型的设计，分辨率有着相同的标准和要求

3．按键盘中的（　　）组合键可以快速向图像中填充工具箱中的前景色。

A．Alt＋Delete　　B．Ctrl＋Delete

C．Ctrl＋Shift　　D．Ctrl＋Alt

二、操作题

1．绘制一个如图 1.82 所示的教师节贺卡。（提示：使用【移动工具】、【缩放工具】制作出图像的背景；使用【魔棒工具】将素材抠出，使用【移动工具】将素材移入图片中，为贺卡添加装饰图像；使用【横排/竖排文字工具】输入贺卡文字，设置文字图层样式。）

2．设计一个如图 1.83 所示的饮品宣传四格图片。（提示：使用【标尺】和【辅助线工具】将图片划分为等大的 4 个格；使用固定大小的【矩形选框工具】选取 4 幅水果图片，素材已提供，将其移入背景中，执行【自由变换】命令将其等比例缩小，并为其添加投影效果。最后拓展画布，添加文字。）

图 1.82　生日贺卡

图 1.83　四格图片

项目 2 图像的选取与移动

◎ **项目导读**

图像的选取和移动是深入学习 Photoshop 中图像合成与设计的基础，选区的操作在设计中应用得非常多，经常需要根据设计的需要，用不同的选取工具来建立选区。本项目将通过实例详细介绍选取工具和移动工具的使用方法。

◎ **学习目标**

- 掌握固定选区工具的应用。
- 掌握不规则形状的选择。
- 掌握相似颜色物体的选择。
- 掌握选区的调整与填充。
- 掌握图像的移动和裁切。

任务 2.1 选框、套索和魔棒工具的应用——绘制星空

◎ 任务目的

通过制作如图 2.1 所示的“星空”，掌握固定选区工具、不规则形状选取工具的相关知识及技能，如【椭圆选框工具】、【魔棒工具】、【磁性套索工具】等工具的应用。

图 2.1　星空效果图

相关知识

1. 固定选区工具的应用

选框类工具的轮廓比较固定，可以利用它们来制作一些形状较规则的选区，如矩形选区、椭圆选区等。选框工具共有 4 种，包括【矩形选框工具】、【椭圆选框工具】、【单行选框工具】和【单列选框工具】。它们的功能十分相似，但也有各自不同的特点。

（1）矩形选框工具

使用【矩形选框工具】可以方便地在图像中制作长宽随意的矩形选区。其属性如图 2.2 所示，该属性栏分为 3 个部分：选择方式、羽化和消除锯齿、样式。这 3 个部分分别提供对【矩形选框工具】各种不同参数的控制。

图 2.2　【矩形选框工具】的属性栏

1）在实际操作中，我们常常会遇到多个选区相加或者相减的问题，可以通过选择不同的选择方式来解决。【新选区】：清除原有的选择区域，直接新建选区。【添加到选区】：在原有选区的基础上，增加新的选择区域，形成最终的选择范围，如图 2.3 所示。【从选区减去】：在原有选区中，减去与新的选择区域相交的部分，形成最终的选择范围，如

图 2.4 所示。【与选区交叉】：使原有选区和新建选区相交的部分成为最终的选择范围，如图 2.5 所示。

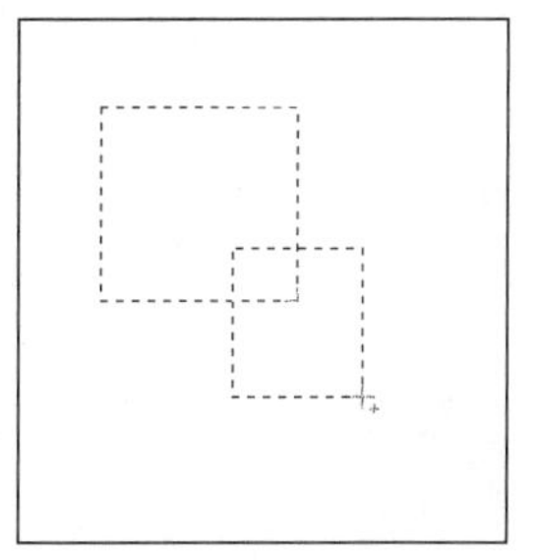

图 2.3　添加到选区

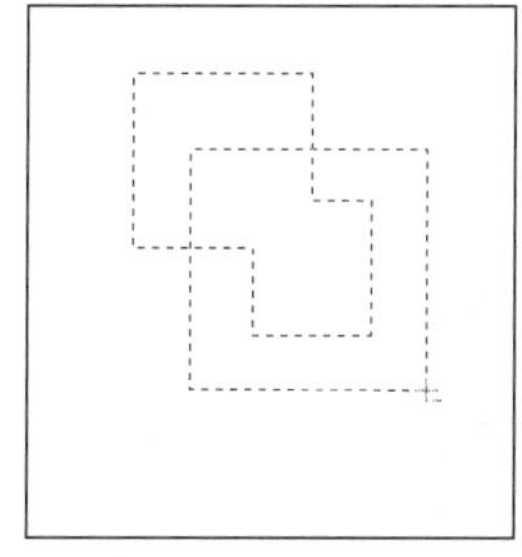
图 2.4　从选区减去

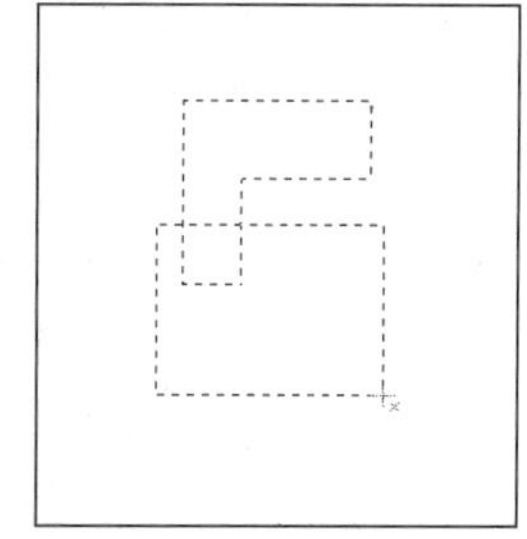
图 2.5　与选区交叉

2）【羽化】：设置羽化参数可以有效地消除选择区域中的硬边界并将它们柔化，使选择区域的边界产生朦胧渐隐的过渡效果。该参数的取值范围为 0～250px，取值越大，选区的边界会相应变得越朦胧。羽化前后的图片如图 2.6 与图 2.7 所示。

图 2.6　羽化前的图片

图 2.7　羽化后的图片

3）【消除锯齿】：其原理就是在锯齿之间插入中间色调，这样就使那些边缘不规则的图像在视觉上消除了锯齿现象。Photoshop 中的图像是由一个个正方形的色块构成的，如果没有勾选【消除锯齿】复选框，在制作圆形选区或者其他形状不规则的选区时就会产生难看的锯齿边缘。

4）【样式】：提供了 3 种样式。【正常】：这是默认的选择样式，可以用鼠标创建长宽任意的矩形选区。【约束长宽比】：可以为矩形选区设定任意的长宽比，只要在对应的宽度和高度参数框中填入宽度和高度比值即可；在默认的状态下，宽度和高度的比值为 1∶1。【固定大小】：可以通过直接输入宽度值和高度值来精确定义矩形选区的大小。

（2）椭圆选框工具

使用【椭圆选框工具】可以在图像中制作半径随意的椭圆形选区。它的使用方法和工具属性栏的设置与【矩形选框工具】的大致相同。创建正圆选区，只要按住 Shift 键再拖动【椭圆选框工具】制作选区即可。创建以鼠标点击点为中心的椭圆选区，按住 Alt 键再拖动【椭圆选框工具】制作选区即可。

（3）单行选框工具和单列选框工具

使用【单行选框工具】可以在图像中制作出 1px 高的单行选区。该工具的属性栏中只有选择方式可以设置，用法和原理都和【矩形选框工具】相同。使用【单列选框工具】的方法与【单行选框工具】相同，可以在图像中制作 1px 宽的单列选区。

2. 不规则形状的选取

(1) 套索工具

套索工具组里的【套索工具】用于任意不规则选区，【多边形套索工具】用于有一定规则的选区，【磁性套索工具】是制作边缘比较清晰，且与背景颜色相差比较大的图片的选区。【磁性套索工具】的属性栏如图 2.8 所示。

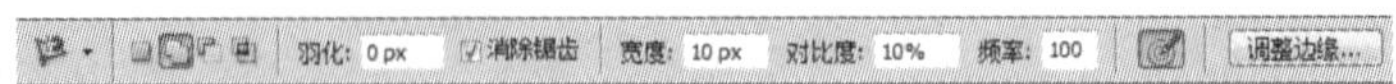

图 2.8 【磁性套索工具】的属性栏

1）选区加减的设置：创建选区的时候，使用【新选区】方式较多。

2）【羽化】：取值范围为 0～250px，可羽化选区的边缘，数值越大，羽化的边缘越大。

3）【消除锯齿】：其功能是让选区更平滑。

4）【宽度】：取值范围为 1～256px，可设置一个像素宽度，一般使用默认的值 10px。

5）【对比度】：取值范围为 1%～100%，它可以设置【磁性套索工具】检测边缘图像灵敏度。如果选取的图像与周围图像间的颜色对比度较强，那么应设置一个较高的百分数值。反之，输入一个较低的百分数值。

6）【频率】：取值范围为 0～100，它是用来设置在选取时关键点创建速率的一个选项。数值越大，速率越快，关键点就越多。当图的边缘较复杂时，需要较多的关键点来确定边缘的准确性，可采用较大的频率值，一般使用默认的值 57。

(2) 魔棒工具

使用【魔棒工具】可快捷得到基于颜色的选区，能把图像中连续或者不连续的颜色相近的区域作为选区的范围，以选择颜色相同或相近的色块。其属性栏如图 2.9 所示。

图 2.9 【魔棒工具】的属性栏

【容差】用来控制【魔棒工具】在识别各像素色值差异时的容差范围。可以输入 0～255 的数值，取值越大，容差的范围越大；相反，取值越小，容差的范围越小。图 2.10 和图 2.11 为容差值不同时的选择效果。容差选项是最常用到的选项，它能够有效地控制【魔棒工具】的选择灵敏度。

图 2.10 容差较大的效果

图 2.11 容差较小的效果

3. 选区的填充

当图像中建立区域范围时，可以为其填充颜色、图案，使画面生动活泼。选区的填充方法有多种。

（1）颜色的填充

【方法一】：使用快捷方式填充，若要填充前景色则按 Ctrl + Alt 组合键，填充背景色则按 Ctrl + Delete 组合键。

【方法二】：使用【油漆桶工具】，直接在选区范围上单击即可填充，填充的颜色为所设置的前景色。

【方法三】：执行【编辑】|【填充】命令，弹出【填充】对话框，单击【使用】下拉按钮，在弹出的下拉列表中选择【颜色】选项，弹出【选取一种颜色:】对话框，选取自己想要的颜色即可填充选区。

（2）图案的填充

建立选区后，若要填充系统自带的图案，则执行【编辑】|【填充】命令，弹出【填充】对话框，在【使用】下拉列表中选择【图案】选项，在【自定图案】下拉列表中选取所需要的图案，并且可以单击向右的小箭头追加所需要的纹理图案。

任务实施

技能点拨：新建图像文件。绘制月亮，新建图层，创建月牙形选区，填充颜色。绘制云彩，创建云彩选区，填充颜色，添加图层样式。绘制彩虹，创建圆选区，填充颜色。最后使用【画笔工具】绘制星星。

实施步骤

01 新建文件，执行【文件】|【新建】命令，弹出【新建】对话框，参数设置如图 2.12 所示。

02 设置前景色为深蓝色（#12204d），按 Alt + Delete 组合键在背景图层上填充前景色，效果如图 2.13 所示。

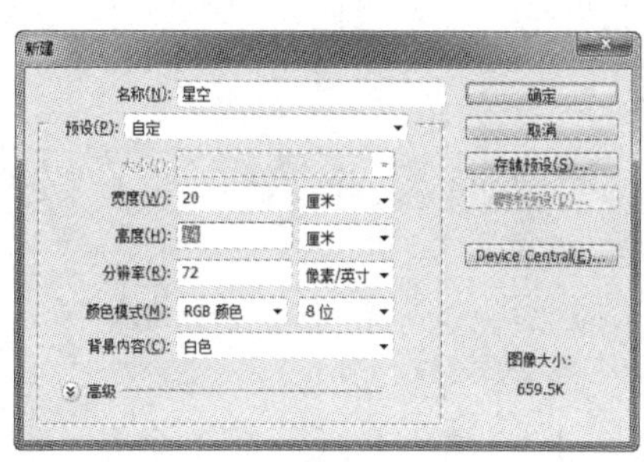

图 2.12　【新建】对话框

图 2.13　填充前景色

03 设置前景色为浅蓝色（#89bee4）。使用【椭圆选框工具】创建一个正圆选区，效果如图 2.14 所示。执行【选择】|【修改】|【羽化】命令，弹出【羽化选区】对话框，将羽化半径设置为 100px。按 Alt+Delete 组合键在选区中填充前景色，效果如图 2.15 所示。按 Ctrl+D 组合键取消选区。

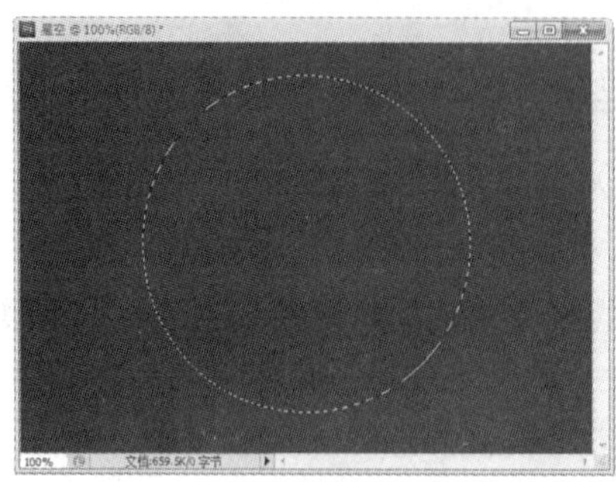

图 2.14 创建选区一

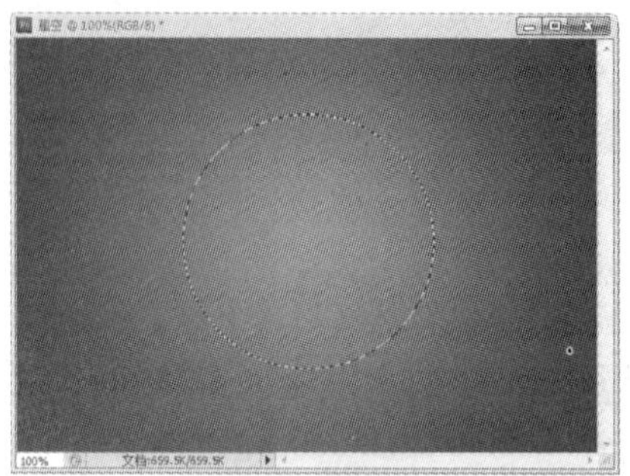

图 2.15 填充前景色

04 绘制月亮。执行【窗口】|【图层】命令，打开【图层】面板，单击【图层】面板下方的【创建新图层】按钮，新建一个图层，命名为“月亮”。使用【椭圆选框工具】创建一个正圆选区，效果如图 2.16 所示。

05 在【椭圆选框工具】属性栏中单击【从选区减去】按钮，再创建一个椭圆选区，效果如图 2.17 所示，可生成一月牙状选区。

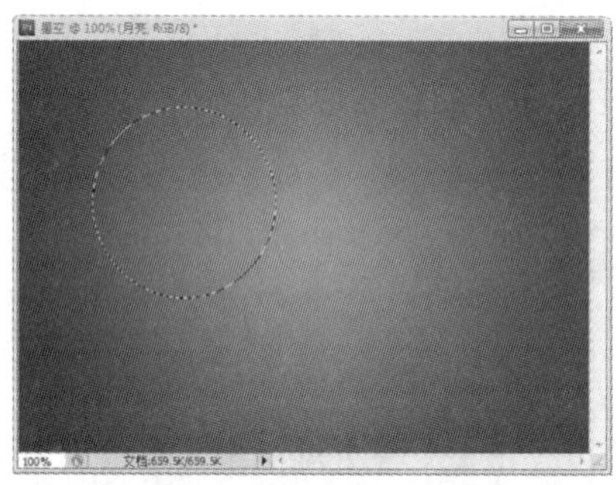

图 2.16 创建选区二

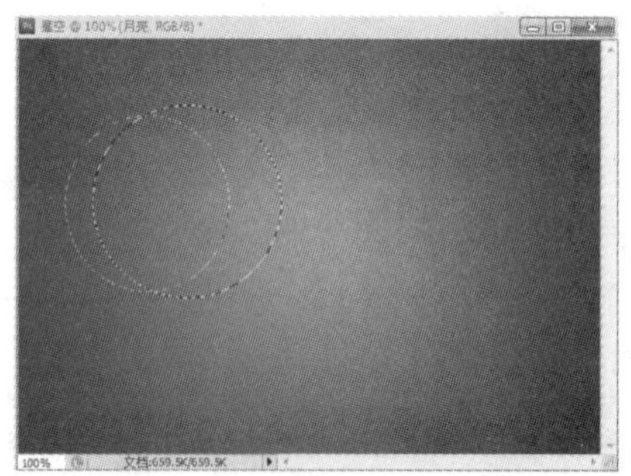

图 2.17 创建选区三

06 设置前景色为白色，按 Alt+Delete 组合键在选区中填充前景色，取消选区，效果如图 2.18 所示。执行【滤镜】|【模糊】|【高斯模糊】命令，弹出【高斯模糊】对话框，将半径设为 0.5px。复制“月亮”图层，执行【图层】|【复制图层】命令，生成“月亮 副本”图层，执行【滤镜】|【模糊】|【高斯模糊】命令，弹出【高斯模糊】对话框，将半径设为 8px，效果如图 2.19 所示。

07 选中“月亮”和“月亮 副本”图层，按 Ctrl+T 组合键，调整月亮的大小和角度。

08 执行【窗口】|【图层】命令，打开【图层】面板，单击【图层】面板下方的【创建新图层】按钮，新建“图层 1”，将其移动到背景图层上方。设置前景色为浅蓝色（#a1b0fc），背景色为深蓝色（#0a132e），执行【滤镜】|【渲染】|【云彩】命令，设置该图

层混合模式为【正片叠底】，效果如图 2.20 所示。

09 绘制云彩。使用【椭圆选框工具】，在属性栏中单击【添加到选区】按钮，创建如图 2.21 所示的选区。

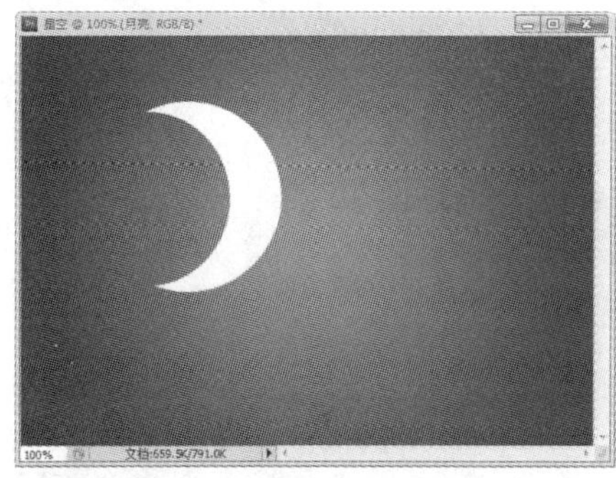

图 2.18　填充前景色

图 2.19　复制图层

图 2.20　做【云彩】滤镜

图 2.21　创建选区

10 执行【窗口】|【图层】命令，打开【图层】面板，单击【图层】面板下方的【创建新图层】按钮 ，新建一个图层，重命名为“云彩”。设置前景色为蓝色（#2b5180）。按 Alt + Delete 组合键，在选区中填充前景色，效果如图 2.22 所示。

11 给“云彩”图层添加图层样式，单击【图层】面板下方的【添加图层样式】按钮，添加【投影】、【内发光】和【斜面与浮雕】图层样式，参数设置如图 2.23 所示。

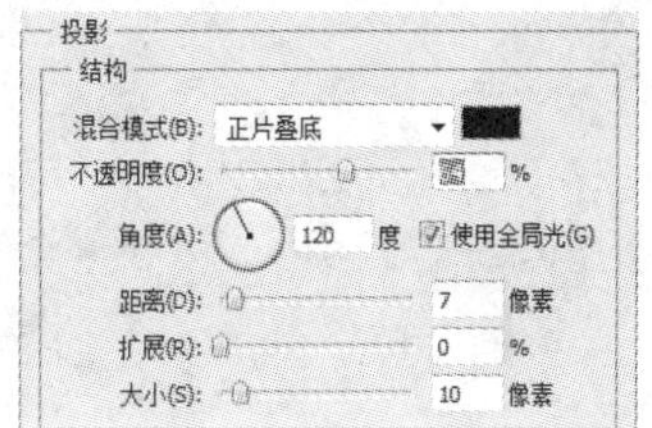

图 2.22　填充前景色

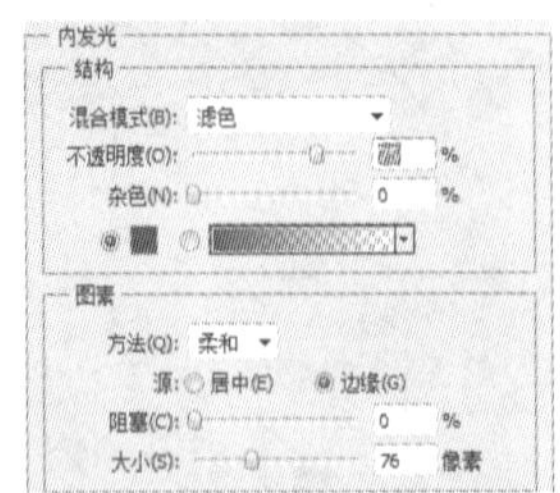

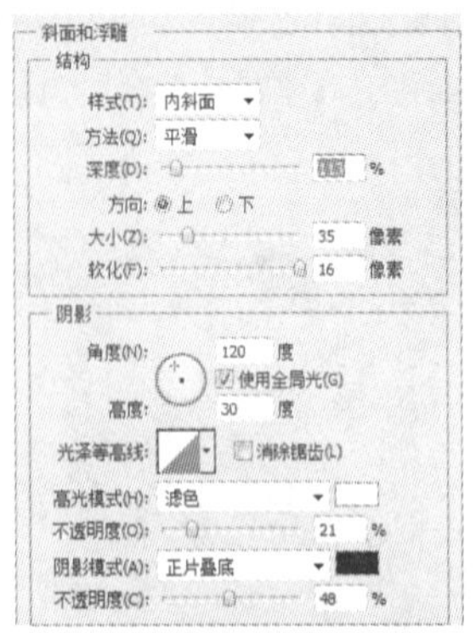

图 2.23 【投影】、【内发光】和【斜面与浮雕】参数设置

12 再复制 6 个“云彩”图层，按 Ctrl + T 组合键调整大小和位置，效果如图 2.24 所示。

13 执行【视图】|【标尺】命令，显示标尺。从标尺中各拖动出一条水平参考线和一条垂直参考线，效果如图 2.25 所示。

图 2.24 复制云彩

图 2.25 设置参考线

14 执行【窗口】|【图层】命令，打开【图层】面板，单击【图层】面板下方的【创建新图层】按钮，新建一个图层，重命名为“彩虹”。使用【椭圆选框工具】，在属性栏中单击【新选区】按钮，以两条参考线的交点为圆心，按住 Shift + Alt 键创建一个正圆选区，效果如图 2.26 所示。

15 设置前景色为红色，在选区中填充前景色。同样以两条参考线的交点为圆心，按住 Shift + Alt 键再创建一个稍小的正圆选区，效果如图 2.27 所示。

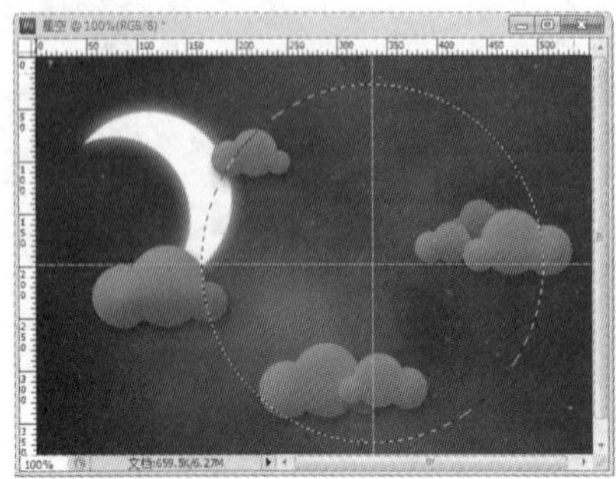

图 2.26 创建选区一

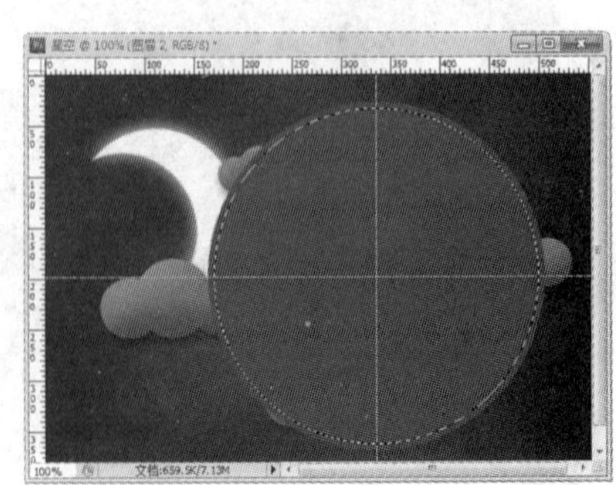

图 2.27 创建选区二

16 在选区中填充黄色。同步骤 15 的方法，分别填充绿色、蓝色和紫色，效果如图 2.28 所示。最后以两条参考线的交点为圆心，按住 Shift + Alt 键再创建一个比紫色圆稍小的正圆选区，删除选区中图像，取消选区，效果如图 2.29 所示。

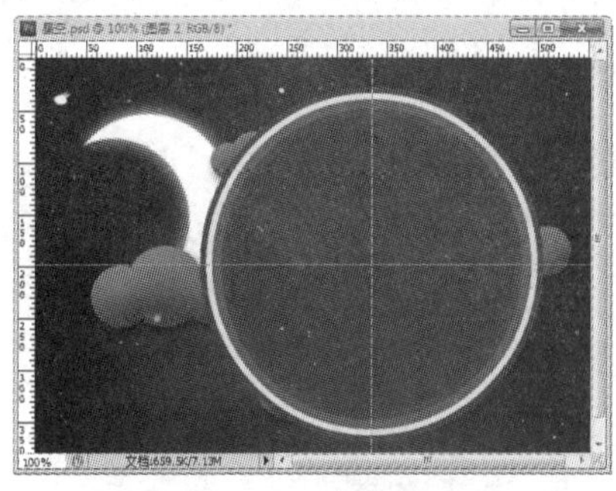

图 2.28　填充颜色

图 2.29　删除图像

17 使用【橡皮擦工具】擦除多余的彩虹，效果如图 2.30 所示。

18 执行【图像】|【调整】|【色相/饱和度】命令，弹出【色相/饱和度】对话框，参数设置如图 2.31 所示。

图 2.30　擦除图像

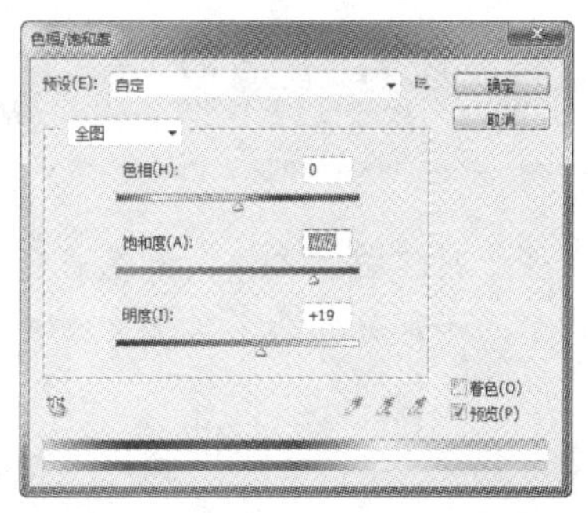

图 2.31　【色相/饱和度】参数设置

19 执行【窗口】|【图层】命令，打开【图层】面板，单击【图层】面板下方的【创建新图层】按钮，新建一个图层，重命名为“星星”，将其移动到“图层 1”上方。使用【画笔工具】，选择其中的“星形 14 像素”画笔，绘制星星，设置该图层不透明度为 50%，最终效果如图 2.1 所示。

选框、套索和魔棒工具的综合应用——游厦门

我们常常在公交车站、商场外看到一些制作精美的旅游海报，漂亮的背景加上一些地方标志性建筑、文字和人物，很吸引人。那么，类似这样的旅游海报是怎么制作的呢？如何将其他图片中喜欢的元素选取出来再移到新的图像上呢？

◎ 任务目的

通过制作如图 2.32 所示的“游厦门”，进一步熟练固定选区工具、不规则形状选择的相关知识及技能，以及【椭圆选框工具】、【魔棒工具】、【磁性套索工具】等工具的使用。

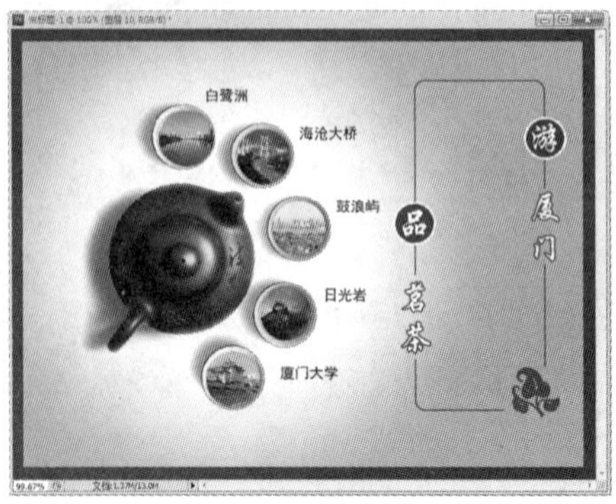

图 2.32 “游厦门”效果图

任务实施

技能点拨：新建图像文件，填充渐变。将抠取的茶具素材移入图像中，使用选区工具复制茶具素材中的一部分。选中风景素材并移入固定的选区中，添加文字，为图像建立边框。

实施步骤

01 新建文件。执行【文件】|【新建】命令，弹出【新建】对话框，宽度为 800px，高度为 600px，分辨率为 72px/in。

02 设置前景色为白色，背景色为橙色（#f69d49），按 *Ctrl*+*Delete* 组合键给背景图层填充背景色。使用【椭圆选框工具】创建一个正圆选区，效果如图 2.33 所示。执行【选择】|【修改】|【羽化】命令，弹出【羽化选区】对话框，将羽化半径设置为 50px。按 *Alt*+*Delete* 组合键在选区中填充前景色，取消选区，效果如图 2.34 所示。

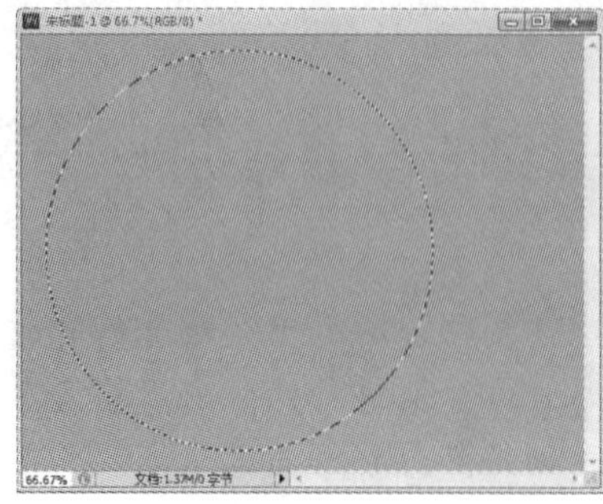

图 2.33 创建选区

图 2.34 填充颜色

03 打开“茶具.jpg”素材文件，使用【魔棒工具】，其属性设置如图 2.35 所示，勾选【连续】复选框，为了使图像上所有颜色类似的区域都被选上，在“茶具.jpg”素材上的白色区域单击，将白色区域选中，执行【选择】|【反向】命令，即可选中“茶具.jpg”，如图 2.36 所示。

图 2.35　【魔棒工具】的属性栏

04 抠取选取的“茶具.jpg”素材，使用【移动工具】将其移入背景中。按 Ctrl + T 组合键调整茶具的大小。

05 打开“白鹭洲.jpg”素材文件，使用【椭圆选框工具】创建一个正圆选区，使用【移动工具】将其移入背景中，按 Ctrl + T 组合键，调整风景图的大小，效果如图 2.37 所示。

图 2.36　创建茶具选区

图 2.37　添加风景图素材一

06 打开其他 4 个厦门风光的图片，添加素材方法同步骤 5，效果如图 2.38 所示。

07 这样背景就大致做好了，接下来使用【横排文字工具】，输入风景胜地的名称，效果如图 2.39 所示。

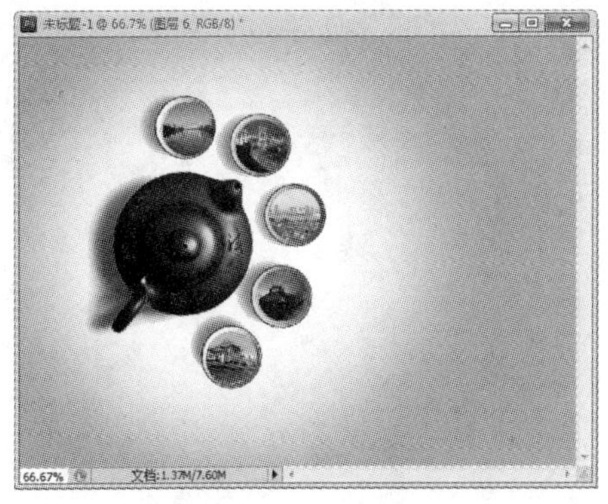

图 2.38　添加风景图素材二

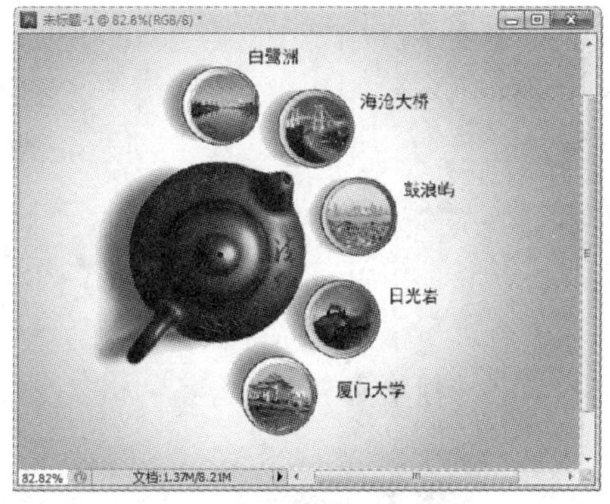

图 2.39　添加文字

08 新建一个图层。使用【矩形选框工具】创建如图 2.40 所示的选区。执行【选择】|【修改】|【平滑】命令，弹出【平滑选区】对话框，取样半径为 10px。执行【编辑】|【描边】命令，弹出【描边】对话框，设置描边宽度为 2px，颜色为棕色，设置如图 2.41 所示。

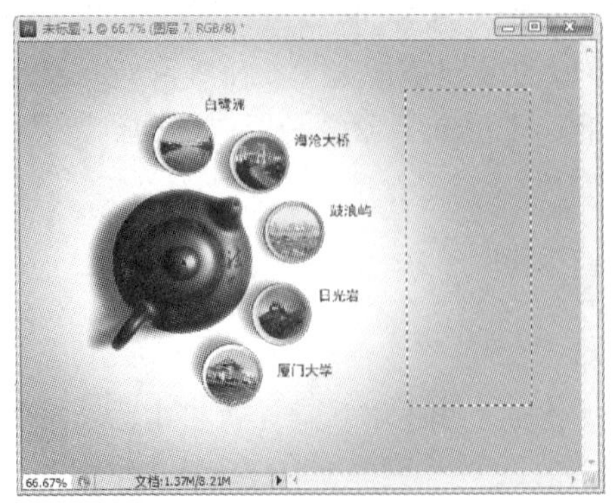

图 2.40　创建选区

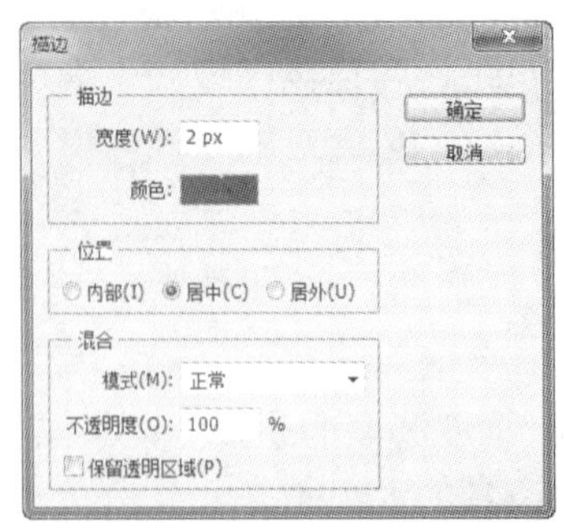

图 2.41　【描边】参数设置

09 新建一个图层。使用【椭圆选框工具】创建一正圆选区。设置前景色为白色，按 Alt+Delete 组合键在选区中填充前景色，取消选区，效果如图 2.42 所示。

10 设置前景色为棕色（#4d200a）。使用【椭圆选框工具】创建一个比白色圆更小的正圆选区，按 Alt+Delete 组合键在选区中填充前景色，取消选区，效果如图 2.43 所示。

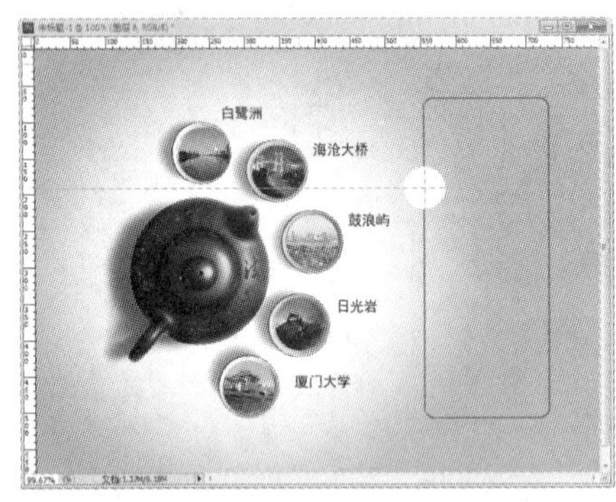

图 2.42　绘制白色圆

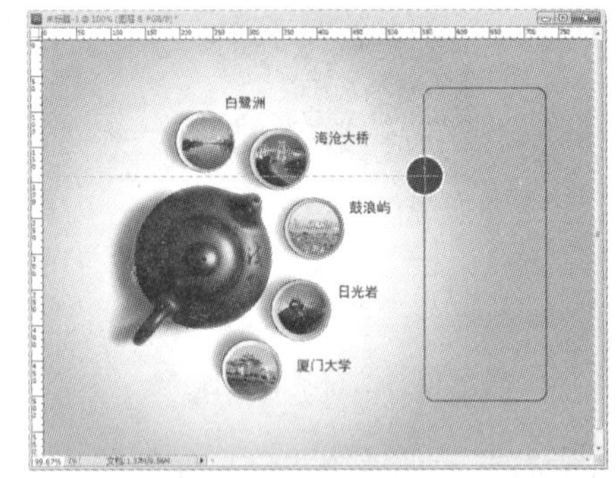

图 2.43　绘制棕色圆

11 复制该图层，使用【移动工具】调整两图层上图像的位置，效果如图 2.44 所示。

12 使用【横排文字工具】输入“品”和“游”。使用【直排文字工具】IT 输入“茗茶”和“厦门”。单击【图层】面板下方的【添加图层样式】按钮，添加【描边】图层样式，参数设置如图 2.45 所示，效果如图 2.46 所示。

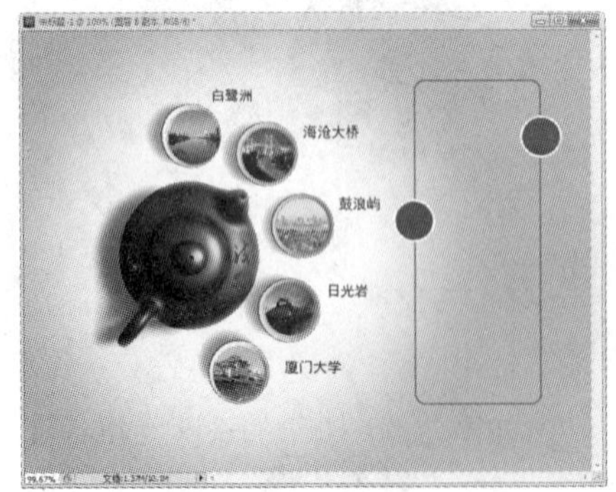

图 2.44　复制图层

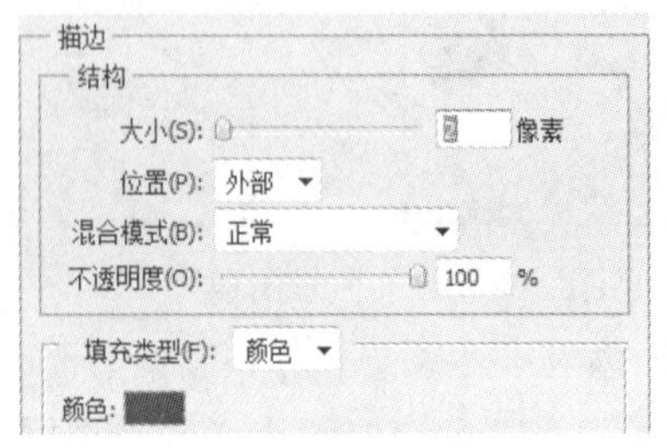

图 2.45　【描边】图层样式参数设置

13 选择“图层 7”，使用【橡皮擦工具】擦除多余图像，效果如图 2.47 所示。

14 新建一个图层。使用【自定形状工具】，其属性栏设置如图 2.48 所示，将前景色设置为棕色（#6f2e00），绘制一个小花形状，效果如图 2.49 所示。选择“图层 7”，使用【橡皮擦工具】擦除多余图像，效果如图 2.50 所示。

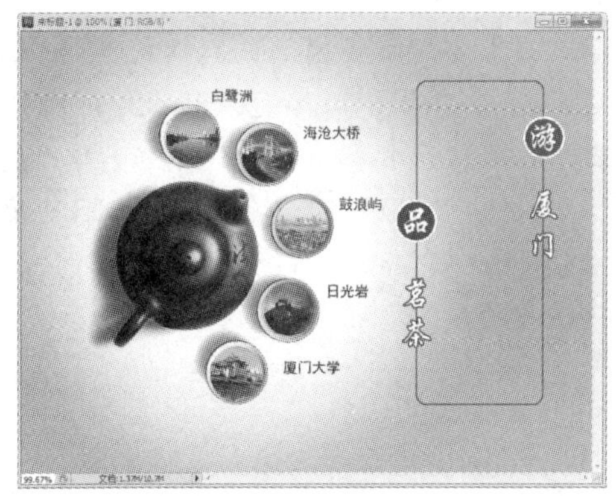

图 2.46　添加图层样式后效果

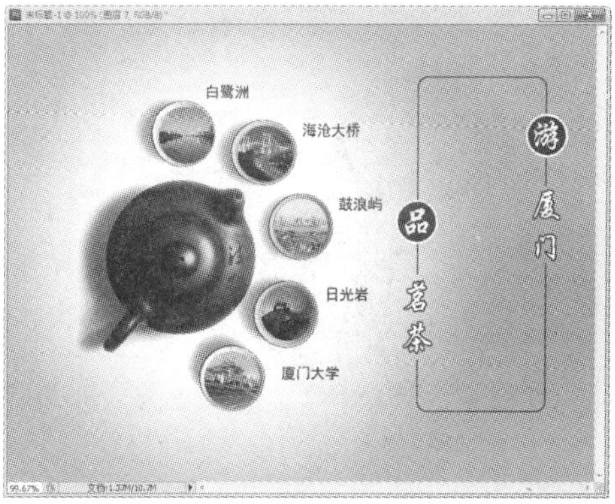

图 2.47　擦除多余图像

图 2.48　【自定形状工具】的属性栏

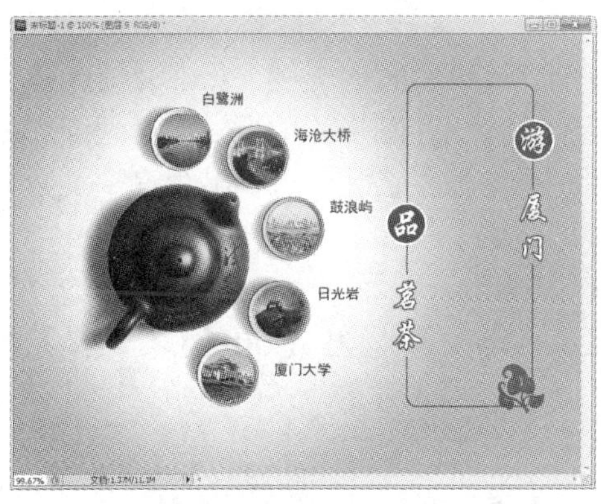

图 2.49　绘制花朵

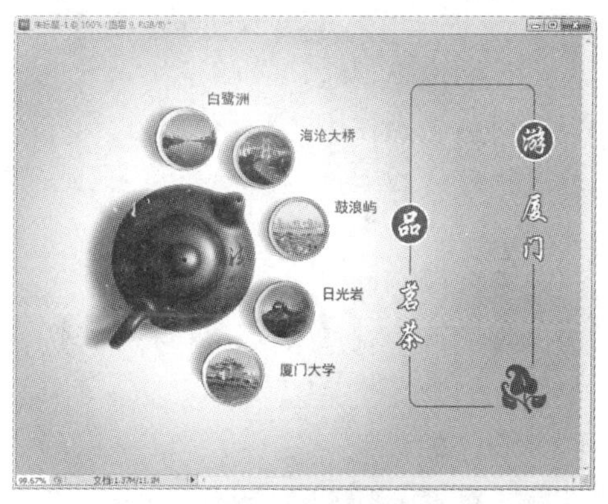

图 2.50　擦除多余图像

15 新建一个图层，将该新建图层移动至最上方。设置前景色为棕色（#4d200a），按 *Alt* + *Delete* 组合键填充前景色。使用【矩形选框工具】创建如图 2.51 所示的矩形选区。删除选区中的图像，取消选区。使用【横排文字工具】输入“游厦门系列”，将“游”字用暗红色突出，加大字号，最终效果如图 2.32 所示。

图 2.51　创建选区

选区的调整与填充——RGB 色谱的绘制

图 2.52　RGB 色谱

在平面设计中常常要接触不同的色彩模式，如 RGB 色彩模式、CMYK 色彩模式、Lab 色彩模式等。RGB 色彩模式是工业界的一种颜色标准，即代表红、绿、蓝 3 个通道的颜色，这个标准几乎包含了人类视力所能感知的所有颜色。那么，如何绘制 RGB 色谱呢？我们将在本任务中学习相关的知识及技能。

◎ 任务目的

通过制作如图 2.52 所示的“RGB 色谱的绘制”，掌握选区保存和载入的方法。

相关知识

在进行图像处理时，有些选区，尤其是一些创建比较费时的选区，虽然目前无多大用处，但在以后的操作中还会用到，这时可以把这类选区保存起来。如果以后用到该选区，可以通过执行【载入选区】命令将其载入原图像。适当保存选区，可以减少许多不必要的麻烦。

（1）选区的存储

当图像文件中有选区时，可执行【选择】|【存储选区】命令，弹出【存储选区】对话框，如图 2.53 所示。在【名称】文本框中输入名称，即可保存选区。

（2）选区的载入

执行【选择】|【载入选区】命令，弹出【载入选区】对话框，如图 2.54 所示，在【通道】下拉列表中选择相应的通道，可将其中保存的选区载入。

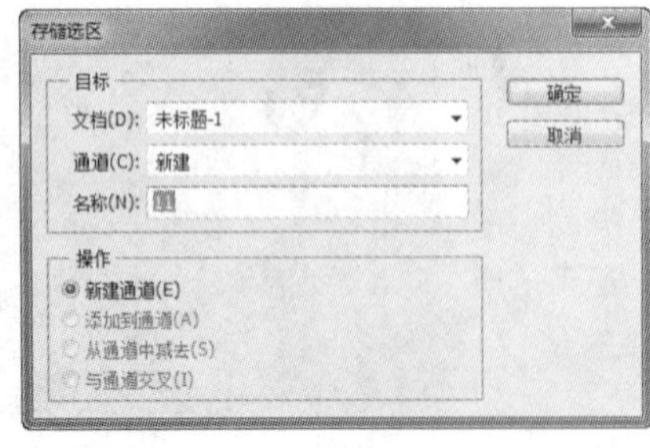

图 2.53　【存储选区】对话框

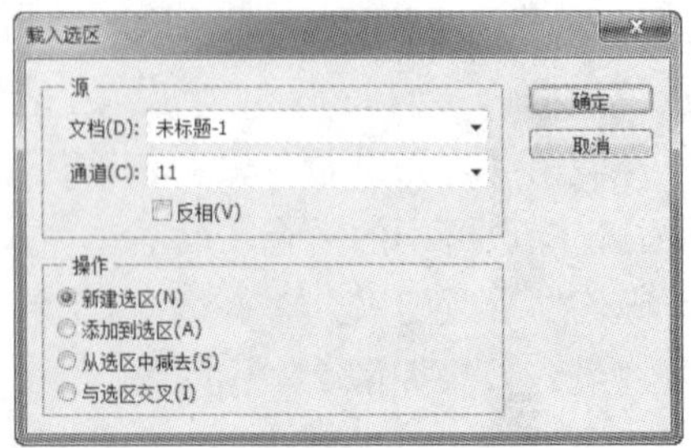

图 2.54　【载入选区】对话框

任务实施

技能点拨：新建图像，设置【椭圆选框工具】的属性，在新图层建立正圆选框，并针对不同正圆的图层填充颜色。在三圆相交的区域执行【选择】|【载入选区】命令将其载入，并填充颜色，完成效果。

实施步骤

01 新建文件。执行【文件】|【新建】命令，弹出【新建】对话框，设置宽度为 600px，高度为 600px，分辨率为 72px/in，背景为白色，如图 2.55 所示。

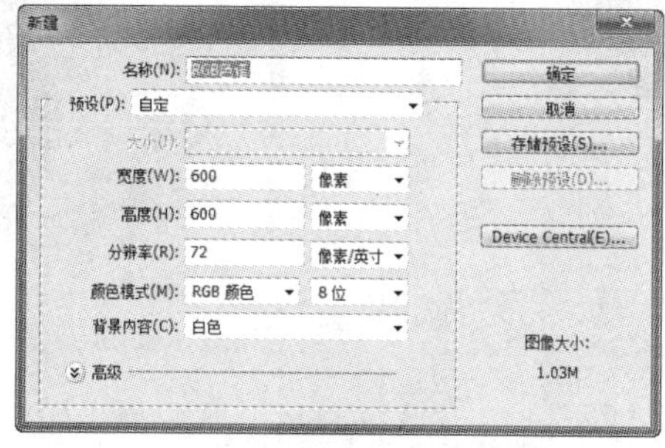

图 2.55　【新建】对话框

02 选择【椭圆选框工具】，其属性栏设置如图 2.56 所示。

图 2.56　【椭圆选框工具】的属性栏设置

03 新建图层，将其命名为“红”。设置前景色为红色（R：255，G：0，B：0）。使用【椭圆选框工具】绘制一个正圆，并执行【编辑】|【填充】命令，填充前景色，效果如图 2.57 所示。执行【选择】|【存储选区】命令，弹出【存储选区】对话框，在【名称】文本框中输入“红”，设置如图 2.58 所示。

图 2.57　填充红色

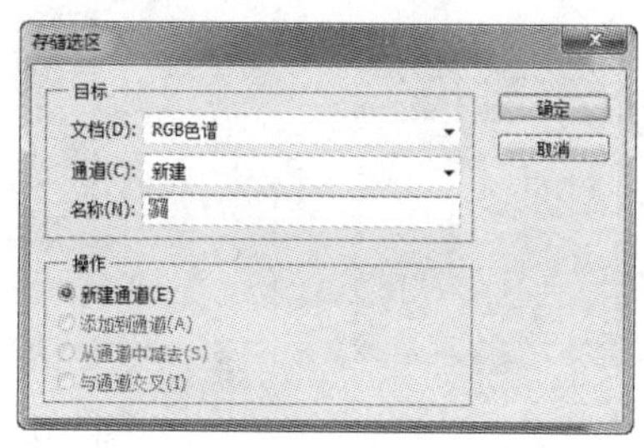

图 2.58　【存储选区】对话框

04 新建图层，将其命名为“绿”。设置前景色为绿色（R：0，G：255，B：0）。使用【椭圆选框工具】绘制一个正圆，并执行【编辑】|【填充】命令，填充前景色，效果如图 2.59 所示。执行【选择】|【存储选区】命令，弹出【存储选区】对话框，在【名称】文本框中输入“绿”。

05 新建图层，将其命名为“蓝”。设置前景色为绿色（R：0，G：0，B：255）。使用【椭圆选框工具】绘制一个正圆，并执行【编辑】|【填充】命令，填充前景色，效果如图 2.60 所示。执行【选择】|【存储选区】命令，弹出【存储选区】对话框，在【名称】文本框中输入“蓝”。

图 2.59　填充绿色

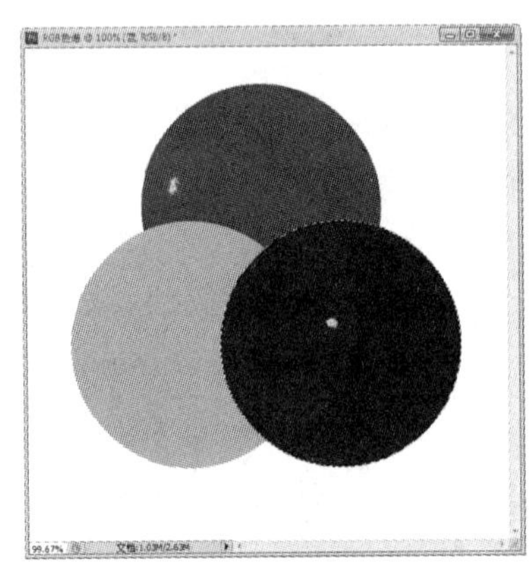

图 2.60　填充蓝色

06 新建图层，将其命名为“青”。设置前景色为青色（R：0，G：255，B：255）。执行【选择】|【载入选区】命令，弹出【载入选区】对话框，参数设置如图 2.61 所示。在选区中填充前景色，效果如图 2.62 所示。

07 新建图层，将其命名为“黄”。设置前景色为黄色（R：255，G：255，B：0）。按住 Ctrl 键单击【图层】控制面板上的“绿”图层，出现绿色圆的图像选区。执行【选择】|【载入选区】命令，弹出【载入选区】对话框，参数设置如图 2.63 所示。在选区中填充前景色，效果如图 2.64 所示。

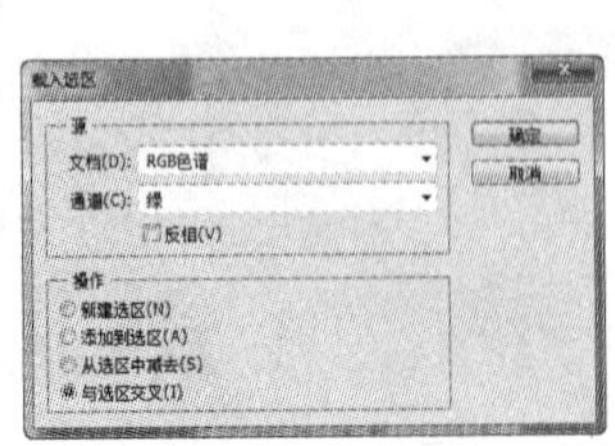

图 2.61　【载入选区】对话框一

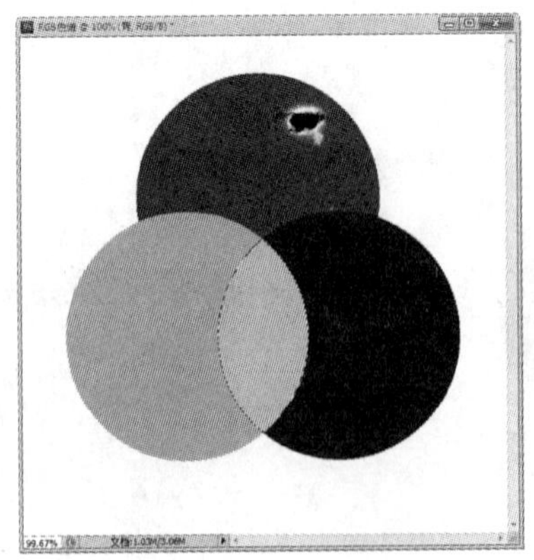

图 2.62　填充青色

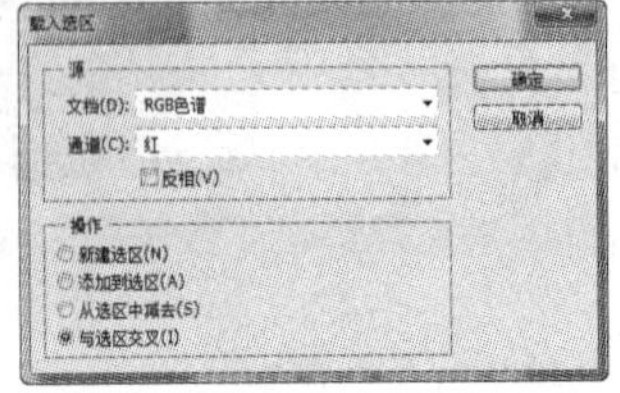

图 2.63　【载入选区】对话框二

08 新建图层，将其命名为“紫”。设置前景色为紫色（R：255，G：0，B：255）。按住 Ctrl 键单击【图层】面板上的“红”图层，出现红色圆的图像选区。执行【选择】|【载入选区】命令，弹出【载入选区】对话框，参数设置如图 2.65 所示。在选区中填充前景色，效果如图 2.66 所示。

09 新建图层，将其命名为“白”，设置前景色为白色。执行【选择】|【载入选区】命令，弹出【载入选区】对话框，参数设置如图 2.67 所示。在选区中填充前景色，取消选区。最后保存文件，效果如图 2.52 所示。

图 2.64　填充黄色

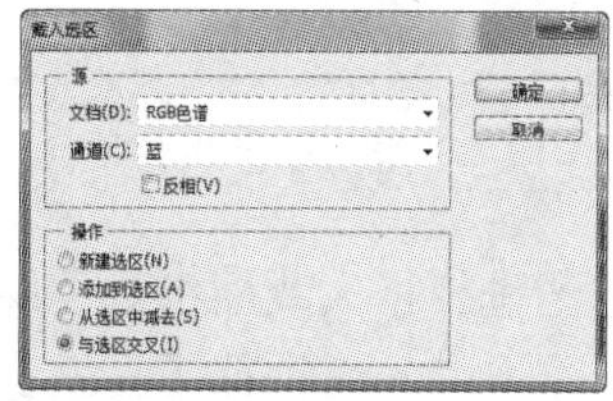

图 2.65　【载入选区】对话框三

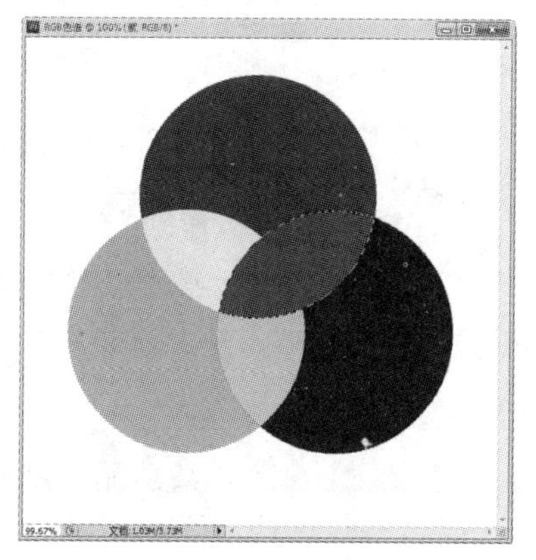

图 2.66　填充紫色

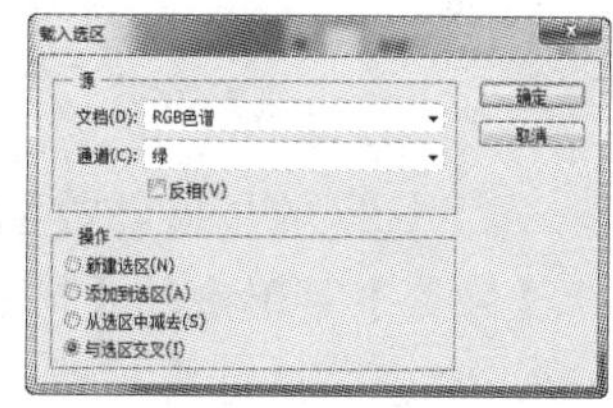

图 2.67　【载入选区】对话框四

任务 2.4　选区的综合应用——闽南古厝

闽南古厝是真正能够代表厦门历史文化的地上文物：高挑灵动的燕尾脊，精美绝伦的砖雕，红砖为墙，红瓦为顶，在蓝天下展示着浓郁的地域特色。但随着经济发展和城市规划，闽南的红砖民居已经越来越少，令人惋惜。那么，我们能不能做一个多媒体作品来呼吁广大民众保护闽南古厝呢？首先必须设计一个多媒体作品的界面，然后才能进行其他工作，我们将在本任务中学习相关的知识及技能。

图 2.68　“闽南古厝”效果图

◎ 任务目的

通过制作如图 2.68 所示的“闽南古厝”，掌握选区的综合应用。

相关知识

执行【选择】|【修改】命令，可以快速地对选区进行改动，得到需要的形状。

（1）选区的边界

执行【选择】|【修改】|【边界】命令，弹出【边界选区】对话框，可以设置边框的大小，如图 2.69 所示。这样，就可以为图像直接添加边框。当扩展边界时，外边界的轮廓会随着宽度值的增大而变得更加平滑、有幅度。

（2）选区的平滑

平滑选区可将直角边框选区变成圆角边框选区，以达到减少棱角、使选区平滑的目的。执行【选择】|【修改】|【平滑】命令，弹出【平滑选区】对话框，如图 2.70 所示，设置取样半径，可将直角边框变成圆角边框。

图 2.69　【边界选区】对话框

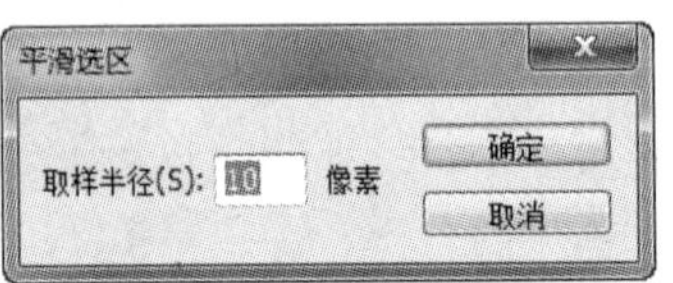

图 2.70　【平滑选区】对话框

（3）选区的扩展与收缩

【修改】菜单中的【扩展】与【收缩】命令，其功能就是将选区进行扩大或缩小。不同的是，当选区执行【扩展】命令时，选区的边框会随着扩展而变得平滑。而执行【收缩】命令时则不会。执行【选择】|【修改】|【扩展】命令，弹出【扩展选区】对话框，如图 2.71 所示，设置扩展量，可将选区扩大。执行【选择】|【修改】|【收缩】命令，弹出【收缩选区】对话框，如图 2.72 所示，设置收缩量，可将选区缩小。

（4）选区的羽化

羽化是将边缘进行柔和处理，使图像合成时边缘不会过于生硬，较为自然。执行【选择】|【修改】|【羽化】命令，弹出【羽化选区】对话框，如图 2.73 所示，设置羽化半径值，即可羽化选区。直角边框选区被羽化后会变成圆角边框选区。

图 2.71　【扩展选区】对话框

图 2.72　【收缩选区】对话框

图 2.73　【羽化选区】对话框

任务实施

技能点拨：新建图像，添加底纹。使用【矩形选框工具】绘制边框，然后在其内部绘制一个边框，对其 4 个角执行【从选区减去】命令，剪掉 4 个正方形，然后设置矩形选框的固定大小，在其内侧添加 4 个正方形选区，为其添加描边效果。添加画笔素材，在新图层上绘制形状，然后将素材移入其中，并添加图标与文字，完成效果。

实施步骤

01 新建文件。执行【文件】|【新建】命令，弹出【新建】对话框，设置宽度为 800px，高度为 600px，分辨率为 72px/in，背景为白色，如图 2.74 所示。

02 使用【移动工具】将“羊皮纸.jpg”素材文件拖入背景图像中。按 Ctrl + T 组合键对素材大小进行自由变换，调整至合适的大小。执行【图像】|【调整】|【色相/饱和度】命令，弹出【色相/饱和度】对话框，参数设置如图 2.75 所示，使其色彩和主题更搭配一些。

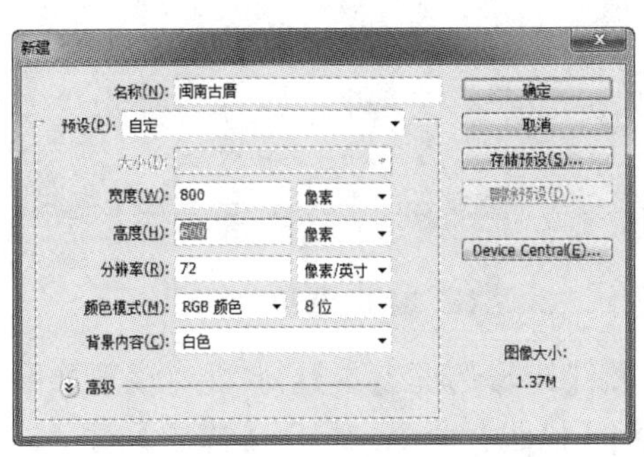

图 2.74 【新建】对话框

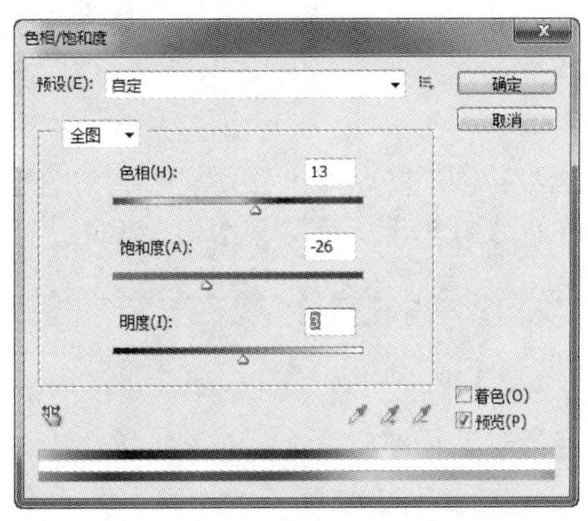

图 2.75 【色相/饱和度】参数设置

03 新建图层，命名为“边框 1”。使用【矩形选框工具】创建一个矩形选区，如图 2.76 所示。执行【编辑】|【描边】命令，弹出【描边】对话框，参数设置如图 2.77 所示。

图 2.76 创建选区

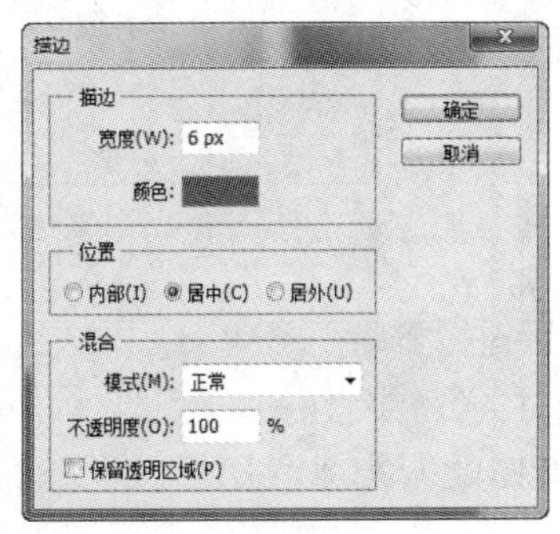

图 2.77 【描边】对话框

04 新建图层，命名为“边框 2”。执行【选择】|【修改】|【收缩】命令，弹出【收缩选区】对话框，收缩量为 10px。使用【矩形选框工具】，属性栏设置如图 2.78 所示。将

缩小后的矩形选框减去 4 个正方形选区，将标尺打开后，右击标尺，在弹出的快捷菜单中将其单位改为像素，拖出辅助线帮助准确减去 4 个正方形，效果如图 2.79 所示。执行【编辑】|【描边】命令，弹出【描边】对话框，设置宽度为 3px，取消选区，效果如图 2.80 所示。

图 2.78 【矩形选框工具】的属性栏设置

图 2.79 将矩形选框减去 4 个正方形

图 2.80 描边后效果

05 新建图层，将其命名为“边框 3”。使用【矩形选框工具】，属性栏设置如图 2.81 所示，创建如图 2.82 所示的选区。执行【编辑】|【描边】命令，弹出【描边】对话框，设置宽度为 3px，取消选区，效果如图 2.83 所示。

图 2.81 【矩形选框工具】的属性栏设置

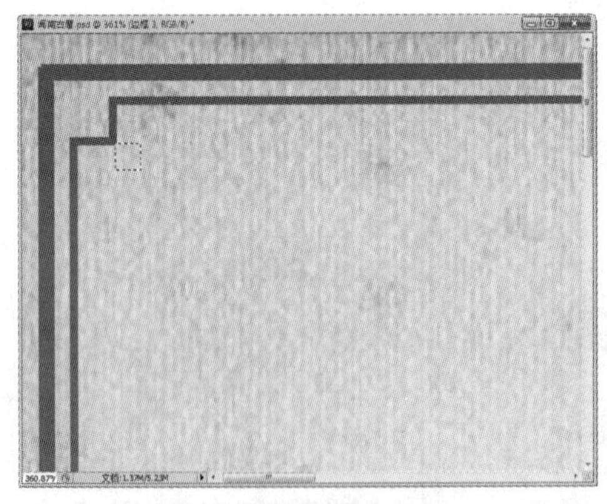

图 2.82 创建选区一

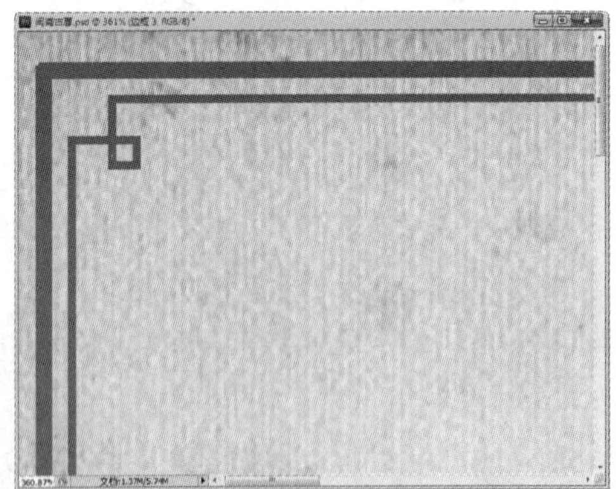

图 2.83 选区描边

06 将描边后的矩形边框再复制 3 个图层，将其移动至内框的 4 个角上，如图 2.84 所示。然后，将复制后的“边框 3”、“边框 2”和“边框 1”图层全选中，按 Ctrl+E 组合键，将选中的图层进行合并。

07 使用【椭圆选框工具】和【多边形套索工具】创建如图 2.85 所示的选区。

08 将选区羽化，执行【选择】|【修改】|【羽化】命令，羽化半径为 3px。新建图层，将其命名为“素材背景”。设置前景色为棕色（#503b0a），按住 Alt+Delete 键在选区中填充前景色，效果如图 2.86 所示。执行【选择】|【存储选区】命令，将选区保存，取消选区。打开“闽南古厝.jpg”素材文件，使用【移动工具】将其拖入背景图像中，调整位置，效果如图 2.87 所示。

图 2.84 复制移动边框

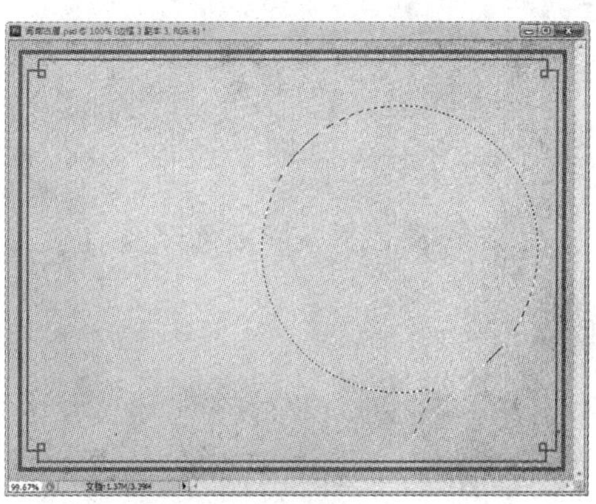

图 2.85 创建选区二

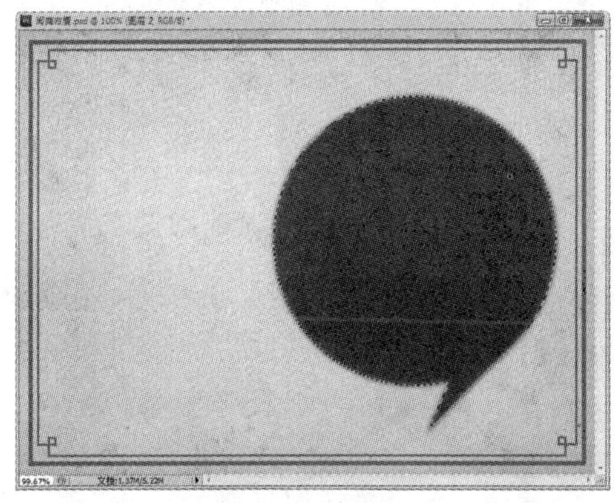

图 2.86 填充颜色

图 2.87 添加素材

09 按住 Ctrl 键并单击“素材背景”图层，调出该图层的图像区域。执行【选择】|【变换选区】命令，将选区缩小，效果如图 2.88 所示。执行【选择】|【反向】命令，将选区反选，删除选区中的图像，取消选区，效果如图 2.89 所示。

10 选择“边框”图层，使用【矩形选框工具】将边框上部的中间部分选取，按 Delete 键将选区图像删除，取消选区，效果如图 2.90 所示。

11 打开“屋顶.jpg”素材文件，使用【魔棒工具】将其容差设置为 10，勾选【连续】复选框，将白色区域选中。按 Shift+Ctrl+I 组合键将建立的选区反选。使用【移动工具】将素材移入背景图片中。将其进行自由变换，调整至合适的大小。使用【横排文字工具】添加标题“闽南古厝”字样，效果如图 2.91 所示。

图 2.88　缩小选区

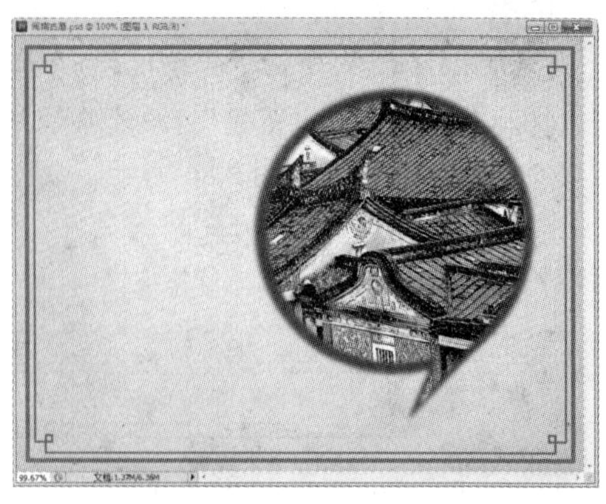

图 2.89　删除图像

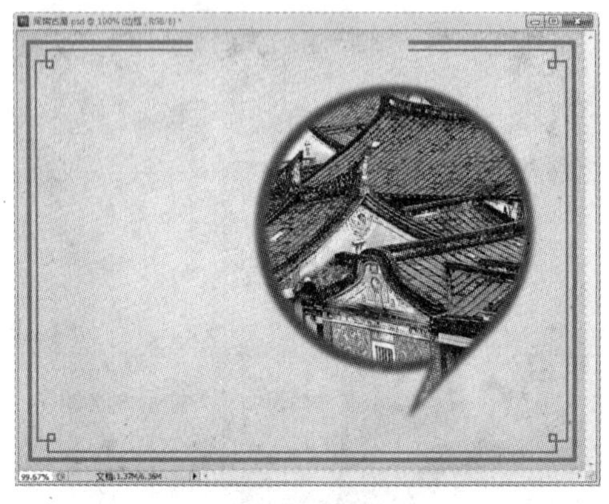

图 2.90　删除图像

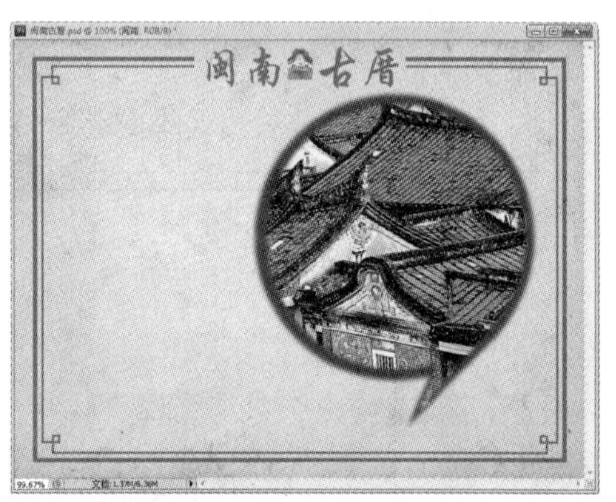

图 2.91　添加图像文字素材

12 单击【图层】面板下方的【添加图层样式】按钮，添加【投影】和【描边】图层样式，参数设置如图 2.92 所示。

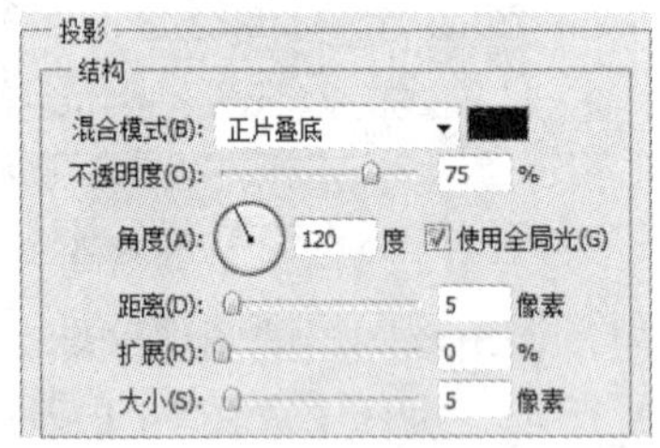

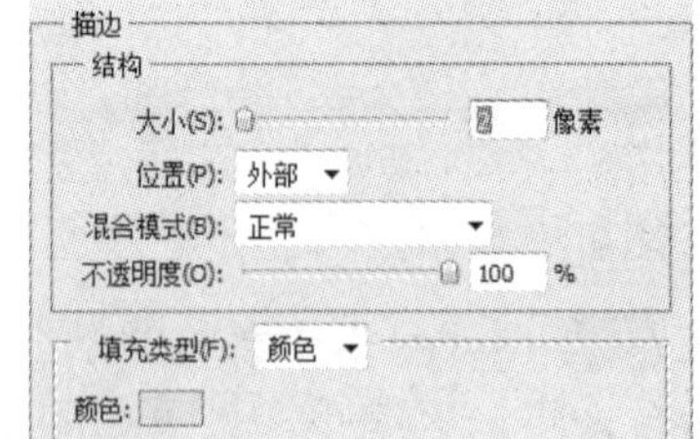

图 2.92　【投影】和【描边】参数设置

13 选择“屋顶”图层，并为其添加【投影】图层样式，将其作为界面导航的标志。再复制 6 个“屋顶”图标，然后在其后添加导航文字“古厝简介”、“古厝遗址”、“古厝保护”、“古厝旅游”、“进入”、“退出”，最终效果如图 2.68 所示。

这样，一个具有古厝特色的界面就做好了。制作界面时，要注意界面风格要统一，采用互相呼应的素材元素。最后保存文件为“闽南古厝.psd”。

实践探索

一、选择题

1．以下图标代表添加到选区的是（　　）。

A.　　B.　　C.　　D.

2．将一幅图像拖动至另一幅图像的便捷工具是（　　）。

A.【套索工具】　　B.【移动工具】

C.【圆角矩形工具】　　D.【抓手工具】

3．如图2.93所示的扇形形状，通过设置选区的（　　）属性可以实现。

A．新选区绘制　　B．矩形与圆形的选区区域添加

C．矩形与圆形的选区区域相减　　D．矩形与圆形的选区区域相交

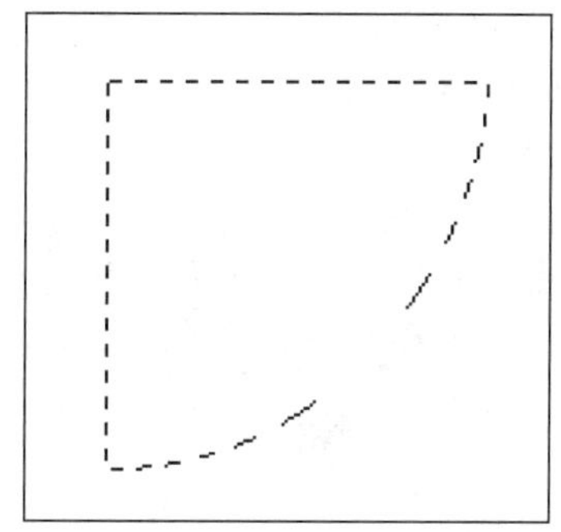

图2.93　扇形形状

二、操作题

设计一幅如图2.94所示的保护北极熊的多媒体作品的界面。（提示：建立800px×600px的文件，利用选区工具设计背景；利用【磁性套索工具】将北极熊素材抠取出来，并为其建立柔和的选区边缘；添加文字标题；最后，利用选框工具和图层的混合样式为其制作导航的辅助图标。）

图2.94　北极熊效果图

项目 3 图像的绘制与编辑

>>>>

◎ **项目导读**

在 Photoshop CS5 中绘图主要使用了【画笔工具】、【油漆桶工具】和【渐变工具】等工具，通过【画笔】面板设置各式各样的画笔，配合【油漆桶工具】和【渐变工具】的使用，可以绘制出多姿多彩的图像。本项目主要介绍使用【画笔工具】、【油漆桶工具】和【渐变工具】对图像进行绘制和编辑的方法。

◎ **学习目标**

- 掌握【画笔工具】和【画笔】面板的使用方法。
- 掌握【油漆桶工具】和【渐变工具】的使用方法。
- 掌握图像的变形操作。
- 掌握图像的填充和描边。

画笔的应用——绘制风景画

在 Photoshop CS5 中画笔的功能很强大，使用【画笔工具】和【橡皮擦工具】，配合【画笔】面板，可以创作出各式各样的纹理、图案或图像。

◎ 任务目的

通过制作如图 3.1 所示的“风景画”，学习各种绘图工具和【画笔】控制面板的使用方法和技巧。

图 3.1　风景画效果图

相关知识

1. 绘图工具

（1）画笔工具

使用【画笔工具】可绘制出边缘柔软的画笔效果，画笔的颜色为工具箱中的前景色。【画笔工具】的属性栏如图 3.2 所示。

图 3.2　【画笔工具】的属性栏

1）【画笔预设选取器】和【切换画笔面板】：设置画笔的样式和画笔的粗细。单击【切换画笔面板】按钮，弹出【画笔】控制面板，可设置画笔的样式。

2）【模式】：设置画笔的混合模式。

3）【不透明度】：设置画笔在绘制图像时颜色的透明程度。

4）【流量】：设置画笔在绘制时笔墨扩散的量。

5）【启用喷枪模式】：单击该按钮时，在绘制过程中如有停顿，画笔中的颜料会不停地喷射出来，停顿时间越长，色点颜色越深，所占的面积越大。

要绘制直线，按住 Shift 键，使用【画笔工具】在图像窗口中拖动，即可画出直线。

（2）铅笔工具

使用【铅笔工具】可绘制硬边的线条，如果画的是斜线，会有明显的锯齿，绘制的线条颜色是工具箱中的前景色。【铅笔工具】的属性栏如图 3.3 所示。

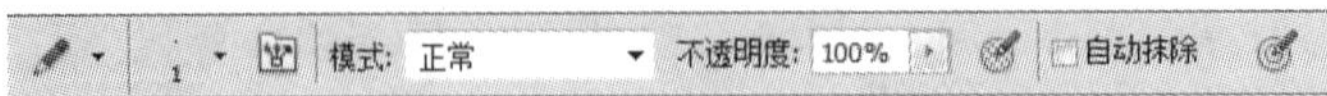

图 3.3 【铅笔工具】的属性栏

【自动抹除】：勾选该复选框，如果铅笔线条的起点处是工具箱中的前景色，铅笔工具会将前景色擦除，填充上背景色；否则铅笔工具会填充上前景色。

（3）橡皮擦工具

使用【橡皮擦工具】可将图像擦除至工具箱中的背景色，并可将图像还原到历史记录面板中图像的任何一个状态。【橡皮擦工具】的属性栏如图 3.4 所示。

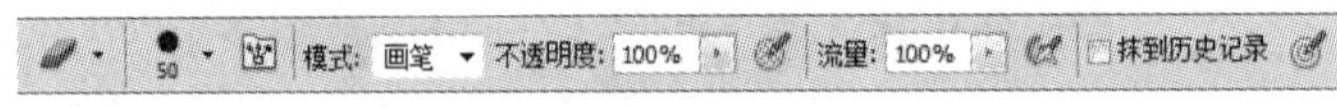

图 3.4 【橡皮擦工具】的属性栏

1）【模式】：有 3 种不同的模式，分别是【画笔】、【铅笔】和【块】。选择【画笔】和【铅笔】选项时，和画笔、铅笔工具的用法相似，只是绘画和擦除有区别。选择【块】选项时，就是一个方形的橡皮擦。

2）【抹到历史记录】：勾选该复选框，配合历史记录面板的使用，可将图像还原到历史记录控制面板中图像的任何一个状态。

（4）背景橡皮擦工具

使用【背景橡皮擦工具】可将图层上的颜色擦除成透明。【背景橡皮擦工具】的属性栏如图 3.5 所示。

图 3.5 【背景橡皮擦工具】的属性栏

1）【连续】：软件会随鼠标的移动而不断地取样颜色。

2）【一次】：以第一次单击的颜色为取样颜色，在擦除时只能做一次连续的擦除。

3）【背景色板】：以工具箱中的背景色为取样颜色，擦除与背景色相同或相邻的颜色像素。

4）【限制】：设置橡皮擦除的方式有 3 种，分别是【不连续】、【连续】和【查找边缘】。选择【不连续】选项，表示擦除在容差范围内所有与取样点相同的颜色像素；选择【连续】选项，表示擦除在容差范围内所有与取样点相同并相邻的颜色像素；选择【查找边缘】选项，表示在擦除时保持图像较强的边缘效果。

5）【容差】：控制橡皮擦擦除的图像范围，数值越大，擦除颜色范围越大。

6）【保护前景色】：勾选该复选框，图像中与工具箱前景色相同的颜色像素将被保护，不被擦除。

（5）魔术橡皮擦工具

使用【魔术橡皮擦工具】可根据颜色近似程度来确定将图像擦除成透明的程度。【魔术橡皮擦工具】的属性栏如图 3.6 所示。

图 3.6　【魔术橡皮擦工具】的属性栏

1)【消除锯齿】：勾选该复选框，可使擦除后图像的边缘保持平滑。

2)【连续】：勾选该复选框，只会去除图像中和鼠标单击点相似并连续的部分；不勾选该复选框，将擦除图像中所有和鼠标单击点相似的像素，不管是否与鼠标单击点连续。

3)【对所有图层取样】：勾选该复选框，不管当前在哪个图层上操作，对所有的图层都起作用，而不是只针对当前操作的图层。

2. 【画笔】控制面板

从 Photoshop7.0 到 Photoshop CS5 都有一个专门的【画笔】面板来控制画笔的选项设置。使用【画笔工具】单击属性栏中的【切换画笔面板】按钮，打开【画笔】面板。

（1）设置画笔笔尖形状

【画笔笔尖形状】的参数设置如图 3.7 所示。

1)【大小】：控制画笔大小，最大取值为 2500px。

2)【翻转 X】和【翻转 Y】：勾选该复选框，可更改所选画笔的显示方向。

3)【角度】：控制画笔的角度，所设置的角度在【圆度】参数发生变化时有效。

4)【圆度】：控制画笔长短轴的比例，取值范围为 0%～100%。

5)【硬度】：控制画笔边缘的虚实程度，数值越大，画笔边缘越清晰，取值范围为 0%～100%。

6)【间距】：控制画笔笔触之间的距离，数值越大，笔触之间的距离越大，取值范围为 0%～1000%。

（2）设置【形状动态】选项

在【画笔】面板中，勾选【形状动态】复选框，其中的参数设置如图 3.8 所示。

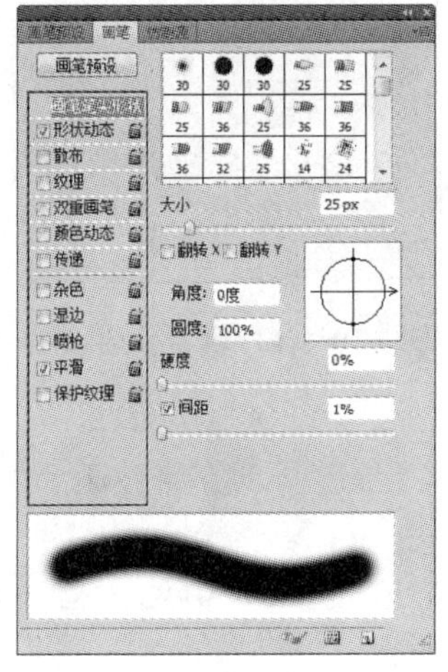

图 3.7　【画笔笔尖形状】选项

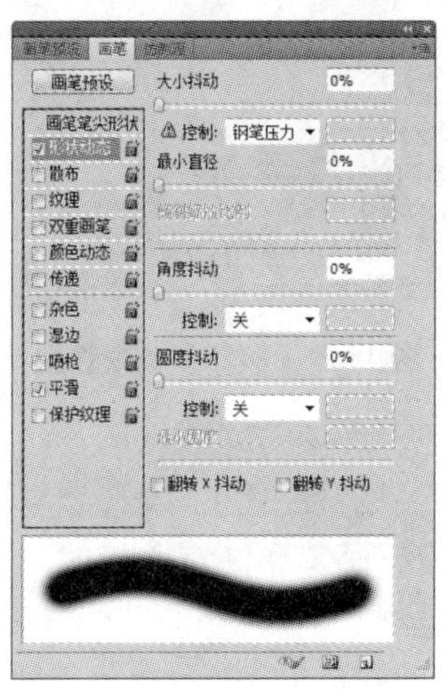

图 3.8　【形状动态】参数设置

1）【大小抖动】：控制画笔在绘制线条过程中标记点大小的动态变化。

2）【控制】：有 5 种选项，分别是【关】、【渐隐】、【钢笔压力】、【钢笔斜度】和【光轮笔】。【关】表示关掉该属性；【渐隐】表示渐隐的绘图方式；【钢笔压力】表示在绘图过程中控制画笔的压力；【钢笔斜度】使画笔和画布保持一定的夹角，如同在斜握画笔状态下绘图；【光轮笔】循环改变选项，如当选择画笔大小功能时，可逐渐放大或缩小画笔。

3）【最小直径】：控制画笔标记点可缩小的最小尺寸，以画笔直径的百分比为基础，取值范围为 0%～100%。

4）【倾斜缩放比例】：当【控制】为【钢笔斜度】时，用于定义画笔倾斜的比例。

5）【角度抖动】：控制画笔在绘制线条过程中标记点角度的动态变化情况。

6）【圆度抖动】：控制画笔在绘制线条过程中标记点圆度的动态变化情况。

7）【最小圆度】：控制画笔标记点的最小圆度。

（3）设置【散布】选项

在【画笔】面板中，勾选【散布】复选框，其中的参数设置如图 3.9 所示。

1）【散布】：控制散布程度。数值越高，散布的位置和范围就越随机。勾选【两轴】复选框时，画笔标记点呈放射状分布，不选该项，画笔标记点的分布和画笔绘制的线条方向垂直。

2）【数量】：指定每个空间间隔中画笔标记点的数量。

3）【数量抖动】：定义每个空间间隔中画笔标记点的数量变化。

（4）设置【纹理】选项

在【画笔】面板中，勾选【纹理】复选框，其中的参数设置如图 3.10 所示。

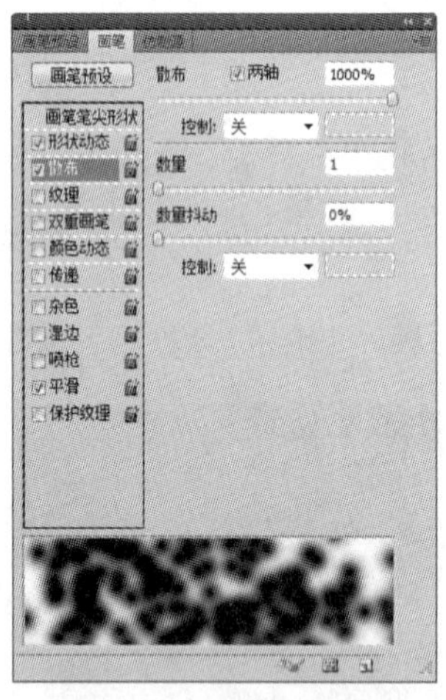

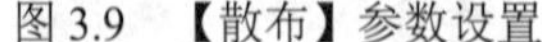

图 3.9 【散布】参数设置

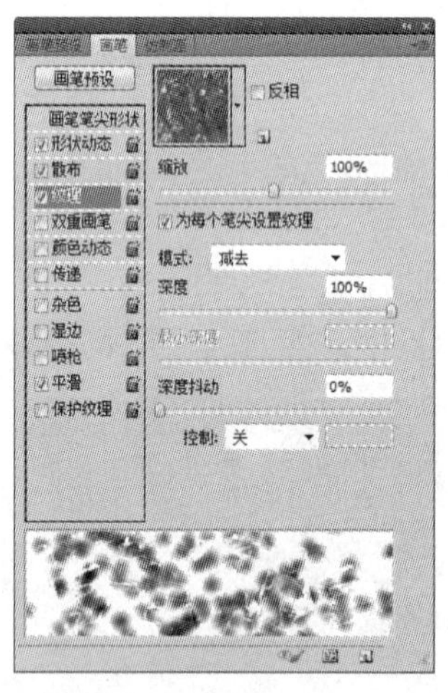

图 3.10 【纹理】参数设置

1）【缩放】：控制图案的缩放比例。

2）【为每个笔尖设置纹理】：勾选该复选框，【深度抖动】将被激活。

3）【模式】：设置画笔和图案之间的混合模式。

4）【深度】：控制画笔渗透到图案的深度，取值为 0%～100%。值为 0%时，只有画笔的颜色，图案不显示；值为 100%时，只显示图案。

5）【最小深度】：控制画笔渗透图案的最小深度。

6）【深度抖动】：控制画笔渗透图案的深度变化。

（5）设置【双重画笔】选项

该选项使用两种笔尖效果创建画笔。使用方法是，首先选择一种原始画笔，然后在【双重画笔】列表中选择一种笔尖作为第二种画笔，并在【模式】下拉列表中设置两种画笔的混合模式。【双重画笔】参数设置如图 3.11 所示，其中各选项的设置都是针对第二种画笔的。

【模式】：设置两种画笔之间的混合模式。

（6）设置【颜色动态】选项

勾选该复选框，在绘制过程中，将会出现前景色和背景色相互混合的绘制效果。【颜色动态】参数设置如图 3.12 所示。

1）【前景/背景抖动】：控制前景色和背景色的混合程度，数值越大，得到的颜色变化就越多。

2）【色相抖动】：控制绘制线条的色相动态变化范围。

3）【饱和度抖动】：控制饱和度的混合程度。

4）【亮度抖动】：控制亮度的混合程度。

5）【纯度】：控制混合后的整体颜色，数值越小，混合后的颜色就越接近无色；数值越大，混合后的颜色就越纯。

（7）设置【传递】选项

【传递】用于设置画笔在绘制过程中的透明度和压力的变化效果。其参数设置如图 3.13 所示。

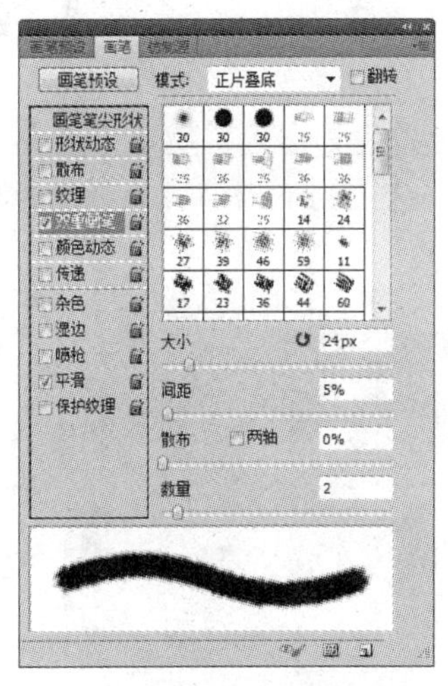

图 3.11 【双重画笔】参数设置

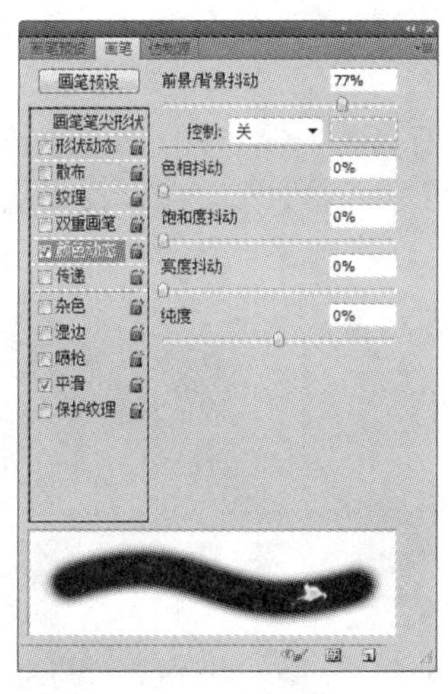

图 3.12 【颜色动态】参数设置

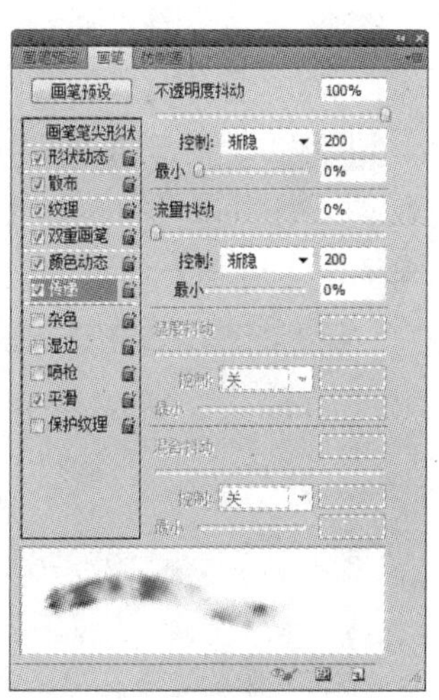

图 3.13 【传递】参数设置

1）【不透明度抖动】：控制绘制线条的不透明度动态变化范围。

2）【流量抖动】：控制绘制线条的流量动态变化范围。

（8）其他选项

1）【杂色】：勾选该复选框，可增加画笔自由随机效果，对于虚化边的画笔效果较为明显。

2）【湿边】：勾选该复选框，可使画笔具有水彩画笔的效果。

3）【喷枪】：勾选该复选框，可使画笔具有喷枪和渐变色调的效果。

4）【平滑】：勾选该复选框，可绘制出流畅的线条。

5）【保护纹理】：勾选该复选框，可对所有的画笔执行相同的纹理图案和缩放。

（9）【画笔】面板菜单

单击【画笔】面板右上角的 按钮，即可弹出【画笔】面板菜单，其中有【新建画笔预设】、【清除画笔控制】、【复位所有锁定设置】、【将纹理拷贝到其它工具】等选项。

小贴士

除了系统提供的各种画笔，也可以自定义画笔。定义的方法：使用创建选区工具在图像文件上创建选区，执行【编辑】|【定义画笔预设】命令，即可定义画笔。

任务实施

技能点拨：新建一个图像文件。打开【图层】面板，新建若干图层，在每一个图层上使用不同样式的画笔，绘制图案，最终完成作品。

实施步骤

01 新建文件。执行【文件】|【新建】命令，弹出【新建】对话框，参数设置如图 3.14 所示。

02 设置前景色为蓝色（R：100，G：130，B：200），背景色为白色。使用【渐变工具】，在其属性栏选择【前景到背景】渐变色。在图像窗口从上到下拖动填充渐变色，效果如图 3.15 所示。

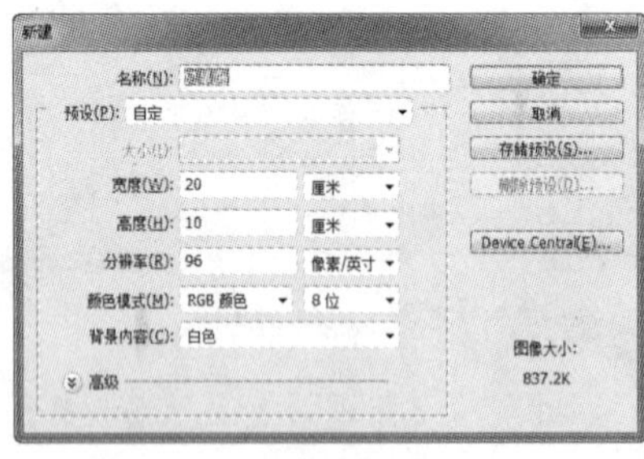

图 3.14 【新建】对话框

图 3.15 背景效果

03 执行【窗口】|【图层】命令，打开【图层】面板，单击【图层】面板下方的【创建新图层】按钮，新建一个图层，命名为“山”。

04 设置前景色为蓝色（R：108，G：148，B：157），使用【画笔工具】，在属性栏【画笔笔尖形状】中设置画笔大小为 250px，硬度为 50%，在“山”图层上绘制山的形状，如图 3.16 所示。

05 执行【窗口】|【图层】命令，打开【图层】面板，单击【图层】面板下方的【创建新图层】按钮，新建一个图层，命名为“草 01”。

06 设置前景色为深蓝色（R：71，G：91，B：96），背景色为深蓝色（R：31，G：51，B：56）。使用【画笔工具】，在属性栏【画笔笔尖形状】中选择【沙丘草】画笔，调整其画笔大小为 120px 左右，在“草 01”图层上绘制沙丘草的形状，如图 3.17 所示。

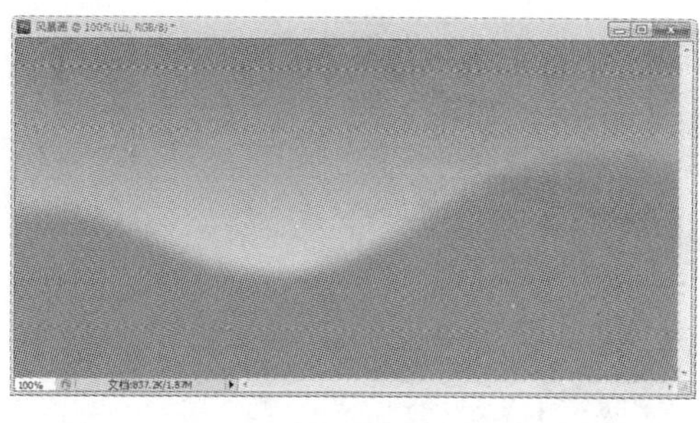

图 3.16　绘制山

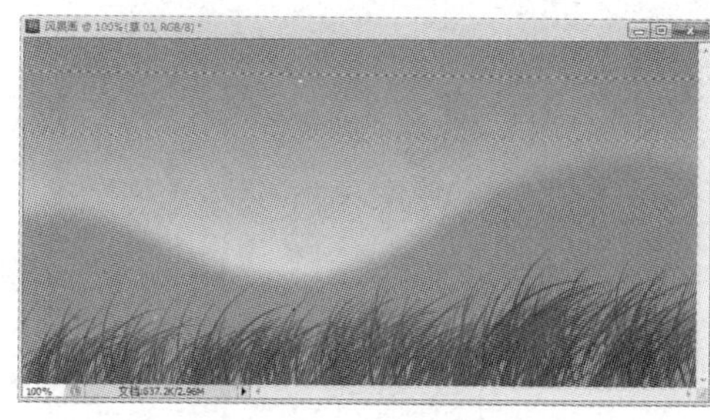

图 3.17　绘制沙丘草

07 执行【窗口】|【图层】命令，打开【图层】面板，单击【图层】面板下方的【创建新图层】按钮，新建一个图层，命名为“草 02”。

08 设置前景色为绿色（R：124，G：142，B：95），背景色为深绿色（R：62，G：104，B：66）。使用【画笔工具】，在属性栏【画笔笔尖形状】中选择【草】画笔，调整其画笔大小为 120px 左右，在“草 02”图层上绘制草的形状，如图 3.18 所示。

09 执行【窗口】|【图层】命令，打开【图层】面板，单击【图层】面板下方的【创建新图层】按钮，新建一个图层，命名为“草 03”。

10 设置前景色为浅灰色（R：175，G：165，B：115），背景色为绿色（R：71，G：127，B：89）。使用【画笔工具】，在属性栏【画笔笔尖形状】中选择【沙丘草】画笔和【草】画笔，调整其笔尖主直径为 150px 左右，在“草 03”图层上绘制草的形状，如图 3.19 所示。

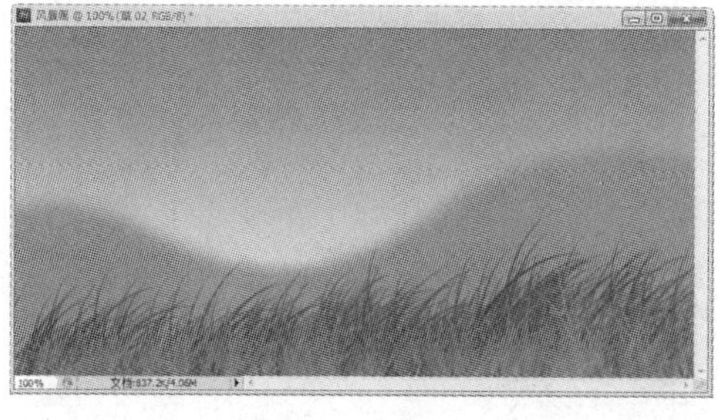

图 3.18　绘制草一

图 3.19　绘制草二

11 执行【窗口】|【图层】命令，打开【图层】面板，单击【图层】面板下方的【创建新图层】按钮，新建一个图层，命名为“花”。

12 设置前景色为橙色（R：176，G：125，B：83），背景色为灰色（R：178，G：152，B：129）。使用【画笔工具】，在其属性栏【画笔笔尖形状】中选择【绒毛球】画笔，调整其笔尖主直径为 80px 左右，在“花”图层上点缀花的形状，如图 3.20 所示。

13 执行【窗口】|【图层】命令，打开【图层】面板，单击【图层】面板下方的【创

图 3.20　绘制花

建新图层】按钮，新建一个图层，命名为“云”。

14 设置前景色为白色。使用【画笔工具】，单击属性栏中的【切换画笔面板】按钮，打开【画笔】面板，【画笔笔尖形状】参数设置如图 3.21 所示。

15 勾选【纹理】复选框，选择【云彩】纹理，缩放 118%，如图 3.22 所示。

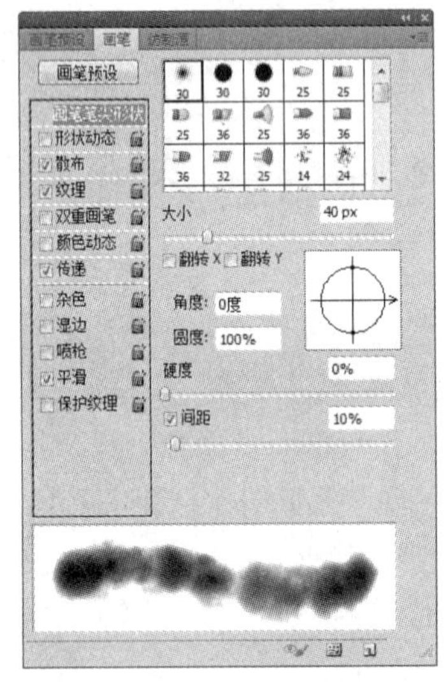

图 3.21　【画笔笔尖形状】参数设置

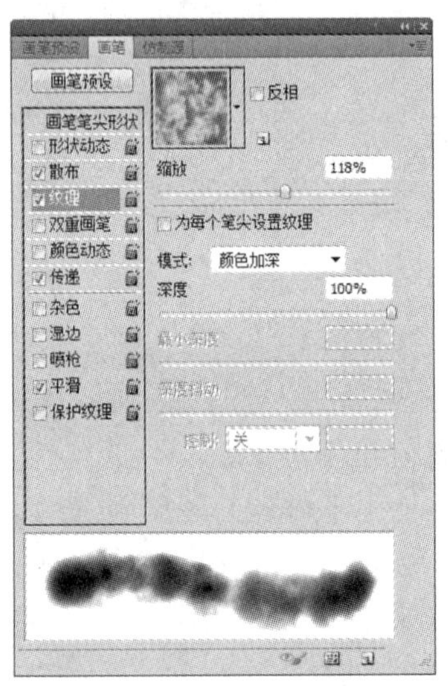

图 3.22　【纹理】参数设置

16 勾选【传递】复选框，设定【不透明度抖动】值为 100%，如图 3.23 所示。

17 勾选【散布】复选框，设定【散布】值为 33%，如图 3.24 所示。

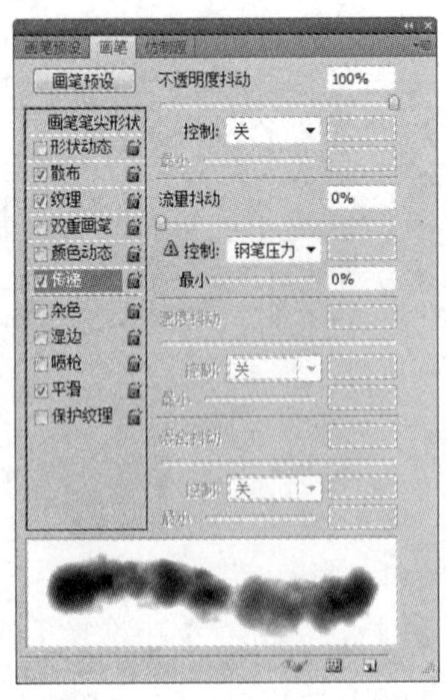

图 3.23　【不透明度抖动】参数设置

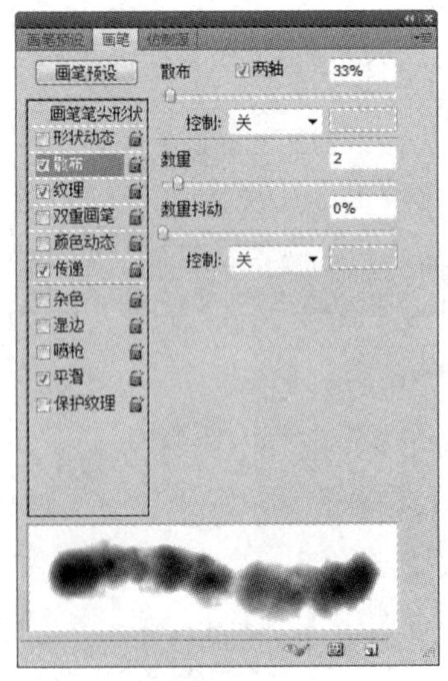

图 3.24　【散布】参数设置

18 在【画笔工具】属性栏中设定不透明度为 80%。然后在“云”图层上绘制云的形状，设置“云”图层不透明度为 85%，如图 3.25 所示。

19 右击“云”图层，在弹出的快捷菜单中执行【复制图层】命令，得到“云 副本”。使用【移动工具】把“云 副本”图层向左下方移动。按 Ctrl + T 组合键变换云的大小。在【图层】面板中设定“云 副本”图层不透明度为 35%，效果如图 3.26 所示。

图 3.25　绘制云

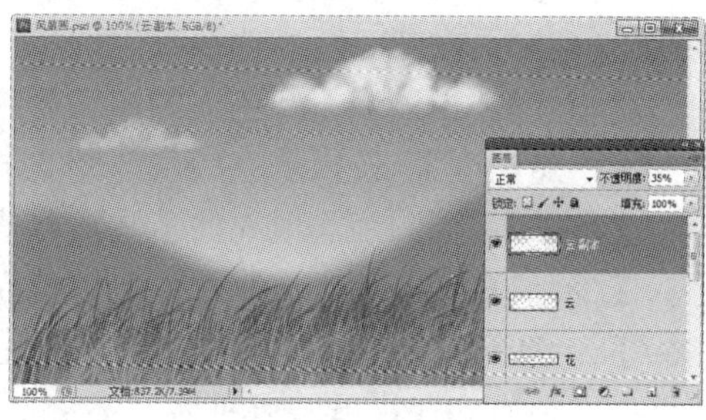

图 3.26　复制“云”图层

20 最终效果如图 3.1 所示。保存文件为“风景画.psd”。

小贴士

使用各种不同样式画笔绘制图像时，如对绘制的图像有部分不满意，可使用【橡皮擦工具】将其擦除。在绘制过程中，注意画面虚实处理和各部分的位置关系。

任务 3.2　油漆桶工具、渐变工具的应用——绘制气球

【油漆桶工具】和【渐变工具】是对图像进行上色的重要工具。使用【油漆桶工具】可根据像素的颜色近似程度来填充颜色或图案，使用【渐变工具】可对选区或整个图像填充渐变色。

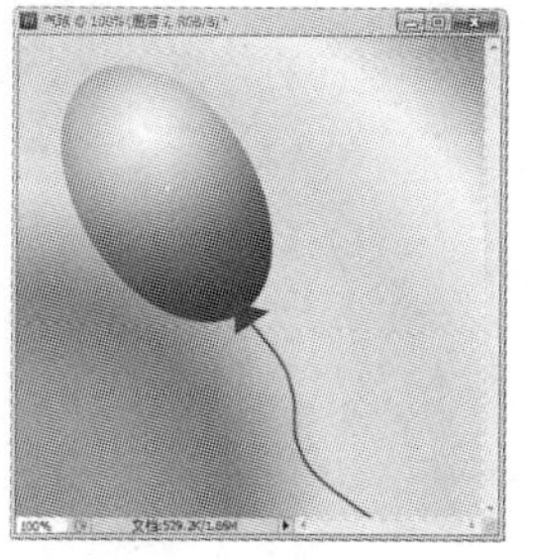

图 3.27　气球效果图

◎ 任务目的

通过制作如图 3.27 所示的“气球”，学习【油漆桶工具】和【渐变工具】的使用方法和技巧。

相关知识

1. 油漆桶工具

使用【油漆桶工具】，根据像素颜色的近似程度来填充颜色，填充的颜色为前景色或图案。【油漆桶工具】的属性栏如图 3.28 所示。

图 3.28 【油漆桶工具】的属性栏

1)【前景】: 使用工具箱中的前景色填充图像。单击其右侧的下拉按钮，在弹出的下拉列表中选择【图案】选项时，可使用系统自带的图案或自定义的图案进行填充；当选择了【图案】选项时，在其后面的选择框中选择一个图案。

2)【模式】: 设置填充颜色或图案和原图像颜色的混合模式。

3)【不透明度】: 设置填充颜色或图案的透明程度。

4)【容差】: 控制每次填充的范围，数值越大，所填充的范围越大。

5)【消除锯齿】: 勾选该复选框可使填充的边缘保持平滑。

6)【连续的】: 勾选该复选框，填充的区域是和鼠标单击点相似并连续的部分，否则填充的区域是所有和鼠标单击点相似，不管是否和鼠标单击点连续的部分。

7)【所有图层】: 勾选该复选框，不管当前在哪个图层操作，对所有图层都起作用，而不是只针对当前操作的图层。

2. 渐变工具

使用【渐变工具】可填充渐变色，如果不创建选区，将作用于整个图像。【渐变工具】的属性栏如图 3.29 所示。

图 3.29 【渐变工具】的属性栏

1)【渐变编辑器】: 选择渐变颜色。单击渐变颜色条，弹出【渐变编辑器】对话框，如图 3.30 所示，设置渐变颜色。

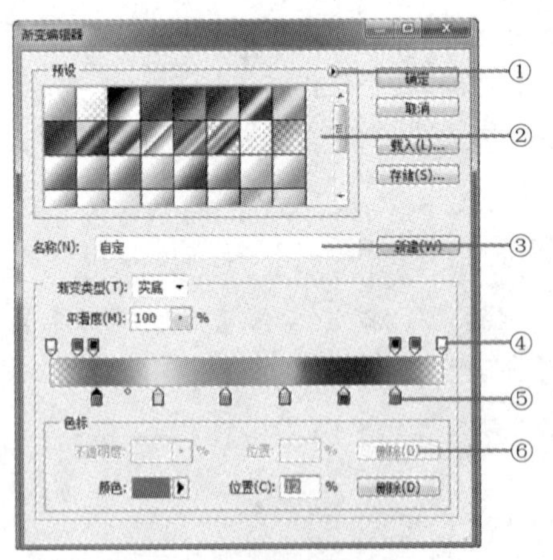

图 3.30 【渐变编辑器】对话框

①单击该按钮可弹出菜单，用来载入其他内定的渐变色或将修改后的渐变色恢复到初始状态。②渐变颜色显示窗口。③渐变色名称栏。④不透明度标记点，设置渐变色的透明程度。⑤颜色标记点，设置渐变颜色。添加渐变颜色只需在颜色条下方单击，则可增加一种颜色，双击颜色标记点，可设置颜色。删除渐变颜色，只需将颜色标记点直接向下拖动，直至颜色消失。⑥透明度或颜色标记点的数据删除按钮。

2）设置渐变类型：有线性渐变、径向渐变、角度渐变、对称渐变、菱形渐变。

3）【反向】：勾选该复选框，可将现有的渐变色逆转方向。

4）【仿色】：控制色彩的显示，勾选该复选框可使色彩过渡更平滑。

5）【透明区域】：勾选该复选框，可打开透明蒙版，使绘制图像时保持透明填色效果。

任务实施

技能点拨：新建一个图像文件。打开【图层】面板，在背景图层上使用【渐变工具】填充渐变色，作为背景。新建一个图层，创建一个气球选区，使用【渐变工具】填充渐变色，作为气球。使用【画笔工具】绘制气球的线，最终完成作品。

实施步骤

01 新建文件。执行【文件】|【新建】命令，弹出【新建】对话框，参数设置如图 3.31 所示。

02 使用【渐变工具】，设置属性栏中渐变类型为【径向渐变】，不透明度为 50%，单击渐变颜色条，弹出【渐变编辑器】对话框，设置渐变色名称为“色谱”，如图 3.32 所示。

03 在图像文件上，将鼠标指针从左下角拖动至右上角，效果如图 3.33 所示。

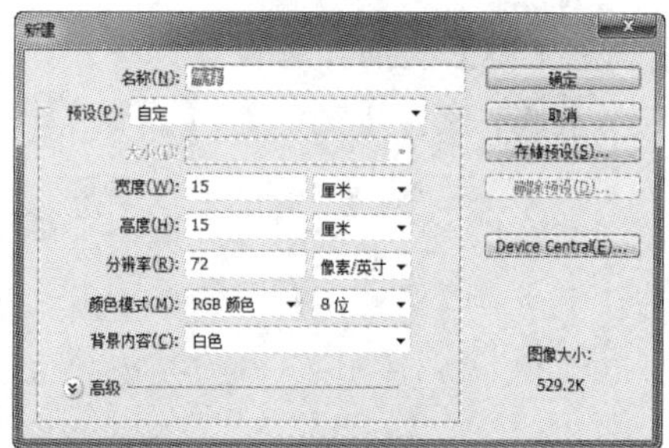

图 3.31　【新建】对话框

04 执行【窗口】|【图层】命令，打开【图层】面板，单击【图层】面板下方的【创建新图层】按钮，新建一个图层。使用【椭圆选框工具】和【多边形套索工具】创建如图 3.34 所示的选区。

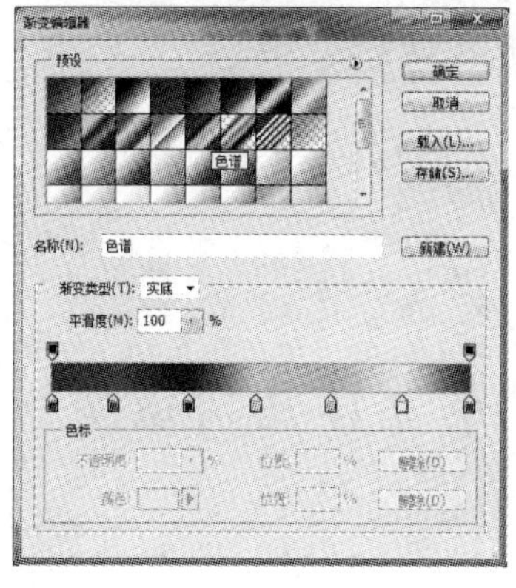

图 3.32　设置名称为“色谱”

图 3.33　使用【渐变工具】上色

05 选择【渐变工具】，设置渐变类型为【径向渐变】，不透明度为100%，单击渐变颜色条，弹出【渐变编辑器】对话框，设置渐变色，如图3.35所示。

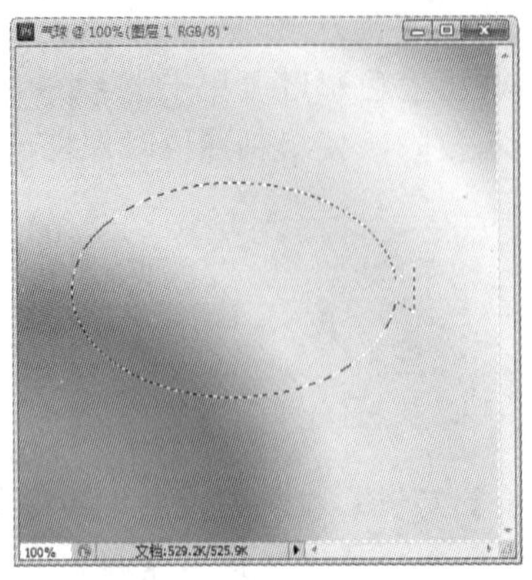

图3.34 创建选区

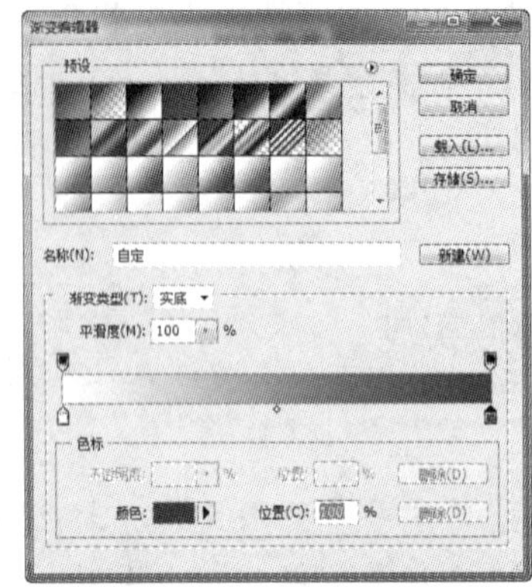

图3.35 【渐变编辑器】参数设置

06 在选区中填充渐变色，效果如图3.36所示。

07 取消选区，执行【编辑】|【变换】|【旋转】命令，将其移动到合适位置，效果如图3.37所示。

08 取消选区。单击【图层】面板下方的【创建新图层】按钮，新建一个图层。使用【画笔工具】将前景色设置为黑色，绘制气球的线。

09 执行【文件】|【存储】命令，保存图像文件。最终效果如图3.27所示。

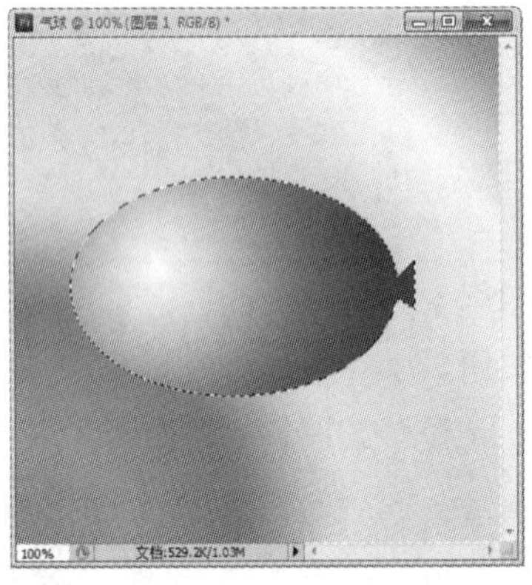

图3.36 使用【渐变工具】上色

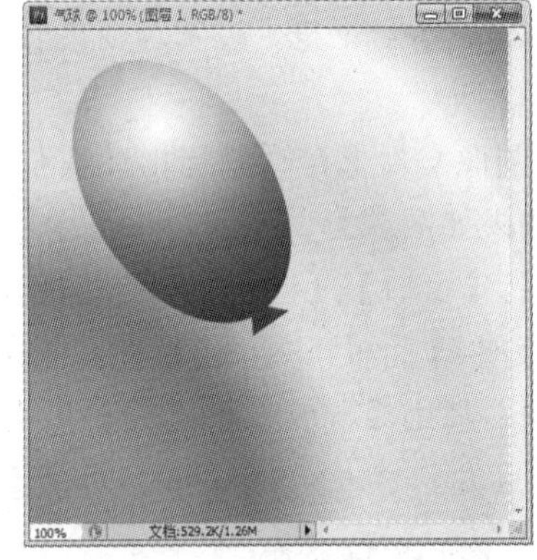

图3.37 旋转气球效果图

图像的变形——绘制立体几何造型

◎ 任务目的

通过制作如图3.38所示的“立体几何造型”，掌握图像编辑变形的方法。

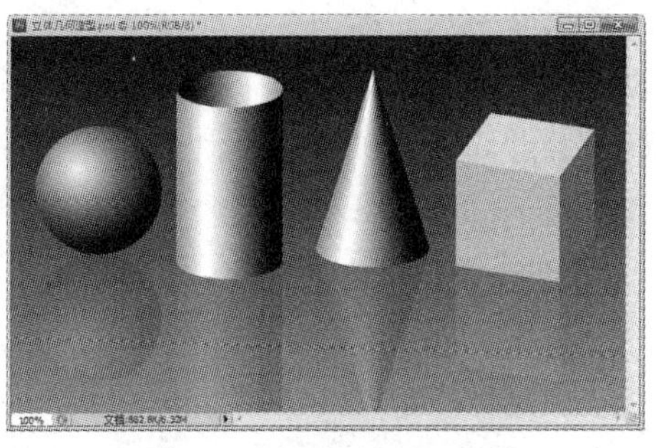

图 3.38　立体几何造型效果图

相关知识

执行【编辑】|【自由变换】(或【变换】) 命令，可以对整个图层、图层中选中的部分区域、多个图层、图层蒙版，甚至路径、矢量图形、选择范围和 Alpha 通道进行缩放、旋转、斜切、扭曲和透视等多种变形。

1.【编辑】|【自由变换】菜单

选择要进行变形的图层或区域，执行【编辑】|【自由变换】命令，或按Ctrl+T组合键，出现如图 3.39 所示的变换控件，即可对对象进行简单的缩放、旋转变形。其中中间标记黑色圆圈部分为变换中心，它是做变形操作的旋转缩放中心。要调整变换中心，按Alt键拖动变换中心即可。

2.【编辑】|【变换】菜单

【编辑】|【变换】菜单中包括【缩放】、【旋转】、【斜切】、【扭曲】、【透视】和【变形】命令，如图 3.40 所示。

1)【斜切】命令：主要做斜切变形，变形效果如图 3.41 所示。

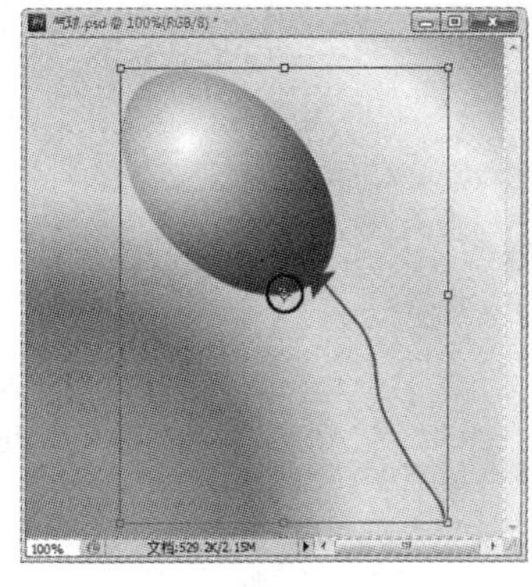

图 3.39　变换控件

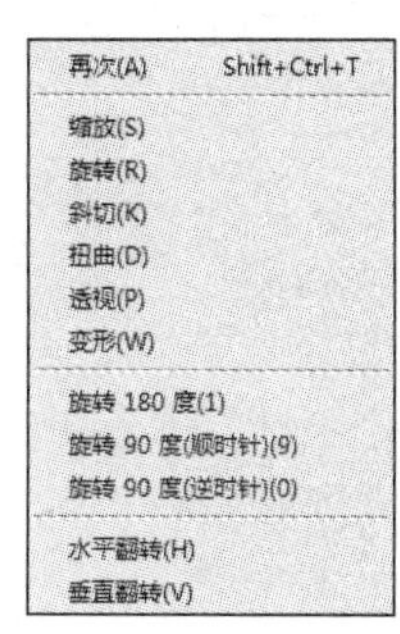

图 3.40　【编辑】|【变换】菜单

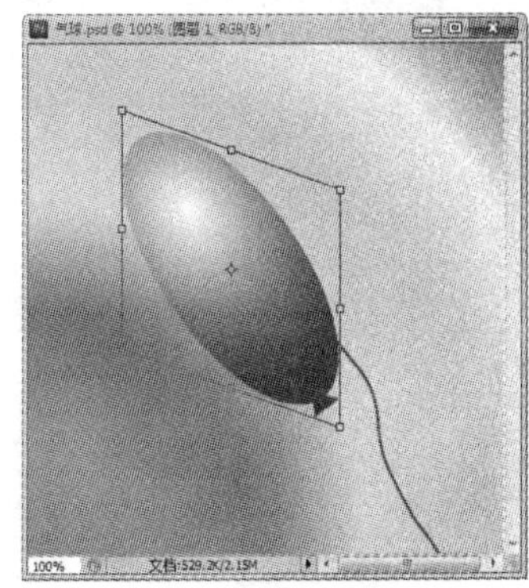

图 3.41　【斜切】效果

2)【扭曲】命令：主要做扭曲变形，变形效果如图 3.42 所示。

3)【透视】命令：主要做透视变形，变形效果如图 3.43 所示。

4)【变形】命令：调整各变形控件，可做任意变形，变形效果如图 3.44 所示。

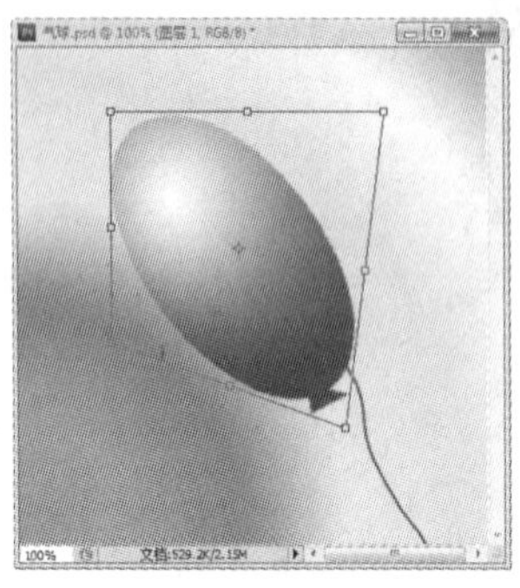

图 3.42 【扭曲】效果

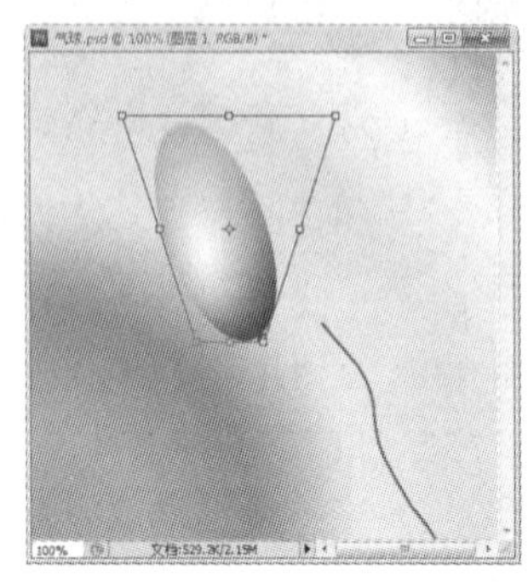

图 3.43 【透视】效果

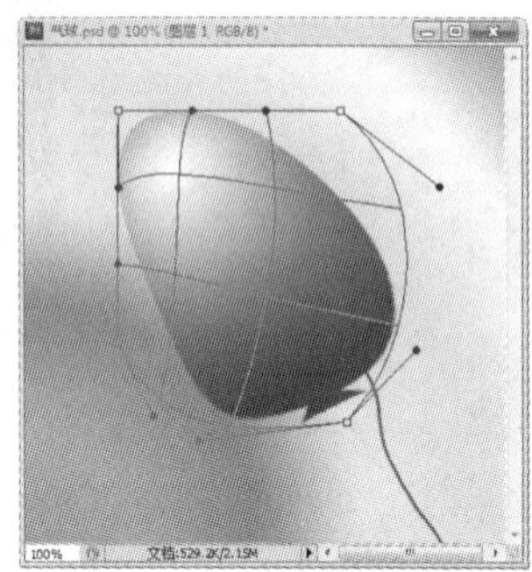

图 3.44 【变形】效果

任务实施

技能点拨：新建一个图像文件。打开【图层】面板，在背景图层上使用【渐变工具】填充渐变色，作为背景。新建一个图层，创建正圆选区，填充渐变色，绘制圆球。新建一个图层，创建矩形选区，填充渐变色，绘制圆筒。新建一个图层，创建矩形选区，填充渐变色，做【透视】变形，绘制圆锥。新建一个图层，创建矩形选区，填充颜色，做【斜切】变形，绘制立方体。

实施步骤

01 新建文件。执行【文件】|【新建】命令，弹出【新建】对话框，参数设置如图 3.45 所示。

02 使用【渐变工具】，设置属性栏中的渐变类型为【线性渐变】，单击渐变颜色条，弹出【渐变编辑器】对话框，设置渐变颜色为紫色（#d476fb）—深紫色（#1c062f），参数设置如图 3.46 所示。

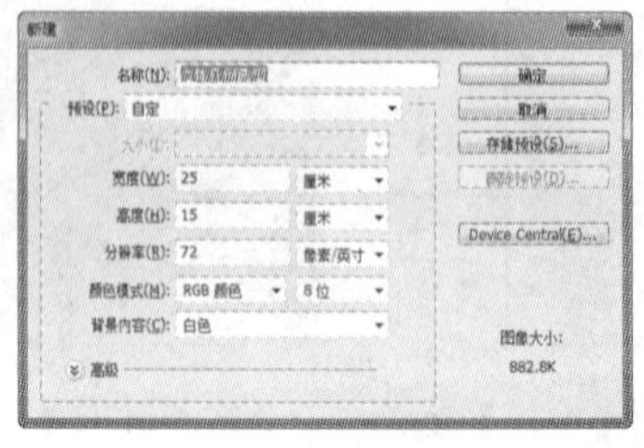

图 3.45 【新建】对话框

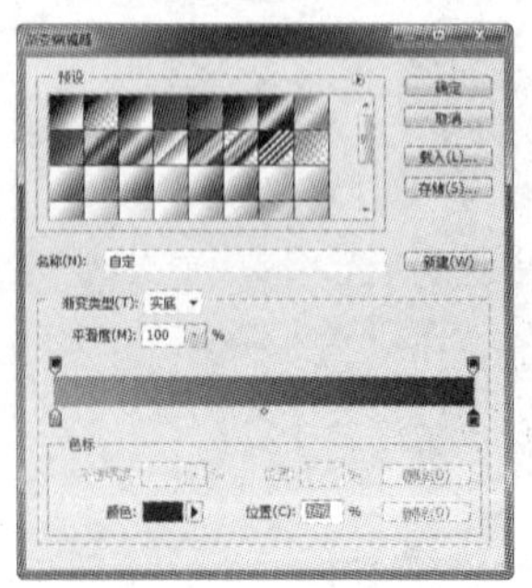

图 3.46 【渐变编辑器】参数设置

03 在图像文件上，从下至上做一渐变，效果如图 3.47 所示。

04 绘制圆球。执行【窗口】|【图层】命令，打开【图层】面板，单击【图层】面板下方的【创建新图层】按钮，新建一个图层“图层 1”。使用【椭圆选框工具】创建一个正圆选区。

05 使用【渐变工具】，设置属性栏中的渐变类型为【径向渐变】，渐变颜色为白色—黑色，从选区的左上角向右下角做一渐变，效果如图 3.48 所示。

图 3.47　填充渐变色

图 3.48　绘制圆球

06 制作倒影。复制“图层 1”生成“图层 1 副本”，执行【编辑】|【变换】|【垂直翻转】命令，使用【移动工具】将其向下移动。设置该图层不透明度为 15%，效果如图 3.49 所示。

07 使用【矩形选框工具】创建一矩形选区。使用【渐变工具】，设置属性栏中的渐变类型为【线性渐变】，单击渐变颜色条，弹出【渐变编辑器】对话框，设置渐变颜色为灰色（#a2a2a2）—白色—黑色—深灰色（#171717），参数设置如图 3.50 所示。

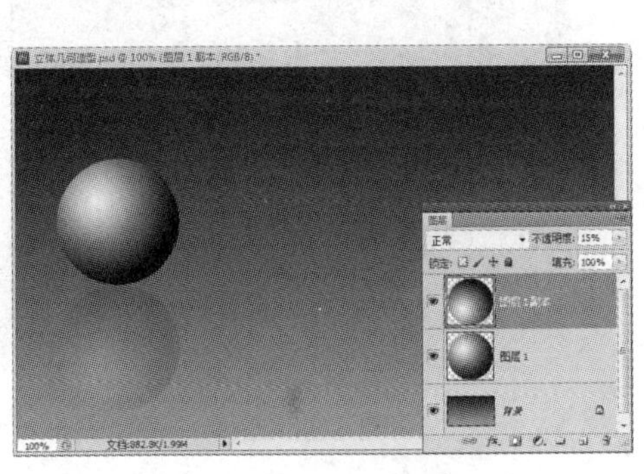

图 3.49　复制垂直翻转图层

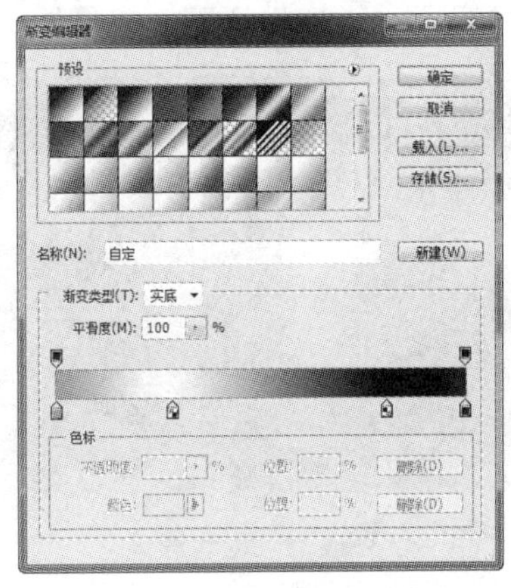

图 3.50　【渐变编辑器】参数设置

08 绘制圆筒。单击【图层】面板下方的【创建新图层】按钮，新建“图层 2”。在选区中从左向右填充渐变色，取消选区，效果如图 3.51 所示。

09 使用【椭圆选框工具】，创建一个椭圆选区，效果如图 3.52 所示。

10 使用【渐变工具】，在选区中从右向左填充渐变色，效果如图 3.53 所示。将选区向下移动，效果如图 3.54 所示。

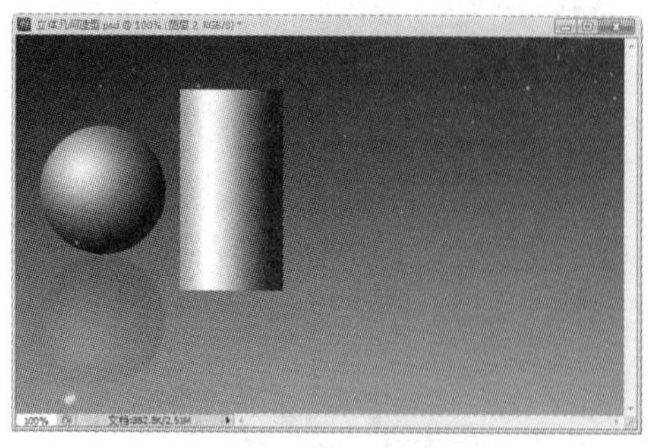

图 3.51　填充渐变色一

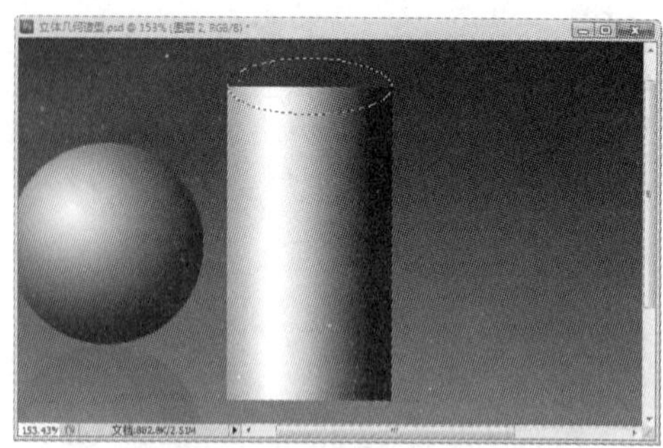

图 3.52　创建椭圆选区

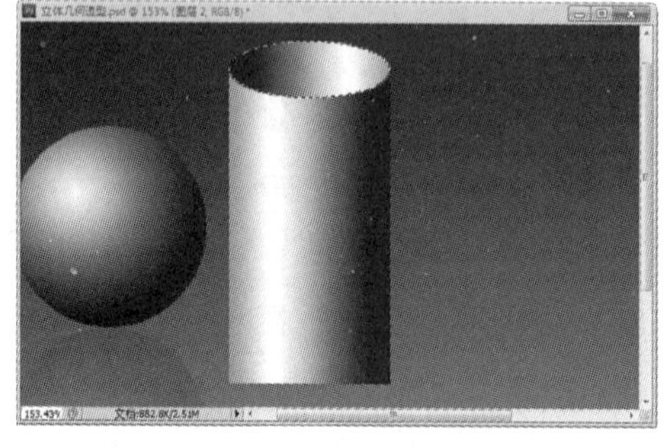

图 3.53　填充渐变色二

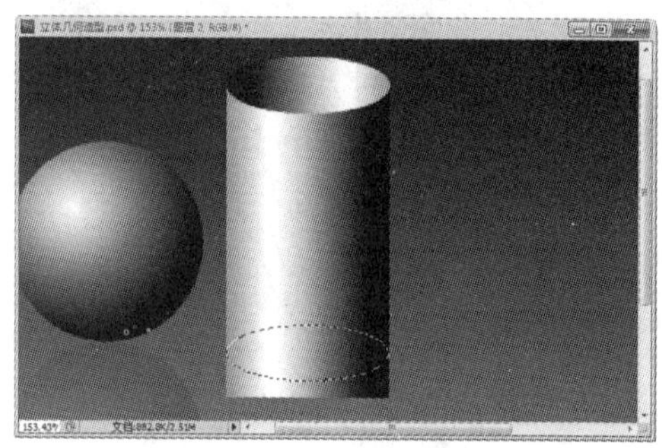

图 3.54　移动选区

11 使用【矩形选框工具】，在属性栏中单击【添加到选区】按钮，在原选区基础上再创建一个矩形选区，效果如图 3.55 所示。执行【选择】|【反向】命令，将选区反选，删除选区中的图像，取消选区，效果如图 3.56 所示。

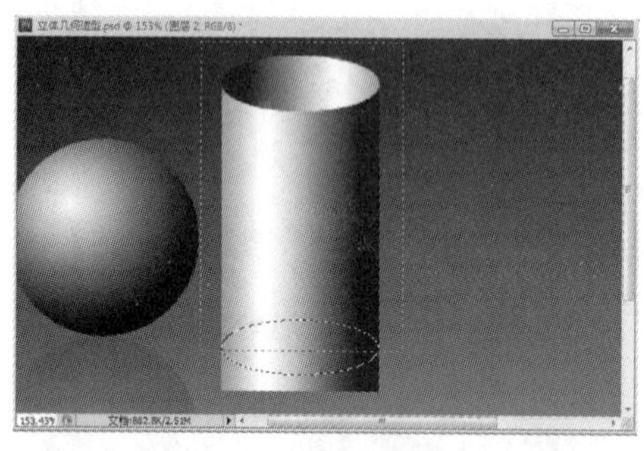

图 3.55　创建选区

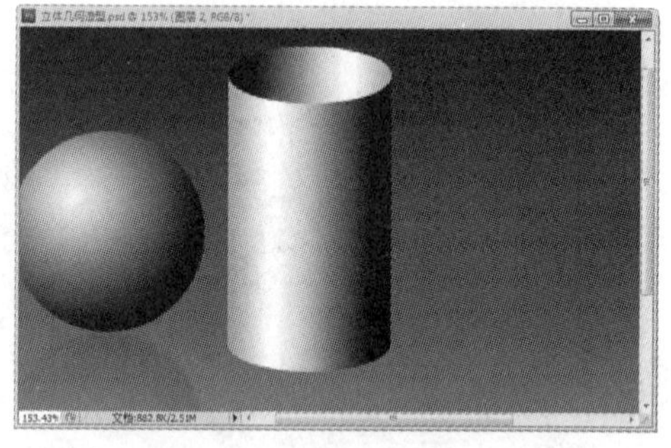

图 3.56　删除图像

12 制作倒影。复制圆筒图层，使用【移动工具】将其向下移动。设置该图层不透明度为 15%，将倒影图层移动到圆筒图层下方，效果如图 3.57 所示。

13 绘制圆锥。单击【图层】面板下方的【创建新图层】按钮，新建“图层 3”。使用【渐变工具】，在选区中从左向右填充渐变色，取消选区，效果如图 3.58 所示。

14 执行【编辑】|【变换】|【透视】命令，做如图 3.59 所示的【透视】变形。使用【椭圆选框工具】创建一个椭圆选区，效果如图 3.60 所示。

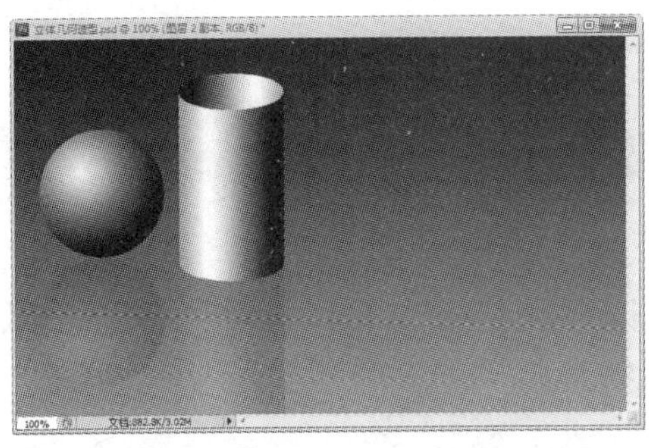

图 3.57　复制移动图层

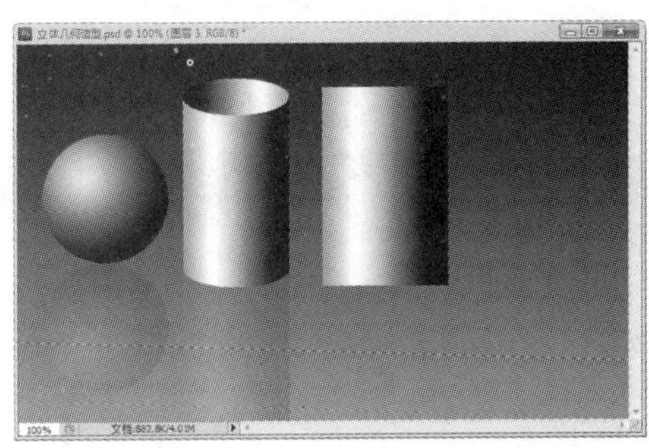

图 3.58　填充渐变色

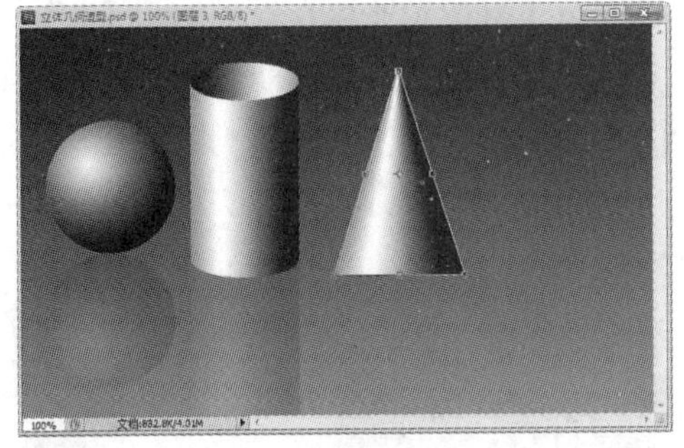

图 3.59　【透视】变形

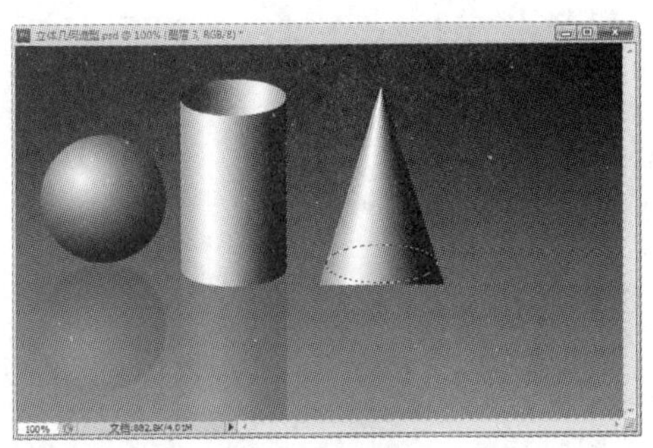

图 3.60　创建选区

15 使用【矩形选框工具】，在属性栏中单击【添加到选区】按钮，在原选区基础上再创建一个矩形选区，效果如图 3.61 所示。执行【选择】|【反向】命令，将选区反选，删除选区中的图像，取消选区，效果如图 3.62 所示。

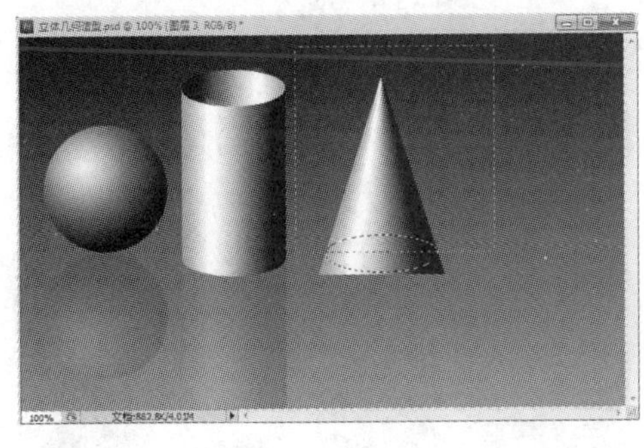

图 3.61　创建选区

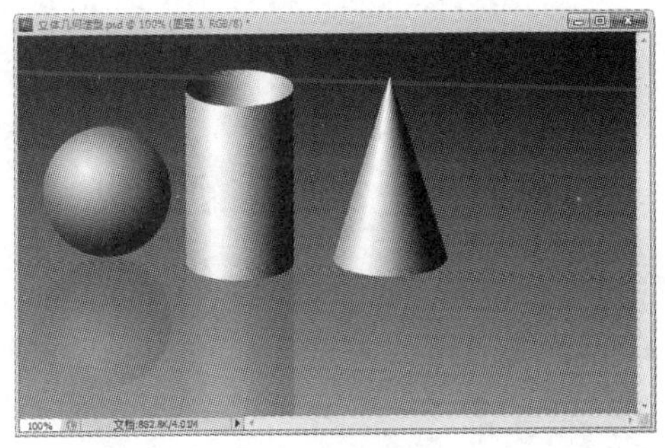

图 3.62　删除图像

16 绘制倒影。复制圆锥图层，执行【编辑】|【变换】|【垂直翻转】命令，使用【移动工具】将其向下移动。设置该图层不透明度为 15%，将倒影图层移动到圆锥图层下方，效果如图 3.63 所示。

17 绘制立方体。设置前景色为灰色（#c8c8c8）。单击【图层】面板下方的【创建新图层】按钮，新建“图层 4”。使用【矩形选框工具】创建一个正方形选区，填充前景色，取消选区，效果如图 3.64 所示。

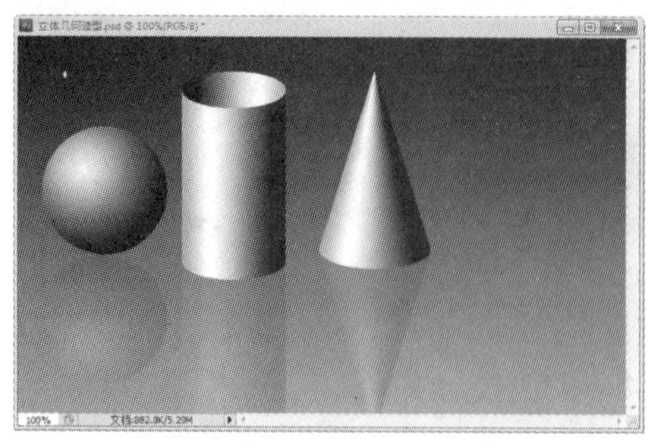

图 3.63　复制翻转图层

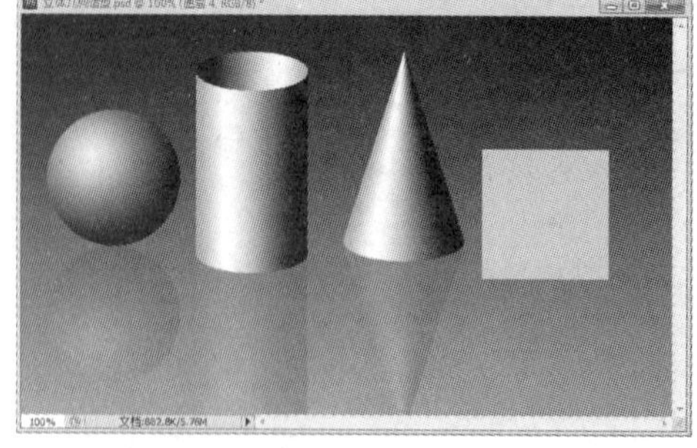

图 3.64　填充前景色

18 执行【编辑】|【变换】|【斜切】命令，进行【斜切】变形，效果如图 3.65 所示。

19 设置前景色为灰色（#e3e3e3）。单击【图层】面板下方的【创建新图层】按钮，新建“图层 5”。使用【矩形选框工具】创建一个矩形选区，填充前景色，取消选区，效果如图 3.66 所示。

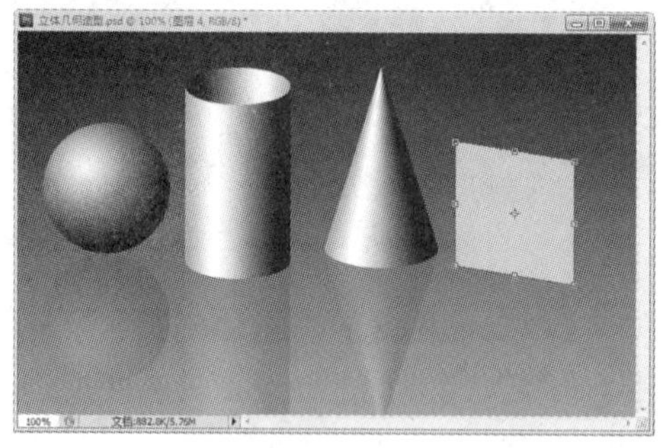

图 3.65　【斜切】变形一

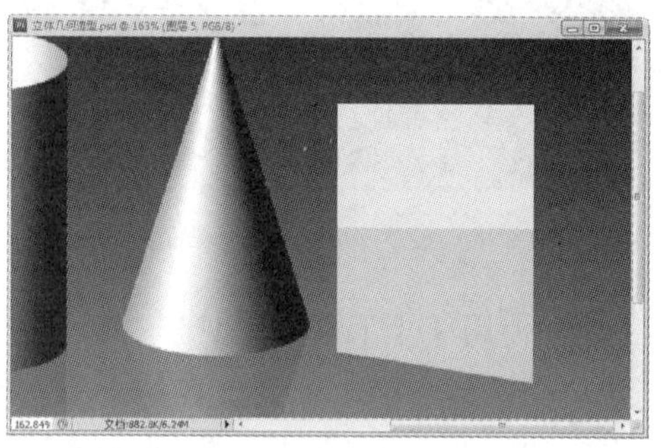

图 3.66　填充前景色

20 使用【移动工具】将其向上移动。执行【编辑】|【变换】|【斜切】命令，进行【斜切】变形，效果如图 3.67 所示。按 Ctrl+T 组合键，旋转图层，调整位置，效果如图 3.68 所示。

图 3.67　【斜切】变形二

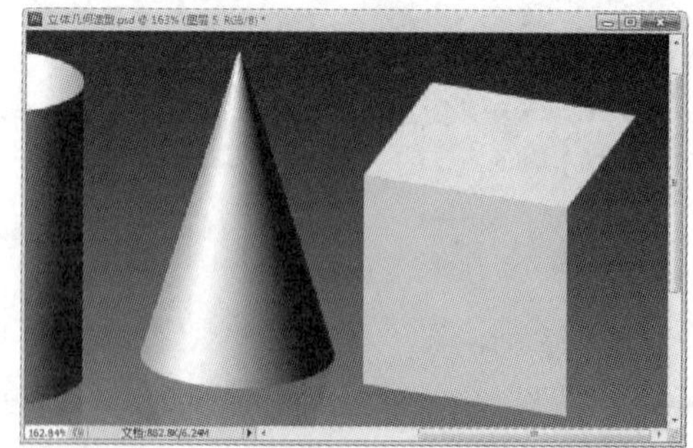

图 3.68　旋转图像

21 设置前景色为灰色（#686868）。单击【图层】面板下方的【创建新图层】按钮，新建“图层 6”。使用【矩形选框工具】创建一个矩形选区，填充前景色，取消选区，效果如图 3.69 所示。

22 使用【移动工具】将其向右移动。按 Ctrl + T 组合键，调整图像宽度，效果如图 3.70 所示。

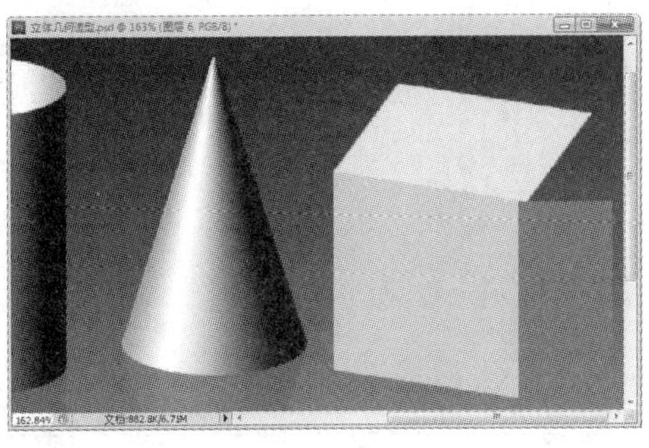

图 3.69　填充前景色

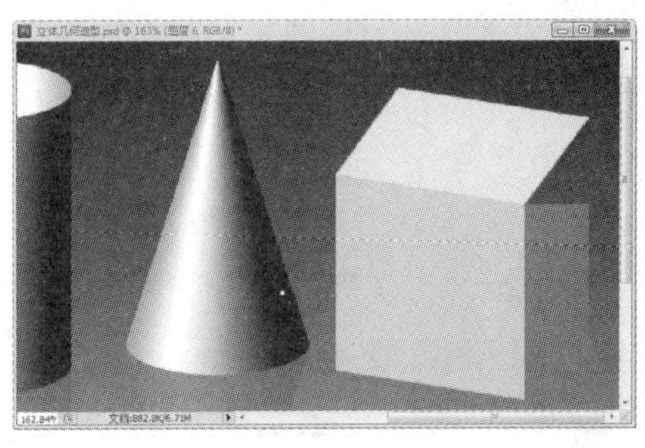

图 3.70　变形图像

23 执行【编辑】|【变换】|【斜切】命令，进行【斜切】变形，效果如图 3.71 所示。

24 合并立方体图层。将所有立方体的图层选中，执行【图层】|【合并图层】命令，制作倒影。将合并后的图层复制，使用【移动工具】将其向下移动，设置该图层不透明度为 15%，将倒影图层移动到立方体图层下方。最终效果如图 3.38 所示。

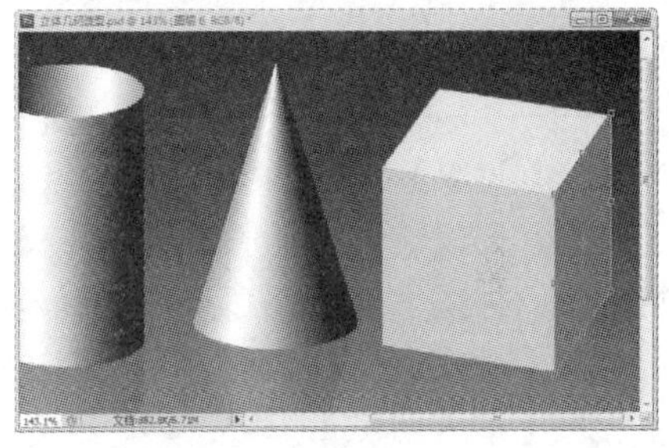

图 3.71　【斜切】变形

任务 3.4　图像的填充和描边——绘制彩色铅笔

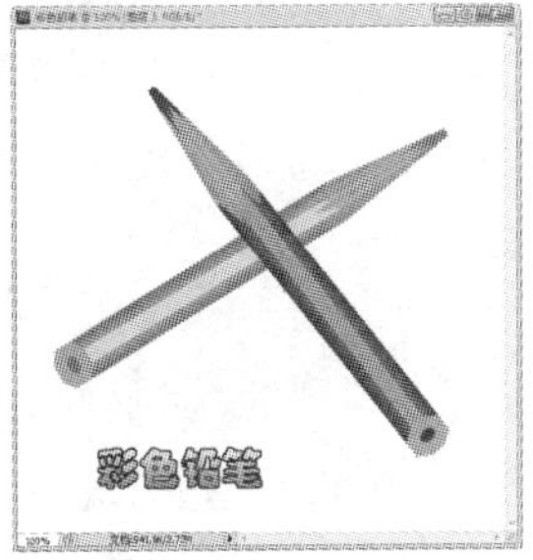

图 3.72　彩色铅笔效果图

图像的填充除了使用【油漆桶工具】填充颜色或图案之外，还可使用菜单命令。使用菜单命令可以在选区内或整个图像上填充颜色或图案，可对选区进行描边处理。

◎ 任务目的

通过制作如图 3.72 所示的“彩色铅笔”，学习使用菜单命令对图像进行填充和描边。

相关知识

1. 图像的填充

图像的填充除了使用【油漆桶工具】，还可以使用菜单命令。执行【编辑】|【填充】

命令，弹出【填充】对话框，如图 3.73 所示，设置其中参数，即可对图像填充颜色或图案。

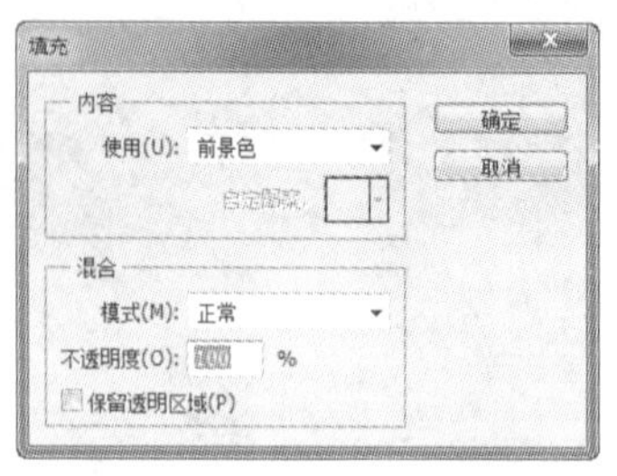

图 3.73 【填充】对话框

小贴士

图案的定义：在图像文件中创建一个羽化值为 0 的矩形选区，执行【编辑】|【定义图案】命令，即可将选区内的图像定义为图案。

1)【使用】：设置填充的内容，有【前景色】、【背景色】、【颜色】(自定义的颜色)、【图案】、【历史记录】、【黑色】、【50%灰色】和【白色】。若选择【图案】选项，在【自定图案】中选择一种图案。图案可以是系统自带的，也可以是自定义的。

2)【模式】：设置填充颜色或图案与原图像颜色的混合模式。

3)【不透明度】：设置填充颜色或图案的透明程度。

4)【保留透明区域】：勾选该复选框，可以保护图像中的透明区域不被填充。若当前操作图层为背景图层，则该项不可用。

2. 图像的描边

图像的描边有 3 种方法。一是使用菜单命令，执行【编辑】|【描边】命令；二是执行画笔描边路径命令；三是添加【描边】图层样式。在本任务中主要介绍第一种方法。执行【编辑】|【描边】命令，弹出【描边】对话框，如图 3.74 所示，设置其中参数，即可对选区或图层进行描边。

图 3.74 【描边】对话框

1)【宽度】：设置描边的宽窄。

2)【颜色】：设置描边的颜色。单击其右侧的颜色块，弹出【选取描边颜色：】对话框，在对话框设置描边的颜色。

3)【位置】：设置描边的位置，【内部】是以图像或选区边缘为基准向内描边；【居中】是以图像或选区边缘为基准向内外各描 1/2 宽度的边；【居外】是以图像或选区边缘为基准向外描边。

任务实施

技能点拨：新建一个图像文件。打开【图层】面板，新建一个图层，创建一个矩形选区，使用【渐变工具】填充渐变色，作为铅笔的笔杆部分。使用【多边形套索工具】在笔尖部分创建一个选区，对其颜色进行调整，变换大小。使用【多边形套索工具】在铅笔的底端创建一个选区，填充颜色，最终完成作品。

实施步骤

01 新建文件。执行【文件】|【新建】命令，弹出【新建】对话框，参数设置如图 3.75 所示。

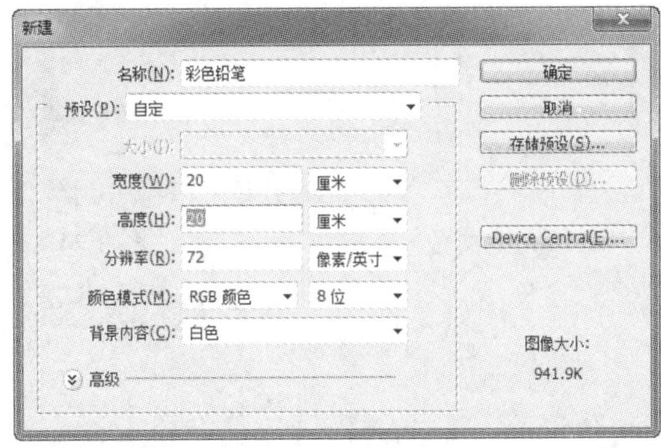

图 3.75　【新建】对话框

02 执行【窗口】|【图层】命令，打开【图层】面板，单击【图层】面板下方的【创建新图层】按钮，新建“图层 1”。

03 使用【矩形选框工具】创建一个矩形选区，效果如图 3.76 所示。

04 使用【渐变工具】，并单击其属性栏的渐变颜色条，弹出【渐变编辑器】对话框，参数设置如图 3.77 所示。渐变颜色是绿色（R：78，G：125，B：3）—浅绿色（R：196，G：230，B：92）—浅绿色（R：196，G：230，B：92）—绿色（R：78，G：125，B：3）。

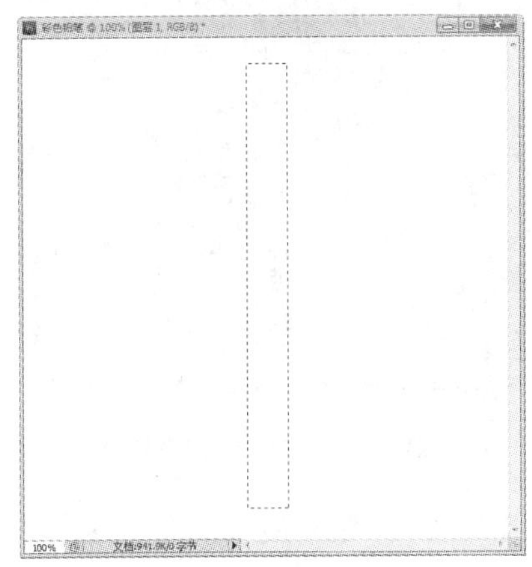

图 3.76　创建选区

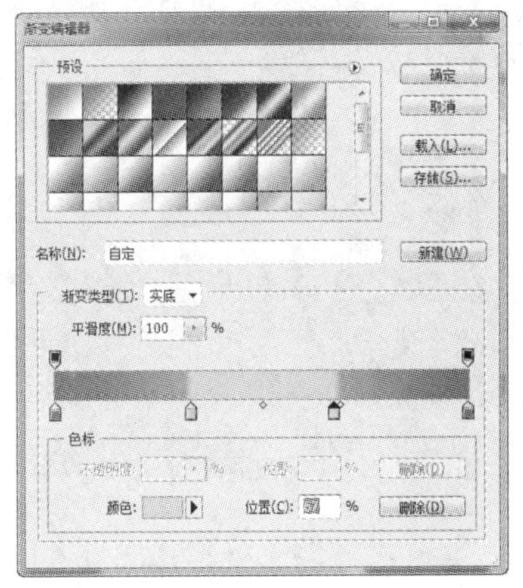

图 3.77　【渐变编辑器】参数设置

05 在选区使用【渐变工具】，设置渐变类型为【线性渐变】，填充颜色效果如图 3.78 所示。

06 在笔尖位置使用【多边形套索工具】，创建如图 3.79 所示的选区。

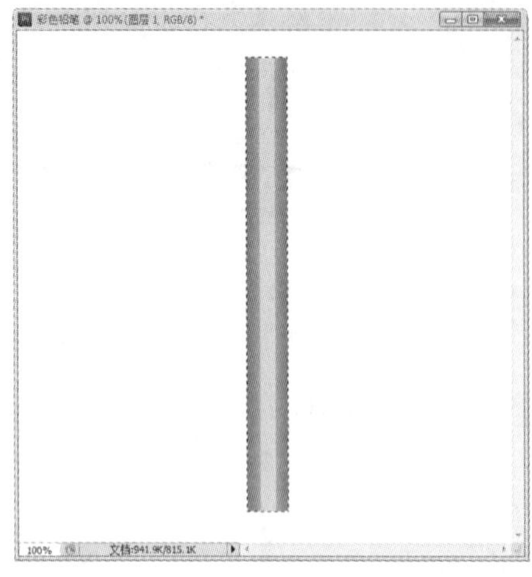

图 3.78 【渐变工具】填充渐变色

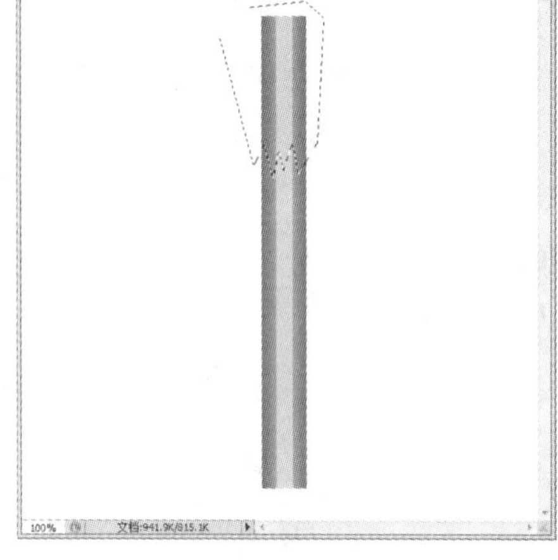

图 3.79 创建选区

07 锁定透明像素。单击【图层】面板上方的【锁定透明像素】按钮，锁定该图层图像的透明像素。

08 添加杂色。执行【滤镜】|【杂色】|【添加杂色】命令，弹出【添加杂色】对话框，参数设置如图 3.80 所示。

09 设置动感模糊。执行【滤镜】|【模糊】|【动感模糊】命令，弹出【动感模糊】对话框，参数设置如图 3.81 所示。

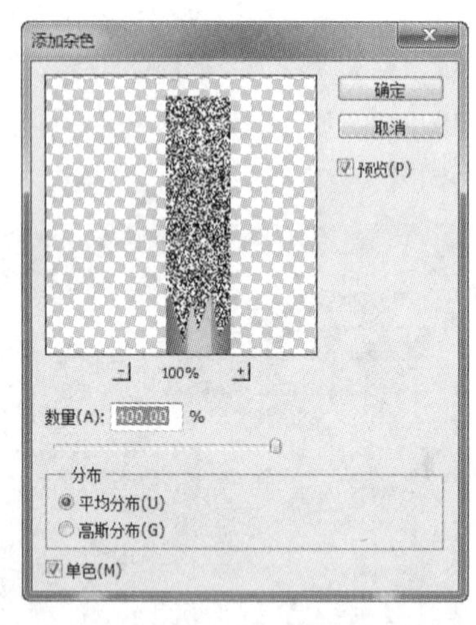

图 3.80 【添加杂色】参数设置

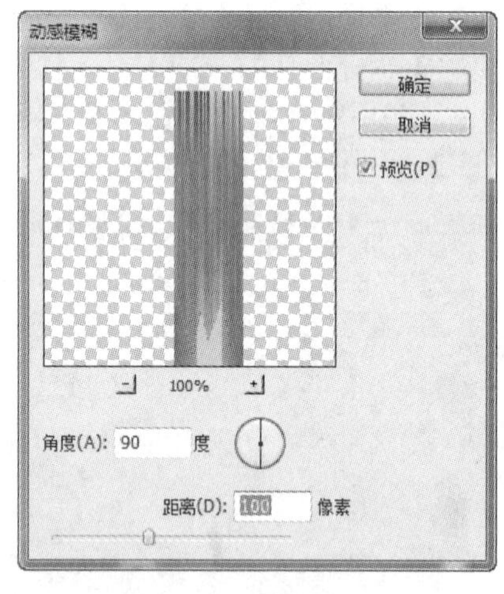

图 3.81 【动感模糊】参数设置

10 调整笔尖颜色。执行【图像】|【调整】|【色相/饱和度】命令，弹出【色相/饱和度】对话框，参数设置如图 3.82 所示。

11 将选区竖直向上移动，效果如图 3.83 所示。

12 执行【编辑】|【填充】命令，设置填充的颜色为绿色（R：78，G：125，B：3）。

13 取消选区。使用【矩形选框工具】创建一个矩形选区，效果如图 3.84 所示。

14 对笔尖进行变形。执行【编辑】|【变形】|【透视】命令，效果如图 3.85 所示。

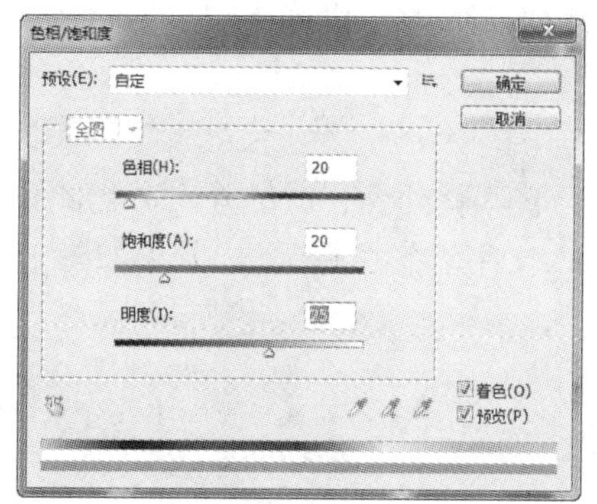

图 3.82　【色相/饱和度】参数设置

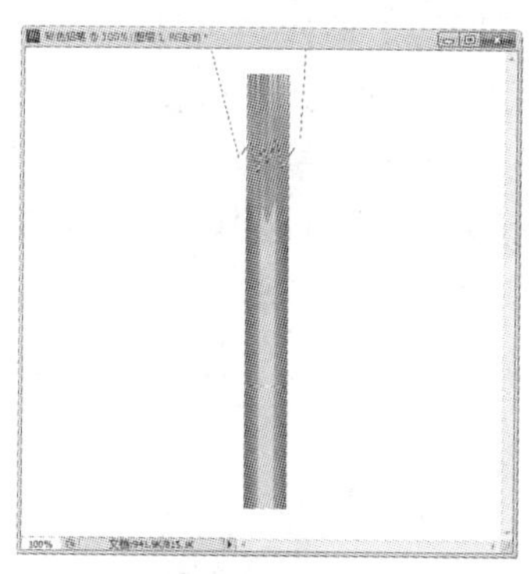

图 3.83　移动选区

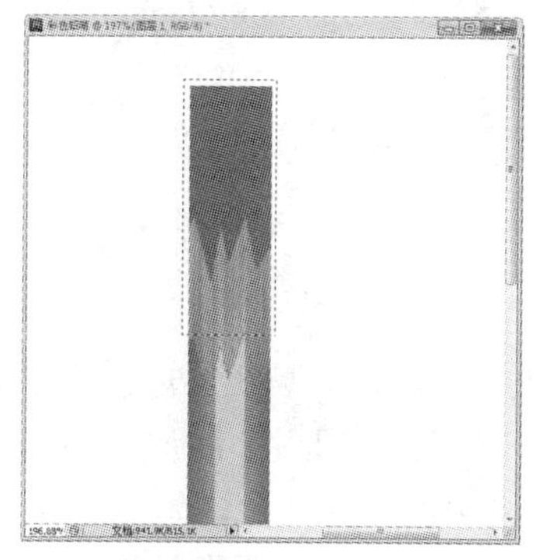

图 3.84　创建矩形选区

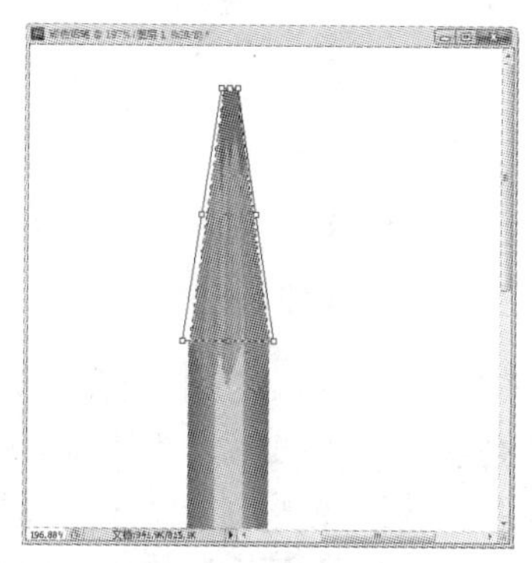

图 3.85　【透视】变形

15 单击【图层】面板下方的【创建新图层】按钮，新建一个图层。使用【多边形套索工具】创建如图 3.86 所示的选区。

16 执行【编辑】|【填充】命令，设置填充的颜色为米黄色（R：186，G：157，B：128）。

17 使用【椭圆选框工具】，在米黄色区域的中间创建一个小椭圆选区，执行【编辑】|【填充】命令，设置填充的颜色为绿色（R：78，G：125，B：3）。取消选区，笔的底端制作完成，效果如图 3.87 所示。

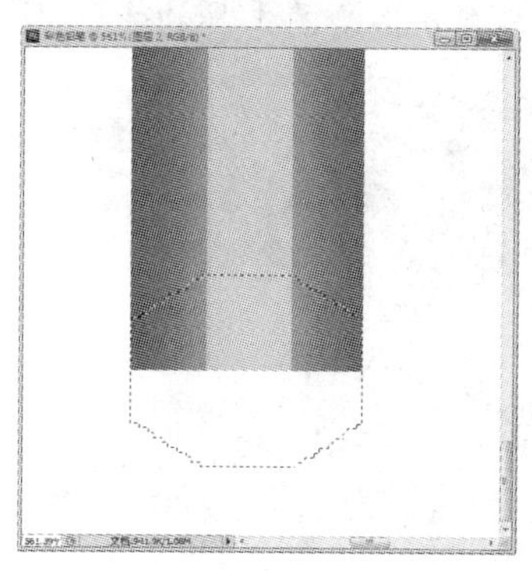

图 3.86　使用【多边形套索工具】创建选区

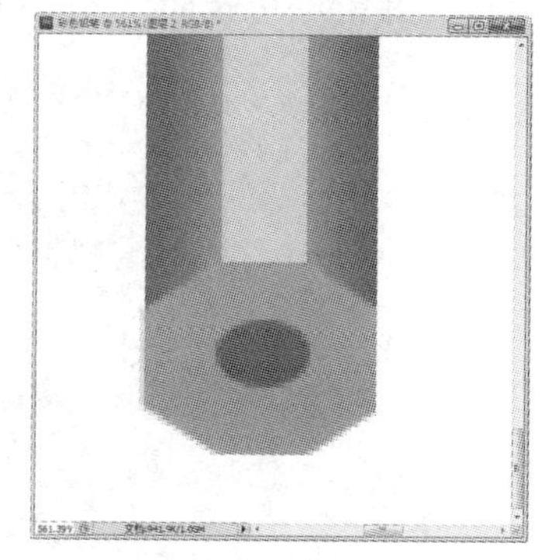

图 3.87　制作笔的底端

18 在【图层】面板上，将铅笔的两个图层都选中，执行【图层】|【合并图层】命令，将铅笔的图层合并成一个图层。

19 使用相同的方法再绘制一把铅笔。

20 执行【编辑】|【变换】|【旋转】命令，将其移动到合适位置，效果如图 3.88 所示。

21 使用【文字工具】，在图像文件中输入文字“彩色铅笔”，效果如图 3.89 所示。

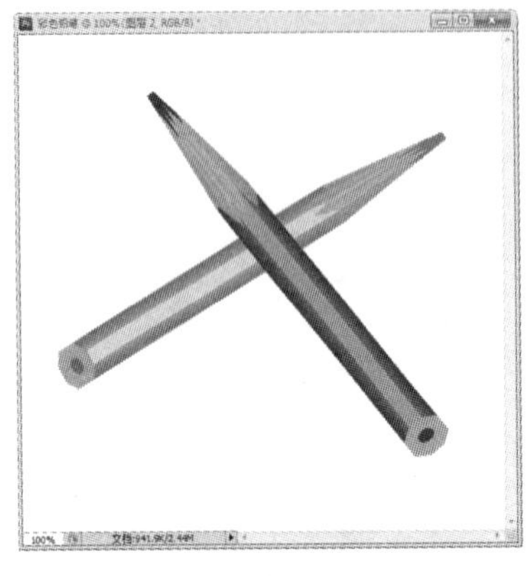

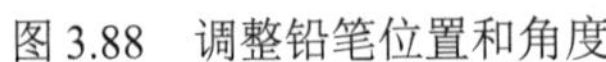

图 3.88　调整铅笔位置和角度

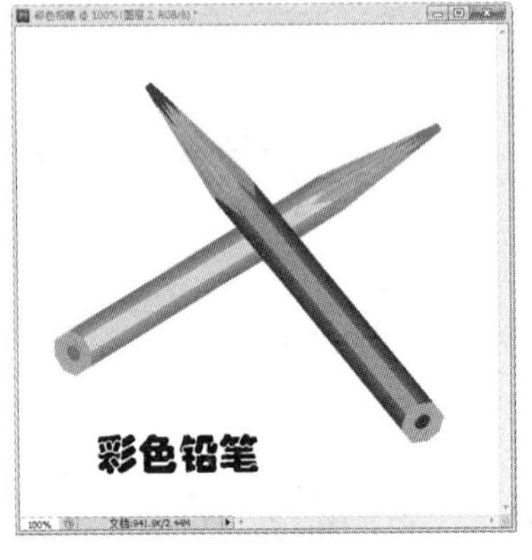

图 3.89　输入文字

22 在【图层】面板上，按住 Ctrl 键，单击文字图层，调出文字的选区。单击【图层】面板下方的【创建新图层】按钮，新建一个图层。在选区中使用【渐变工具】填充渐变色。

23 执行【编辑】|【描边】命令，设置描边颜色为深蓝色，对选区描边。

24 执行【文件】|【存储】命令，保存图像文件。最终图像效果如图 3.72 所示。

任务 3.5　绘图工具综合应用——绘制卡通小屋

◎ 任务目的

通过制作如图 3.90 所示的“卡通小屋”，熟练掌握绘图工具的使用。

图 3.90　卡通小屋效果图

任务实施

技能点拨：新建一个图像文件。背景主要使用【渐变工具】填充渐变色。屋顶部分主要使用【渐变工具】填充渐变色，做【斜切】变形。房子部分主要使用【渐变工具】填充渐变色。门部分主要使用【渐变工具】填充渐变色，做【透视】变形。窗户的制作方法同门制作方法。最后制作草地，主要使用【渐变工具】填充渐变色，添加【投影】图层样式，最终完成作品。

实施步骤

01 新建文件。执行【文件】|【新建】命令，弹出【新建】对话框，参数设置如图3.91所示。

02 单击【图层】面板下方的【创建新图层】按钮，新建“图层1”。使用【矩形选框工具】创建一个矩形选区，设置前景色为棕色(#8b2a00)，背景色为浅棕色(#c94e2c)。使用【渐变工具】，设置渐变类型为【线性渐变】，在选区中从左向右做一渐变，取消选区，效果如图3.92所示。

03 执行【编辑】|【变换】|【斜切】命令，调整效果如图3.93所示。

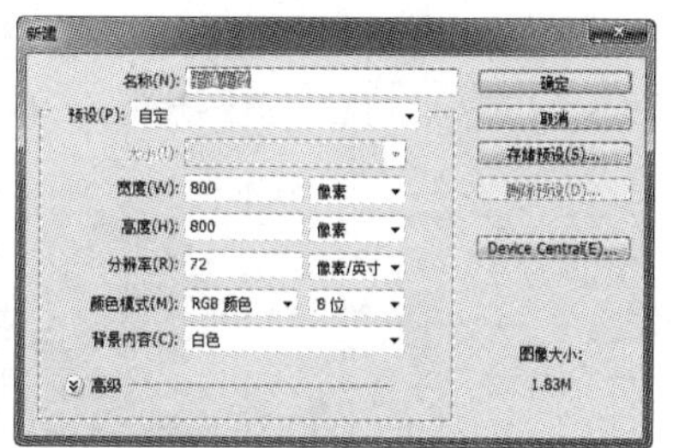

图3.91　新建文件

图3.92　创建矩形选区填充渐变色

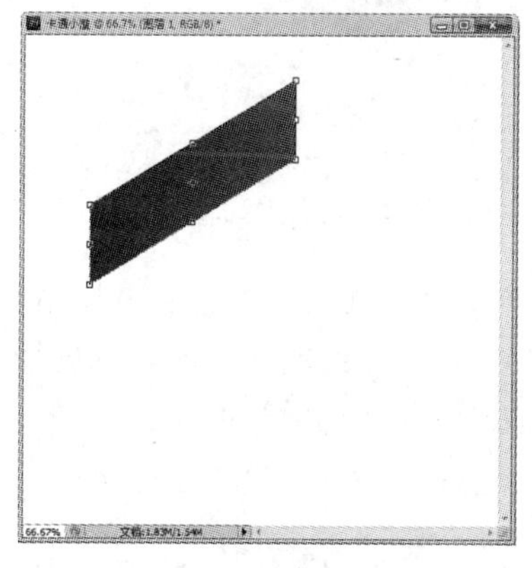

图3.93　【斜切】变形

04 单击【图层】面板下方的【添加图层样式】按钮，添加【内阴影】图层样式，参数设置如图3.94所示。

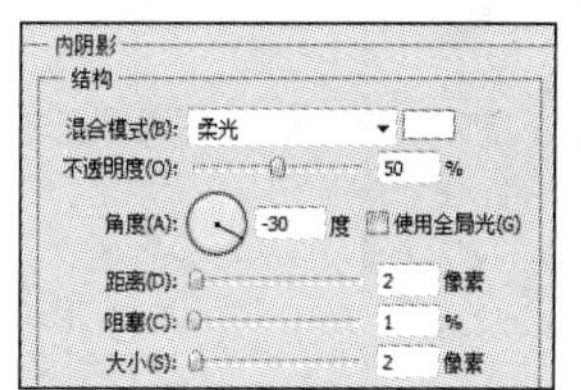

图3.94　【内阴影】参数设置

05 按Ctrl+T组合键，调整大小位置。将该图层复制，执行【编辑】|【变换】|【水平翻转】命令，调整位置，效果如图3.95所示。

06 单击【图层】面板下方的【创建新图层】按钮，新建“图层2”。使用【矩形选框工具】创建一个矩形选区，效果如图 3.96 所示。

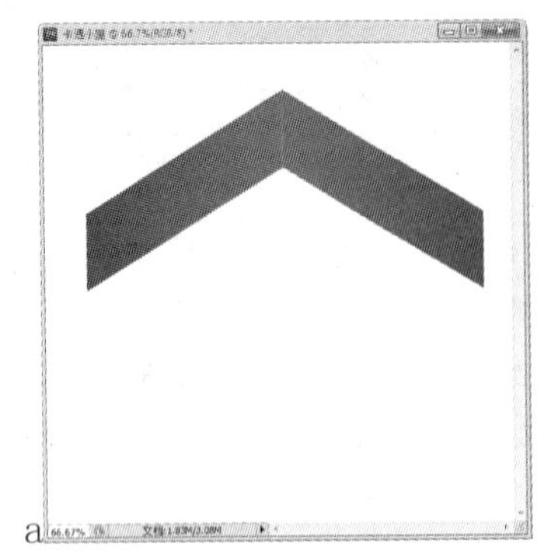

图 3.95　复制图层

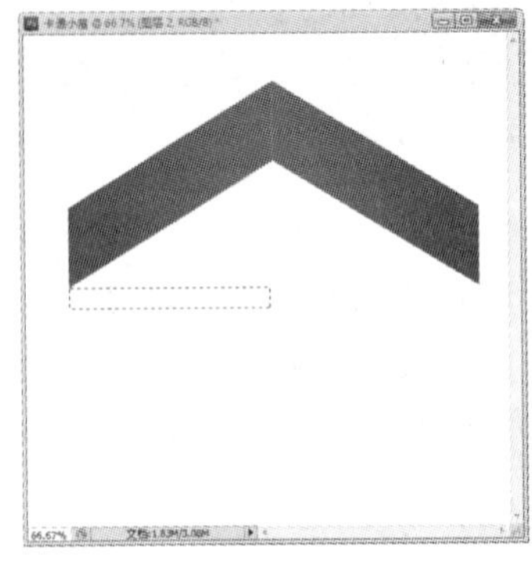

图 3.96　创建矩形选区

07 设置前景色为棕色（#830f00），在选区中填充前景色，取消选区。执行【编辑】|【变换】|【斜切】命令，调整效果如图 3.97 所示。

08 将该图层复制，执行【编辑】|【变换】|【水平翻转】命令，调整位置，效果如图 3.98 所示。选中“图层 2”和“图层 2 副本”，按住 Ctrl+T 组合键将图层合并。

图 3.97　【斜切】变形

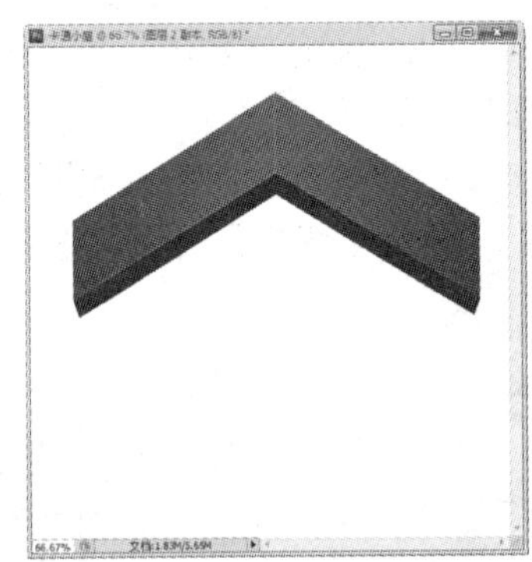

图 3.98　复制水平翻转图层

09 使用选框工具创建如图 3.99 所示的选区。单击【图层】面板下方的【创建新图层】按钮，新建“图层 3”。设置前景色为浅灰色（#e9dfc8），背景色为白色（#ffffff），使用【渐变工具】，设置渐变类型为【线性渐变】，在选区中从下向上做出渐变，效果如图 3.100 所示。

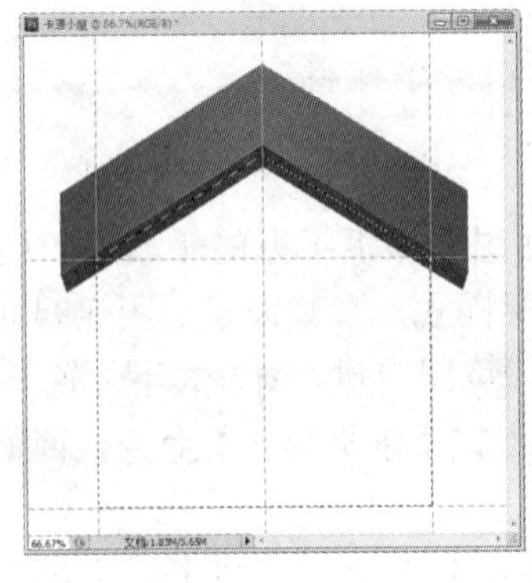

图 3.99　创建选区

图 3.100　填充渐变色

10 取消选区。单击【图层】面板下方的【添加图层样式】按钮，添加【内阴影】和【内发光】图层样式，参数设置如图 3.101 所示。

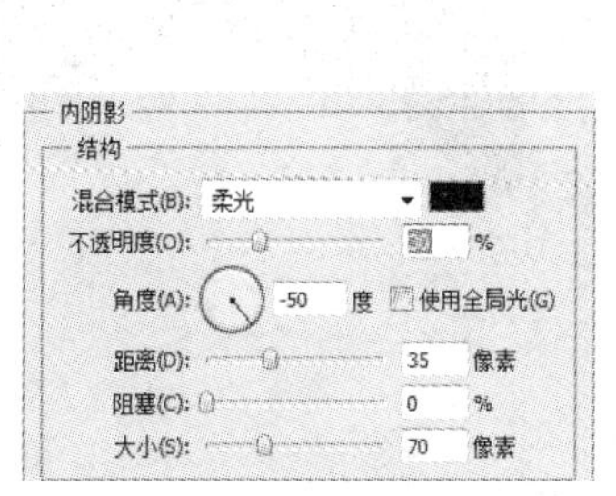

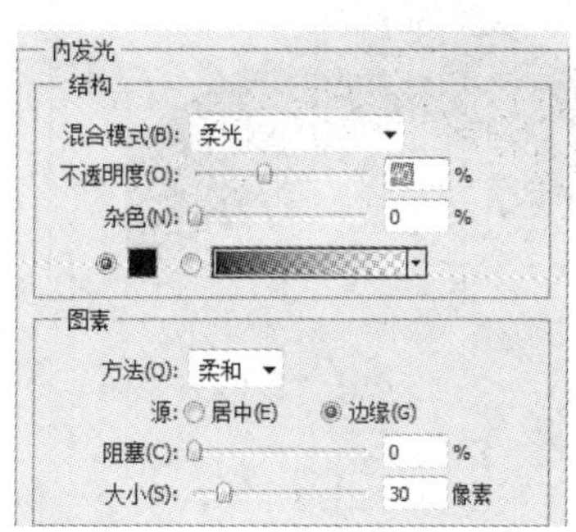

图 3.101　【内阴影】和【内发光】参数设置

11 调整图层位置，将房子图层（“图层 3”）调整到屋檐图层（“图层 2 副本”）下方，效果如图 3.102 所示。

12 绘制屋檐投影。将“图层 2 副本”重命名为“屋檐”。复制“屋檐”图层生成“屋檐 副本”图层。设置前景色为黑色。选中“屋檐”图层，单击【图层】面板上方的【锁定透明像素】按钮，锁定该图层图像的透明像素，如图 3.103 所示。按 Alt + Delete 组合键，填充前景色。

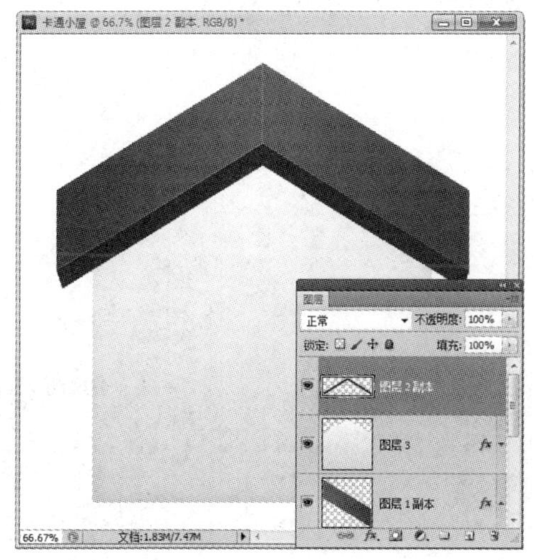

图 3.102　调整图层位置

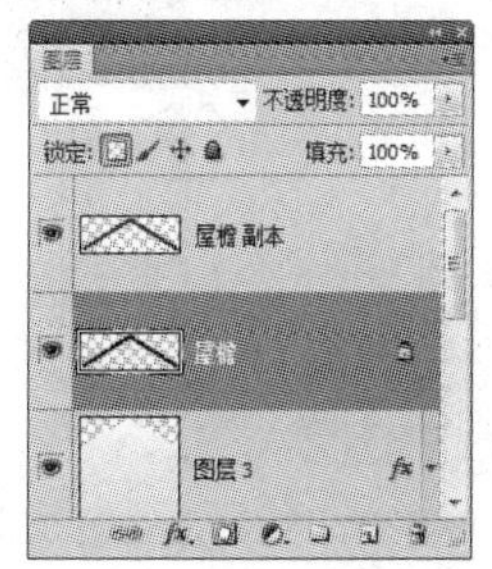

图 3.103　锁定图层透明像素

13 解除透明像素的锁定。再次单击【图层】面板上方的【锁定透明像素】按钮。执行【滤镜】|【模糊】|【高斯模糊】命令，弹出【高斯模糊】对话框，设置半径为 12px。按 Ctrl + T 组合键，将阴影缩小，向下移动，设置该图层不透明度为 40%，如图 3.104 所示。

14 单击【图层】面板下方的【创建新图层】按钮，新建“图层 4”，重命名为“门”。使用【矩形选框工具】创建一个矩形选区，效果如图 3.105 所示。

图 3.104　绘制屋檐投影

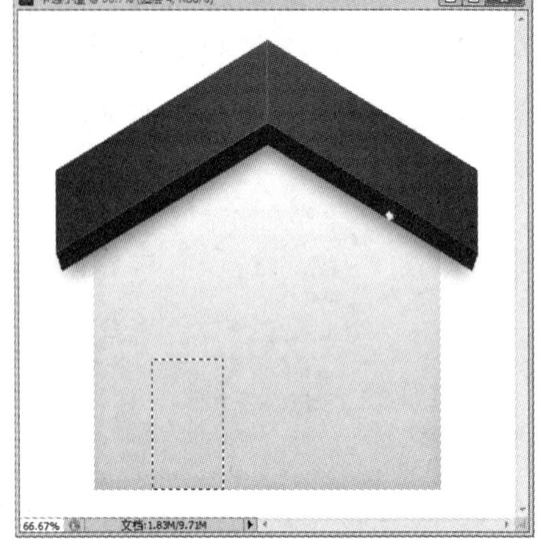

图 3.105　创建矩形选区

15 设置前景色为米色（#c7904a），背景色为米色（#e4b474）。使用【渐变工具】，设置渐变类型为【线性渐变】，在选区中从下向上做出渐变，取消选区，效果如图 3.106 所示。

16 单击【图层】面板下方的【添加图层样式】按钮，添加【内阴影】和【内发光】图层样式，参数设置如图 3.107 所示，效果如图 3.108 所示。

图 3.106　填充渐变色

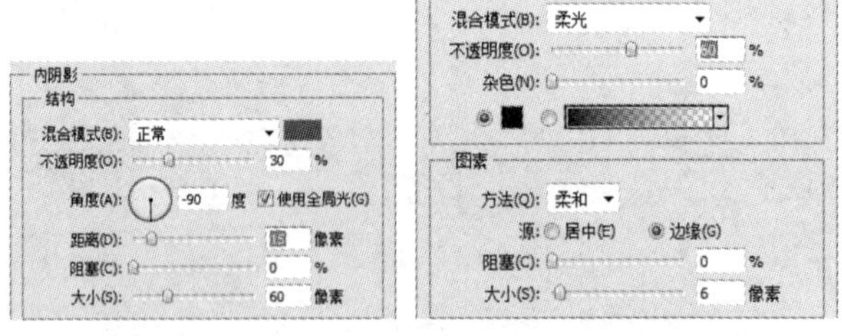

图 3.107　【内阴影】和【内发光】参数设置

17 单击【图层】面板下方的【创建新图层】按钮，新建“图层 5”。使用【矩形选框工具】创建一个矩形选区，执行【选择】|【修改】|【平滑】命令，弹出【平滑选区】对话框，设置取样半径为 4px。使用【渐变工具】，设置渐变类型为【线性渐变】，在选区中从下向上做出渐变，取消选区，效果如图 3.109 所示。

18 单击【图层】面板下方的【添加图层样式】按钮，添加【内阴影】、【投影】和【内发光】图层样式，参数设置如图 3.110 所示。

图 3.108　添加图层样式后的效果

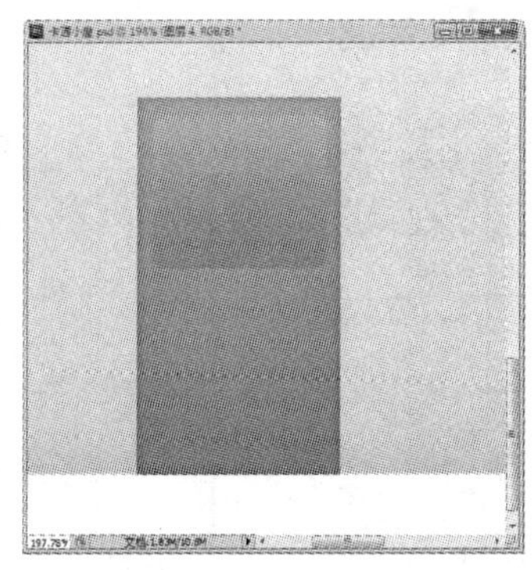
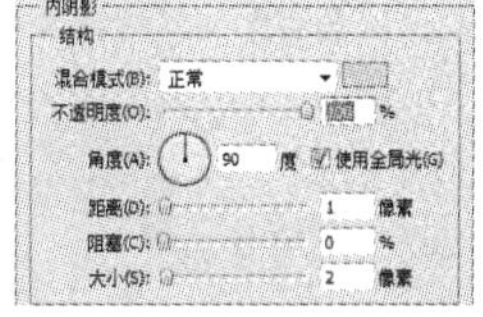

图 3.109　填充渐变色

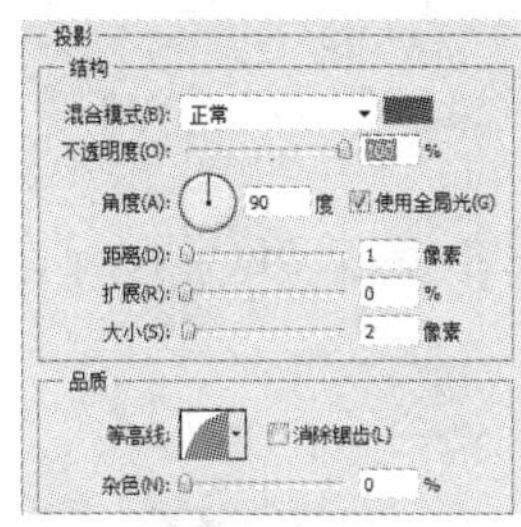

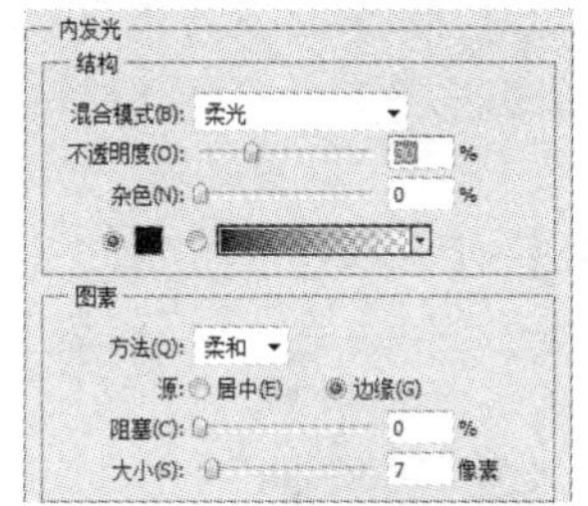

图 3.110　【内阴影】、【投影】和【内发光】参数设置

19 复制该图层，将其向下移动，效果如图 3.111 所示。

20 单击【图层】面板下方的【创建新图层】按钮，新建“图层 6”。使用【椭圆选框工具】创建一个正圆选区。使用【渐变工具】，设置渐变类型为【径向渐变】，在选区中从中心向外做出白色—黑色渐变，效果如图 3.112 所示。

图 3.111　复制图层

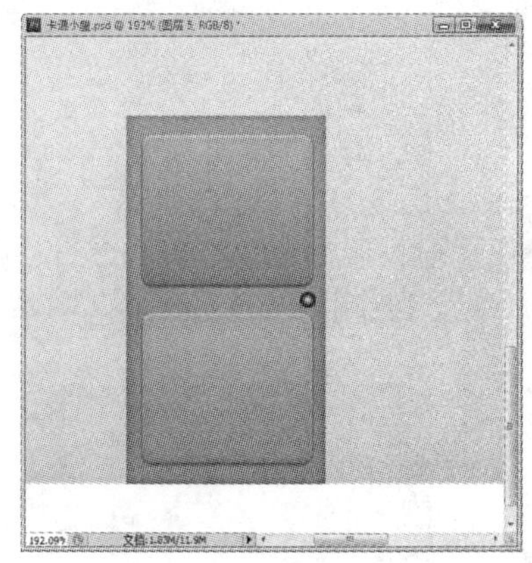

图 3.112　填充渐变色

21 单击【图层】面板下方的【创建新图层】按钮，新建“图层 7”。使用【矩形选框工具】创建一个矩形选区，设置前景色为棕色（#bd5834），背景色为棕色（#8e2c05）。使用【渐变工具】，设置渐变类型为【线性渐变】，在选区中从下向上做出渐变，取消选区，效果如图 3.113 所示。

22 执行【编辑】|【变换】|【透视】命令，调整如图 3.114 所示。

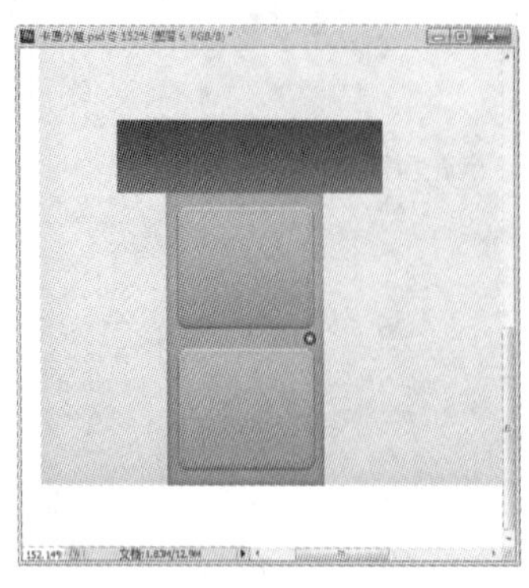

图 3.113　填充渐变色

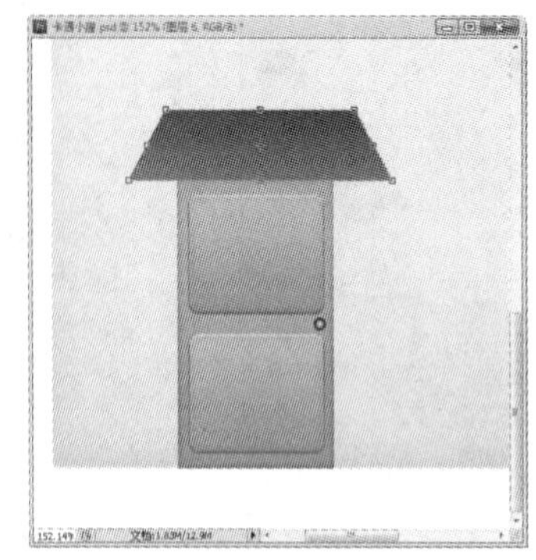

图 3.114　【透视】变形

23 单击【图层】控制面板下方的【创建新图层】按钮，新建“图层 8”。使用【矩形选框工具】创建一个矩形选区，设置前景色为深红色（#820f00），在选区中填充前景色，效果如图 3.115 所示。

24 执行【编辑】|【变换】|【透视】命令，调整效果如图 3.116 所示。

图 3.115　填充纯色

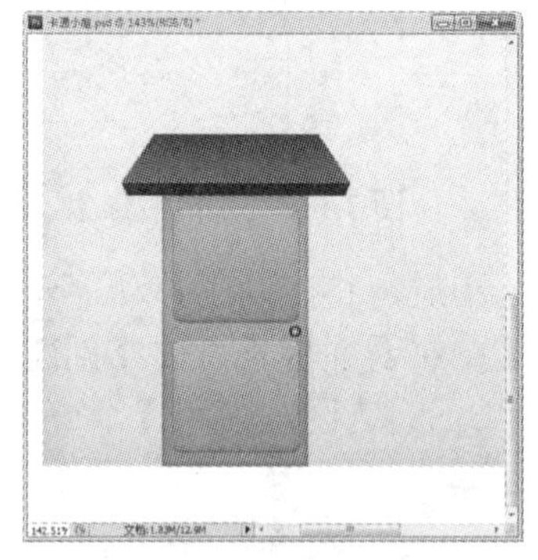

图 3.116　【透视】变形

25 单击【图层】面板下方的【创建新图层】按钮，新建“图层 9”。使用【矩形选框工具】创建如图 3.117 所示的选区。

26 设置前景色为灰色（#ae9f7e），背景色为浅灰色（#ccbfa6），使用【渐变工具】，设置渐变类型为【线性渐变】，在选区中从下向上做出渐变，效果如图 3.118 所示。

图 3.117　创建选区

图 3.118　填充渐变色

27 将该图层移动至“门”图层下方，效果如图 3.119 所示。门槛的制作方法同步骤 21～24，渐变颜色为米色（#e1b06e）—棕色（#bd8645），效果如图 3.120 所示。

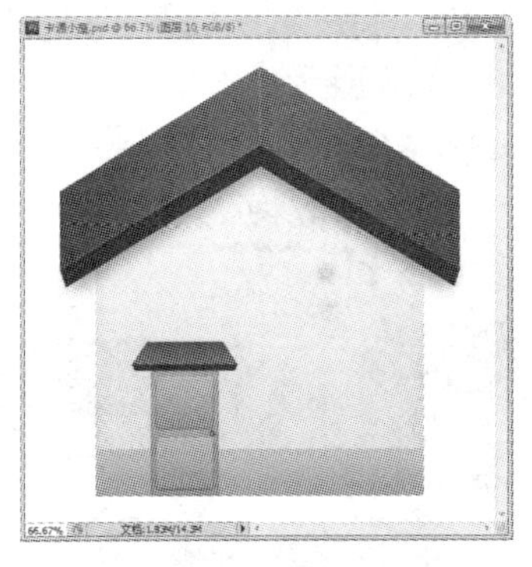

图 3.119　调整图层位置　　图 3.120　绘制门槛

28 制作窗。单击【图层】面板下方的【创建新图层】按钮，新建“图层 10”。使用【矩形选框工具】创建一个矩形选区，在选区中填充黑色，效果如图 3.121 所示。

29 设置前景色为棕色（#e0af6e），使用【矩形选框工具】创建一个水平长条矩形选区，在选区中填充前景色。再创建一个竖直长条矩形选区，填充前景色，效果如图 3.122 所示。

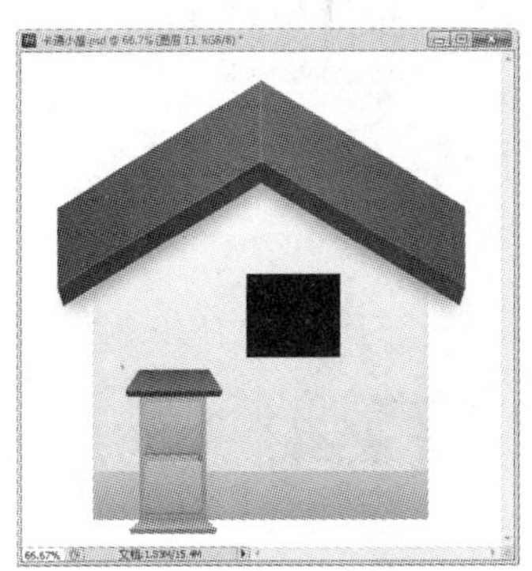

图 3.121　绘制黑色色块　　图 3.122　填充颜色

30 用制作门和门槛的方法制作窗户，效果如图 3.123 所示。再复制一个窗户，调整大小和位置，效果如图 3.124 所示。

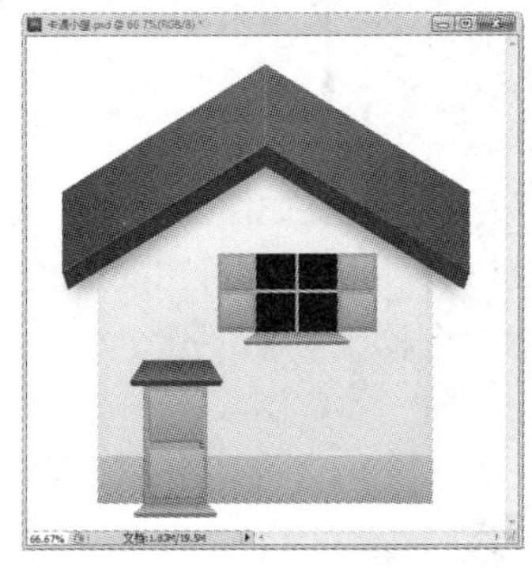

图 3.123　绘制窗户　　图 3.124　复制窗户

31 选择“背景”图层，设置前景色为白色，背景色为绿色（#7ab71b）。使用【渐变工具】，设置渐变类型为【径向渐变】，在选区中从中心向外做出渐变，效果如图 3.125 所示。

32 绘制房前草地。单击【图层】面板下方的【创建新图层】按钮，新建“图层 11”，将其移动至图层最上方。使用选框工具创建如图 3.126 所示的选区。

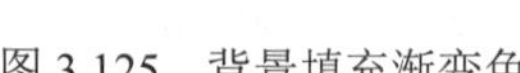

图 3.125　背景填充渐变色

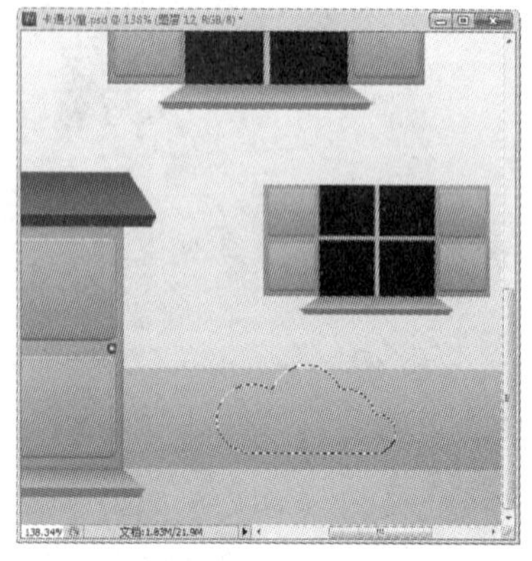

图 3.126　创建选区

33 设置前景色为浅绿色（#d5ff94），背景色为绿色（#72aa1b）。使用【渐变工具】，设置渐变类型为【线性渐变】，在选区中从上向下做出渐变，取消选区，效果如图 3.127 所示。

34 单击【图层】面板下方的【添加图层样式】按钮，添加【投影】图层样式，参数设置如图 3.128 所示。

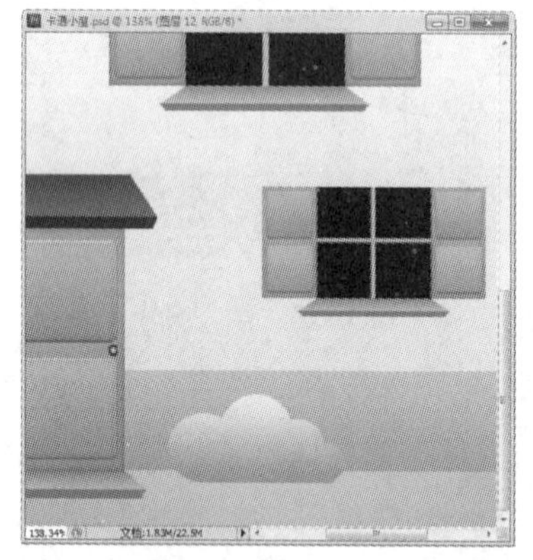

图 3.127　填充渐变色

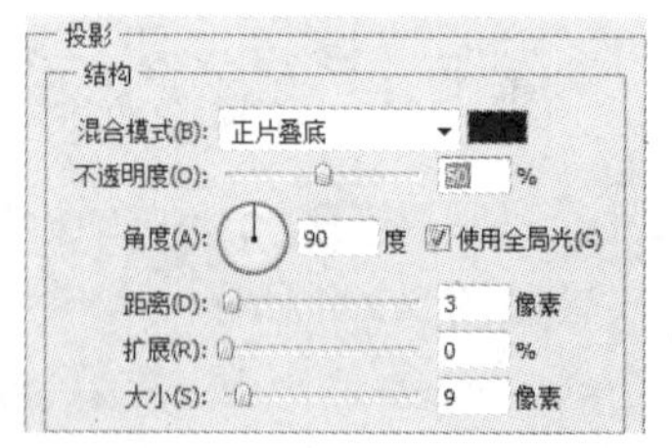

图 3.128　【投影】参数设置

35 再复制 3 个草地图层，调整其位置和大小，效果如图 3.129 所示。

36 绘制房子的投影。单击【图层】面板下方的【创建新图层】按钮，新建“图层 12”，将其移动至“背景”图层上方。使用【矩形选框工具】创建一个矩形选区，效果如图 3.130 所示。

37 在选区中填充黑色，取消选区。执行【滤镜】|【模糊】|【高斯模糊】命令，弹出【高斯模糊】对话框，设置半径为 27px。按 Ctrl + T 组合键，将阴影缩小，向下移动，设置该图层不透明度为 60%，最终效果如图 3.90 所示。

图 3.129　复制草地

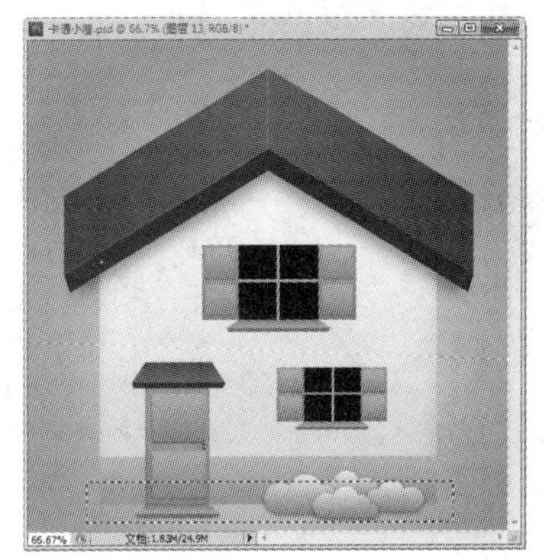

图 3.130　创建矩形选区

实践探索

一、选择题

1.【渐变工具】不能在（　　）色彩模式文件中使用。

A. RGB　　B. Lab

C. 灰度　　D. 索引和位图

2. 画笔间距的默认值是（　　）。

A. 25%　　B. 50%

C. 75 %　　D. 100%

3. 在调节【画笔】选项时，可以控制画笔的大小是（　　）。

A. 主直径　　B. 间距

C. 硬度　　D. 角度

4. 以下对【渐变工具】的描述错误的是（　　）。

A.【渐变工具】一次只能向图像中填充两种颜色

B.【渐变工具】包含 4 种渐变类型

C. 使用【渐变工具】按住 Shift 键的同时可沿水平方向填充渐变色

D. 使用【渐变工具】一次可向图像中填充多种渐变色

E. 使用【渐变工具】还可以向图像中填充图案

二、操作题

使用【画笔工具】绘制如图 3.131 所示的信纸。（提示：使用【画笔工具】创建线条和信纸的底纹，综合使用【选区工具】和【油漆桶工具】创建信纸两边的浅蓝色区域，添加上素材。）

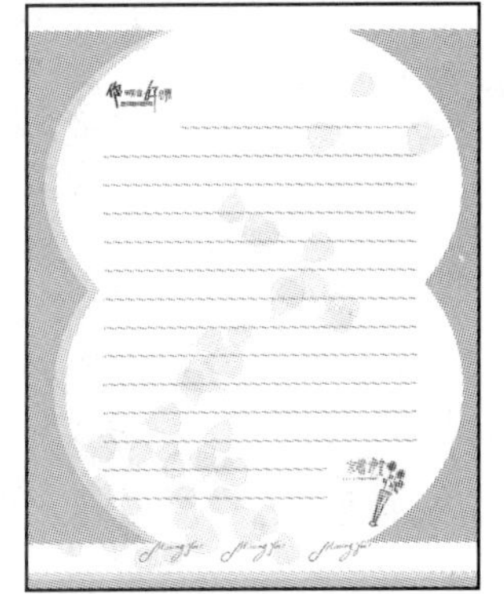

图 3.131　信纸

项目 4 图像色彩及其调整

◎ **项目导读**

在 Photoshop CS5 中对图像色彩的调整可以通过【图像】菜单下的【调整】子菜单的命令，或通过【图层】面板添加【创建新的填充或调整图层】来完成。执行【调整】命令和添加【创建新的填充或调整图层】对图像的调整原理是一样的。

◎ **学习目标**

- 掌握色彩的基本知识。
- 掌握色彩模式及转变方法。
- 掌握图像亮暗的调整方法。
- 掌握图像色相及饱和度的调整方法。
- 掌握通过【创建新的填充或调整图层】来调色的方法。

任务 4.1 色彩基础

色彩是影响画面效果的关键要素之一，不同的色彩给人不同的心理感受，合理地运用色彩是学习图像处理的基础知识。

本任务不再设计具体的实施任务，请读者自行练习。

相关知识

1. 颜色模式

颜色模式即颜色的表达方式。也就是说，颜色是通过什么方式、什么媒介表示出来的。

（1）常用颜色模式

常见的颜色模式有 RGB 颜色模式、CMYK 颜色模式、索引颜色模式、灰度颜色模式、位图颜色模式等。不同的颜色模式表示出的颜色数量不同、通道数量不同，文件占用空间也不同。

1）RGB 颜色模式，即通过 R（red）红色、G（green）绿色、B（blue）蓝色 3 种颜色的光线来表示出各种颜色，即色光模式。每种颜色的光线从 0～255 被分成 256 个色阶，0 表示没有使用这种光线，255 表示这种光线最饱和的状态。此模式有红色、绿色、蓝色 3 个通道，能表示出约 1670 万种颜色，文件占用空间相对较大，如图 4.1 所示。

2）CMYK 颜色模式，即通过 C（cyan）青色、M（magenta）洋红、Y（yellow）黄色和 K（black）黑色 4 种颜色的颜料表示出各种颜色，即色料模式。每种颜色的颜料使用量从 0%～100%。CMYK 模式是标准的印刷用模式。它有青色、绿色、蓝色、黑色 4 个通道，表示的颜色数量比 RGB 模式较少，文件占用空间相对大些，如图 4.2 所示。

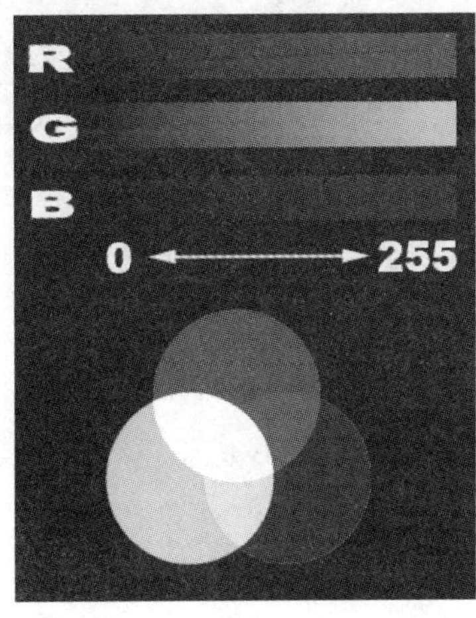

图 4.1 RGB 色彩模式

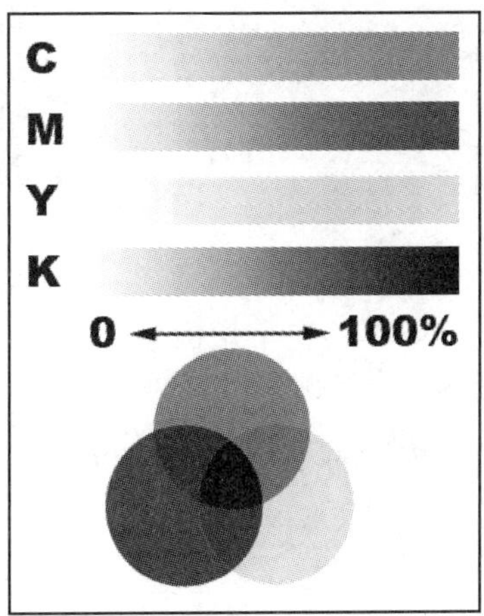

图 4.2 CMYK 色彩模式

3）索引颜色模式，最多有 256 种颜色，而且颜色都是预先定义好的。一幅图像所有的颜色都在它的图像文件里定义，也就是将所有色彩映射到一个色彩盘里，这就称为色彩对照表。它只有一个通道，文件占用空间较小。

4）灰度颜色模式，该模式中只存在灰度。当一个彩色文件被转换为灰度文件时，所有的颜色信息都将从文件中去掉。在灰度文件中，图像的色彩饱和度为 0，亮度是唯一能够影响灰度图像的选项。亮度是光强的度量，0%代表黑色，100%代表白色。它只有一个通道，文件占用空间较小。

5）位图颜色模式，就是只由黑色和白色两种像素组成的图像。需要注意的是，只有灰度图像或多通道图像才能被转化为位图模式。它只有一个通道，文件占用空间最小。

6）双色调模式，是用一种灰度油墨或彩色油墨再渲染一个灰度图像，为双色套印或同色浓淡套印模式。在这种模式中，最多可以向灰度图像中添加 4 种颜色，这样就可以打印出比单纯灰度模式要好看得多的图像。它只有一个通道，文件占用空间较小。

7）Lab 模式，既不依赖光线，也不依赖颜料，是国际照明委员会确定的一个理论上包括了人眼可以看见的所有色彩的色彩模式。它由 3 个通道组成，一个通道是亮度，即 L。另外两个是色彩通道，用 A 和 B 来表示。A 通道包括的颜色是从深绿色（底亮度值）到灰色（中亮度值）再到亮粉红色（高亮度值）；B 通道则是从亮蓝色（底亮度值）到灰色（中亮度值）再到黄色（高亮度值）。因此，这种色彩混合后将产生明亮的色彩。Lab 模式所定义的色彩最多。

（2）色彩模式的转换

通过【图像】|【模式】命令后的子命令，单击色彩模式名称（色彩模式前打对勾）可以轻松地把当前图像转变为其他色彩模式，如图 4.3 所示。

RGB 色彩模式的图像如图 4.4 所示。文件占用空间 5.49MB，有红、绿、蓝 3 个通道。

图 4.3 色彩模式的转换

图 4.4 RGB 色彩模式

CMYK 色彩模式的图像如图 4.5 所示。图像颜色没有 RGB 色彩模式的鲜亮，文件占用空间 7.32MB，有青色、洋红、黄色、黑色 4 个通道。

图 4.5　CMYK 色彩模式

索引色彩模式的图像如图 4.6 所示。图像颜色数量较少，有透明点。文件占用空间 1.83MB，通道只有一个。

灰度模式的图像如图 4.7 所示。图像除去颜色信息，只有灰度变化。文件占用空间 1.83MB，通道只有一个。

图 4.6　索引色彩模式

图 4.7　灰度模式

双色调模式的图像如图 4.8 所示。图像用一种灰度油墨或彩色油墨再渲染一个灰度图像。文件占用空间 1.83MB，通道只有一个。

位图模式的图像如图 4.9 所示。图像只用黑、白两种像素表示。文件占用空间 234.4KB，通道只有一个。

图 4.8　双色调模式

图 4.9　位图模式

小贴士

色彩模式转变成哪种类型要依据图像的用途而定。RGB 颜色模式常用于屏幕浏览；索引颜色模式常用于上传网页；CMYK 颜色模式常用于印刷等。

2. 色彩三要素

色彩具有 3 种属性，即色相、明度、纯度。属性的变化产生不同的色彩，不同的色彩给人不同的心理感受，不同的色彩搭配可以制作不同的画面效果。

色相是指颜色的面貌，如红色、绿色、橙色等。在【拾色器】对话框中以 H 表示。蒙塞尔色相环如图 4.10 所示。

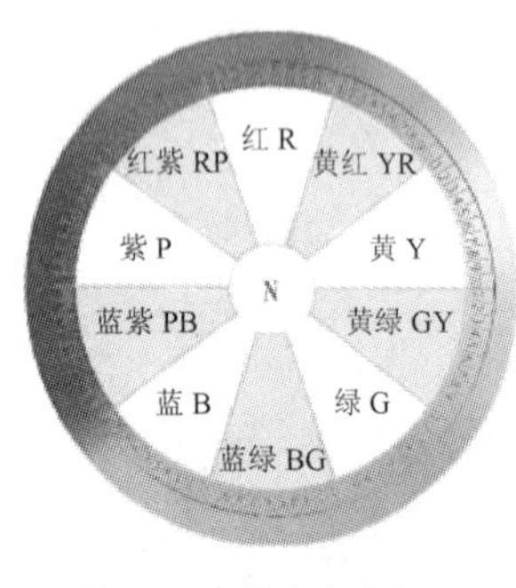

图 4.10　蒙塞尔色相环

明度是指色彩的明暗（深浅）程度，如黄色相对其他色相的颜色要亮。在【拾色器】对话框中以 B 表示。

纯度是指色彩的饱和（鲜艳）程度。在【拾色器】对话框中以 S 表示。

3. 色彩感觉

不同的色彩给人不同的心理感受，在平面设计中合理运用色彩，能给人带来良好的心理感受，从而达到提高注意力的目的。

（1）冷暖感

在色相环上越接近蓝色越冷，越接近红色越暖。红、橙、黄为暖色，给人以热烈、温暖、外张的感觉；绿、青、蓝、紫为冷色，给人以寒冷、沉静、内缩的感觉。色彩的冷暖感如图 4.11 所示。

（2）胀缩感

不同的色彩有大—小、轻—重、前进—后退的感觉。色彩的胀缩感如图 4.12 所示。

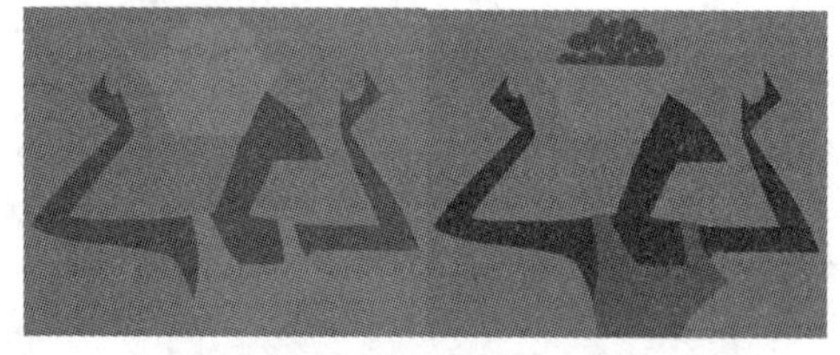
图 4.11　色彩的冷暖感

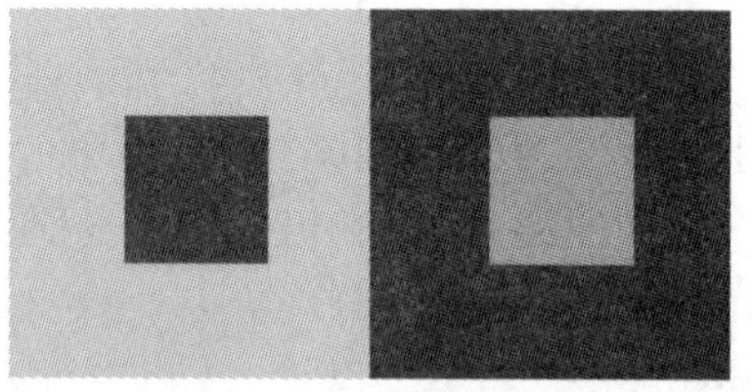
图 4.12　色彩的胀缩感

（3）色彩的象征和联想

由于人们丰富的心理体验而自然地将某种颜色与某种心理感受、情绪甚至概念联系起来。例如，红色系给人以温暖的感觉，和热情、喜庆、积极相联系；蓝色系给人以清冷的感觉，和宁静、理智、高雅相联系等。这一特点在标准色设计乃至整个平面设计中都应予以充分注意。

红色：代表爱情、活力、豪华、热闹、辛辣的感觉，把它运用在平面设计中，会显得新鲜、温暖，给人一种光明愉快的感觉，如可口可乐、肯德基、麦当劳对红色的运用。

黄色：一种欢快的色彩，代表富贵、光滑、响亮、甜香的感觉，在平面设计中以食品类用得最多。

绿色：介于冷暖两色中间的色彩，象征宁静、青春、健康、和平、安全等心理感受。

蓝色：代表宁静、清爽、理智、深远、嘹亮等感觉，在药品及高科技产品的平面设计中运用较多。

任务 4.2　色彩明暗调整——修正灰蒙蒙的照片

执行【色阶】、【曲线】、【亮度/对比度】等命令是调整图片色调的很好方法。利用它们可以把对比不够明显的灰调子图像调整成色调对比适中、颜色清晰的图像。

◎ 任务目的

通过调整图像的【色阶】和【亮度/对比度】，校正图像的颜色平衡。调整前后的对比图如图 4.13 所示。

图 4.13　“风景”色彩明暗调整前后对比图

相关知识

1. 亮度/对比度

【亮度/对比度】命令可以调整图像的整体亮度和整体对比度，取值范围为－100～100。执行【图像】|【调整】|【亮度/对比度】命令，弹出【亮度/对比度】对话框，如图 4.14 所示。

1）【亮度】：拖动【亮度】滑块，向右，图像越亮；向左，图像越暗。

2）【对比度】：拖动【对比度】滑块，向右，图像对比强度越强；向左，对比越弱。

2. 色阶（Ctrl + L组合键）

在【色阶】对话框中，通过调整图像的阴影、中间调和高光的强度级别，从而校正图像的色调范围和颜色平衡。

执行【图像】|【调整】|【色阶】命令，弹出【色阶】对话框，如图 4.15 所示。拖动滑块或在文本框中输入数值或用 3 个吸管设定黑、白场和灰度系数进行【色阶】调整。

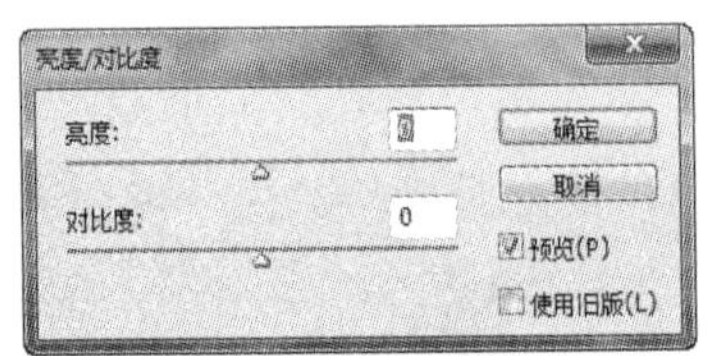

图 4.14 【亮度/对比度】对话框

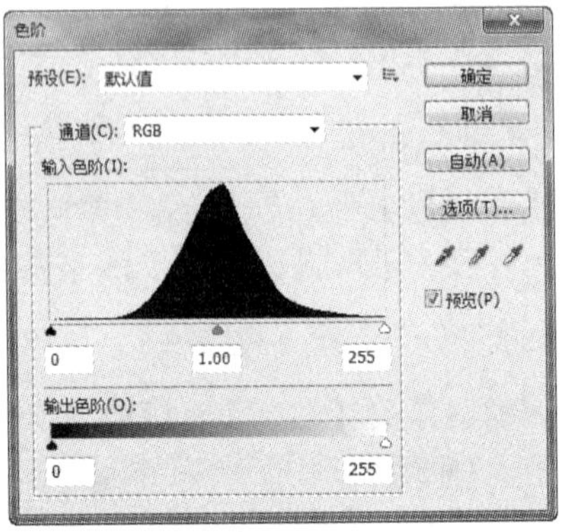

图 4.15 【色阶】对话框

1）【通道】：设置调整的通道。可以调整复合通道，也可以调整各单一通道。

2）【输入色阶】：设置图像在输入时的色阶值。

3）【直方图】：用图形表示图像的每个亮度级别的像素数量，展示像素在图像中的分布情况。横坐标代表色阶值（0～255），纵坐标代表像素数量。下方的黑色滑块与输入色阶的第一个文本框对应；灰色滑块与输入色阶的第二个文本框对应；白色滑块与输入色阶的第三个文本框对应。

4）【输出色阶】：设置图像在输出时的色阶值。

5）【黑、灰、白吸管】：与输入色阶的 3 个文本框和直方图下的 3 个滑块一一对应。

3. 曲线（Ctrl + M组合键）

在【曲线】对话框中，可在图像的色调范围（从阴影到高光）内最多调整 14 个不同的点（鼠标单击增加控制点，鼠标拖动控制点调整曲线）。【色阶】对话框中仅包含 3 种调整，即白场、黑场和灰度系数。也可以使用【曲线】对话框对图像中的个别颜色通道进行精确调整。在【曲线】对话框中，图形的水平轴表示输入色阶，垂直轴表示输出色阶。色调范围显示为一条直的对角基线，因为输入色阶（像素的原始强度值）和输出色阶（新颜色值）是完全相同的。

执行【图像】|【调整】|【曲线】命令，弹出【曲线】对话框，如图 4.16 所示。单击曲线添加控制点，通过拖动控制点调整曲线进行图像调整。

4. 曝光度

执行【曝光度】命令，可以对图像的整体曝光度进行调整。【曝光度】对话框如图 4.17 所示。

1）【曝光度】：调整色调范围的高光端，对极限阴影的影响很轻微。

2）【位移】：使阴影和中间调变暗，对高光的影响很轻微。

3）【灰度系数校正】：使用简单的乘方函数调整图像灰度系数。

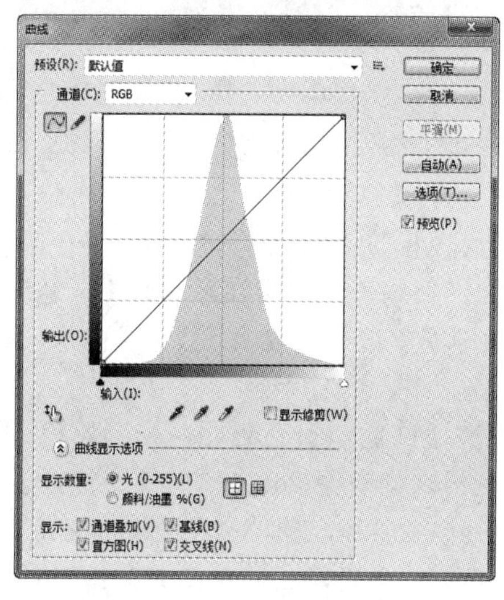

图 4.16　【曲线】对话框

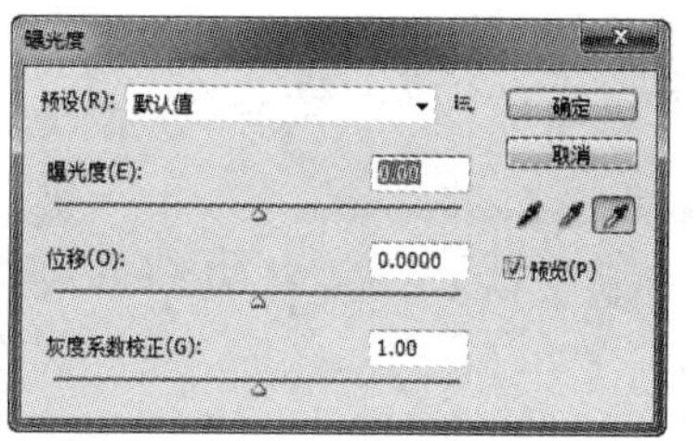

图 4.17　【曝光度】对话框

技能点拨：打开“梯田.jpg”素材文件。分析此风景图片，其问题是暗的地方不够暗，亮的地方不够亮，即对比度较弱，造成图片整体发灰，色彩不够鲜亮。执行【色阶】或【曲线】命令对此图片进行调整，达到最佳效果。本例以【色阶】命令进行调整。

实施步骤

01 打开“梯田.jpg”素材文件。

02 按 Ctrl+L 组合键，弹出【色阶】对话框，如图 4.18 所示。通过分析直方图，可以看出暗调和亮调区域像素数偏少，大多集中在中间灰调区域，因此整张图片对比度较弱，画面较灰。

03 拖动左侧黑色滑块向右至 47，那么所有低于 47 色阶值的像素都映射成 0，即暗的像素增多；拖动右侧白色滑块向左至 216，那么所有高于 216 色阶值的像素都映射成 255，即亮的像素增多。效果如图 4.19 所示。

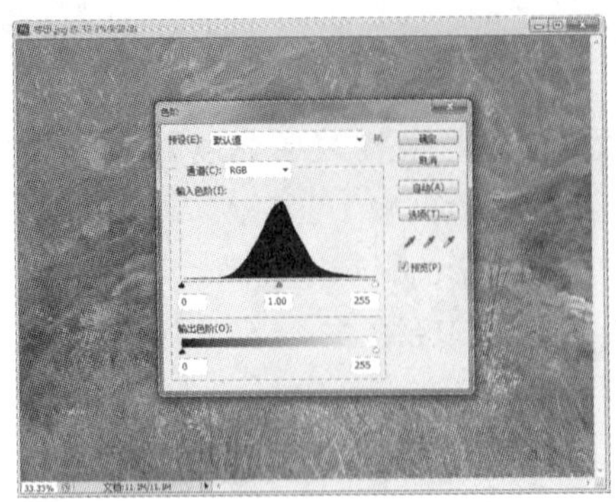

图 4.18 【色阶】对话框

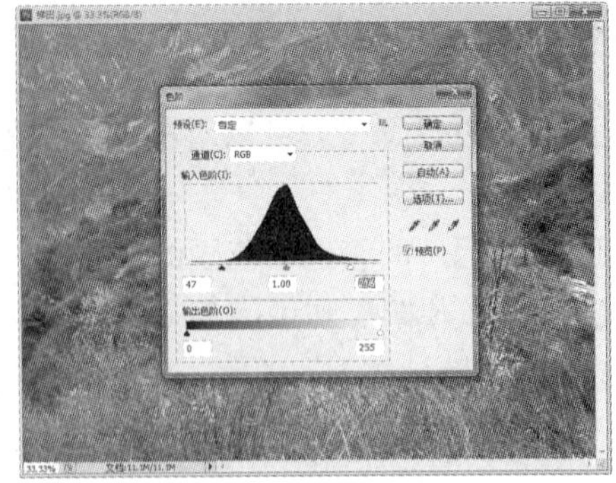

图 4.19 调整【色阶】

04 执行【图像】|【调整】|【亮度/对比度】命令，弹出【亮度/对比度】对话框，调整对比度至 50，如图 4.20 所示。

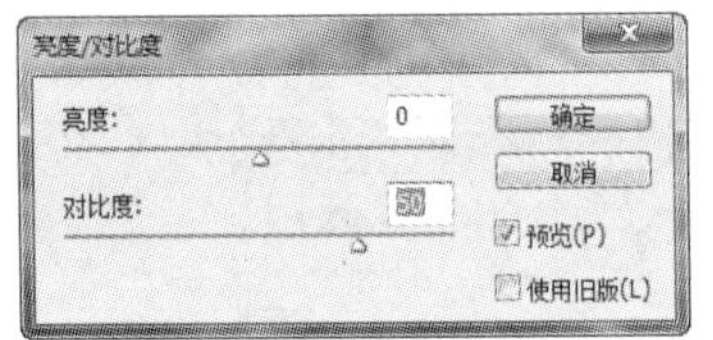

图 4.20 调整【亮度/对比度】

05 再次按 Ctrl+L 组合键，弹出【色阶】对话框，通过【通道】下拉列表选择【红通道】、【绿通道】、【蓝通道】选项。通过观察直方图发现，蓝通道的像素数比较多，因此画面偏蓝，如图 4.21 所示。

06 调整【红通道】直方图，拖动黑色滑块向右至 30，拖动白色滑块向左至 240。调整【绿通道】直方图，拖动黑色滑块向右至 20，拖动白色滑块向左至 230。调整【蓝通道】直方图中间灰色滑块，向右拖动至 0.95，各通道色阶参数如图 4.22 所示。

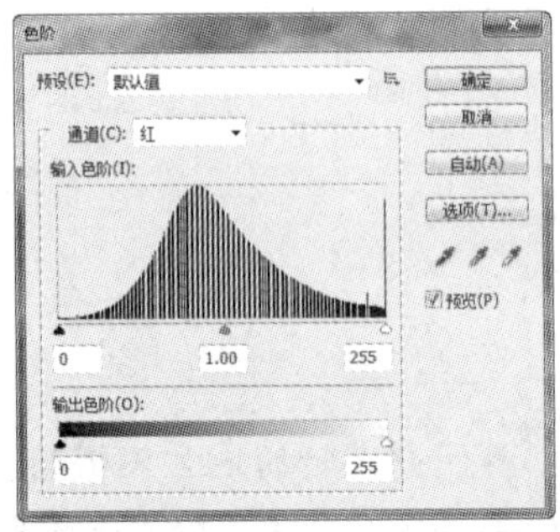

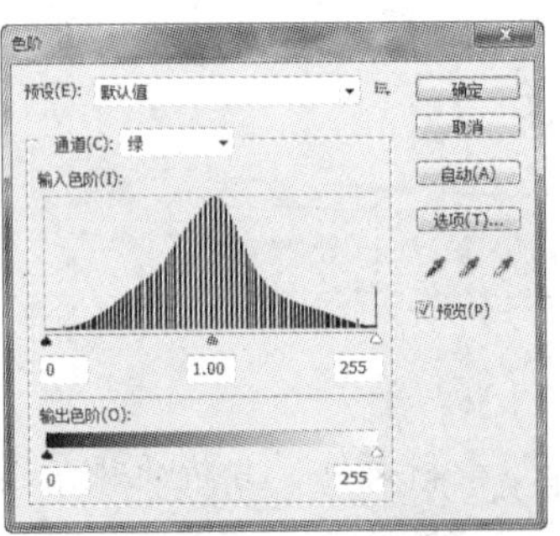

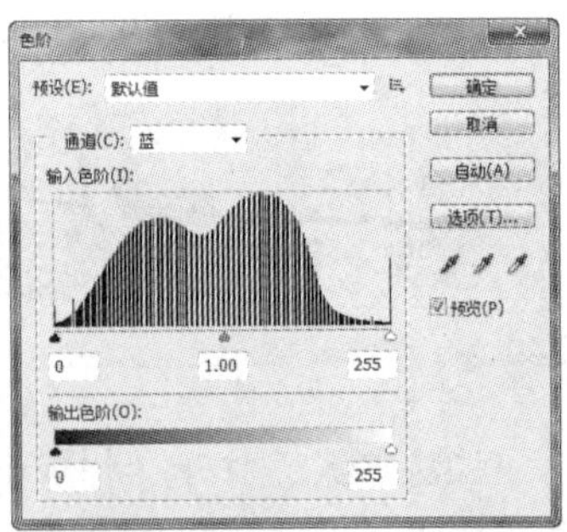

图 4.21 红、绿、蓝通道色阶

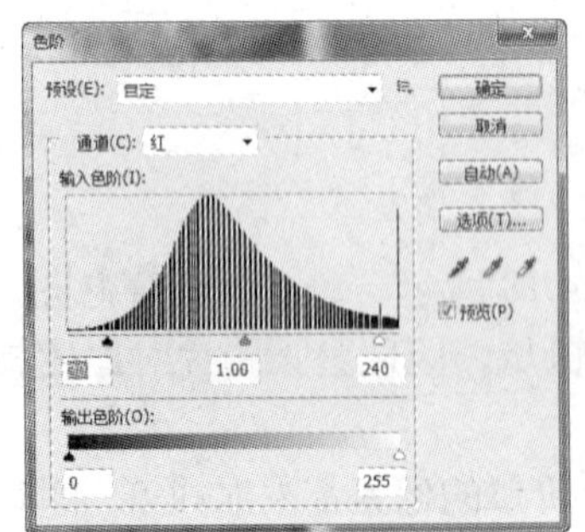

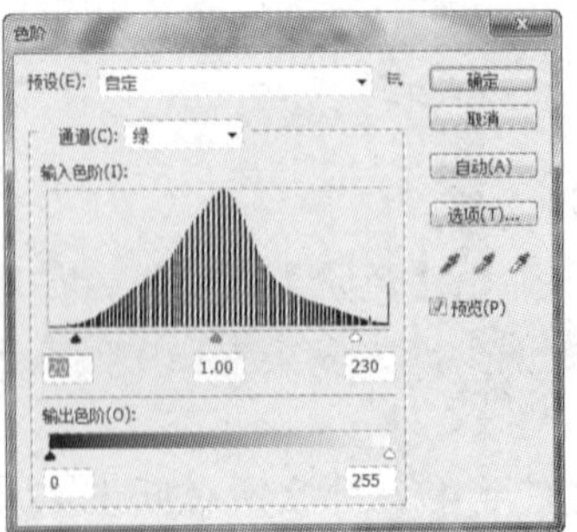

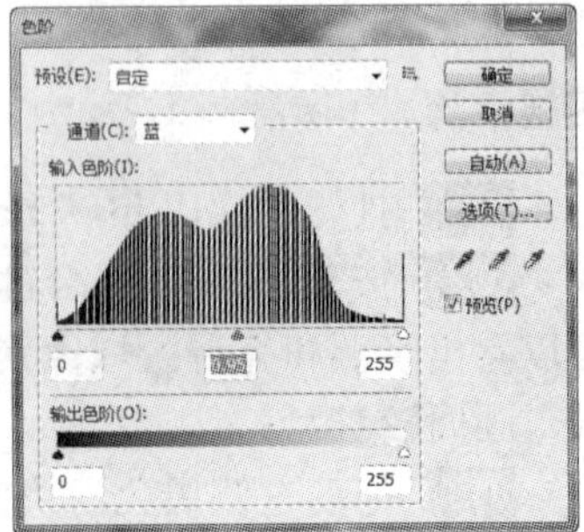

图 4.22 调整红、绿、蓝通道色阶参数

07 单通道调整后的效果如图 4.23 所示，最后保存效果图。

图 4.23　单通道调整后的效果图

任务 4.3　图像色相及饱和度调整——季节转变

执行【色相/饱和度】、【色彩平衡】、【变化】等命令是调整图片颜色的常用方法。利用它们可以把图像在原有颜色的基础上进行相应调整。

◎ 任务目的

通过制作如图 4.24 所示的“季节转变”，学习图像色彩的调整方法和技巧。

图 4.24　季节转变效果图

相关知识

1. 色相/饱和度（Ctrl + U组合键）

【色相/饱和度】命令可以改变原有图像颜色。执行【图像】|【调整】|【色相饱和度】命令，弹出【色相/饱和度】对话框，如图 4.25 所示。通过拖动滑块或输入数值的方法进行调整。

1）【全图】：设置编辑对象。可以编辑全图，即一次可以编辑所有颜色，也可以编辑红、黄、绿、青、蓝、洋红某一颜色。

2）【色相】：在图像原有颜色基础上进行色相上的调整，取值范围为－180～＋180。

3）【饱和度】：设置图像颜色的整体鲜艳程度，取值范围为－100～＋100。

4）【明度】：设置图像颜色的整体明暗程度，取值范围为－100～＋100。

5）【着色】：勾选此复选框，可以重新设定图像颜色，将图像调整成单一色调。

2. 色彩平衡（Ctrl＋B组合键）

【色彩平衡】命令可以在图像原有色彩基础上进行颜色调整。执行【图像】|【调整】|【色彩平衡】命令，弹出【色彩平衡】对话框，如图 4.26 所示。通过拖动滑块或输入数值的方法进行调整。

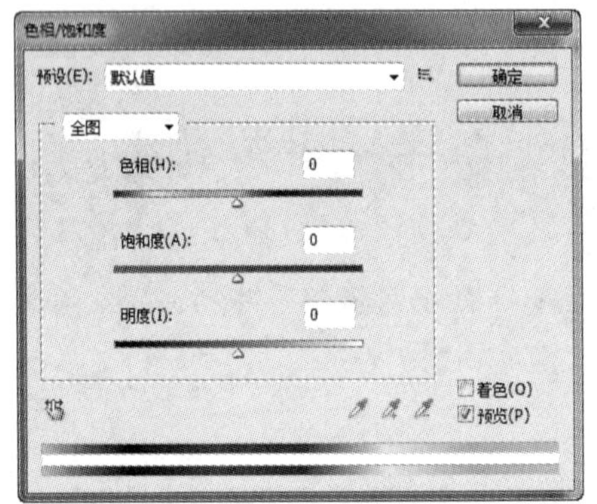

图 4.25 【色相/饱和度】对话框

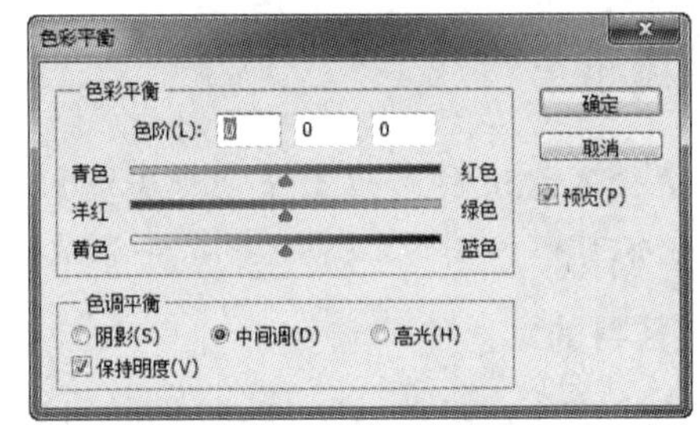

图 4.26 【色彩平衡】对话框

1）【色阶】：设置图像的颜色，可以通过 3 个文本框输入数值，也可以直接拖动下方的 3 个滑块，取值范围为－100～＋100。滑块向哪侧拖动，图像中就会相应增加哪侧的颜色，减少滑块拖动反方向上的颜色。

2）【色调平衡】：设置调整色阶时所针对的范围。【阴影】对图像中暗调区域影响较大；【中间调】对图像中间调区域影响较大；【高光】对图像中亮调区域影响较大。

3）【保持亮度】：只改变色相，而不改变图像整体亮度。

3. 可选颜色

【可选颜色】命令是校正高端扫描仪和分色程序使用的一种技术，用于在图像中的每个主要原色成分中更改印刷色数量。可以有选择地修改任何主要颜色中的印刷色数量，而不会影响其他主要颜色。在【通道】控制面板中选择【复合通道】选项。只有在查看复合通道时，【可选颜色】命令才可用。拖动滑块以增加或减少所选颜色的量。执行【图像】|【调整】|【可选颜色】命令，弹出【可选颜色】对话框，如图 4.27 所示。

1）【颜色】：选取要调整的颜色。这组颜色由加色原色和减色原色与白色、中性色及黑色组成，如图 4.28 所示。

图 4.27　【可选颜色】对话框　　　　图 4.28　【颜色】选项

2）【方法】：若点选【相对】（该按钮不能调整纯反白光，因为它不包含颜色成分）单选按钮，则按照总量的百分比更改现有的青色、洋红、黄色或黑色的量。例如，如果从 50%洋红的像素开始添加 10%，则 5%将添加到洋红，结果为 55%的洋红（50%×10%＝5%）。若点选【绝对】单选按钮，则采用绝对值调整颜色。例如，如果从 50%的洋红的像素开始，然后添加 10%，洋红油墨总共会设置为 60%。

4. 变化

执行【变化】命令，通过单击对应的图像缩览图，可以调整图像的色彩平衡、对比度和饱和度。它不适用于索引颜色图像或 16 位/通道图像。执行【图像】|【调整】|【变化】命令，弹出【变化】对话框，如图 4.29 所示。先选择调整颜色的区域，点选“阴影”、“中间调”、“高光”或“饱和度”单选按钮，再选择要添加的颜色。当点选【饱和度】单选按钮时，下方的调整窗口中只剩【减少饱和度】和【增加饱和度】选项，如图 4.30 所示。

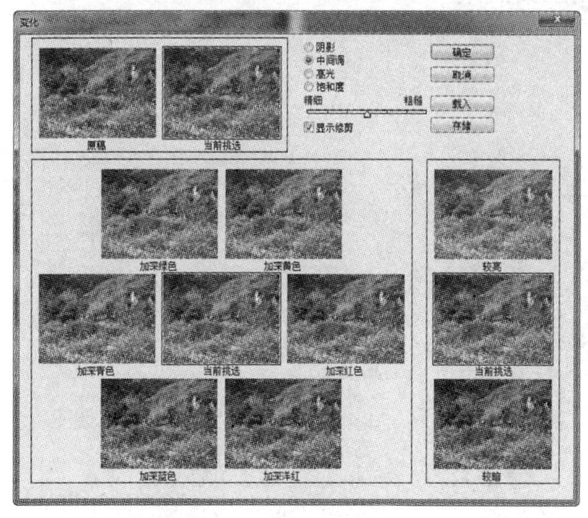

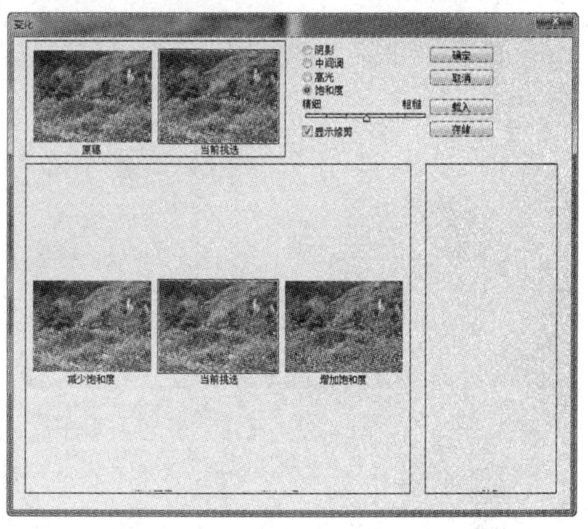

图 4.29　【变化】对话框　　　　图 4.30　点选【饱和度】单选按钮

5. 替换颜色

【替换颜色】命令可以将图像中的指定颜色替换为新颜色值。执行【图像】|【调整】|【替换颜色】命令，弹出【替换颜色】对话框，如图 4.31 所示。

图 4.31　【替换颜色】对话框

1）【吸管工具】：用来设定图像的色彩范围。

2）【添加到取样】：用于加色。

3）【从取样中减去】：用于减色。

4）【颜色容差】：通过拖动【颜色容差】滑块或输入一个值来控制颜色的选择范围。

5）【替换】：拖动【色相】、【饱和度】和【明度】滑块（或者在文本框中输入值）或双击【结果】色板并使用拾色器选择替换颜色。

技能点拨：打开“春游.jpg”素材文件，执行【色相/饱和度】、【色彩平衡】、【替换颜色】、【可选颜色】等命令进行季节转变。

实施步骤

01 打开“春游.jpg”素材文件。

02 先把它变为夏季，即绿色较多的效果。执行【图像】|【调整】|【可选颜色】命令，弹出【可选颜色】对话框，设置图像中各颜色的含有量，如图 4.32 所示，画面整体变绿。

03 按 Ctrl+U 组合键，弹出【色相/饱和度】对话框，调整图像色相、饱和度，使画面中初春时的黄绿色减少，如图 4.33 所示，图像效果如图 4.34 所示，保存图像。

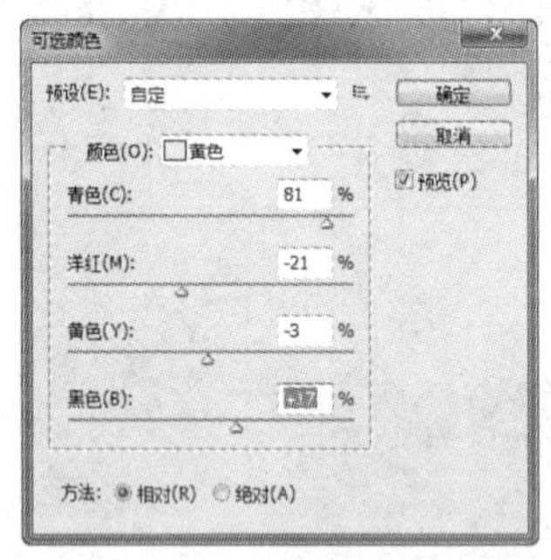

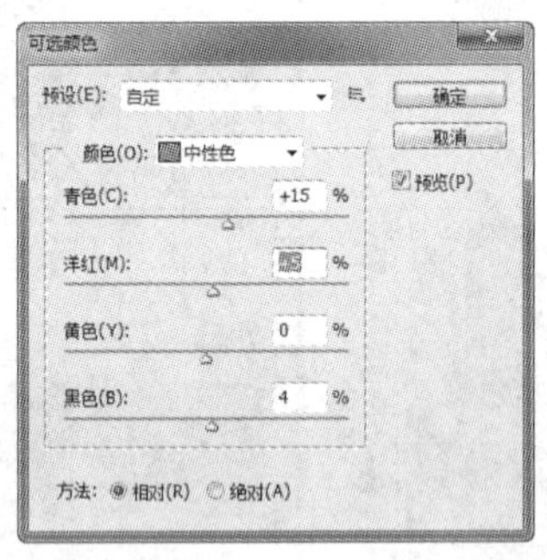

图 4.32　【可选颜色】调整

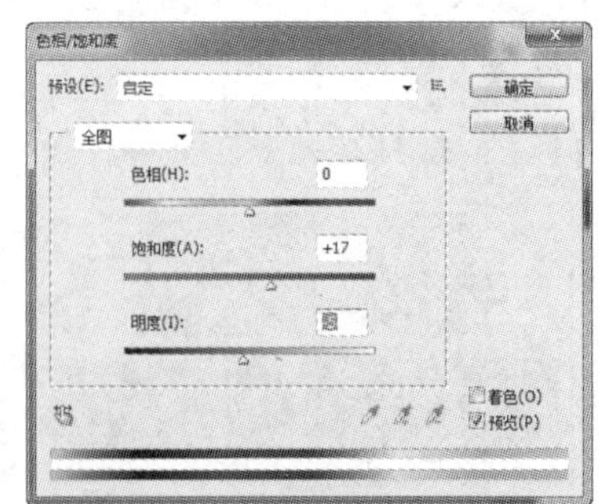

图 4.33　【色相/饱和度】调整

04 打开【历史记录】面板，选择【打开】选项，恢复到【打开】状态。

05 把原图变为秋季，即绿色较少，黄、红等颜色较多的效果。执行【图像】|【调整】|【替换颜色】命令，弹出【替换颜色】对话框，把图像中较亮的黄色替换成橙色，如图 4.35 所示，图像效果如图 4.36 所示。

06 按 Ctrl+B 组合键，弹出【色彩平衡】对话框，把图像的中间调和阴影区域调红，如图 4.37 所示。

图 4.34　图像效果

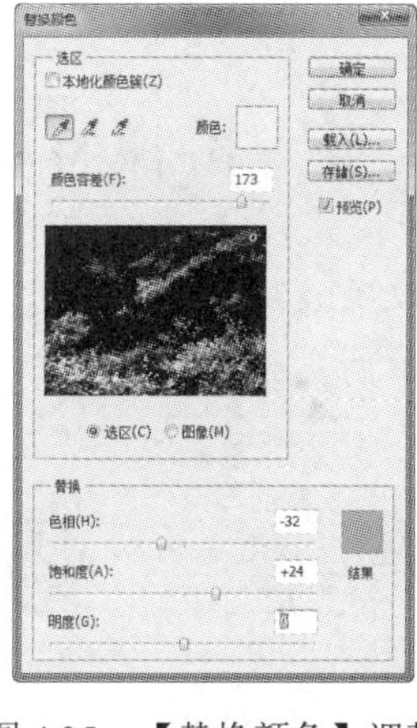

图 4.35　【替换颜色】调整

图 4.36　调整颜色后的效果

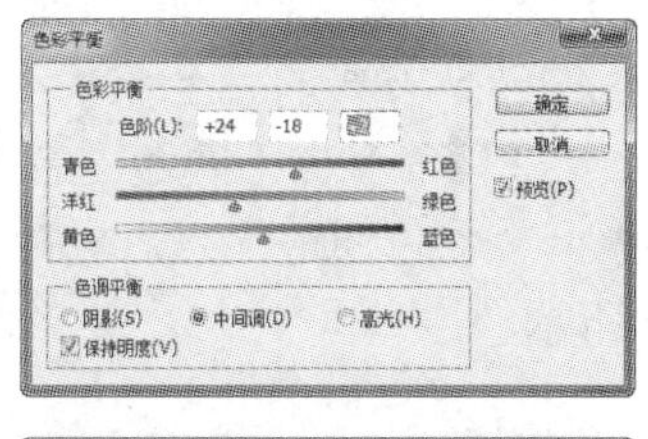

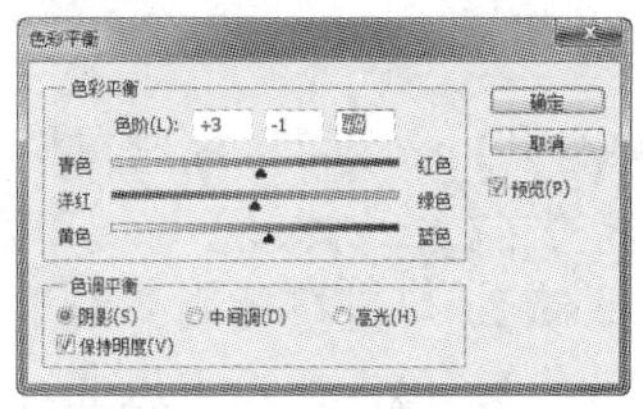

图 4.37　【色彩平衡】调整

小贴士

高光区不用再调整成偏红的颜色。因为在表现色彩时，受光面（高光区域）的色彩感觉应该与背光面（阴影区域）的色彩感觉正好相反，不用全部调整。

07 按 Ctrl + U 组合键，弹出【色相/饱和度】对话框，调整图像色相、饱和度，使画面中较艳的颜色降低饱和度，如图 4.38 所示，最终效果如图 4.39 所示。

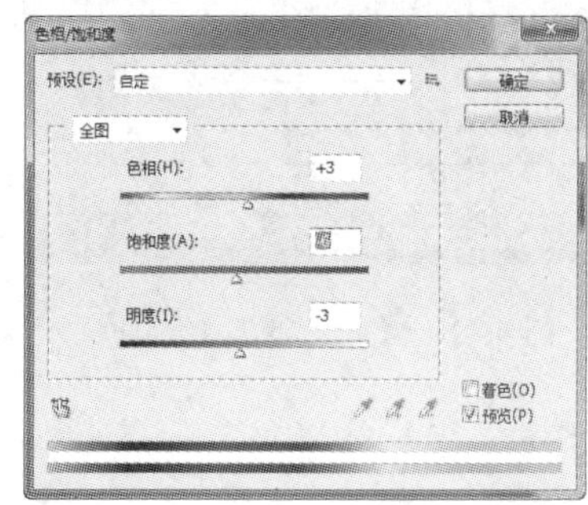

图 4.38　【色相/饱和度】调整

图 4.39　最终效果图

任务 4.4 图像特殊效果调整

图像特殊效果调整可通过黑白、照片滤镜、通道混合器等命令来实现。本任务不再设计具体的实施任务，请读者自行练习。

相关知识

1. 黑白

【黑白】命令（Alt+Shift+Ctrl+B 组合键）可将彩色图像转换为灰度图像，同时保持对各颜色的转换方式的完全控制，也可以通过对图像应用色调来为灰度着色，如创建棕褐色效果。【黑白】命令与【通道混合器】命令的功能相似，也可以将彩色图像转换为单色图像，并允许调整颜色通道输入。执行【图像】|【调整】|【黑白】命令，弹出【黑白】对话框，如图 4.40 所示。

2. 照片滤镜

【照片滤镜】命令可以模仿在相机镜头前面加彩色滤镜，以便调整图像颜色。执行【图像】|【调整】|【照片滤镜】命令，弹出【照片滤镜】对话框，如图 4.41 所示。

1）【滤镜】：可直接使用系统提供的加温及冷却滤镜。

2）【颜色】：单击色板可以通过【拾色器】对话框自定义颜色。

3）【浓度】：调整应用于图像的颜色数量，浓度越高，颜色调整幅度就越大。

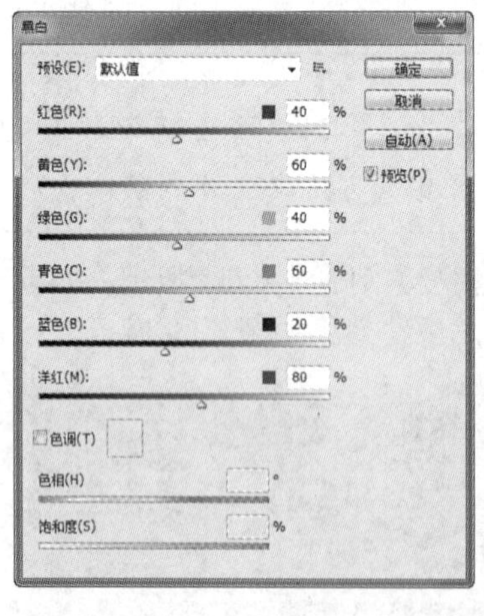

图 4.40 【黑白】对话框

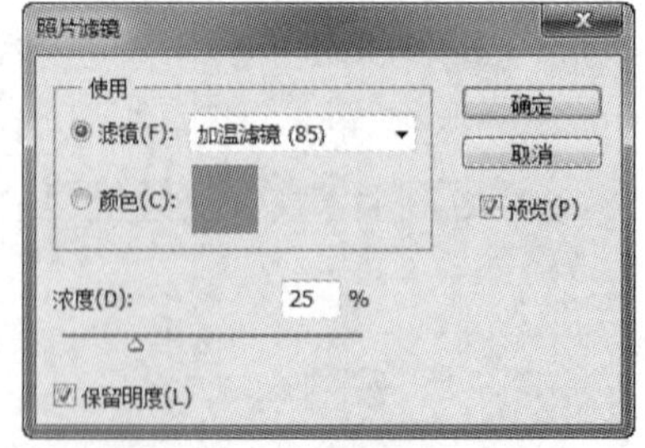

图 4.41 【照片滤镜】对话框

3. 通道混合器

【通道混合器】命令可以通过从每个颜色通道中选取它所占的百分比来创建高品质的灰

度图像，还可以创建高品质的棕褐色调或其他彩色图像，以及用其他颜色调整工具不易实现的创意颜色调整。

【通道混合器】使用图像中现有（源）颜色通道的混合来修改目标（输出）颜色通道。颜色通道是代表图像（RGB 或 CMYK）中颜色分量的色调值的灰度图像。在使用【通道混合器】时，通过源通道向目标通道加减灰度数据。向特定颜色成分中增加或减去颜色的方法不同于执行【可选颜色】命令时的情况。执行【图像】|【调整】|【通道混合器】命令，弹出【通道混合器】对话框，如图 4.42 所示。

4. 反相

【反相】命令（*Ctrl*+*B* 组合键）可以反转图像中的颜色。在处理过程中，可以执行该命令创建边缘蒙版，以便向图像的选定区域应用锐化和其他调整。在对图像进行反相时，通道中每个像素的亮度值都会转换为 256 级颜色值刻度上相反的值。例如，值为 255 的正片图像中的像素会被转换为 0，值为 5 的像素会被转换为 250。

图 4.42　【通道混合器】对话框

5. 色调分离

【色调分离】命令可以指定图像中每个通道的色调级（或亮度值）的数目，然后将像素映射为最接近的匹配级别。例如，在 RGB 图像中选取两个色调色阶将产生 6 种颜色：两种代表红色，两种代表绿色，另外两种代表蓝色。在照片中创建特殊效果，如创建大的单调区域时，此命令非常有用。当减少灰色图像中的灰阶数量时，它的效果最为明显，但它也会在彩色图像中产生有趣的效果。执行【图像】|【调整】|【色调分离】命令，弹出【色调分离】对话框，如图 4.43 所示。

6. 阈值

执行【阈值】命令可以将灰度或彩色图像转换为高对比度的黑白图像。可以指定某个色阶作为阈值。所有比阈值亮的像素转换为白色；而所有比阈值暗的像素转换为黑色。执行【图像】|【调整】|【阈值】命令，弹出【阈值】对话框，如图 4.44 所示。

【阈值色阶】：通过文本框或拖动直方图下面的滑块，图像将更改以反映新的阈值设置。

图 4.43　【色调分离】对话框

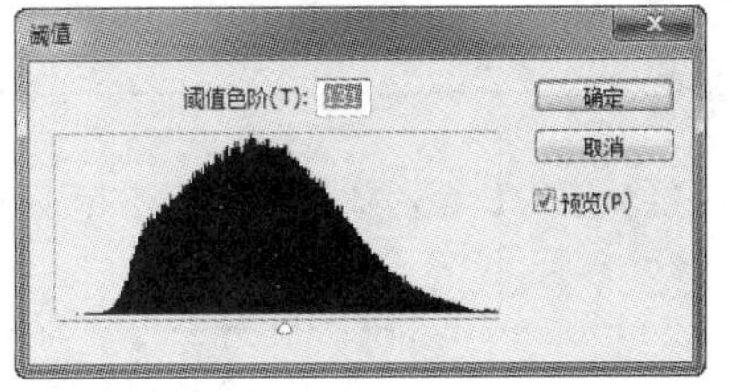

图 4.44　【阈值】对话框

7. 渐变映射

【渐变映射】命令可以将相等的图像灰度范围映射到指定的渐变填充色。如果指定双色

渐变填充，如图像中的阴影映射到渐变填充的一个端点颜色，高光映射到另一个端点颜色，而中间调映射到两个端点颜色之间的渐变。执行【图像】|【调整】|【渐变映射】命令，弹出【渐变映射】对话框，如图 4.45 所示。

1）【灰度映射所用的渐变】：单击下拉按钮，从弹出的下拉列表中选取渐变色。

2）【仿色】：添加随机杂色以平滑渐变填充的外观并减少带宽效应。

3）【反向】：切换渐变填充的方向，从而反向渐变映射。

8. 阴影/高光

【阴影/高光】命令适用于校正由强逆光而形成剪影的照片，或者校正由于太接近相机闪光灯而有些发白的焦点。在用其他方式采光的图像中，这种调整也可用于使阴影区域变亮。【阴影/高光】命令不是简单地使图像变亮或变暗，它基于阴影或高光中的周围像素（局部相邻像素）增亮或变暗。正因为如此，阴影和高光都有各自的控制选项。默认值设置为修复具有逆光问题的图像。【阴影/高光】命令还有【中间调对比度】滑块、【修剪黑色】文本框和【修剪白色】文本框，用于调整图像的整体对比度。【阴影/高光】对话框如图 4.46 所示。

图 4.45 【渐变映射】对话框

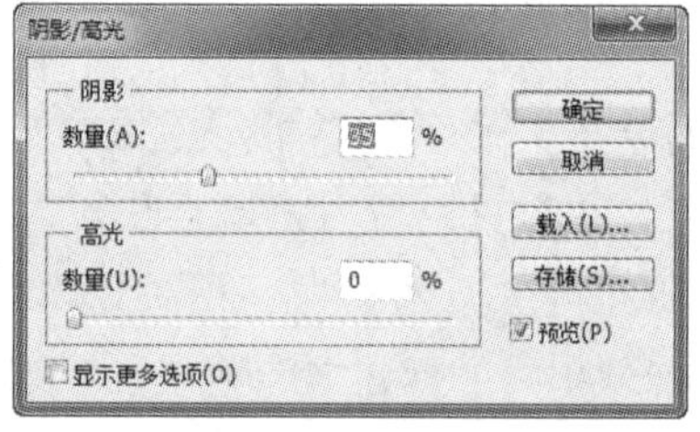

图 4.46 【阴影/高光】对话框

1）【阴影】|【数量】：值越大，为阴影提供的增亮程度越大。

2）【高光】|【数量】：值越大，为高光提供的变暗程度越大。

9. 去色

执行【去色】命令（Shift+Ctrl+U 组合键）可以将彩色图像转换为灰度图像，但图像的颜色模式保持不变。例如，它为 RGB 图像中的每个像素指定相等的红色、绿色和蓝色值，每个像素的明度值不改变。

小贴士

执行【去色】命令与在【色相/饱和度】对话框中将【饱和度】设置为－100 的效果相同。

10. 色调均化

执行【色调均化】命令，可以重新分布图像中像素的亮度值，以便它们更均匀地呈现所有范围的亮度级。【色调均化】将重新映射复合图像中的像素值，使最亮的值呈现为白色，最暗的值呈现为黑色，中间的值则均匀地分布在整个灰度中。

小贴士

当扫描的图像显得比原稿暗，并且用户想平衡这些值以产生较亮的图像时，可以执行【色调均化】命令。

任务 4.5　图像整体色彩调整——风景照片调色

在相片整体色调的调整中，更多的是通过【创建新的填充或调整图层】来调色。执行【创建新的填充或调整图层】和【调整】命令对图像的调整原理是一样的。

◎ 任务目的

打开“风景.jpg”素材文件，通过单击【图层】控制面板中的【创建新的填充或调整图层】按钮进行色彩调整，调整前后的对比图如图 4.47 所示。

图 4.47　“风景”调整前后对比图

任务实施

技能点拨：打开“风景.jpg”素材文件，执行【色相/饱和度】、【色彩平衡】、【替换颜色】、【可选颜色】等命令进行季节转变。

实施步骤

01 打开“风景.jpg”素材文件。

02 整体相片色调偏蓝色，调整整体的绿色效果。打开【图层】面板，单击【创建新的填充或调整图层】按钮，在弹出的下拉列表中选择【可选颜色】选项，参数设置如图 4.48

所示，效果如图 4.49 所示。

图 4.48 【可选颜色】参数设置

图 4.49 调整后效果

03 调整整体的亮暗效果。打开【图层】面板，单击【创建新的填充或调整图层】按钮，在弹出的下拉列表中选择【曲线】选项，参数设置如图 4.50 所示。

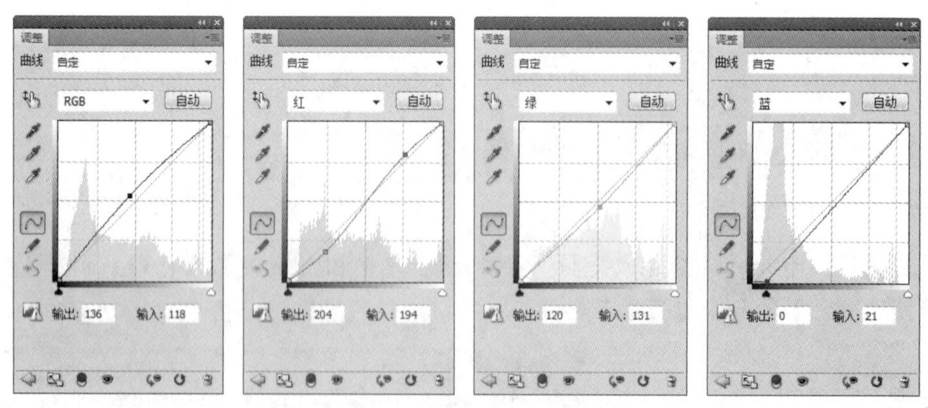

图 4.50 【曲线】参数设置

04 调整整体的黄色效果。打开【图层】面板，单击【创建新的填充或调整图层】按钮，在弹出的下拉列表中选择【色彩平衡】选项，参数设置如图 4.51 所示。

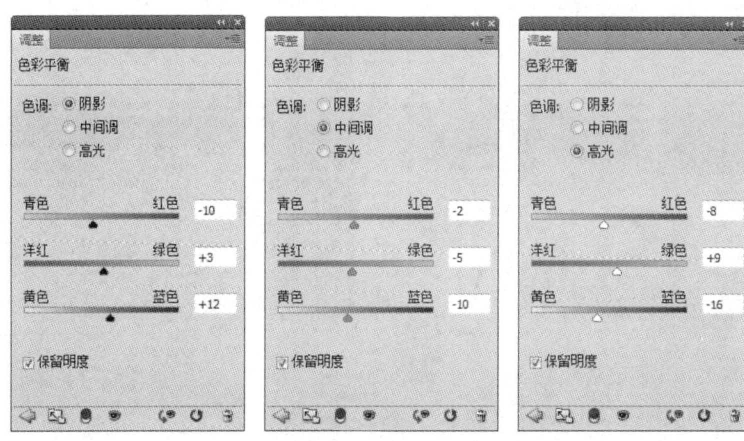

图 4.51　【色彩平衡】参数设置

05 打开【图层】面板，单击【创建新的填充或调整图层】按钮，在弹出的下拉列表中选择【渐变映射】选项，参数设置如图 4.52 所示，设置图层混合模式为【滤色】。

06 盖印可见图层，按 Shift＋Ctrl＋Alt＋E 组合键，生成“图层 1”。复制“图层 1”，生成“图层 1 副本”，设置图层混合模式为【正片叠底】，不透明度为 60%，效果如图 4.53 所示。

图 4.52　【渐变映射】参数设置

图 4.53　复制图层

07 打开【图层】面板，单击【创建新的填充或调整图层】按钮，在弹出的下拉列表中选择【渐变】选项，参数设置如图 4.54 所示，设置图层混合模式为【颜色加深】，不透明度为 60%，在蒙版中做出从左下角到右上角的白色到黑色渐变，效果如图 4.55 所示。

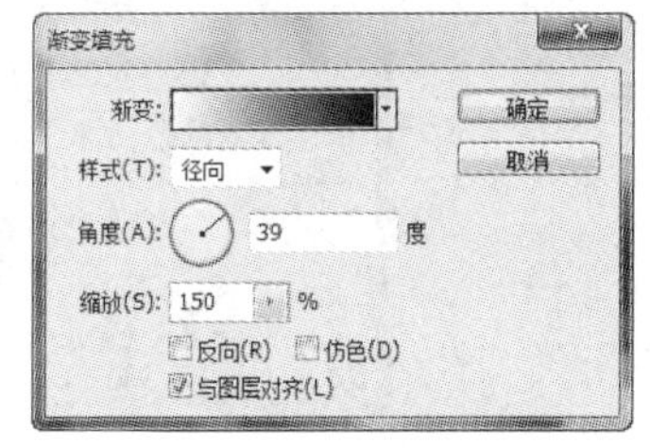

图 4.54　【渐变】参数设置

08 设置前景色为米色（#f6e283）。打开【图层】面板，单击【创建新的填充或调整图层】按钮，在弹出的下拉列表中选择【纯色】选项，设置图层混合模式为【滤色】，不透明度为 70%，在蒙版中做出从左下角到右上角的黑色到白色渐变，效果如图 4.56 所示。

图 4.55　调整后效果

图 4.56　添加【纯色】填充图层

09 盖印可见图层，按 Shift + Ctrl + Alt + E 组合键，生成“图层 2”，复制“图层 2”，生成“图层 2 副本”，设置该图层的图层混合模式为【滤色】，不透明度为 30%，效果如图 4.57 所示。

10 设置前景色为绿色（#59a923）。打开【图层】面板，单击【创建新的填充或调整图层】按钮，在弹出的下拉列表中选择【纯色】选项，设置图层混合模式为【柔光】，不透明度为 20%，效果如图 4.58 所示。

图 4.57　复制图层

图 4.58　添加【纯色】填充图层

11 打开【图层】面板，单击【创建新的填充或调整图层】按钮，在弹出的下拉列表中选择【渐变】选项，参数设置如图 4.59 所示，设置图层混合模式为【叠加】，不透明度为 35%，效果如图 4.60 所示。

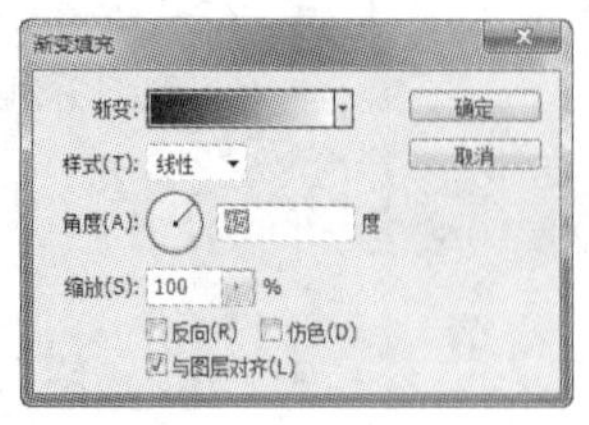

图 4.59　【渐变】参数设置

图 4.60　调整后效果

12 打开【图层】面板，单击【创建新的填充或调整图层】按钮，在弹出的下拉列表中选择【色彩平衡】选项，参数设置如图 4.61 所示。

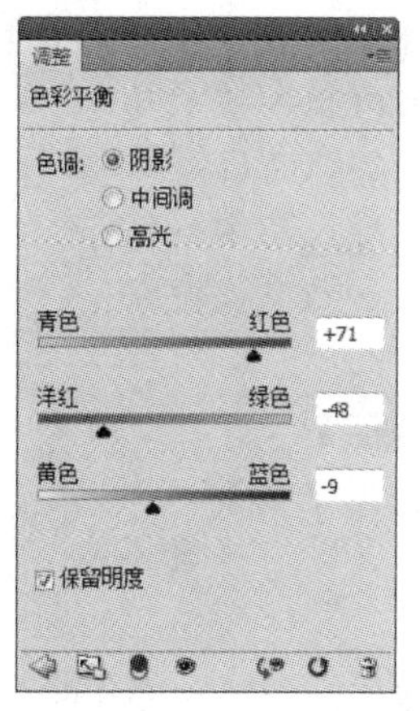

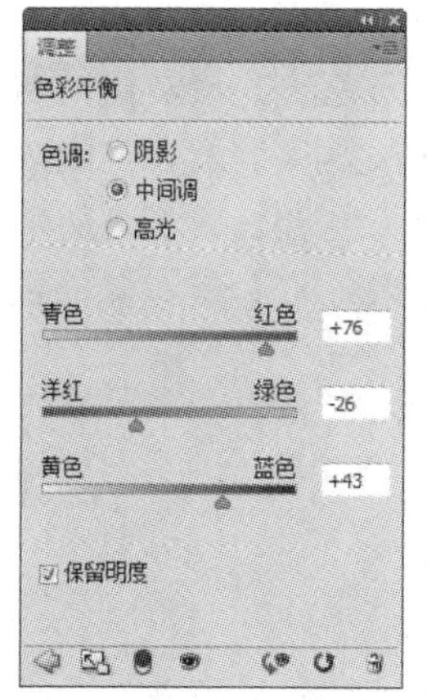

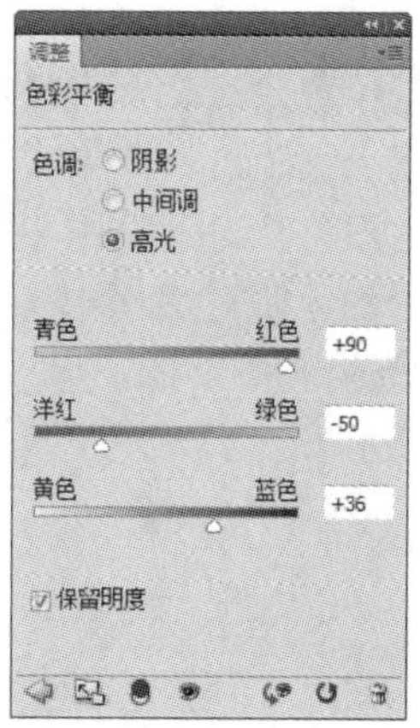

图 4.61　【色彩平衡】参数设置

13 在“色彩平衡 2”图层的蒙版中填充黑色，在中间的花蕊部分填充白色，【图层】面板效果如图 4.62 所示，最终效果如图 4.63 所示。

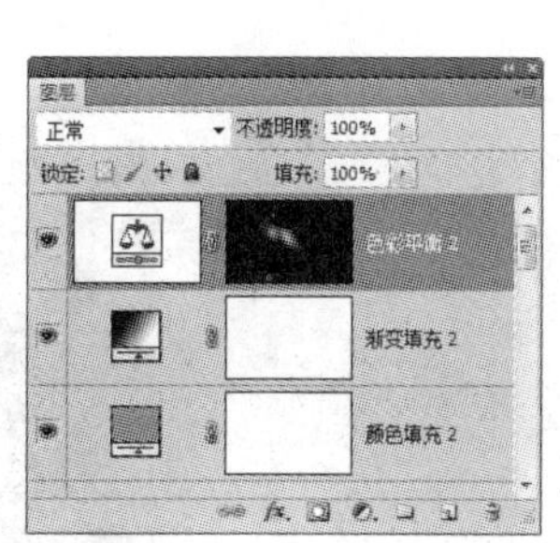

图 4.62　【图层】面板效果

图 4.63　最终效果图

实 践 探 索

一、选择题

1．在 Photoshop 中，(　　) 颜色模式可以直接转化为其他任何一种模式（限于【图像】|【模式】子菜单中所列出的模式）。

A．RGB　　B．CMYK　　C．双色调　　D．灰度

2．要使一幅彩色图像变为单色调效果，执行【图像】|【调整】菜单下的（　　）命令可以实现。

A．【色相/饱和度】

B．先执行【去色】命令，然后执行【变化】命令

C.【渐变映射】

D.【色彩平衡】

3. 下列对【色阶】命令描述正确的是（　　）。

A. 减小色阶对话框中【输入色阶】最右侧的数值导致图像变亮

B. 减小色阶对话框中【输入色阶】最右侧的数值导致图像变暗

C. 增加色阶对话框中【输入色阶】最左侧的数值导致图像变亮

D. 增加色阶对话框中【输入色阶】最左侧的数值导致图像变暗

4. 调整色偏的命令是（　　）。

A.【色调均化】　　B.【阈值】

C.【亮度/对比度】　　D.【色彩平衡】

二、操作题

1. 打开“汽车.jpg”素材文件，把汽车的颜色换成红色，效果如图 4.64 所示（提示：执行【图像】|【调整】|【替换颜色】命令，使用【吸管工具】、【添加到取样】、【从取样中减去】工具，在图像窗口单击汽车，使汽车的黄色部分为全白显示。在【替换】选项区域中，设置色相为－60；饱和度为＋12，黄色汽车就会变成红色汽车。）

2. 对“瀑布.jpg”素材进行调整，调整效果如图 4.65 所示。（提示：可先执行【亮度/对比度】命令做调整，然后执行【曲线】或【色阶】命令调整，提高照片亮度与清晰度，最后执行【可选颜色】仔细对色彩进行调整。）

图 4.64　汽车变色效果图

图 4.65　瀑布调整后的效果图

项目 5 图像的修复与修饰

◎ **项目导读**

在进行图像设计时，图片素材有时候并不能满足我们的需求，但可以通过 Photoshop CS5 中的图像修饰工具对图像进行修改。图像的修复与修饰是图像设计的基础，本项目将通过实例的学习来掌握有关图像修复与修饰的知识点和技能。

◎ **学习目标**

- 掌握【修复画笔工具】的使用方法。
- 掌握【修补工具】的使用方法。
- 掌握【仿制图章工具】修补图像的方法。
- 掌握【历史记录画笔工具】修饰图像的方法。
- 了解【海绵工具】的应用。

图像修复工具的应用——打造完美肌肤

图 5.1 修复人像效果图

我们对数码摄影已经十分熟悉了，但是由于光线问题、人的皮肤问题等，拍摄出来的相片往往不尽如人意，需要再次修改。怎么修改呢？如果因为出现一些痘痘、斑点、皱纹而破坏相片的感觉，会让人觉得可惜。本任务将学习相关的知识点与技能。

◎ 任务目的

通过修改制作如图 5.1 所示的“修复人像”，学习【修复画笔工具】、【修补工具】和【历史记录画笔工具】的使用方法和技巧。

相关知识

1. 修复画笔工具

【修复画笔工具】：可以利用图像自身的样本像素进行复制绘图，将样本像素的纹理、光照、透明度和阴影与所修复的像素进行匹配，使修复后的像素不留痕迹地融入图像的其余部分。

【修复画笔工具】的属性栏如图 5.2 所示。它有两种取样方式：一种是选择图案，利用该图案对画面进行修复；另一种是在图片上取样，选择【修复画笔工具】，同时按住 Alt 键，在图片的某一位置单击，然后在污点上单击，就把刚才取样区域的内容修复到当前这个污点了。

图 5.2 【修复画笔工具】的属性栏

1）【画笔】：可创建较柔和的笔触，单击【画笔】按钮可以编辑画笔的属性。
2）【模式】：使【修复画笔工具】画出的图像产生特殊效果。
3）【源】：【取样】是取图中的某部分进行修改。
4）【图案】：取选择的图案在图像中进行修改。
5）【对齐】：勾选该复选框后，【修复画笔工具】多次画出来的图像是一个共同的整体。

2. 修补工具

【修补工具】：会将样本像素的纹理、光照和阴影与源像素进行匹配，可以使用该工具来修补选中的图像区域。【修补工具】可以处理 8 位通道或者 16 位通道的图像。【修补工具】具有自动匹配颜色的功能，复制出的效果与周围的色彩较为融合，其属性如图 5.3 所示。

图 5.3　【修补工具】的属性栏

具体的操作：使用【修补工具】，在属性栏中选择修补项为【源】，关闭【透明】选项；然后选择要修补的图像区域，拖动该区域到无瑕疵的区域中，释放鼠标即完成复制。或者在属性栏中选择修补项为【目标】，然后选择无瑕疵的区域，拖动鼠标到要修补的图像区域释放即可。

3. 历史记录画笔工具

【历史记录画笔工具】：常配合【历史记录】面板，使当前的图像效果返回到之前的某效果画面中。在制作中，首先为图像添加效果，然后根据【历史记录】面板中的操作，使用【历史记录画笔工具】在图像上涂抹，从而修饰图像效果。

【历史记录画笔工具】的属性栏如图 5.4 所示。记录之前的操作步骤，当选择其中某个状态时，图像将恢复为原来的外观。此外，【历史记录】面板可以将记录的状态设置为快照，单击【创建新快照】按钮，返回快照所记录的画面效果处。

图 5.4　【历史记录画笔工具】的属性栏

技能点拨：打开“模特素材.jpg”素材文件，调整色阶，使整张图像更亮；使用【修复画笔工具】和【修补工具】将人像的皱纹、色斑去除，使面部更加平滑。再使用图层模式调整画面的色调，使图像更加透亮，执行【滤镜】|【模糊】|【高斯模糊】命令使脸变得更加平滑。最后结合【历史记录画笔工具】和【历史记录】面板将眼睛等部位调整得清晰明亮。

实施步骤

01 执行【文件】|【打开】命令，打开“模特素材.jpg”素材文件，如图 5.5 所示。此时，脸上细纹、色斑比较明显，肤色比较暗沉，显得比较憔悴。

02 按 Ctrl+L 组合键，弹出【色阶】对话框，在修补瑕疵前调节一下亮度，如图 5.6 所示。

图 5.5　模特素材

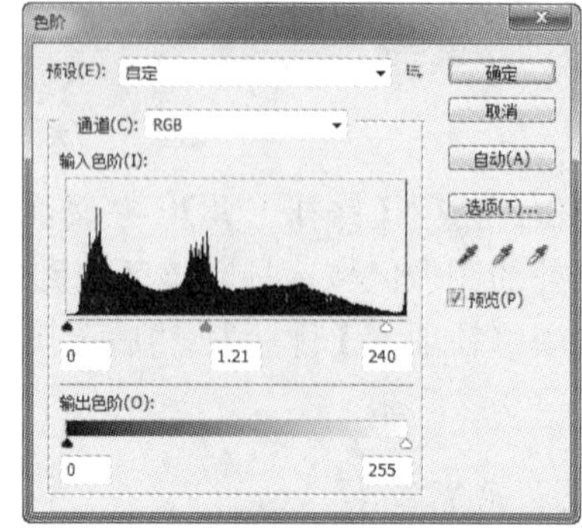

图 5.6 【色阶】对话框

03 仔细观察图片，模特的嘴角周围有大量的细纹，如图 5.7 所示。因此，使用【修复画笔工具】调节画笔大小，按住 Alt 键在嘴角周围较光滑的区域单击，然后在嘴角细纹部分单击进行修复，如图 5.8 所示。

04 重复步骤 **03**，在模特脸上有色斑的区域，使用【修复画笔工具】将脸上不均匀的色斑去除，效果如图 5.9 所示。

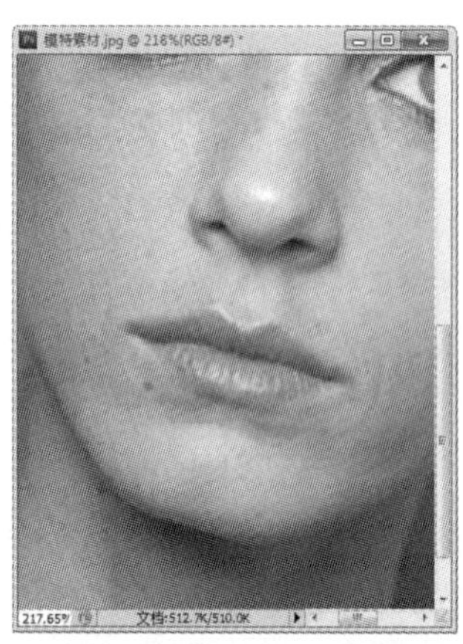

图 5.7　模特的嘴角

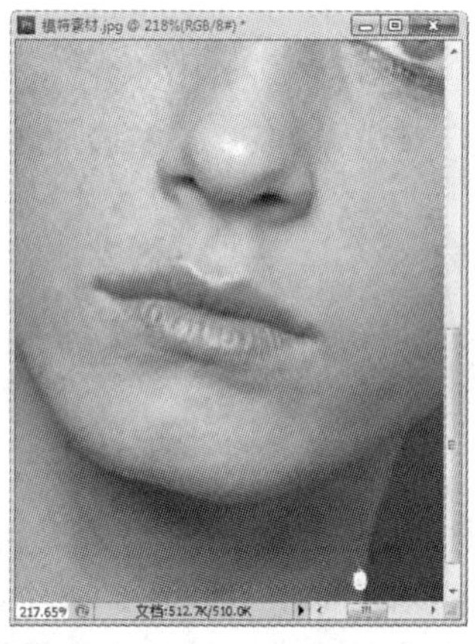

图 5.8　修复嘴角

图 5.9　去除脸上的色斑

05 模特的刘海儿显得比较凌乱，使用【修补工具】将头发丝区域选中，然后将其拖动到其他皮肤部分，修复后效果如图 5.10 所示。

06 按照如上的步骤反复操作，力图达到自然效果。将细纹和色斑去除了，模特干净透明的面部特写就制作完成了，如图 5.11 所示。

07 如果想使模特的脸部变得透亮干净了，但是在面孔精致盛行的当今，如何才能使得面容更加白亮精致，如何操作呢？复制“背景”图层，将其模式设置为【滤色】，不透明度为 50%，提亮模特的肤色，如图 5.12 所示。并且按 Ctrl+E 组合键，将图层合并。单击【历史记录】面板下方的【创建新快照】按钮建立快照，选择【快照 1】选项，如图 5.13 所示。

08 为了使模特的脸部看上去更加精致，皮肤更加细腻，执行【滤镜】|【模糊】|【高斯模糊】命令，弹出【高斯模糊】对话框，参数设置如图 5.14 所示。

图 5.10　修补模特的刘海

图 5.11　完成后的模特面部特写

图 5.12　提亮肤色

图 5.13　在【历史记录】面板中建立快照

图 5.14　【高斯模糊】参数设置

09 设置完成后，模特的脸变得朦胧，但是眼睛、嘴唇、头发都过于模糊，如图 5.15 所示。这时，使用【历史记录画笔工具】调整其大小、透明度，在模特的眼睛、嘴唇、头发，还有相片的边缘部分进行涂抹，使其恢复到建立快照时的鲜明效果，如图 5.16 所示。

图 5.15　【高斯模糊】后的效果

图 5.16　使用【历史记录画笔工具】调整大小和透明度

10 这样在视觉效果上，眼睛、嘴唇等部分色彩鲜明，并且皮肤细腻；模特亮白剔透的皮肤和精致的五官就呈现出来了，最终效果如图 5.1 所示。对比之前的图片，暗淡的相片显得十分漂亮。最后保存文件为“修复人像.psd”。

仿制图章工具和红眼工具的应用——消除红眼

设计图像时，往往需要从网络上下载一些图片素材，但是图片中存在一些干扰的元素，破坏了画面的感觉，如图像中存在一些不需要的符号及人眼存在红眼现象。为了使图片素材更符合设计主题，就要对图片进行修饰，以达到要求。本任务将学习相关的知识点与技能。

图 5.17 消除红眼效果图

◎ 任务目的

通过修改制作如图 5.17 所示的“消除红眼”效果，学习掌握有关【红眼工具】和【仿制图章工具】的使用方法和技巧。

相关知识

1. 仿制图章工具

【仿制图章工具】对于复制对象或修复图像中的缺陷部分非常有用，其属性栏如图 5.18 所示。使用该工具可以方便地将图像的一部分绘制到同一图像的另一区域中，或是绘制到打开的具有相同颜色模式的任何文档中。

图 5.18 【仿制图章工具】的属性栏

【仿制图章工具】的使用方法与【修复画笔工具】的使用方法类似，即按住 Alt 键（定义【仿制图章工具】的源），对需要复制的图像区域进行取样，然后在需要被复制的区域进行涂抹，这样就能将图片修饰成所需要的样子。

针对不同的仿制图像，可以根据具体情况来设置仿制图像源的大小、模式、透明度、流量等，使修饰后的图像更加自然。

2. 图案图章工具

仿制图案，除了用【仿制图章工具】以外，还可以使用【图案图章工具】来仿制图像，其属性栏如图 5.19 所示。但其绘制出来的是指定的图案，而不是图像上已有的区域，如

图 5.20 所示。在该工具属性栏中设置图案，可以在画面上直接绘制。

3. 红眼工具

红眼是由于相机闪光灯在主体视网膜上反光而引起的，在光线比较暗的时候拍摄，容易出现红眼。【红眼工具】的属性栏如图 5.21 所示。使用【红眼工具】可以轻松地去除眼睛内的红色区域，使眼睛恢复原始状态。可以通过调整【瞳孔大小】和【变暗量】的数值，在红眼处单击，即可将红眼去除。使用【红眼工具】时，注意十字光标与红眼位置的对齐，否则将出现错误。

图 5.19 【图案图章工具】的属性栏

图 5.20 仿制图案

图 5.21 【红眼工具】的属性栏

1）【瞳孔大小】：增大或减小受【红眼工具】影响的区域。

2）【变暗量】：设置校正的暗度。

技能点拨：打开“红眼美女.jpg”素材文件，先用【仿制图章工具】将图像中多余的图标去除，然后设置【红眼工具】中【瞳孔大小】和【变暗量】的数值，最后在图片上红眼处单击即可。

实施步骤

01 执行【文件】|【打开】命令，打开“红眼美女.jpg”素材文件，如图 5.22 所示。复制该“背景”图层。

02 使用【仿制图章工具】，在背景图片左上方单击，定义仿制图像的源。然后在需要被复制的地方进行涂抹，继续使用该工具，并不断定义仿制图章的源，修改的效果如图 5.23 所示。

图 5.22 “红眼美女.jpg”图像

图 5.23 修改后效果

图 5.24 【红眼工具】的属性设置

03 使用【红眼工具】，并设置【瞳孔大小】和【变暗量】的数值，如图 5.24 所示。当鼠标指针变成十字箭头时，单击人物的眼睛部分，即可消除该眼内的红眼现象，最终效果如图 5.17 所示。

任务 5.3 图像海绵工具的应用——静静绽放

由于受到拍摄光线、条件的影响，素材图片往往不能达到要求，图片当中会出现局部颜色过艳、局部过暗，导致色调过重，使图像中的亮点被削减了。那么，如何对素材的局部进行颜色调整呢？一定要用到选区工具吗？本任务将学习相关的知识点与技能。

图 5.25 暗调花朵效果图

◎ 任务目的

通过修改制作如图 5.25 所示的“暗调花朵”，使花朵更加鲜艳。通过此案例学习并掌握【海绵工具】、【加深工具】和【减淡工具】调整图像颜色的方法与技能。

相关知识

1. 海绵工具

使用【海绵工具】可以修改图像区域的色彩饱和度，其属性栏如图 5.26 所示。使用【海绵工具】，在属性栏中选择要用来更改颜色的方式。【饱和】可以增加颜色的饱和度；【降低饱和度】可以减弱颜色的饱和度。还可以为【海绵工具】指定【流量】。【海绵工具】除了可以调整色彩的饱和度，还能将图片中的颜色去除，将图像变成黑白颜色。

图 5.26　【海绵工具】的属性栏

2. 加深工具和减淡工具

【加深工具】为画面绘制暗部，【减淡工具】则为画面绘制亮部和高光，两个工具一起使用会使图像显得更加立体。两个工具属性类似，如图 5.27 和图 5.28 所示。

一般来说，将其【范围】设置为【中间调】、【曝光度】设置为 50%即可。这两个工具一起运用于插图绘制，或者过于平淡的图片中，能为主体添加亮部、暗部和高光，使得作品更加立体。

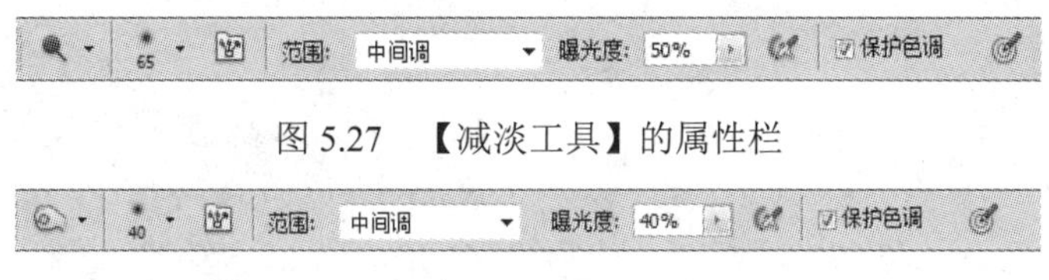

图 5.27　【减淡工具】的属性栏

图 5.28　【加深工具】的属性栏

任务实施

技能点拨：复制背景图层，使用【海绵工具】并设置其模式为【去色】，调整画笔和流量，在图像饱和度过强的地方将其涂抹削减，然后再次使用【海绵工具】，并将其模式设置为【饱和】，在饱和度不够的地方进行涂抹，使其变得更加鲜艳，然后调整图层的混合模式。最后使用【加深工具】和【减淡工具】为图像确立画面的明暗调，使其显得更加立体。

实施步骤

01 执行【文件】|【打开】命令，打开“暗调花朵.jpg”素材文件，如图 5.29 所示。并复制背景图层，如图 5.30 所示。

图 5.29　“暗调花朵.jpg”图像

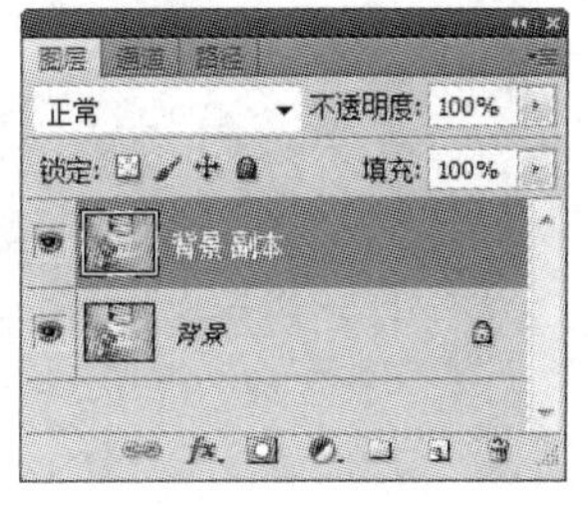

图 5.30　复制背景图层

02 使用【海绵工具】，在属性栏中设置模式为【降低饱和度】并设置其他参数，如图 5.31 所示。此时使用【海绵工具】在花盆以外的区域上单击涂抹，降低图像的饱和度，从而使其褪色，直到基本成为黑白色，效果如图 5.32 所示。

03 将【海绵工具】的模式设置为加色，使用【海绵工具】在花盆上单击，使其更加鲜艳，与周围的背景形成鲜明的对比，如图 5.33 所示。

图 5.31　【海绵工具】参数设置

图 5.32　降低花盆以外的区域饱和度

图 5.33　提高花盆的区域饱和度

04 在【图层】面板上设置图层混合模式为【浅色】，并调整透明度，如图 5.34 所示。按 Ctrl + E 组合键将两个图层合并。这时候虽然花朵呈现的效果比较鲜艳，但是感觉画面比较平淡。

05 为了使图片显得更加立体，使用【加深工具】在图片的四周进行涂抹，将【范围】设置为中间调，将【曝光度】设置为 50%，调整画笔大小在四周进行涂抹，同时使用【减淡工具】在图片中较亮的区域进行涂抹调整，最终效果如图 5.25 所示，保存文件为“静静绽放.psd”。

图 5.34　设置图层混合模式及透明度

实践探索

一、选择题

1．要实现图像的立体化，可以使用【减淡工具】结合（ ）进行绘制。

A.【加深工具】 B.【锐化工具】 C.【模糊工具】 D.【修补工具】

2．使用【修补工具】（ ）按住 Alt 键来帮助定义仿制图像的源。

A．要 B．不要

3．可以在（ ）面板上建立快照。

A.【历史记录】 B.【图层】 C.【通道】 D.【路径】

4．图像修饰工具的主要作用是润色图像或修饰图像清晰度，（ ）可以用来修饰图像颜色的饱和度。

A.【减淡工具】 B.【锐化工具】 C.【修补工具】 D.【海绵工具】

二、操作题

1．打开“红眼青蛙.jpg”素材文件，将图 5.35 所示的“红眼青蛙”的“红眼”修饰成“黑眼”。（提示：使用【红眼工具】。）

2．打开“旧画像.jpg”素材文件，修复这张损坏的老照片，如图 5.36 所示。（提示：使用【修复画笔工具】和【仿制图章工具】对照片上的斑点与折痕进行修复处理。）

图 5.35 红眼青蛙

图 5.36 旧画像

6 项目

矢量图形的绘制和编辑

◎ **项目导读**

Photoshop 在编辑和处理位图图像方面具有强大的功能，同时为了应用的需要，也包含了一定的矢量图形处理功能。在 Photoshop CS5 中，矢量工具包括【钢笔工具】、【路径选择工具】、【形状工具】和【文字工具】，利用这些工具可以绘制并编辑各种矢量图形。本项目主要介绍如何利用这几种工具对矢量图形进行绘制和编辑。

◎ **学习目标**

- 理解路径的概念及基本形态。
- 掌握路径的创建方法。
- 掌握路径的编辑方法。
- 掌握【文字工具】的使用方法。
- 掌握矢量绘图工具的使用方法。

路径初识——绘制卡通小狗

在 Photoshop CS5 中，用户可以利用【路径选择工具】绘制各种形态的路径，并进行描边和填充，完成一些用绘图工具所不能完成的操作。

◎ 任务目的

本任务将绘制一幅卡通小狗，通过实践操作，主要掌握【钢笔工具】的使用方法。最终效果如图 6.1 所示。

图 6.1　卡通小狗效果图

相关知识

1. 路径的概念

使用【钢笔工具】绘制出来的矢量图形称为路径。路径可以是开放的，也可以是封闭的。无论哪种路径都是由锚点、片段、方向点和方向线组成的，如图 6.2 所示。

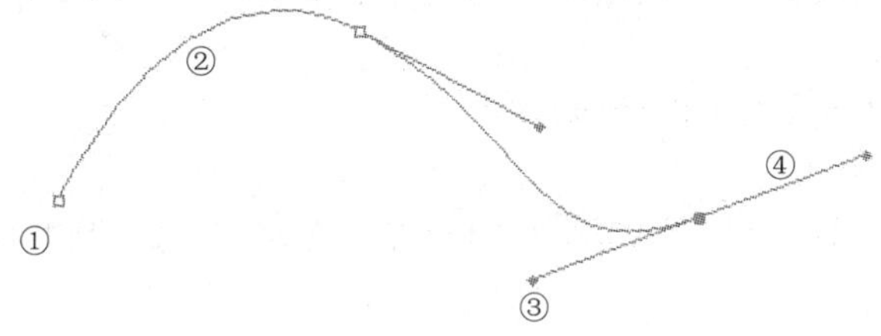

图 6.2　路径的组成

①【锚点】：图中所示的空心点，它的位置决定路径的走向。②【片段】：每两个锚点间的线段。③【方向点】：图中所示的实心点，与方向线一起控制路径的形态。④【方向线】：由锚点延伸出的两条线段，用来控制路径的形态。

2. 路径的形态

路径的形态主要有“转角”和“平滑角”两种形态，如图 6.3 所示。

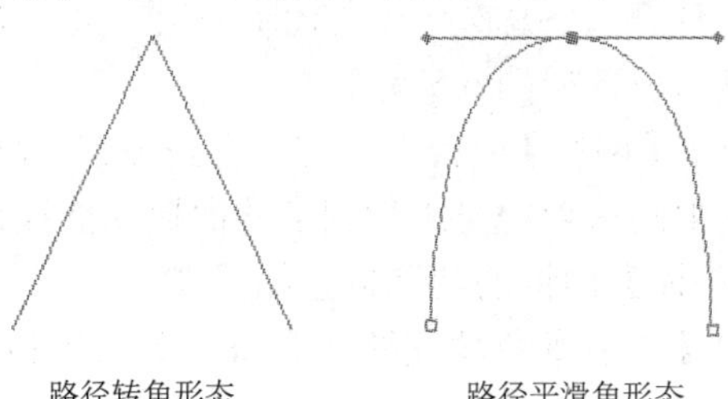

图 6.3　路径的形态

3. 路径工具

（1）钢笔工具

使用【钢笔工具】可以创建点、直线和曲线，其用法与【多边形套索工具】有些类似，在不同的位置单击，软件自动连接单击的各个点来产生路径。

【钢笔工具】的属性栏如图 6.4 所示。

图 6.4 【钢笔工具】的属性栏

1）：分别为【形状图层】、【路径】和【填充像素】。使用【形状图层】，在绘制路径时会自动生成一个形状图层。使用【路径】绘制路径，不生成图层。当选择矢量绘图工具组时，【填充像素】才可用，绘制时使用前景色填充到路径中。

2）：矢量绘图工具组。

3）【自动添加/删除】：勾选此复选框，【钢笔工具】有自动添加和删除功能。

4）：路径运算方式，分别为【添加到路径区域（＋）】、【从路径区域减去（－）】、【交叉路径区域】、【重叠路径区域除外】。

（2）自由钢笔工具

使用【自由钢笔工具】可以模拟自然形态的钢笔勾画出一条路径，其用法与【套索工具】类似。

（3）添加锚点工具

使用【添加锚点工具】在已绘制好的路径上单击，即可添加锚点。

（4）删除锚点工具

使用【删除锚点工具】可以删除锚点。

（5）转换点工具

使用【转换点工具】可以调节路径的形态，使路径在转角和平滑角之间转换。

（6）路径选择工具

使用【路径选择工具】可以选取整条路径，选取后可移动路径。

（7）直接选择工具

使用【直接选择工具】可以选取路径上的节点，选取后可移动节点，也可移动方向点，调整路径的弯曲度。

4. 【路径】控制面板

Photoshop CS5 专门提供了一个编辑路径的控制面板。执行【窗口】|【路径】命令可以打开该面板，如图 6.5 所示。

图 6.5 【路径】面板

单击【路径】面板右上方的下拉按钮，弹出【路径】面板下拉列表，选择其中的选项便可进行相应的面板功能操作。

【路径】面板的功能按钮如下。

1）【用前景色填充路径】：单击该按钮，可以使用前景色填充路径。

2）【用画笔描边路径】 ：单击该按钮，可以使用画笔对路径进行描边。

3）【将路径作为选区载入】 ：单击该按钮，可以将当前路径转换为选区。

4）【从选区生成工作路径】 ：单击该按钮，可以从选区建立工作路径。

5）【创建新路径】 ：单击该按钮，可以新建路径。

6）【删除当前路径】 ：单击该按钮，可以删除路径。

任务实施

技能点拨：在制作中，首先需新建一个文件。使用【钢笔工具】绘制小狗的头部路径，将其转换成选区，填充颜色，给图层添加【内发光】图层样式。使用【画笔工具】绘制小狗的眼睛、嘴和胡子。使用绘制小狗头部的方法，绘制耳朵和身体部分。

实施步骤

01 新建一个图像文件，宽为 20cm，高为 20cm，分辨率为 72px/in，背景内容为白色。

02 新建一个图层。使用【钢笔工具】绘制卡通小狗头部的路径，先绘制转角形路径，效果如图 6.6 所示。

03 使用【转换点工具】 将转角形路径调整成平滑角形路径，效果如图 6.7 所示。

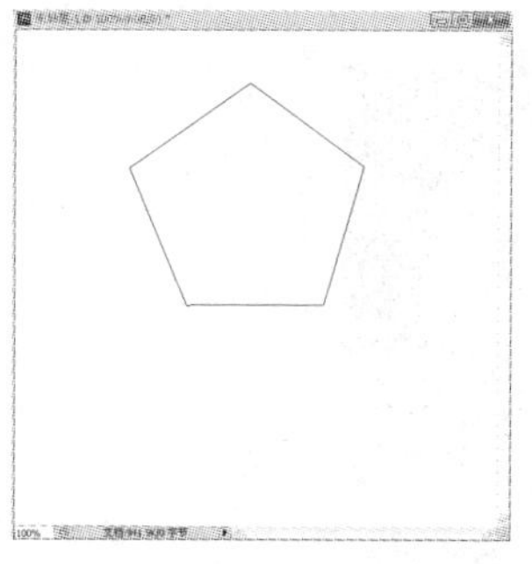

图 6.6 绘制转角形路径

图 6.7 调整为平滑角形路径

04 打开【路径】面板，单击【将路径作为选区载入】按钮将路径转换为选区，设置前景色为黄色（R：255，G：235，B：65），在选区中填充前景色，取消选区。给该图层添加【内发光】图层样式，参数设置如图 6.8 所示。

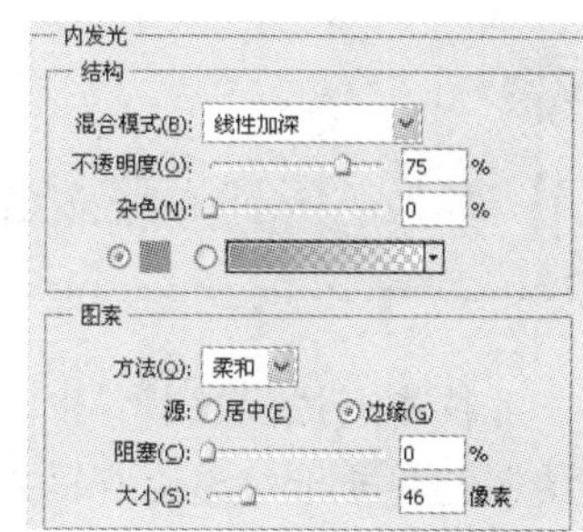

图 6.8 【内发光】参数设置

05 使用【减淡工具】将额头中间的区域和嘴巴部分颜色减淡，使用【加深工具】将眼睛部分颜色加深。使用【画笔工具】画出小狗的眼睛、鼻子和胡子，效果如图 6.9 所示。

06 新建图层，用【路径选择工具】绘制小狗的左耳路径和右耳路径，效果如图 6.10 所示。

图 6.9　绘制眼睛、鼻子和胡子

图 6.10　绘制耳朵路径

07 将路径转换为选区，填充黄色，添加与头部相同的图层样式。使用相同方法绘制小狗的身体。最终效果如图 6.1 所示。

路径练习一——绘制向日葵

◎ 任务目的

本任务将绘制一幅卡通画“向日葵”。通过该任务，主要熟悉【钢笔工具】的使用方法。最终效果如图 6.11 所示。

图 6.11　向日葵效果图

任务实施

技能点拨：在制作中，首先需新建一个文件，填充渐变背景色，再使用【钢笔工具】绘制花瓣并进行描边和填充；其次需使用【椭圆选框工具】画出花蕊部分，并填充金黄色，使用【加深工具】和【减淡工具】对其进行修改，制作出立体感；最后使用【钢笔工具】绘制花茎和叶子，并用绿色进行描边和填充。

01 新建文件。按 Ctrl+N 组合键，新建一个白色背景的文件，宽为 20cm，高为 20cm，分辨率为 72px/in。

02 填充渐变色背景。设置前景色（R:5，G:65，B:213）、背景色（R:97，G:191，B:253）。使用【渐变工具】，设置渐变类型为【线性渐变】，把鼠标指针放在文档正上方，按住 Shift 键的同时自上而下拖动鼠标，填充效果如图 6.12 所示。

03 显示网格线。按 Ctrl+' 组合键将网格显示出来，如图 6.13 所示。

04 绘制花瓣的起点。新建“图层 1”，并重命名为“向日葵”，使用【钢笔工具】在如图 6.14 所示的位置单击。

图 6.12　渐变背景

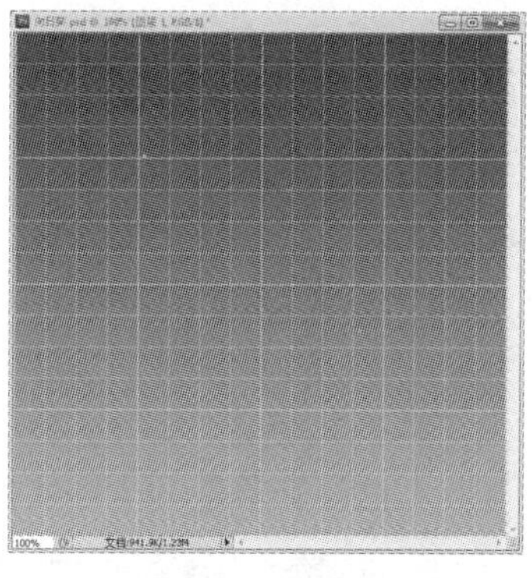

图 6.13　显示网格

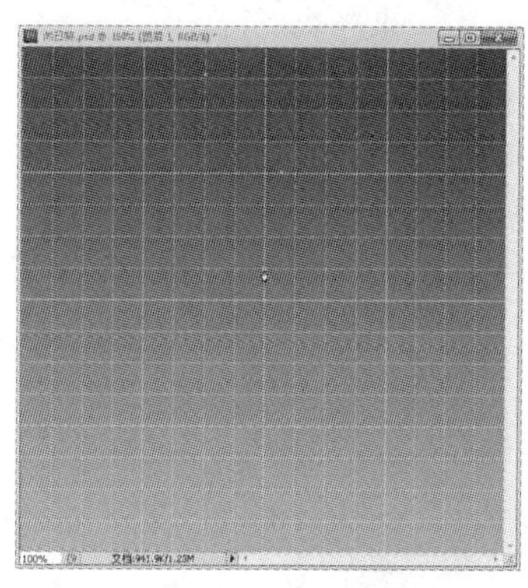

图 6.14　绘制花瓣的起点

05 继续绘制花瓣。在如图 6.15 所示的位置单击，不要释放鼠标，按住 Shift 键并拖动，方向线呈水平状态，位置如图 6.15 所示。

06 绘制花瓣的终点。将鼠标指针移到起始点处单击，生成一个闭合路径，如图 6.16 所示。

07 变换并复制花瓣。按 Ctrl+Alt+T 组合键，花瓣周围将出现控制点。将中心点移到如图 6.17 所示的位置。

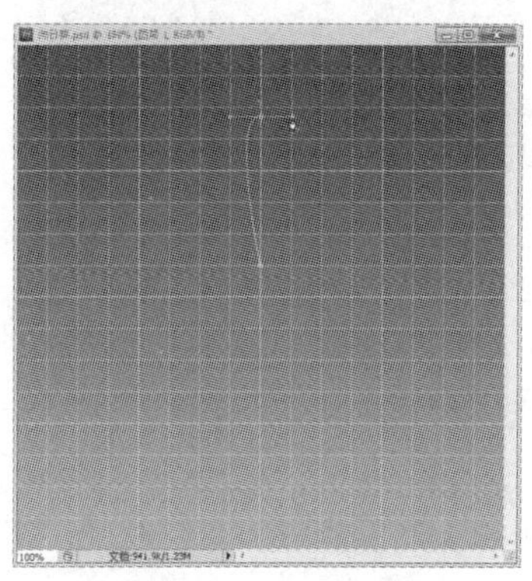

图 6.15　继续绘制花瓣

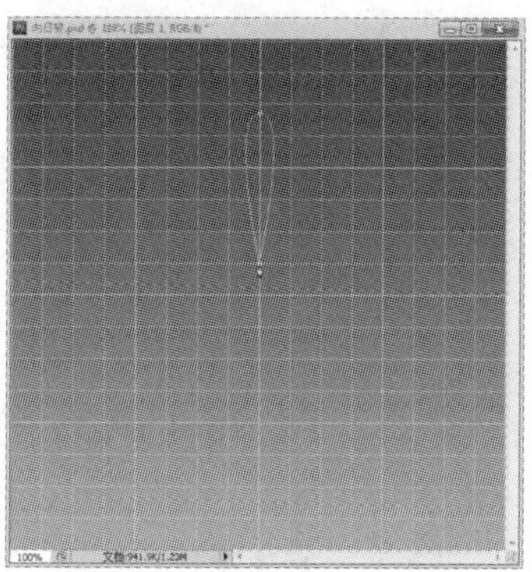

图 6.16　绘制花瓣的终点

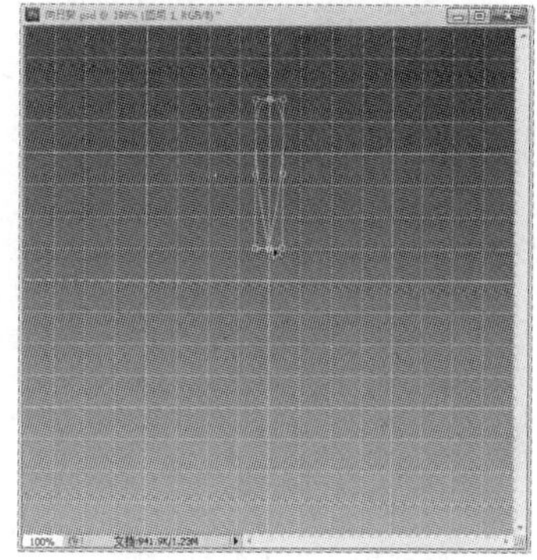

图 6.17　变换并复制花瓣

08 旋转花瓣。旋转花瓣到如图 6.18 所示的位置。

09 生成多个花瓣。按 Ctrl+Alt+Shift+T 组合键多次，生成多个花瓣，如图 6.19

所示。打开【路径】控制面板，双击“工作路径”图层，弹出【存储路径】对话框，将名称改为“花瓣”，单击【确定】按钮，将当前的工作路径存储起来。

10 给花瓣上色。设置前景色为黄色（R：255，G：255，B：0），单击【路径】面板下方的【用前景色填充路径】按钮，填充路径。再使用【画笔工具】，画笔的硬度设置为100%，直径为2px，设置前景色为深黄色（R：216，G：116，B：0），单击【路径】面板下方的【用画笔描边路径】按钮，使用画笔描边路径，效果如图6.20所示。

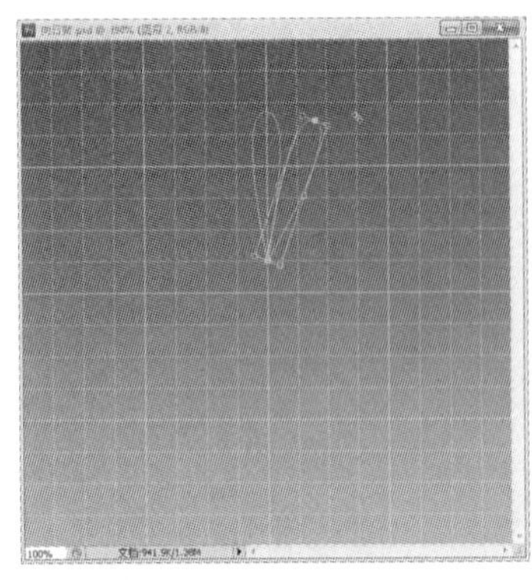

图6.18 旋转花瓣

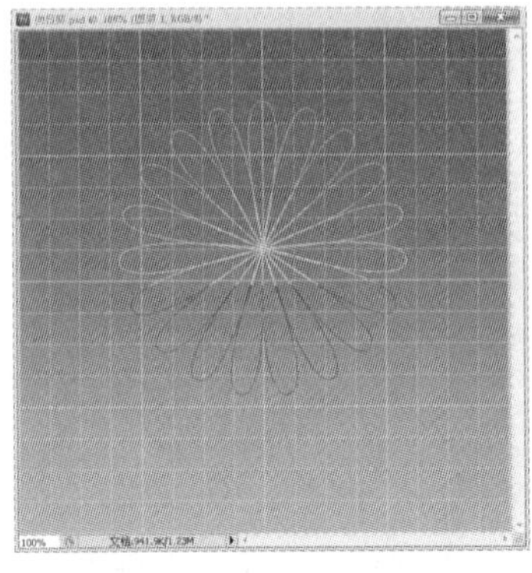

图6.19 生成多个花瓣

图6.20 给花瓣上色

11 绘制花蕊。新建“图层2”，重命名为“花蕊”，使用【椭圆选框工具】绘制一个正圆，用黄色（R：255，G：173，B：0）填充，再用深黄色（R：216，G：116，B：0）给选区描边，大小为2px，得到如图6.21所示的效果。

12 制作花蕊立体感。使用【加深工具】和【减淡工具】在花蕊上涂抹，得到如图6.22所示的效果。

13 修饰花蕊。使用【钢笔工具】绘制如图6.23所示的线条，并使用步骤9的方法将该路径存储起来，名称为“线条”。

图6.21 绘制花蕊

图6.22 制作花蕊立体感

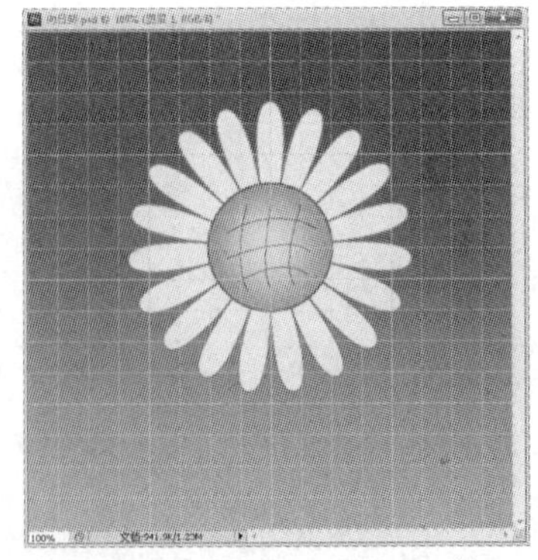

图6.23 修饰花蕊

14 描边路径。新建“图层3”，重命名为“线条”，使用深黄色（R：216，G：116，B：0）描边路径，效果如图6.24所示。

15 绘制花茎。在“背景”图层上方新建一个图层“图层4”，重命名为“茎”。使用

【钢笔工具】绘制花茎轮廓，并填充绿色（R：66，G：131，B：0），再使用黑色进行描边。然后使用【加深工具】和【减淡工具】修饰出立体感，效果如图 6.25 所示。

16 使用【钢笔工具】和步骤 15 同样的方法绘制叶子。最终效果如图 6.11 所示。

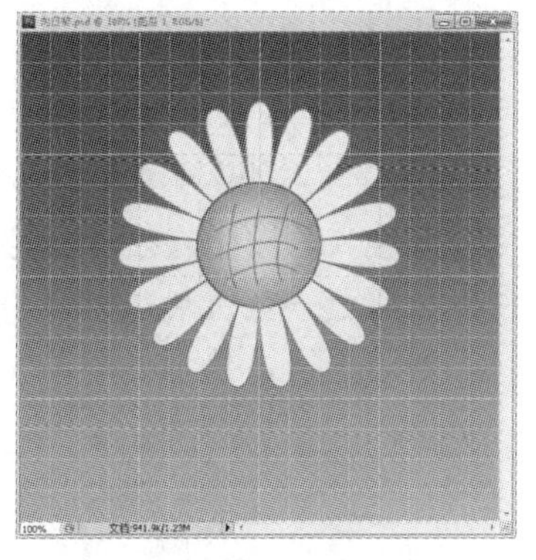

图 6.24　描边路径

图 6.25　绘制花茎

任务 6.3　路径练习二——绘制钢笔

◎ 任务目的

本任务将绘制一支“钢笔”。通过该任务，主要熟悉【钢笔工具】的使用方法。最终效果如图 6.26 所示。

图 6.26　钢笔效果图

任务实施

技能点拨：在制作中，首先需新建一个文件，使用【钢笔工具】分别绘制笔尖、笔杆路径，转换成选区，填充相应的渐变色和纯色。最后将钢笔所有的图层都选中合并，填充灰色，执行【高斯模糊】命令，制作阴影。

实施步骤

01 新建一个白色背景的文件，宽为20cm，高为20cm，分辨率为72px/in。

02 填充渐变色背景。设置前景色为白色，背景色为灰色（#393f4d）。使用【渐变工具】，设置渐变类型为【径向渐变】，从中心向外填充渐变色，效果如图6.27所示。

03 按Ctrl+R组合键，显示标尺，从标尺中拖动出一条垂直参考线。新建“图层1”，隐藏“背景”图层，使用【钢笔工具】绘制钢笔笔尖路径，效果如图6.28所示。

04 打开【路径】面板，单击【将路径作为选区载入】按钮将路径转换为选区，使用【渐变工具】，设置渐变色为灰色（#494d57）—白色—白色—灰色（#494d57），设置渐变类型为【线性渐变】，在选区中从左向右填充渐变色，取消选区，显示“背景”图层，效果如图6.29所示。

图6.27　填充渐变色背景

图6.28　绘制笔尖路径

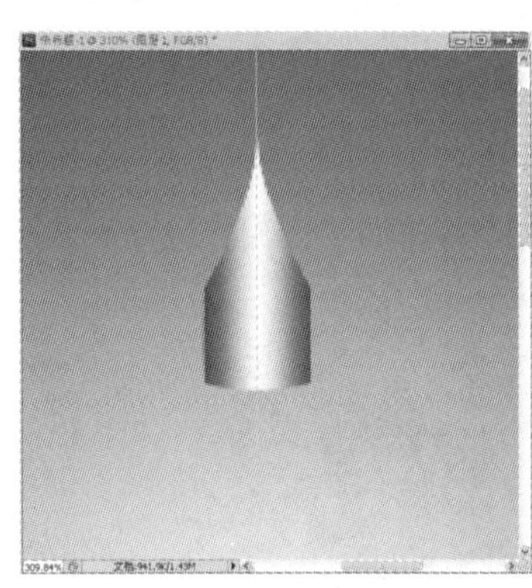

图6.29　笔尖部分填充渐变色

05 新建“图层2”，使用【钢笔工具】绘制如图6.30所示的路径。设置前景色为黑色。使用【画笔工具】，设置画笔大小为3px，硬度为100%，单击【路径】面板下方的【用画笔描边路径】按钮，效果如图6.31所示。

06 新建“图层3”，使用【钢笔工具】绘制如图6.32所示的路径。单击【路径】面板下方的【将路径转换为选区】按钮，使用【渐变工具】，设置渐变色为灰色（#494d57）—白色—白色—灰色（#494d57），设置渐变类型为【线性渐变】，在选区中从左向右填充渐变色，取消选区，效果如图6.33所示。

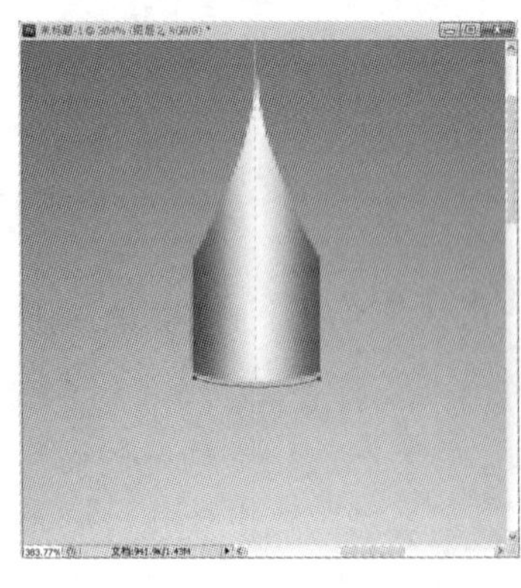

图6.30　绘制路径一

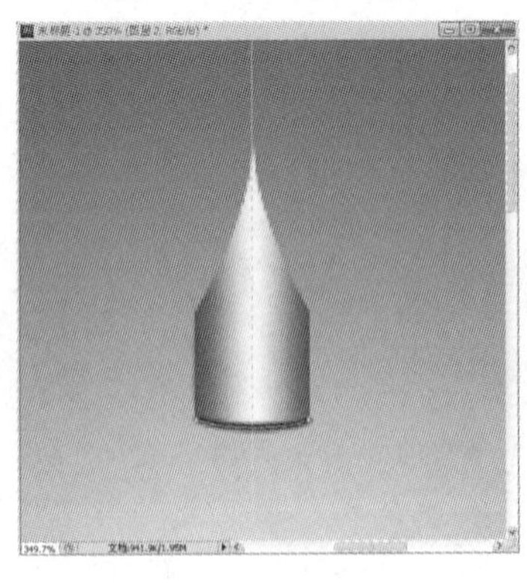

图6.31　画笔描边

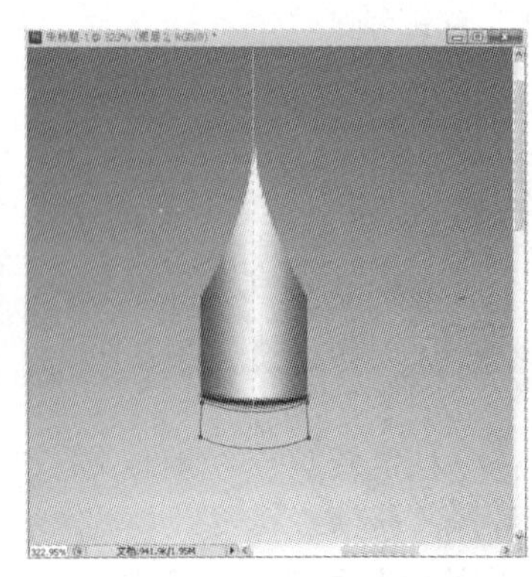

图6.32　绘制路径二

07 在【图层】面板中将“图层 3”移至“图层 2”下方，复制“图层 2”，调整其位置，效果如图 6.34 所示。

08 新建“图层 4”，使用【钢笔工具】绘制笔杆路径，如图 6.35 所示。

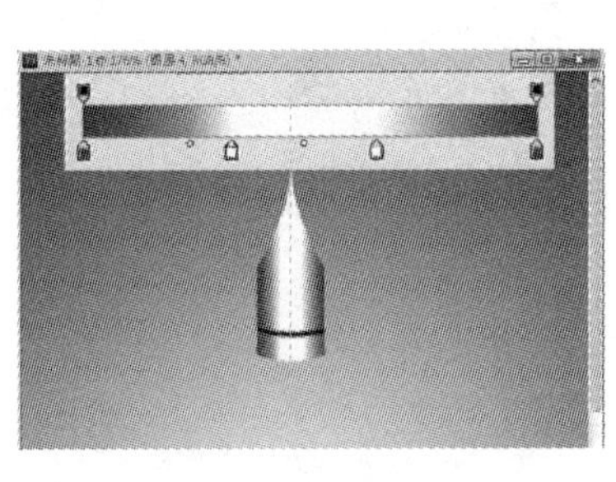
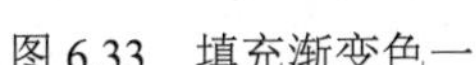

图 6.33　填充渐变色一

图 6.34　复制图层一

图 6.35　绘制笔杆路径

09 单击【路径】面板下方的【将路径转换为选区】按钮，使用【渐变工具】，设置渐变色为灰色（#494d57）—白色—白色—灰色（#494d57），设置渐变类型为【线性渐变】，在选区中从左向右填充渐变色，取消选区，效果如图 6.36 所示。

10 在【图层】面板中将“图层 4”移至“图层 2 副本”下方。复制“图层 2 副本”，移动其位置，调整其大小，效果如图 6.37 所示。复制“图层 3”，移动其位置，调整其大小，效果如图 6.38 所示。

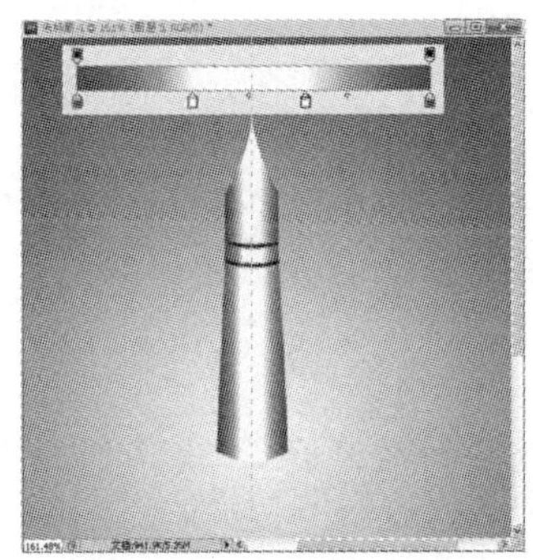

图 6.36　填充渐变色二

图 6.37　复制图层二

图 6.38　复制图层三

11 复制“图层 2 副本 2”，调整其大小和位置，效果如图 6.39 所示。

12 新建“图层 5”。使用【钢笔工具】绘制笔杆路径，如图 6.40 所示。单击【路径】面板下方的【将路径转换为选区】按钮，设置前景色为深灰色（#262630），在选区中填充前景色，取消选区，效果如图 6.41 所示。

13 新建“图层 6”，使用【多边形套索工具】创建如图 6.42 所示的选区。

14 设置前景色为白色，在选区中填充白色。取消选区，执行【滤镜】|【模糊】|【高斯模糊】命令，弹出【高斯模糊】对话框，设置半径为 8px，效果如图 6.43 所示。

15 将“图层 6”稍微上移，设置该图层不透明度为 80%。

16 复制“图层 3”，移动其位置，调整其大小，效果如图 6.44 所示。

图 6.39　复制图层一

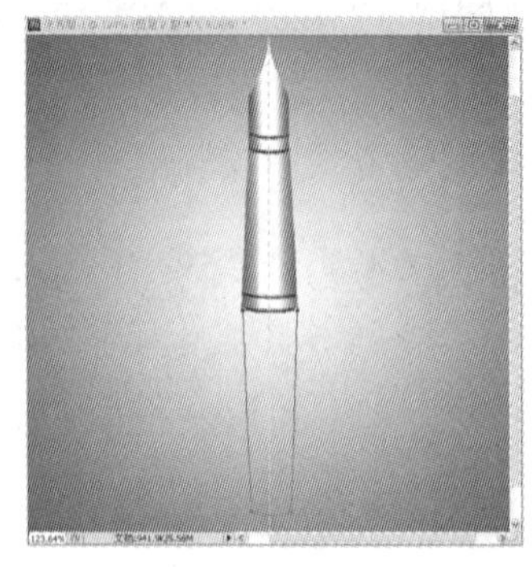

图 6.40　绘制路径

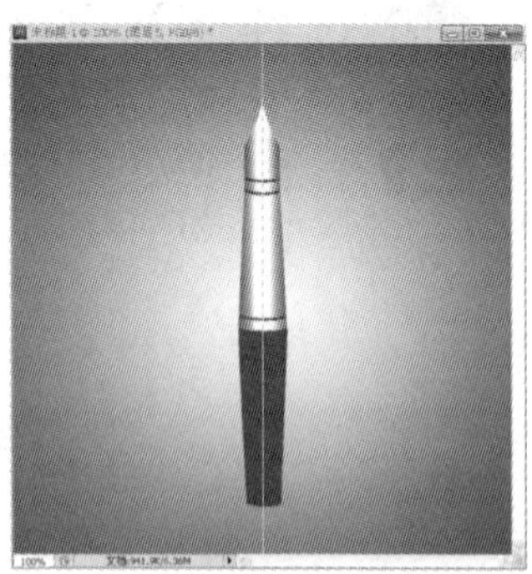

图 6.41　填充前景色

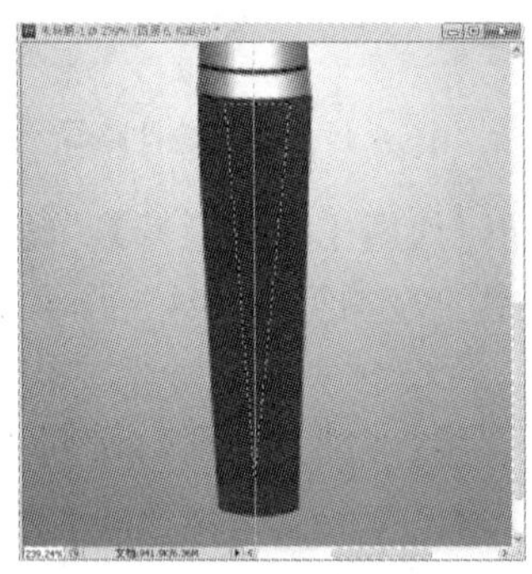

图 6.42　创建选区

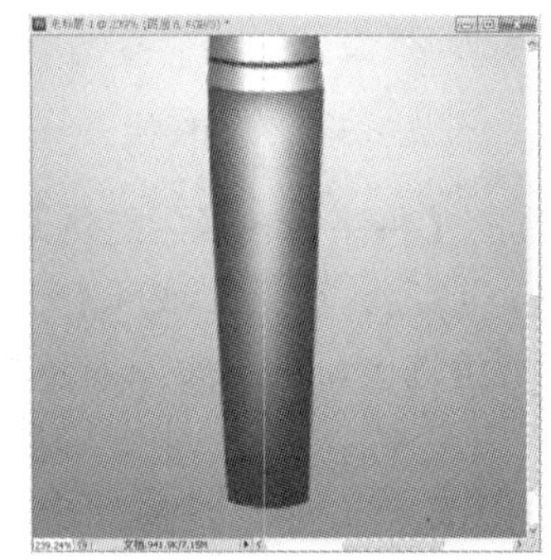

图 6.43　填充颜色

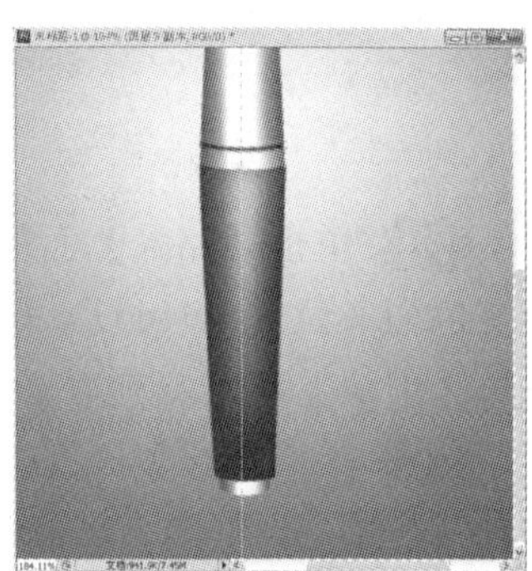

图 6.44　复制图层二

17 新建“图层 7”。设置前景色为黑色，使用【画笔工具】，设置画笔大小为 6px，硬度为 100%，在图层上画点，效果如图 6.45 所示。

18 使用【直线工具】，单击属性栏中的【填充像素】按钮，粗细为 2px，绘制一条直线，效果如图 6.46 所示。使用【橡皮擦工具】，大小为 50px，硬度为 0，擦除上半部分图像，效果如图 6.47 所示。

图 6.45　画点

图 6.46　画直线

19 执行【视图】|【清除参考线】命令，将参考线清除。将钢笔的所有图层都选中，进行复制，执行【图层】|【合并图层】命令，单击【图层】面板上方的【锁定透明像素】按钮，设置前景色为灰色（#3d3d3d），按 Alt + Delete 组合键，填充前景色，再单击【图层】面板上方的【锁定透明像素】按钮，解除锁定状态。

20 将该图层移动到“背景”图层上方。执行【滤镜】|【模糊】|【高斯模糊】命令，弹出【高斯模糊】对话框，设置半径为 6px。将其稍微向下向右移动，效果如图 6.48 所示。

21 将除“背景”图层以外的图层选中，按 Ctrl + T 组合键将其旋转，调整大小角度，最终效果如图 6.26 所示。

图 6.47　用橡皮擦擦除图像

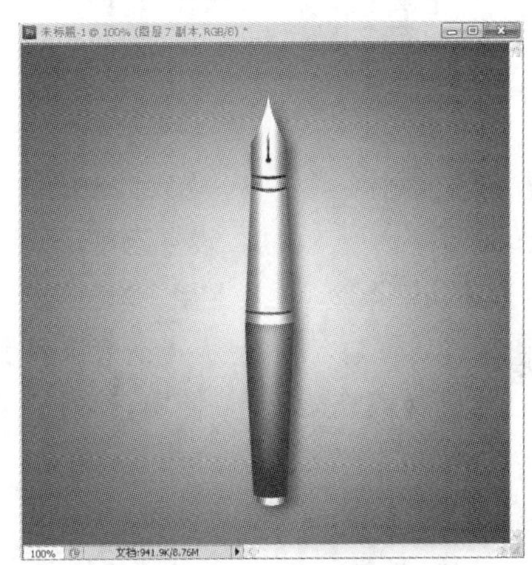

图 6.48　制作阴影

任务 6.4　路径练习三——绘制雪人

◎ 任务目的

本任务将绘制一幅“雪人”图像。通过该任务，主要熟悉【钢笔工具】的使用方法。最终效果如图 6.49 所示。

图 6.49　雪人效果图

任务实施

技能点拨：在制作中，首先需新建一个文件，使用【钢笔工具】绘制雪地路径，转换成选区，填充渐变色。绘制雪人身体，使用【椭圆选框工具】创建正圆选区，填充渐变色，使用相同方法绘制头部。使用【钢笔工具】绘制帽子和围巾路径，转换成选区，填充渐变色。最后使用【画笔工具】绘制雪花。

实施步骤

01 新建一个图像文件，宽为650px，高为500px，分辨率为72px/in。

02 使用【渐变工具】，设置渐变颜色为蓝色（#5892ba）—浅绿色（#a7e9cd），设置渐变类型为【线性渐变】，从上至下填充渐变色，效果如图6.50所示。

03 新建“图层1”。使用【钢笔工具】绘制如图6.51所示的雪地路径，将路径转换成选区，在选区中填充渐变色。使用【渐变工具】，设置渐变颜色为白色—浅蓝色（#a8becc），设置渐变类型为【线性渐变】，效果如图6.52所示。

图6.50　填充背景色

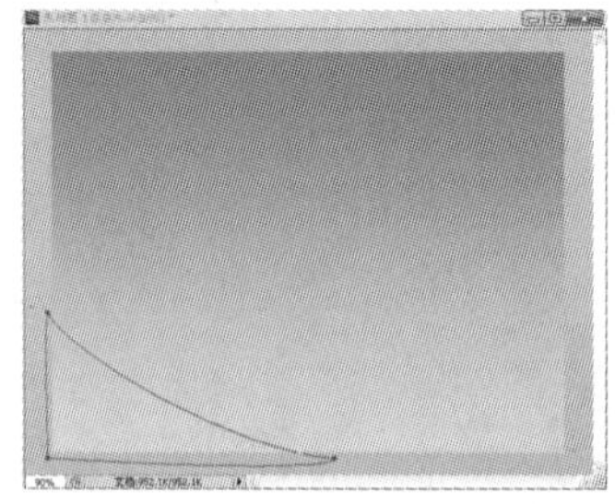

图6.51　绘制雪地路径

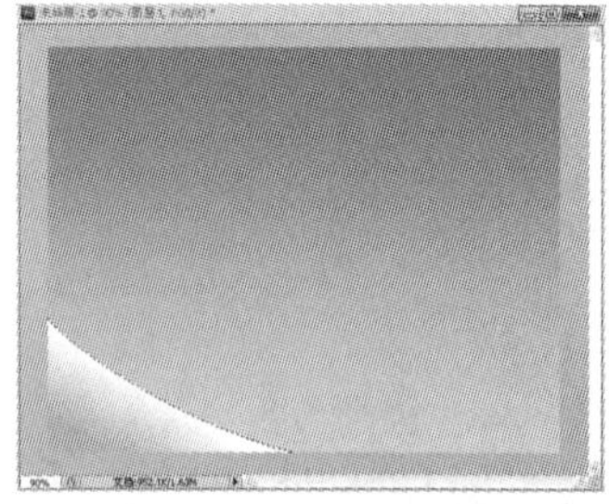

图6.52　填充渐变色

04 同步骤3方法，再绘制两片雪地，效果如图6.53所示。

05 绘制雪人的身体。新建“图层 4”。使用【椭圆选框工具】创建一个正圆选区。使用【渐变工具】，设置渐变类型为【径向渐变】，渐变颜色为白色—浅蓝色（#a4becd），在选区中从左上向右下做渐变填充，取消选区，效果如图6.54所示。

06 绘制雪人头部。新建“图层 5”。使用【椭圆选框工具】创建一个正圆选区。使用【渐变工具】，设置渐变类型为【径向渐变】，渐变颜色为白色—浅蓝色（#d9e3e9），从中心向外做渐变填充，效果如图6.55所示。

07 绘制眼睛。新建“图层 6”。使用【椭圆选框工具】创建一个正圆选区，在选区中填充黑色。设置前景色为白色，使用【画笔工具】，大小为4px，硬度为100%，在黑色正圆中点一笔，效果如图6.56所示。

08 再复制一个“眼睛”图层，使用【移动工具】调整位置。将眼睛的两个图层都选中，按 Ctrl + E 组合键将图层合并。

09 新建“图层7”。使用【椭圆选框工具】创建一个正圆选区，单击属性栏中的【与选区交叉】按钮，再创建一个圆形选区，两个选区相交叉部分保留下来，效果如图6.57所示。在选区中填充灰色（#737883）—黑色渐变色，效果如图 6.58 所示。

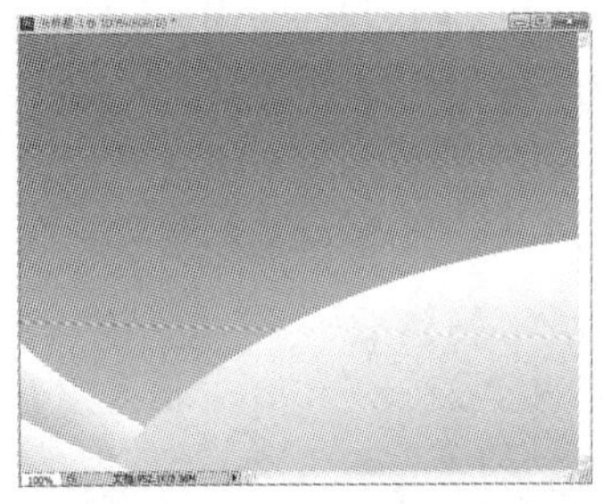
图 6.53　绘制雪地

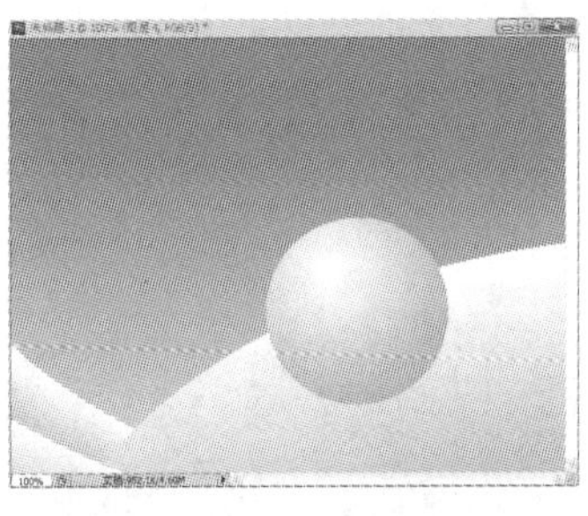
图 6.54　绘制雪人身体

图 6.55　绘制雪人头部

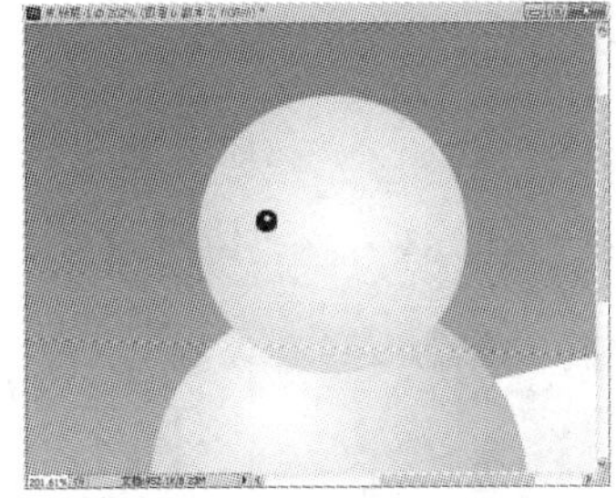
图 6.56　绘制眼睛

图 6.57　创建眉毛选区

图 6.58　填充渐变色

10 复制“图层 7”，执行【编辑】|【变换】|【水平翻转】命令，调整其位置，将眉毛的图层都选中，按 Ctrl+E 组合键将图层合并，效果如图 6.59 所示。

11 新建“图层 8”。使用【钢笔工具】绘制如图 6.60 所示的鼻子路径，将路径转换成选区，在选区中填充渐变色，使用【渐变工具】，设置渐变颜色为黄色（#ffff00）—橙色（#c85210），设置渐变类型为【径向渐变】，效果如图 6.61 所示。

图 6.59　绘制眉毛

图 6.60　绘制鼻子路径

图 6.61　填充渐变

12 新建“图层 9”。使用【钢笔工具】绘制如图 6.62 所示的嘴巴路径。使用【画笔工具】，大小为 3px，硬度为 100，打开【路径】面板，单击【路径】下方的【用画笔描边路径】按钮，效果如图 6.63 所示。

13 新建“图层 10”。使用【钢笔工具】绘制如图 6.64 所示的围巾路径，将路径转换成选区，在选区中填充渐变色，使用【渐变工具】，设置渐变颜色为橙色（#f8a201）—红色（#da3e01），设置渐变类型为【线性渐变】，效果如图 6.65 所示。

14 复制“图层 10”，单击【图层】面板上方的【锁定透明像素】按钮，设置前景色为黑色，按 Alt+Delete 组合键，填充前景色，将“图层 10 副本”移动到“图层 10”下方，设置“图层 10 副本”图层不透明度为 20%。使用【橡皮擦工具】将左边的部分擦除，效果如图 6.66 所示。

15 使用同步骤 13 和步骤 14 的方法，绘制另一半的围巾，效果如图 6.67 所示。

图 6.62　绘制嘴巴路径

图 6.63　画笔描边路径

图 6.64　绘制围巾路径

图 6.65　填充渐变色

图 6.66　制作围巾阴影

图 6.67　绘制围巾

16 新建“图层 12”。使用【钢笔工具】绘制如图 6.68 所示的帽子路径，将路径转换成选区，在选区中填充渐变色。使用【渐变工具】，设置渐变颜色为橙色（#f7b704）—橙色（#e53c05），设置渐变类型为【线性渐变】，效果如图 6.69 所示。

17 同步骤 16 方法绘制帽子的上半部分，效果如图 6.70 所示。

图 6.68　绘制帽子路径

图 6.69　填充渐变色

图 6.70　绘制帽子上半部分

18 新建“图层 14”，将其拖动至“雪地”图层的上方。使用【椭圆选框工具】创建一个如图 6.71 所示的椭圆选区。设置前景色为蓝色（#3d6b89），在选区中填充前景色，取消选区。执行【滤镜】|【模糊】|【高斯模糊】命令，弹出【高斯模糊】对话框，设置半径为 20px，效果如图 6.72 所示。

19 新建“图层 15”，将其拖动到【图层】面板最上方。设置前景色为白色，使用【画笔工具】，大小为 8px，硬度为 0，绘制雪花，设置雪花图层不透明度为 80%，最终效果如图 6.49 所示。

图 6.71　创建椭圆选区

图 6.72　绘制阴影

路径练习四——绘制花朵

◎ 任务目的

本任务将绘制一幅“花朵”图像。通过该任务，主要熟悉【钢笔工具】的使用方法。最终效果如图 6.73 所示。

图 6.73　花朵效果图

任务实施

技能点拨：在制作中，首先需新建一个文件，使用【钢笔工具】绘制树枝路径，设置画笔属性和画笔描边路径。绘制花瓣，使用【椭圆选框工具】创建正圆选区，填充渐变色，复制花瓣，使用【钢笔工具】绘制花蕊路径，设置画笔属性和画笔描边路径。最后使用绘制花瓣的方法绘制叶子。

实施步骤

01 新建一个文件，宽为 800px，高为 600px，分辨率为 72px/in。

02 设置前景色为深蓝色（R：2，G：105，B：180），背景色为浅蓝色（R：168，G：204，B：230）。使用【渐变工具】，设置渐变类型为【线性渐变】，在图像文件中制作一个由上到下深蓝色到浅蓝色的渐变。

03 新建一个图层。使用【钢笔工具】创建如图 6.74 所示的树枝路径。

04 使用【画笔工具】，设置画笔大小为 7px，硬度为 100%，打开【画笔】面板，设置画笔的【形状动态】，如图 6.75 所示。

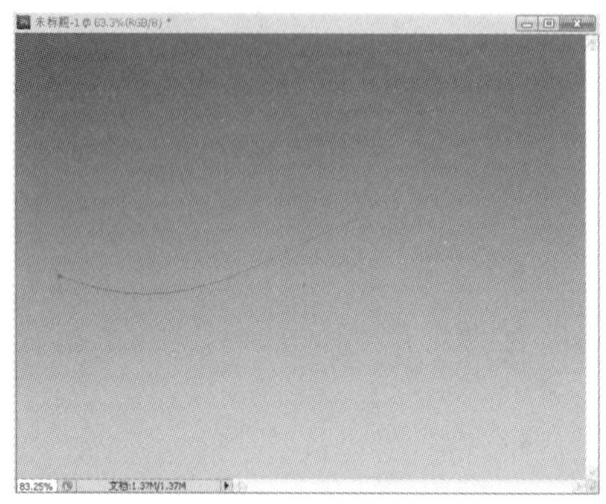

图 6.74　绘制树枝路径

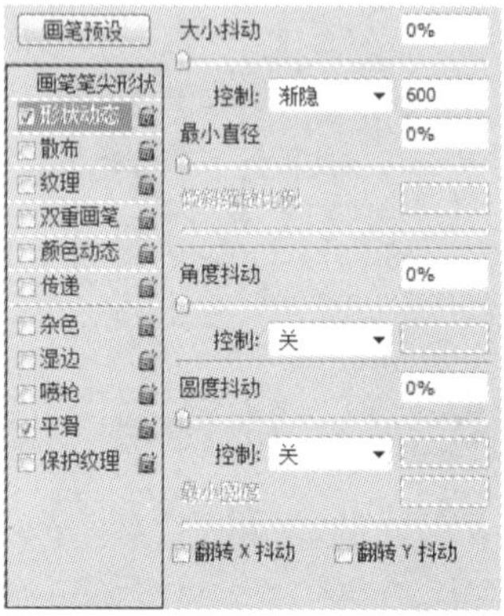

图 6.75　设置画笔属性

05 打开【路径】面板，单击【用画笔描边路径】按钮，效果如图 6.76 所示。

06 使用【钢笔工具】创建如图 6.77 所示的两条稍短的树枝路径。

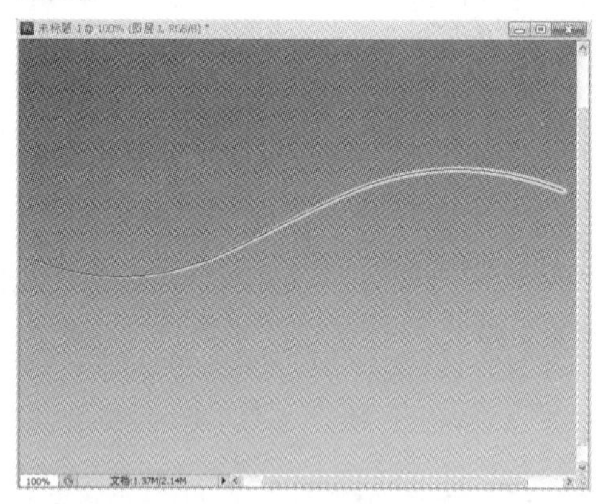

图 6.76　画笔描边路径

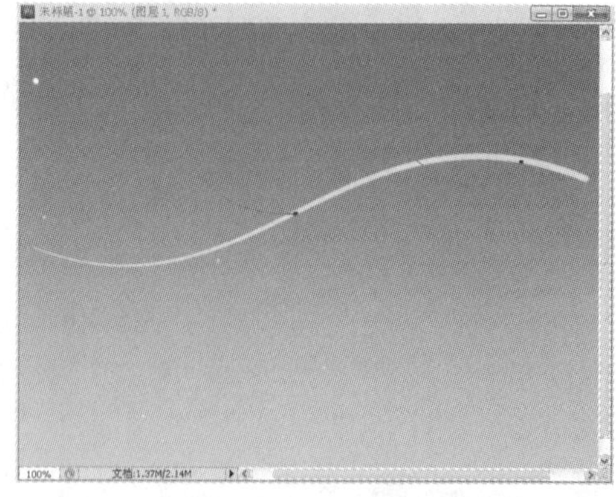

图 6.77　绘制树枝路径

07 使用【画笔工具】，设置画笔大小为 5px，硬度为 100%，打开【画笔】设置面板，设置画笔的【形状动态】，如图 6.78 所示。打开【路径】面板，单击【用画笔描边路径】按钮，效果如图 6.79 所示。

08 复制该图层，按住 Ctrl 键并单击复制后的图层，调出图像选区，填充白色，取消选区，效果如图 6.80 所示。使用【移动工具】，按上下左右键，将该图层上移 2px，左移 2px，调整图层不透明度为 60%，效果如图 6.81 所示。

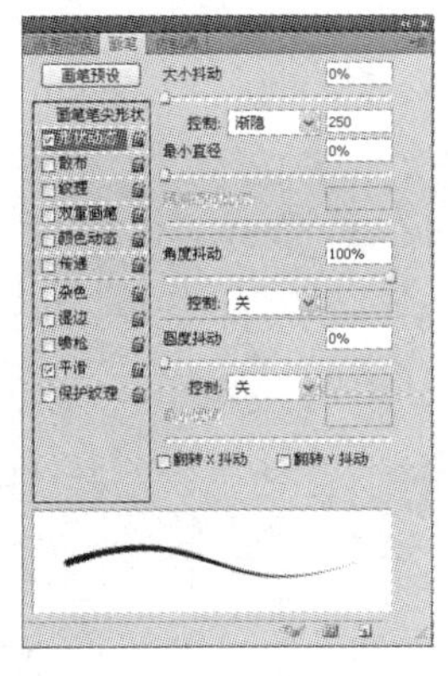

图 6.78　设置画笔属性

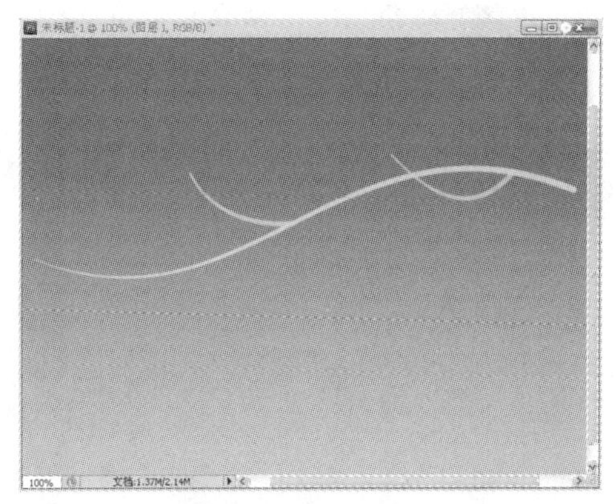

图 6.79　画笔描边路径

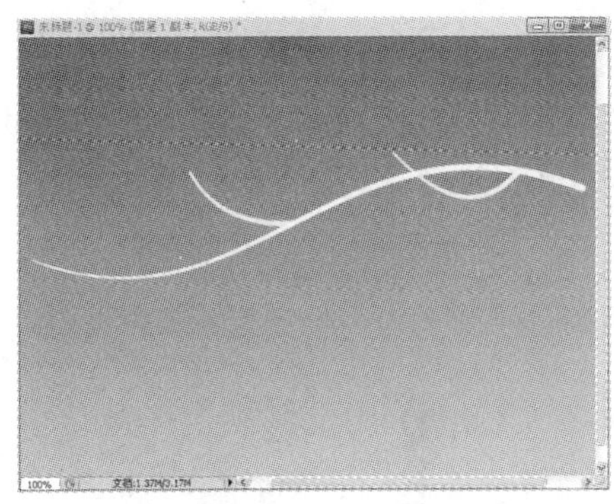

图 6.80　填充白色

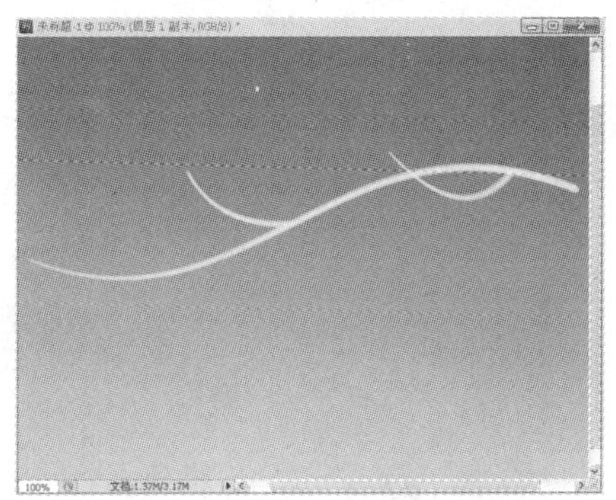

图 6.81　复制图层

09 新建一个图层。使用【椭圆选框工具】创建一个正圆选区，设置前景色为白色，背景色为粉色（R：233，G：13，B：135）。使用【渐变工具】，设置渐变类型为【径向渐变】，在正圆选区中拖动从右上到左下的渐变，效果如图 6.82 所示。

10 新建一个图层，使用【椭圆选框工具】将选区向右上方移动，效果如图 6.83 所示。

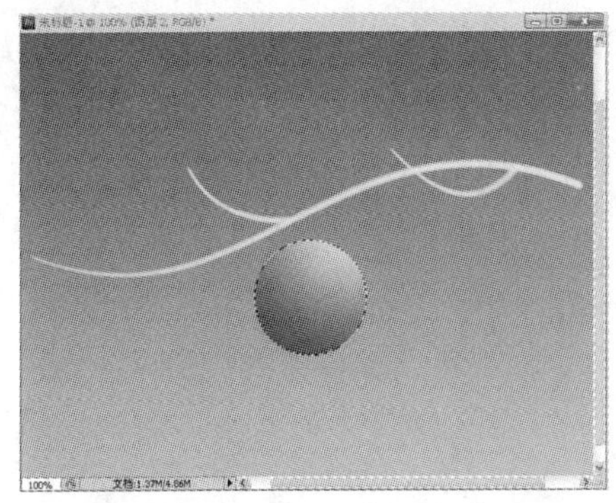

图 6.82　填充渐变色

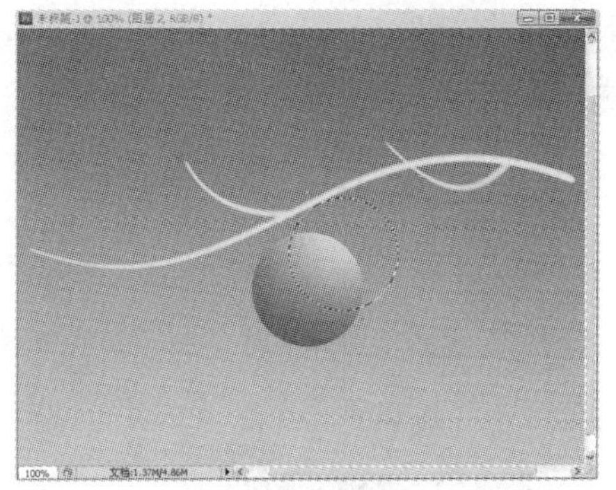

图 6.83　创建正圆选区

11 使用【渐变工具】，设置渐变类型为【径向渐变】，设置前景色为白色，渐变颜色为【前景色到透明色渐变】，在正圆选区中拖动从右上到左下的渐变，效果如图 6.84 所示。

12 按住 Ctrl 键并单击白色到粉色渐变的图层，调出图像选区，执行【选择】|【反向】命令，删除选区内图像，效果如图 6.85 所示。

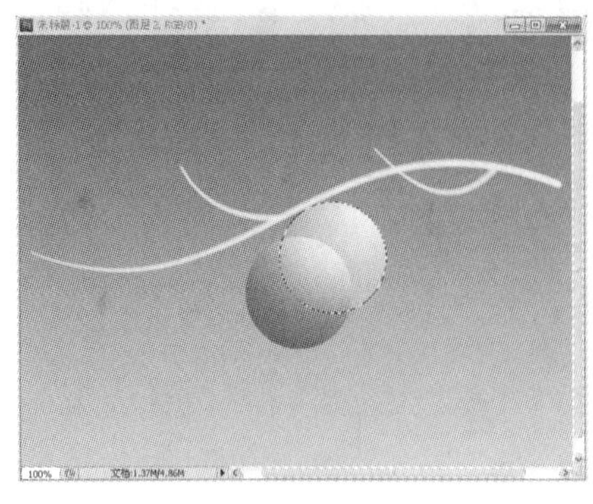

图 6.84　填充渐变色

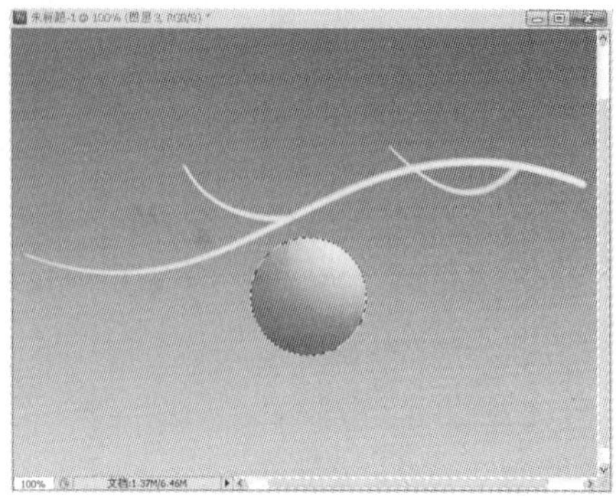

图 6.85　删除图像

13 取消选区。使用【钢笔工具】创建如图 6.86 所示的路径。

14 新建一个图层。设置前景色为白色，使用【画笔工具】，设置画笔大小为 5px，硬度为 100%，打开【画笔】面板，设置画笔的【形状动态】，如图 6.87 所示。

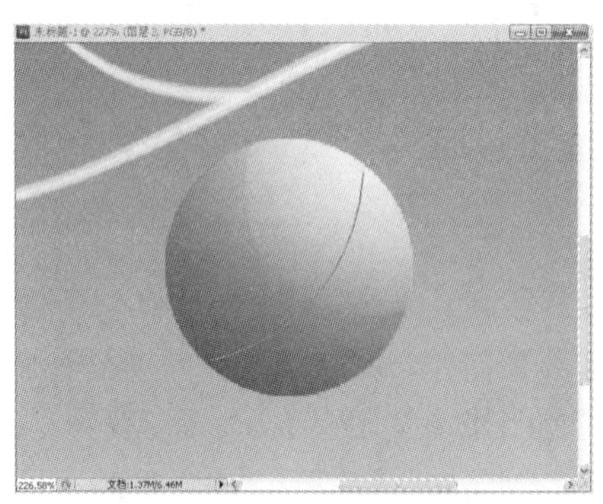

图 6.86　绘制路径

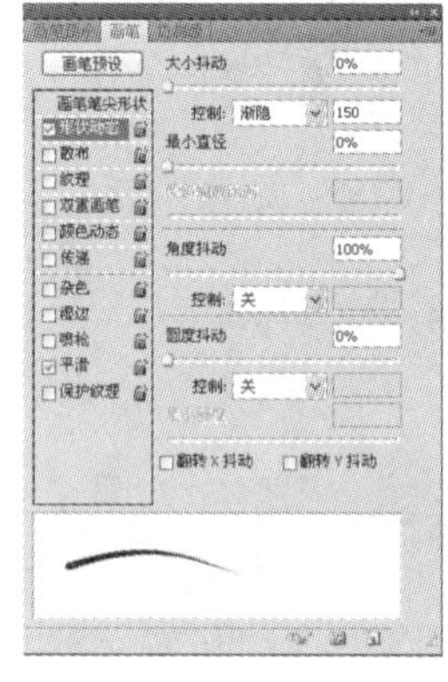

图 6.87　设置画笔属性

15 打开【路径】面板，单击【用画笔描边路径】按钮，效果如图 6.88 所示。

16 将花瓣的所有图层合并，再复制 3 个花瓣，进行变换旋转，效果如图 6.89 所示。

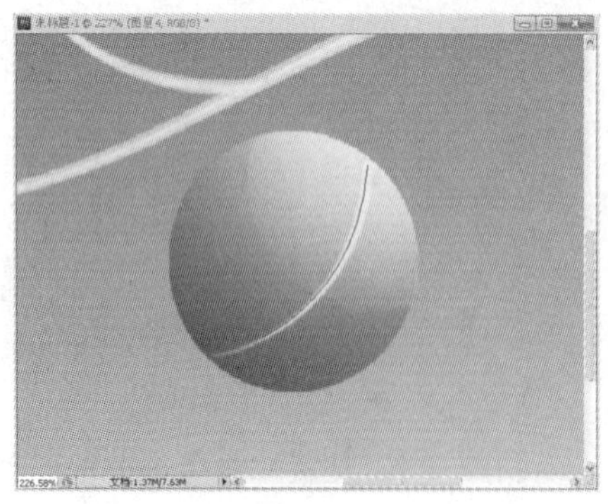

图 6.88　画笔描边路径

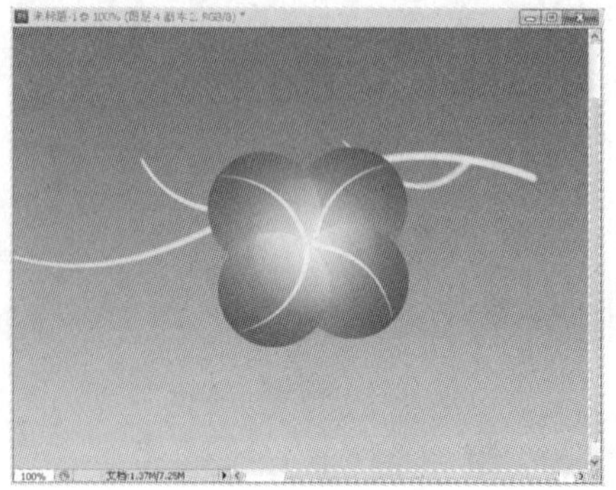

图 6.89　复制图层

17 绘制花蕊，方法同绘制树枝一样，效果如图 6.90 所示。

18 将花的图层再复制 2 朵，调整大小和位置，效果如图 6.91 所示。

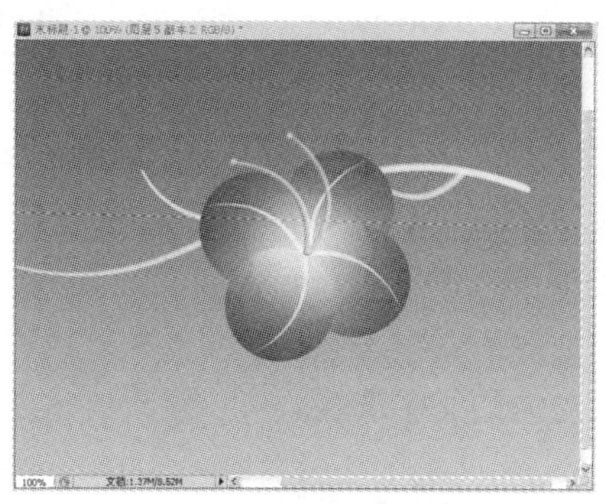

图 6.90　绘制花蕊

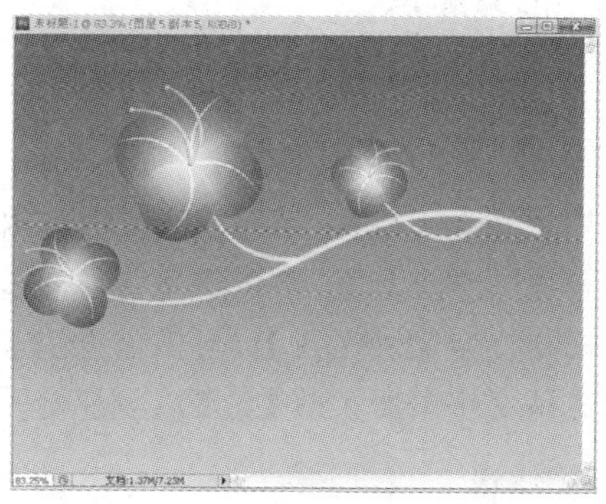

图 6.91　复制花朵

19 绘制一个叶片，绘制方法同花瓣的一样，效果如图 6.92 所示。

20 再复制一片叶子，调整大小和位置，最终效果如图 6.73 所示。

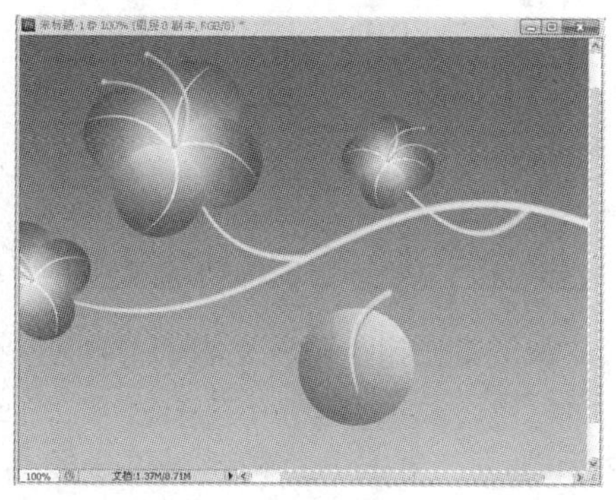

图 6.92　绘制叶片

任务 6.6　文字的输入与编辑——绘制纪念邮票

Photoshop CS5 中共有 4 种处理文字的工具，分别是【横排文字工具】T、【直排文字工具】IT、【横排文字蒙版工具】和【直排文字蒙版工具】，使用这些工具可以创建横排、竖排、段落和文字选区等文本样式。

◎ 任务目的

绘制一张“加盖邮戳的中秋节纪念邮票”图像。通过该任务，主要掌握文字工具的使用方法及文字绕排路径效果，最终效果如图 6.93 所示。

图 6.93　加盖邮戳的中秋节纪念邮票效果图

相关知识

1. 文字工具

1）【横排文字工具】：可以沿水平方向输入文字。

2）【直排文字工具】：可以沿垂直方向输入文字。

3）【横排文字蒙版工具】：可以创建沿水平方向的文字选区。

4）【直排文字蒙版工具】：可以创建沿垂直方向的文字选区。

2. 文字的输入

文字的输入方法分为“点输入法”和“框选输入法”，前者主要用来输入一行或一列文本，后者主要用来输入段落文本。

（1）点输入法

使用【横排文字工具】，在图像窗口中单击，当文档中出现闪烁的光标时，即可输入文字。同时可以在【横排文字工具】属性栏中设置文字属性，如图 6.94 所示。

图 6.94 【横排文字工具】的属性栏

1）【切换文本取向】：单击该按钮，可将文本的方向在“水平”和“垂直”间切换。

2）【设置字体系列】华文琥珀：单击下拉按钮可以为文字选择设置需要的字体。

3）【设置字体大小】48 点：单击下拉按钮可以设置字体大小，也可以直接输入数字。

4）【设置消除锯齿的方法】锐利：该下拉列表中共有【无】、【锐利】、【犀利】、【浑厚】、【平滑】5 个选项，用户可以根据需要选择消除锯齿的方式。

5）【设置文本的对齐方式】：可以设置文本对齐方式，分别为【左对齐】、【居中对齐】和【右对齐】。

6）【设置文本颜色】：设置字体颜色。

7）【创建文字变形】：单击该按钮会弹出【变形文字】对话框，如图 6.95 所示，可以根据需要选择变形的样式设置参数，变形的样式如图 6.96 所示。

图 6.95 【变形文字】对话框

8）【切换字符和段落面板】：单击该按钮可以显示或隐藏【字符】面板和【段落】面板，如图 6.97 和图 6.98 所示。

（2）框选输入法

使用【横排文字工具】，在图像中按住鼠标左键并拖动，出现文本框，如图 6.99 所示。在文本框中输入文字，输入的文字到文本框的右侧时，系统会自动换行，效果如图 6.100 所示。

图 6.96　变形样式

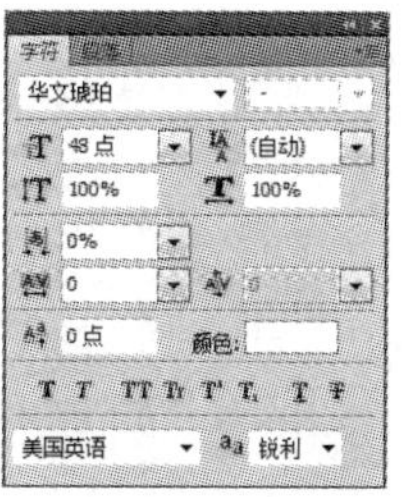

图 6.97　【字符】面板

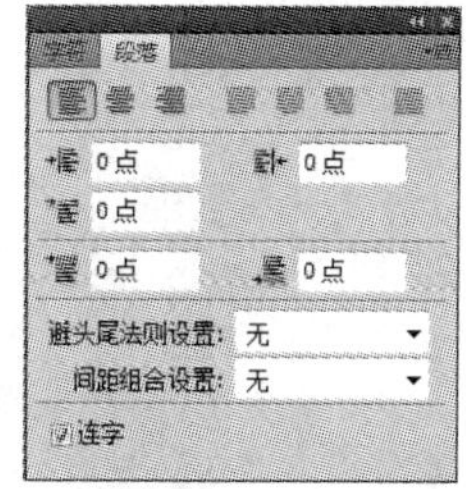

图 6.98　【段落】面板

图 6.99　框选输入法

图 6.100　输入文本

小贴士

❖单击【横排文字工具】属性栏中的【切换字符和段落面板】按钮，打开【段落】控制面板，在这里可以设置段落文字的编排格式。

❖文字输入完毕后，直接按 Enter 键便可结束文本输入。

（3）沿路径输入文字

使用【钢笔工具】绘制一个心形路径，如图 6.101 所示。使用【路径选择工具】选择整条路径，使用【横排文字工具】设置合适的字体大小，移动鼠标指针到路径上的任意位置，当鼠标指针变成⌶形状时单击，即可输入沿路径排列的文字，如图 6.102 所示。

图 6.101　绘制心形路径

图 6.102　输入沿路径排列的文本

（4）在路径区域中输入文字

把鼠标指针放置在整个路径区域中，当鼠标指针变为形状时单击，可以在心形路径区域中输入文字，如图 6.103 所示。

图 6.103　在路径区域中输入文字

任务实施

技能点拨：绘制邮戳邮票，需要掌握文字工具的使用方法，重点在于“文字沿路径排列”和“文字变形”。

实施步骤

1. 绘制邮票

01 新建一个图像文件，宽为 16cm，高为 20cm，分辨率为 100px/in，背景内容为白色，在背景层上填充黑色。

02 绘制白色矩形。新建“图层 1”，使用【矩形选框工具】在该图层中绘制一个羽化值为 0px 的矩形选区，并填充白色，效果如图 6.104 所示。

03 将选区转换为路径。打开【路径】面板，单击【从选区生成工作路径】按钮，将选区转换为工作路径。

04 制作锯齿效果。使用【橡皮擦工具】，其画笔属性设置如图 6.105 所示。

05 用橡皮擦描边路径。单击【路径】面板右上角的按钮，在弹出的下拉列表中选择【描边路径】选项，弹出【描边路径】对话框，参数设置如图 6.106 所示，效果如图 6.107 所示。

06 移入素材文件。打开“嫦娥.jpg”素材文件，使用【移动工具】将其移到当前的邮票文件中，变换大小和位置，添加【描边】图层样式，描边大小为 5px，颜色为黑色，效果如图 6.108 所示。

07 输入文字。使用【横排文字工具】和【直排文字工具】，输入“80 分”、“中国人民邮政”、“己丑年中秋节”等字样，效果如图 6.109 所示。

图 6.104　绘制白色色块

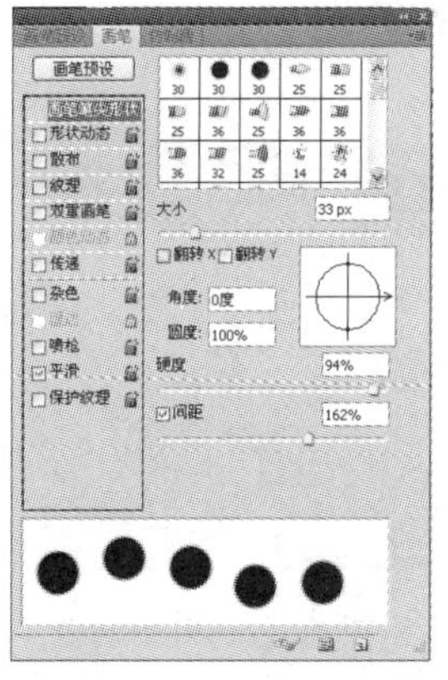

图 6.105　设置画笔属性

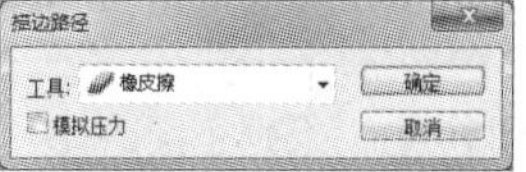

图 6.106　设置画笔描边

图 6.107　画笔描边效果

图 6.108　添加素材

图 6.109　添加文字

2. 绘制邮戳

01 新建一个文件，宽度为 15cm，高度为 15cm，分辨率为 100px/in。

02 使用【椭圆工具】画一个正圆。新建“图层 1”，使用【椭圆工具】，其属性栏的参数设置如图 6.110 所示。按住 Shift 键的同时在图像中拖动鼠标指针绘制一个正圆，效果如图 6.111 所示。

图 6.110　【椭圆工具】的属性栏设置

03 复制一个正圆再等比例缩小。按 Ctrl + C 组合键复制一个正圆，再按 Ctrl + V 组合键粘贴该正圆。按 Ctrl + T 组合键，运用自由变换路径操作等比例缩小复制的路径，调整路径大小时按住 Shift + Alt 键，得到如图 6.112 所示的效果。

04 描边路径。使用【路径选择工具】选择所有路径，使用【画笔工具】设置画笔颜色为黑色，笔尖大小为 8px，硬度为 50%，单击【路径】面板下方的【使用画笔描边】按钮给路径描边，效果如图 6.113 所示。存储该路径，名称为“圆”。

图 6.111 绘制正圆路径

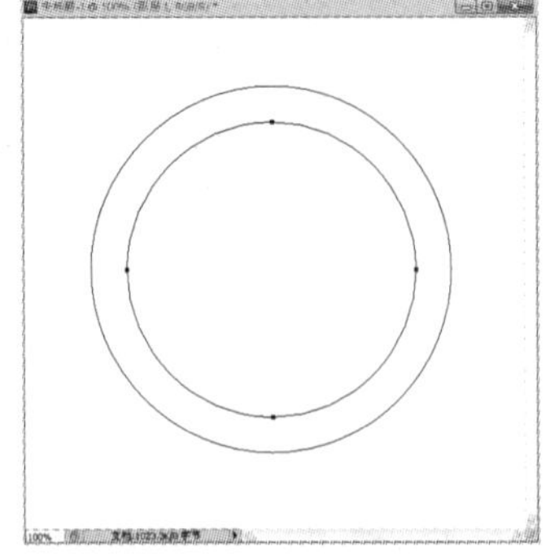

图 6.112 复制路径

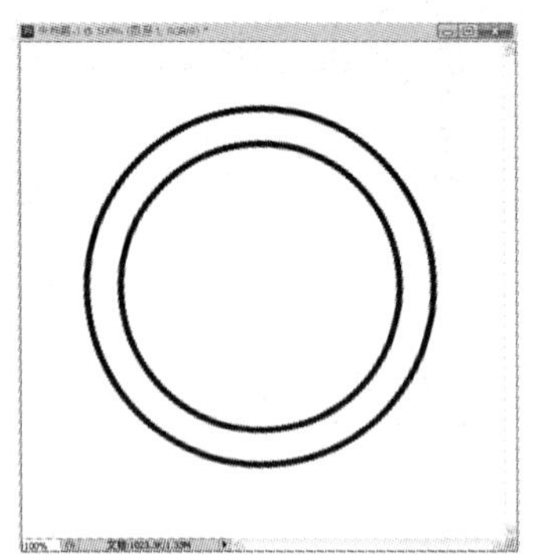

图 6.113 画笔描边路径

05 在【路径】面板中复制“圆”路径。使用【路径选择工具】选择大圆路径，将其删除，选择小圆路径按 Ctrl + T 组合键，将其等比例稍微放大，效果如图 6.114 所示。

06 沿路径输入文本。使用【横排文字工具】，再将鼠标指针放在路径上的任意位置，当鼠标指针变成形状时单击，输入文字“但愿人长久 千里共婵娟 己丑年中秋节纪念”，效果如图 6.115 所示。

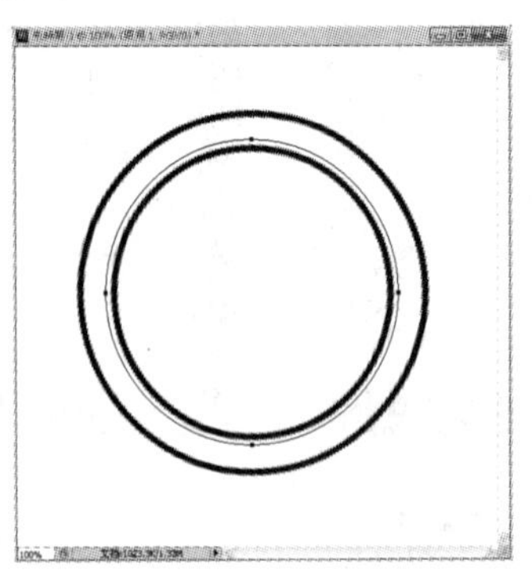

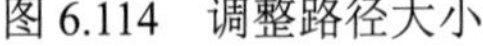

图 6.114 调整路径大小

图 6.115 沿路径输入文字

07 输入变形文字。使用【横排文字工具】，输入“福建 厦门 2012.3.9”，然后单击【创建文字变形】按钮，弹出【变形文字】对话框，参数设置如图 6.116 所示。

08 移入素材。打开“邮戳素材.jpg”素材文件，使用【魔棒工具】选中黑色图形部分，将其移入邮戳图像文件中，再使用【橡皮擦工具】将多余部分擦掉，效果如图 6.117 所示。

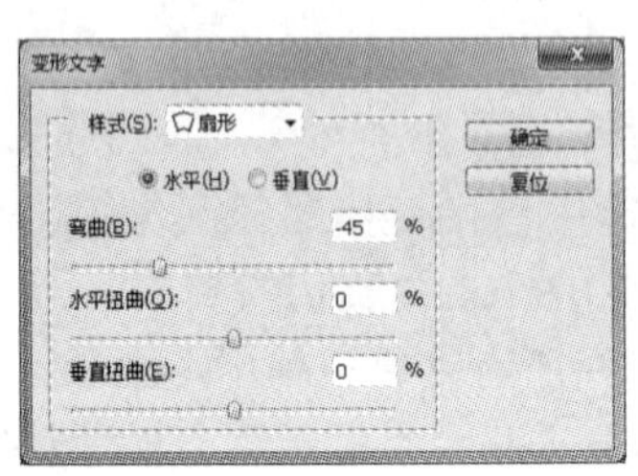

图 6.116 【变形文字】参数设置

图 6.117 添加图像素材

09 按 Ctrl+Shift+S 组合键，将该文件保存为“中秋节纪念邮戳.psd”。

10 选中除“背景”层以外的图层，使用【移动工具】将其移到邮票文件中，变换大小和位置，效果如图 6.93 所示。

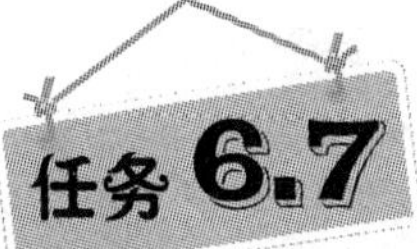

任务 6.7　矢量绘图工具的应用——制作纪念明信片

Photoshop CS5 提供了一组专门用于绘制矢量图形的工具组，运用该工具组可以轻松绘制各式各样的矢量图形。

◎ 任务目的

通过制作“中秋纪念明信片”来掌握矢量绘图工具的使用方法和技巧，最终效果如图 6.118 所示。

图 6.118　中秋纪念明信片效果图

相关知识

1. 矢量绘图工具组

1）【矩形工具】：可以绘制矩形路径或矢量图形。

2）【圆角矩形工具】：可以绘制圆角矩形路径或矢量图形。

3）【椭圆工具】：可以绘制椭圆路径或矢量图形。

4）【多边形工具】：可以绘制多边形路径或矢量图形。

5）【直线工具】：可以绘制直线路径或矢量图形。

6）【自定形状工具】：可以选择系统自带的自定义形状来绘制各种各样的路径或矢量图形，也可以自己定义形状。

2. 矢量绘图工具的使用

1）【矩形工具】的属性栏如图 6.119 所示。

图 6.119 【矩形工具】的属性栏

2）【圆角矩形工具】的属性栏如图 6.120 所示。

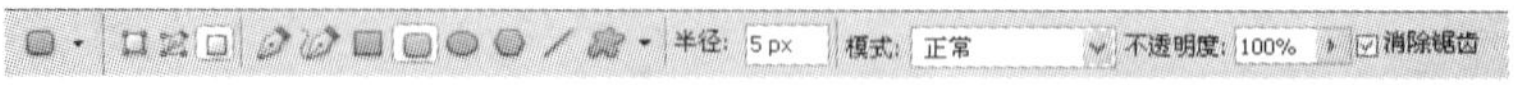

图 6.120 【圆角矩形工具】的属性栏

3）【椭圆工具】的属性栏如图 6.121 所示。

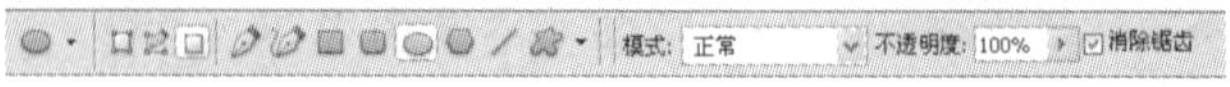

图 6.121 【椭圆工具】的属性栏

4）【多边形工具】的属性栏如图 6.122 所示。

图 6.122 【多边形工具】的属性栏

可使用【多边形工具】绘制五角星，【多边形选项】选项区域如图 6.123 所示。

图 6.123 【多边形选项】选项区域

【半径】：控制多边形中心与外部点之间的距离。

【平滑拐角】：勾选该复选框，可使绘制的多边形具有平滑的拐角。

【星形】：绘制星形，设置多边形的缩进程度和平滑度。

【缩进边依据】：设置边的缩排比例。

【平滑缩进】：勾选该复选框，可使缩排边平滑。

5）【直线工具】的属性栏如图 6.124 所示。

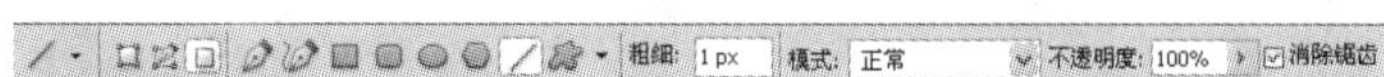

图 6.124 【直线工具】的属性栏

使用【直线工具】绘制带有箭头的直线，【箭头】选项区域如图 6.125 所示。

【起点】、【终点】：勾选该复选框，可绘制带有起点或终点箭头的直线。

【宽度】：箭头宽度与线段宽度的比值（10%～1000%）。

【长度】：箭头长度与线段宽度的比值（10%～5000%）。

【凹度】：设置箭头的凹陷程度（－50%～＋50%）。

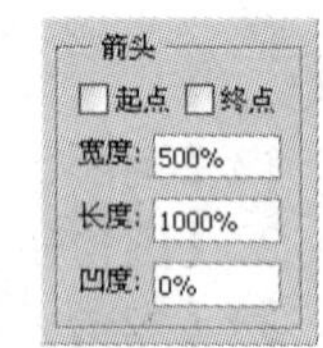

图 6.125 【箭头】选项区域

6）【自定形状工具】的属性栏如图 6.126 所示。

自定义形状：使用【钢笔工具】绘制一形状，执行【编辑】|【定义自定形状】命令。

图 6.126 【自定形状工具】的属性栏

任务实施

技能点拨：在制作中，主要使用【矩形工具】绘制邮编方框，使用【直线工具】绘制线条，使用【自定形状工具】绘制水印效果。

实施步骤

01 新建一个图像文件，宽为 20cm，高为 14cm，分辨率为 150px/in，背景内容为背景色，设置前景色为白色，背景色为黑色。

02 新建“图层 1”，使用【矩形工具】，在属性栏中单击【填充像素】按钮，绘制一个白色矩形，使用【移动工具】调整其位置于图像正中。新建“图层 2”，设置前景色为淡黄色（R：247，G：248，B：234），使用【矩形工具】做一个淡黄色矩形，调整其位置于图像正中，作为明信片主题色，效果如图 6.127 所示。

03 新建“图层 3”，设置前景色为浅灰色（R：190，G：190，B：190），使用【自定形状工具】绘制一个花纹图案，将图案旋转－45°，放置在明信片的左上角，效果如图 6.128 所示。

04 复制花纹图案，变换旋转，将其排列在其他 3 个角落。将所有的花纹图案的图层合并，效果如图 6.129 所示。

图 6.127　绘制白色矩形

图 6.128　绘制花纹

图 6.129　复制花纹

05 新建“图层 4”，设置前景色为浅灰色（R：160，G：161，B：147），使用【直线工具】绘制粗细为 6px 的垂直直线，作为明信片的分割线，并设置阴影，效果如图 6.130 所示。

06 新建“图层 5”，使用【直线工具】绘制直线，效果如图 6.131 所示。

07 打开“嫦娥与月兔.jpg”素材文件，使用【椭圆选框工具】截取部分素材移入图像中，调整大小和位置，效果如图 6.132 所示。

08 新建“图层 6”，设置前景色为红色（R：118，G：46，B：46），创建一个小正方形选区，用前景色描边，做数字框。复制 5 次，调整位置，把所有的数字框合并成一个图层，放置在图像的左上角。用相同的方法再做 6 个数字框，放置于图像的右下角，效果如图 6.133 所示。

09 打开邮票素材，将邮票移入图像中。调整位置和大小，设置邮票【投影】图层样式，效果如图 6.134 所示。

10 绘制中间的中国邮政图案，效果如图 6.135 所示，最终效果如图 6.118 所示。

图 6.130　绘制直线一

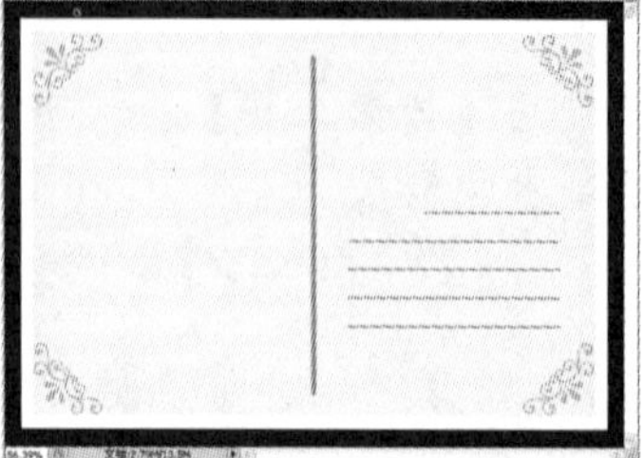

图 6.131　绘制直线二

图 6.132　添加图像素材

图 6.133　绘制红色边框

图 6.134　添加邮票素材

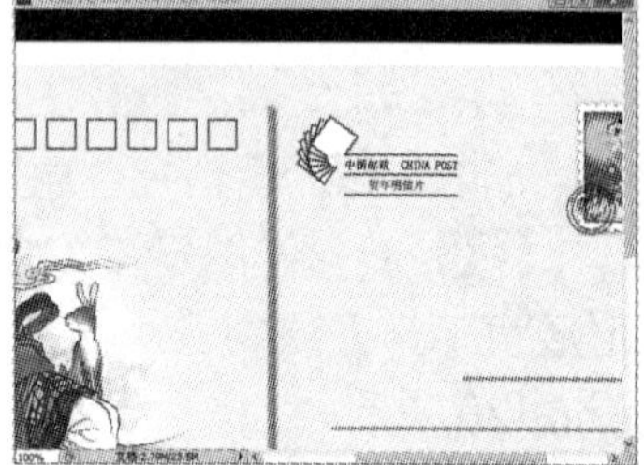

图 6.135　绘制中国邮政图案

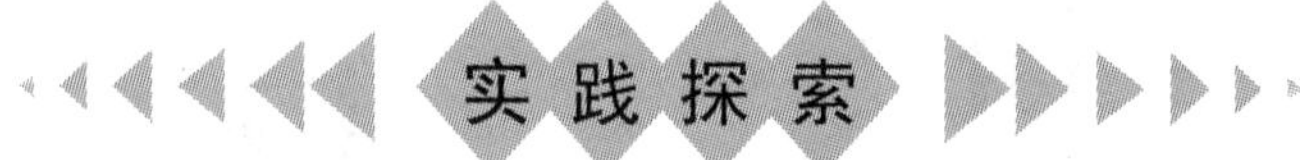

一、选择题

1. 在路径曲线线段上，方向线和方向点的位置决定了曲线段的（　　）。

   A. 用度　　　　B. 形状

   C. 方向　　　　D. 像素

2. 可以对位图进行矢量图形处理的是（　　）。

   A. 路径　　　　B. 选区

   C. 通道　　　　D. 图层

3. 下列关于路径的描述错误的是（　　）。

   A. 路径可以使用【画笔工具】进行描边

   B. 当对路径进行填充颜色的时候，路径不可以创建镂空的效果

   C. 路径不可以闭合

   D. 路径可以随时转化为浮动选区

4. 路径和选区可以相互切换。在路径状态下，按（　　）组合键可以快速将工作路径

转换为选区。

A. Shift＋Enter　　　　B. Ctrl＋Enter

C. Ctrl＋B　　　　D. Ctrl＋D

二、操作题

1. 打开“仕女.jpg”素材图像，如图 6.136 所示，运用本项目讲解的路径知识制作邮票，效果如图 6.137 所示。（提示：邮票的锯齿效果可以使用【橡皮擦工具】描边路径完成，其中“橡皮擦”的形状设置为等间距的小圆点。）

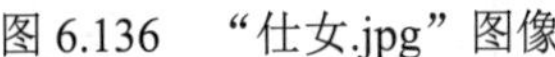

图 6.136　“仕女.jpg”图像　　　　图 6.137　邮票效果图

2. 运用本项目并结合前面项目的知识，绘制一张贺年明信片，其中素材文件可以自己随意选择。

项目 7 图层的应用

◎ **项目导读**

图层是 Photoshop 最重要的组成部分。我们在前面的项目中就接触了图层的一些基本操作，本项目将继续讲解图层的知识，更深入地了解图层的高级编辑操作和应用范围。

◎ **学习目标**

- 理解 Photoshop 图层的概念。
- 了解【图层】面板的各个组成部分。
- 掌握图层的基本操作方法。
- 掌握各种图层样式的使用技巧。
- 了解图层的各种混合模式的特点。
- 掌握图层组的使用方法。

图层的基本操作——制作壁纸图案

对于使用人员来说，图层是 Photoshop 最重要的功能。本任务将介绍图层的基本操作，包括图层的概念，【图层】面板的使用，图层的创建、复制、删除等操作。

◎ 任务目的

通过制作圣诞壁纸图案，了解【图层】面板的各个组成部分，掌握图层的基本操作，了解这些操作相对应的快捷方式。壁纸图案最终效果如图 7.1 所示。

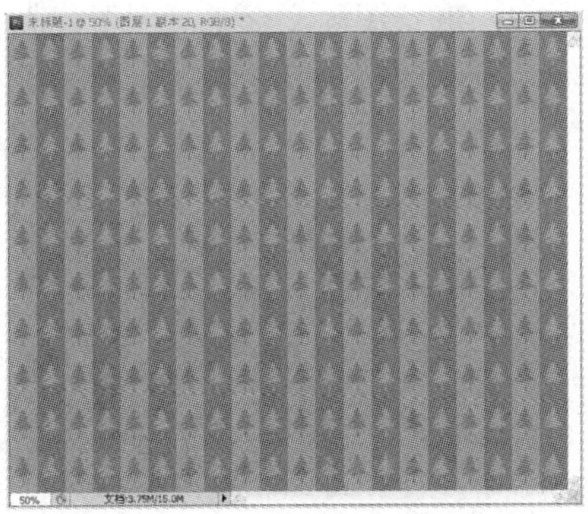

图 7.1　壁纸图案效果图

相关知识

1. 图层的概念

在 Photoshop 中，可以把图层理解为类似“透明薄膜”的概念来处理图像。在绘图过程中图像一般不绘制在背景层上，要保持背景图层的完整性且图像的每个部分要分层绘制在独立的图层上。图层概念图解如图 7.2 所示。

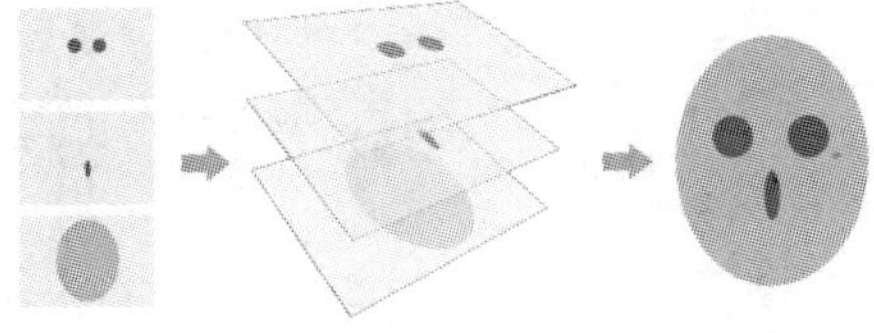

图 7.2　图层概念图解

2. 图层的类型

在 Photoshop 中，图层共分为 5 种，即背景图层、文字图层、形状图层、调整图层和填充图层、普通图层。

（1）背景图层

背景图层位于最下方，这类图层不可设置合成模式和不透明度，不可移动，不可设置图层样式和图层蒙版，图像文件中可以没有背景图层，若有就只有一个。

（2）文字图层

使用文字工具输入文字后会自动生成文字图层。在文字图层缩略图前有“T”标志。在文字图层状态下，可通过文字工具属性栏对文字进行再编辑，但有些命令不能执行，需转换成普通图层才可执行。

（3）形状图层

形状图层是由【钢笔工具】和矢量绘图工具在其工具属性栏中单击【形状图层】按钮时创建的。形状图层的构成原理：形状图层实际上是图层蒙版的一种，它向图层中填充适当的颜色并创建一个图形区域，只有图层蒙版区域才会显示出填充到图层中的颜色。用户可以对图层蒙版设置相应的混合模式，还可以像编辑一般路径那样，调整节点的位置和平滑效果，从而改变图层蒙版的形状。

（4）调整图层和填充图层

调整图层用来调整图像整体的颜色，填充图层使用单一颜色、渐变色或图案填充图层。调整图层和填充图层都会在一个新的图层进行调整或填充，不会影响原图像。

（5）普通图层

普通图层可以执行所有的操作，打开【图层】面板或执行【图层】|【新建】命令创建的都是普通图层。

3. 各类型图层的转换

（1）背景图层转换普通图层

双击“背景”图层，或选中“背景”图层，执行【图层】|【新建】|【背景图层】命令，弹出【新建图层】对话框，如图 7.3 所示。

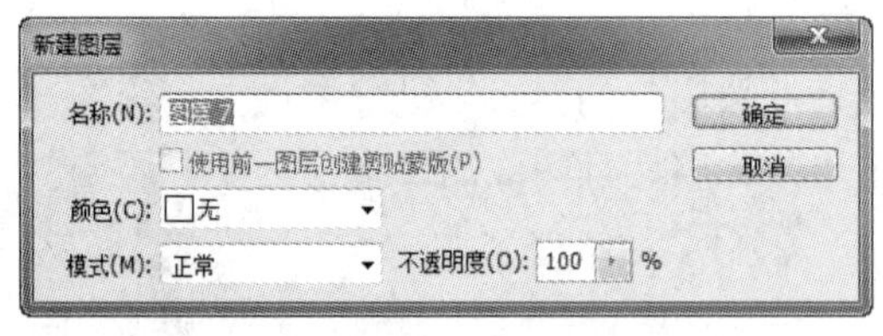

图 7.3 【新建图层】对话框

1）【名称】：图层名称。

2）【颜色】：设置图层的颜色标记。

3）【模式】：设置图层的混合模式。

4）【不透明度】：设置图层的不透明度。

（2）普通图层转背景图层

选中要转换成背景图层的图层，否则系统自动将最底下的图层转换成背景图层，执行【图层】|【新建】|【图层背景】命令。

（3）文字图层转换普通图层

选中文字图层并右击，在弹出的快捷菜单中选择【栅格化文字】选项，或执行【图层】|【栅格化】|【文字】命令。

（4）形状图层转换普通图层

选中形状图层并右击，在弹出的快捷菜单中选择【栅格化图层】选项；或执行【图层】|【栅格化】|【形状】命令。

4.【图层】面板的组成

图层的显示和操作都集中在【图层】面板中，执行【窗口】|【图层】命令，即可打开【图层】面板，如图 7.4 所示。

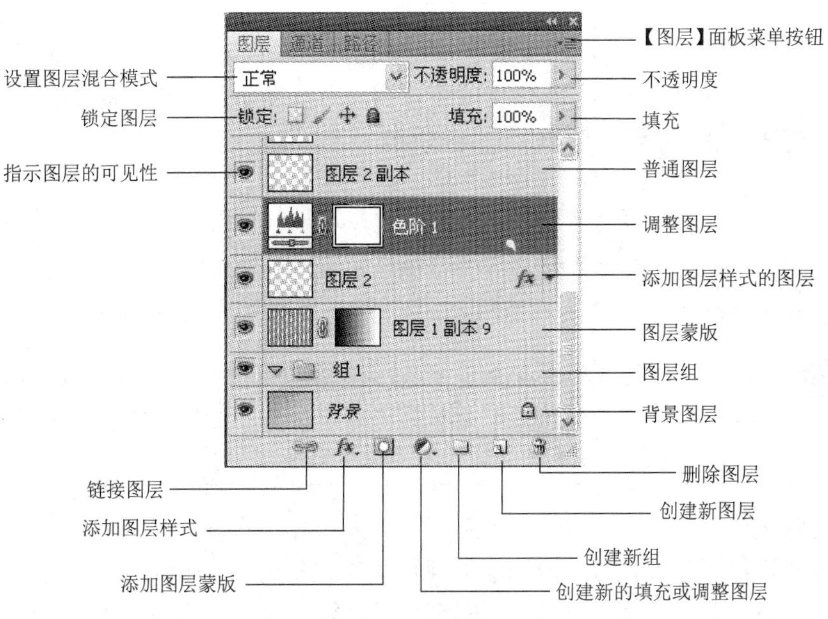

图 7.4 【图层】面板的组成

5. 图层的基本操作

（1）选择图层

1）选择单个图层，在【图层】面板中单击目标图层即可，处于选择状态的图层以蓝色显示。

2）如果要选择连续的多个图层，在选择一个图层后，按住 Shift 键，在【图层】面板中单击另一图层的图层名称，则两个图层间的所有图层都被选中。

3）如果要选择不连续的多个图层，在选择一个图层后，按住 Ctrl 键，在【图层】面板中单击另一图层的图层名称。

（2）显示和隐藏图层

在【图层】面板中单击图层左侧的按钮，使其消失，即隐藏该图层，再次单击此处可重新显示该图层。

小贴士

按住 Alt 键，单击图层左侧的按钮，则只显示该图层而隐藏其他图层，再次按住 Alt 键，单击该图层左侧的按钮，即可恢复之前的图层显示状态。

（3）删除图层

删除图层的方法有以下两种。

1）选中需要删除的图层，单击【图层】面板下方的【删除图层】按钮。

2）选中需要删除的图层，执行【图层】|【删除】|【图层】命令，或者单击【图层】面板菜单按钮，在弹出的下拉列表中选择【删除图层】选项。

（4）复制图层

1）在【图层】面板进行复制：将图层图标拖动至【图层】面板下方的【创建新图层】按钮上。

2）用菜单命令进行复制：选中需要复制的图层，执行【图层】|【复制图层】命令，或单击【图层】面板菜单按钮，在弹出的下拉列表中选择【复制图层】选项。

3）按 Ctrl+J 组合键复制图层。

（5）改变图层次序

要改变图层次序，可以在【图层】面板中直接用鼠标指针拖动图层，以改变其顺序，当高亮线出现时释放鼠标，即可改变图层的排列顺序。

小贴士

按 Ctrl+] 组合键将选择图层上移一层，按 Ctrl+[组合键可将选择图层下移一层，按 Ctrl+Shift+] 组合键将当前图层置为最顶层，按 Ctrl+Shift+[组合键将当前图层置为底层，如果当前文件有“背景”图层，则置于“背景”图层的上方。

（6）链接图层

当操作页面中图片较多时，对图层进行移动或者缩放等操作就显得比较麻烦，这时可以通过将同类图层进行链接的方法，再对它们进行编辑，进行图层链接后，这些图层保持关联，如果移动、缩放、旋转其中某一个图层，则其他链接图层将随之一起发生移动、缩放、旋转，但当前可编辑的图层还是只有一个。按住 Ctrl 键并单击要链接的若干个图层以将其选中，单击【图层】面板下方的【链接图层】按钮，如果要取消图层的链接状态，可以在链接图层被选择的状态下单击【链接图层】按钮即可将链接的图层解除链接。

（7）合并图层

当确定已经完成对全部图像的处理操作后，可以将各个图层合并起来以节省系统资源。合并图层的方法有以下几种。

1）合并任意多个图层：在【图层】面板上选择需要合并的图层，按 Ctrl+E 组合键，也可执行【图层】|【合并图层】命令或者单击【图层】面板菜单按钮，在弹出的下拉列表中选择【合并图层】选项进行合并。

2）合并所有图层：执行【图层】|【拼合图像】命令或者单击【图层】面板菜单按钮，在弹出的下拉列表中选择【拼合图像】选项，可以将所有可见图层合并至背景图层中。

3）合并可见图层：若要合并所有可见的图层，则可执行【图层】|【合并可见图层】命令或单击【图层】面板菜单按钮，在弹出的下拉列表中选择【合并可见图层】选项，也可按 Ctrl+Shift+E 组合键。

（8）对齐图层

在对齐多个图层或组时，首先在【图层】面板中选择多个图层或者选择一个组，然后执行【图层】|【对齐】子菜单中的命令或使用【移动工具】并在其属性栏上单击对应的按钮，即图 7.5 所示的按钮，分别是【顶对齐】、

图 7.5 【移动工具】属性栏中的对齐功能按钮

【垂直居中对齐】、【底对齐】、【左对齐】、【水平居中对齐】、【右对齐】按钮。

任务实施

技能点拨：使用 Photoshop 自带的素材，运用图层的复制、选择、移动、对齐、合并等基本操作，制作圣诞节壁纸的背景图。

实施步骤

01 新建文件，命名为“圣诞壁纸”，宽度为 1280px，高度为 1024px，分辨率为 300px/in。设置前景色为绿色（R：91，G：189，B：44），在背景层上填充前景色。

02 新建图层，重命名为“色条”，设置前景色为蓝绿色（R：0，G：160，B：106），使用【矩形选框工具】绘制一个矩形选区，执行【编辑】|【填充】命令，在新图层上用前景色填充选区，按 Ctrl + D 组合键取消选区。

03 执行【编辑】|【自由变换】命令修改矩形条大小和位置，效果如图 7.6 所示。

04 使用【移动工具】，同时按住 Shift + Alt 组合键，在文档窗口拖动矩形条复制另外 9 个，效果如图 7.7 所示。

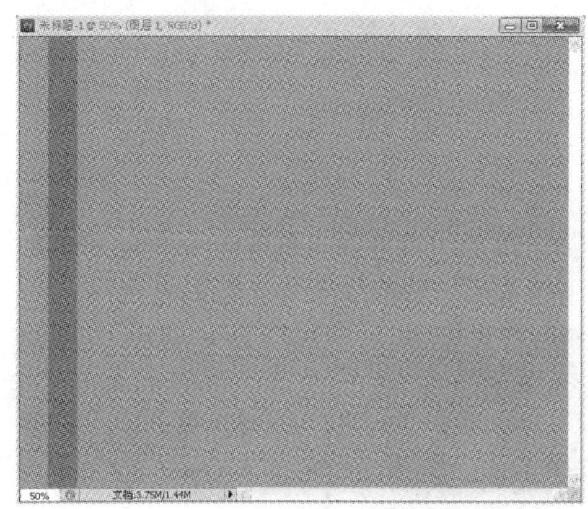

图 7.6　绘制深绿色矩形条

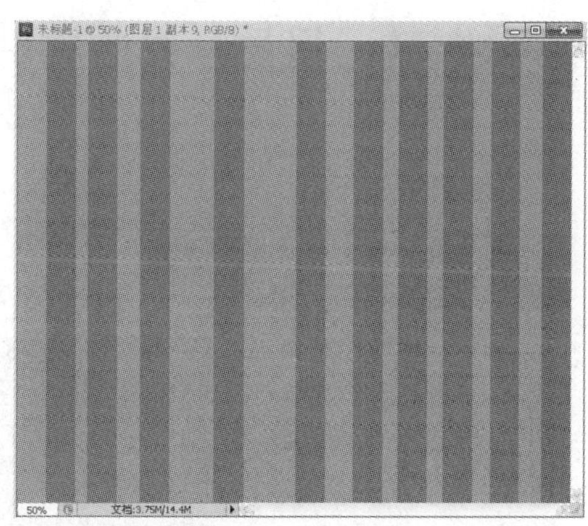

图 7.7　复制矩形条

05 在【图层】面板上选中“色条”图层至“色条 副本 9”图层这 10 个图层。使用【移动工具】，单击属性栏中的【顶端对齐】和【水平居中分布】按钮。

06 按 Ctrl + E 组合键合并“色条”图层至“色条副本 9”图层这 10 个图层。

07 新建图层，重命名为“树”。使用【自定形状工具】，设置前景色为蓝绿色（R：0，G：160，B：106），在图像窗口绘制一棵树。使用步骤 4 和 5 的方法复制一列树并对齐，将组成这一列树的所有图层合并，效果如图 7.8 所示。

08 使用步骤 4 和 5 的方法复制另外 9 列的树并对齐，合并所有树的图层，重命名为“树 1”，效果如图 7.9 所示。

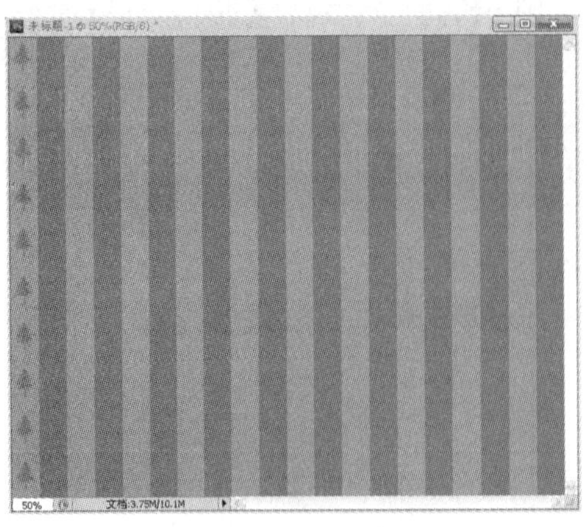

图 7.8　绘制一列树

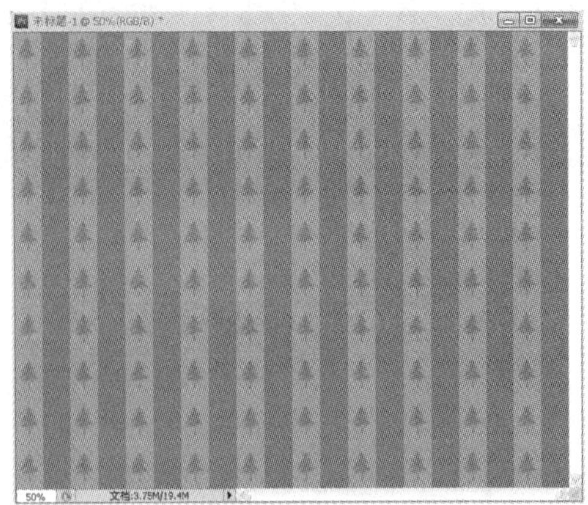

图 7.9　复制树

09 复制“树 1”图层，重命名为“树 2”。

10 按住 Ctrl 键并单击“树 2”图层图标，激活选区。设置前景色为绿色（R：91，G：189，B：44），在【图层】面板中选择“树 2”图层。执行【编辑】|【填充】命令，在选区内填充前景色，按 Ctrl＋D 组合键取消选区，使用【移动工具】移动图像位置，效果如图 7.1 所示。

图层样式的应用——完善精美壁纸

◎ 任务目的

通过进一步完善“圣诞壁纸”的制作，掌握图层样式中各参数的设置意义，熟练使用各种图层样式为图像添加各种特殊效果。精美壁纸的最终效果如图 7.10 所示。

图 7.10　精美壁纸效果图

相关知识

图层样式是 Photoshop 最具有魅力的功能，它能够方便地建立许多效果，如内发光、

投影、斜面与浮雕等。执行【图层】|【图层样式】子菜单中的命令，或单击【图层】面板下方的【添加图层样式】按钮，在弹出的下拉列表中选择一个选项即可，应用图层样式的图层，在其右侧将出现一个图标 fx。

1. 图层样式效果

1)【投影】：在图层内容的后面添加阴影。
2)【内阴影】：紧靠在图层内容的边缘内添加阴影，使图像具有凹陷外观。
3)【外发光】和【内发光】：添加从图层内容的外边缘或内边缘发光的效果。
4)【斜面和浮雕】：对图层添加高光与阴影的各种组合。
5)【光泽】：应用创建光滑光泽的内部阴影。
6)【颜色叠加】、【渐变叠加】和【图案叠加】：用颜色、渐变或图案填充图层内容。
7)【描边】：使用颜色、渐变或图案在当前图层上描画对象的轮廓。它对于硬边形状（如文字）特别有用。

2. 图层样式选项

图层样式选项如表 7.1 所示。

表 7.1　图层样式选项

选项	功　能
角度	确定效果应用于图层时所采用的光照角度。在 Photoshop 中，可以在文档窗口中拖动以调整“投影”、“内阴影”或“光泽”效果的角度
混合模式	确定图层样式与下层图层的混合方式。在大多数情况下，每种效果的默认模式都会产生最佳结果
阻塞	模糊之前收缩“内阴影”或“内发光”的杂边边界
颜色	指定阴影、发光或高光的颜色。在 Photoshop 中，可以单击颜色框并选取颜色
距离	指定阴影或光泽效果的偏移距离。在 Photoshop 中，可以在文档窗口中拖动以调整偏移距离
渐变	指定图层效果的渐变。在 Photoshop 中，单击渐变色条以显示渐变色条编辑器，【反向】翻转渐变方向，【与图层对齐】使用图层的定界框来计算渐变填充，【缩放】则缩放渐变的应用。还可以通过在图像窗口中单击和拖动来移动渐变中心。【样式】指定渐变的形状
大小	指定模糊的数量或阴影大小
软化	模糊阴影效果可减少多余的人工痕迹
扩展	模糊之前扩大杂边边界
等高线	在斜面和浮雕中，等高线允许勾画在浮雕处理中被遮住的起伏、凹陷和凸起。使用阴影时，等高线允许指定渐隐
深度	指定斜面深度，还指定图案的深度
样式	指定斜面样式：【内斜面】在图层内容的内边缘上创建斜面；【外斜面】在图层内容的外边缘上创建斜面；【浮雕效果】模拟使图层内容相对于下层图层呈浮雕状的效果；【枕状浮雕】模拟将图层内容的边缘压入下层图层中的效果；【描边浮雕】将浮雕限于应用于图层的描边效果的边界
不透明度	设置图层效果的不透明度、输入值或拖动滑块

任务实施

技能点拨：在 Photoshop 中，图层样式在不破坏图层像素的基础上，赋予图像各种特殊效果。运用图层样式功能制作一张精美的圣诞节壁纸。

实施步骤

01 打开“壁纸图案.psd”文件。

02 在“背景”图层上双击，取消“背景”图层的锁定状态，将“背景”图层转换成普通图层。

03 单击【图层】面板下方的【添加图层样式】按钮，为该层添加【渐变叠加】图层样式，参数设置如图 7.11 所示，效果如图 7.12 所示。

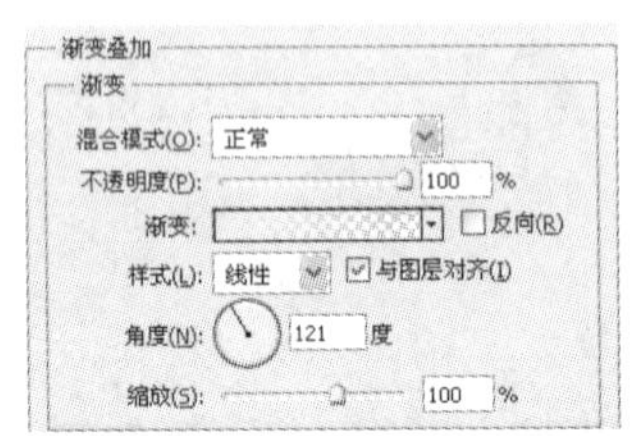

图 7.11 【渐变叠加】参数设置

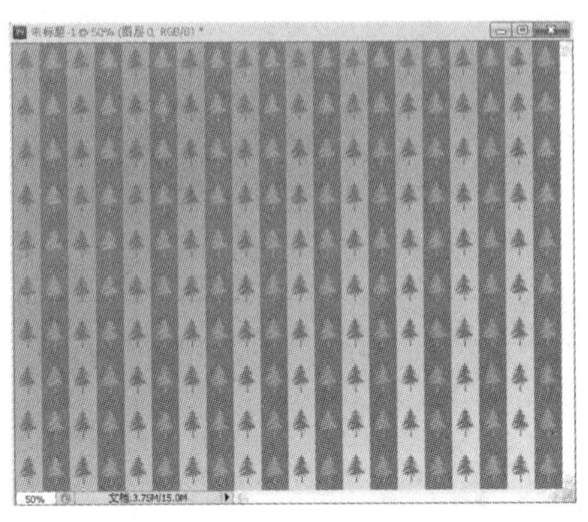

图 7.12 添加图层样式后效果

04 新建 3 个图层，重命名为“球 1”、“球 2”、“球 3”。设置前景色为白色，使用【画笔工具】，在其属性栏中设置笔刷大小为 300px，硬度为 100%。在“球 1”、“球 2”、“球 3”图层中各绘制一个圆，效果如图 7.13 所示。

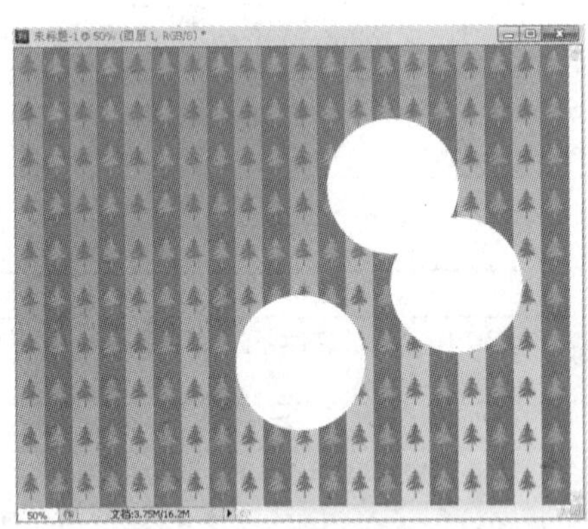

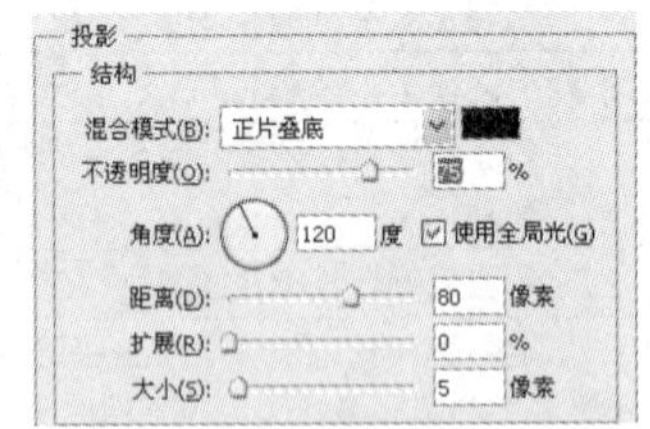

图 7.13 绘制 3 个球

05 选择“球 1”图层，单击【图层】面板下方的【添加图层样式】按钮，为该图层添加【投影】、【内发光】、【渐变叠加】等图层样式，参数设置如图 7.14 所示，【渐变叠加】图层样式中渐变颜色为白色—浅蓝色（#49bdd6）—深蓝色（#002b4b）—浅蓝色（#49bdd6）。

06 在“球 1”图层上右击，在弹出的快捷菜单中选择【拷贝图层样式】选项。

07 在“球 2”、“球 3”图层上右击，在弹出的快捷菜单中选择【粘贴图层样式】选项。

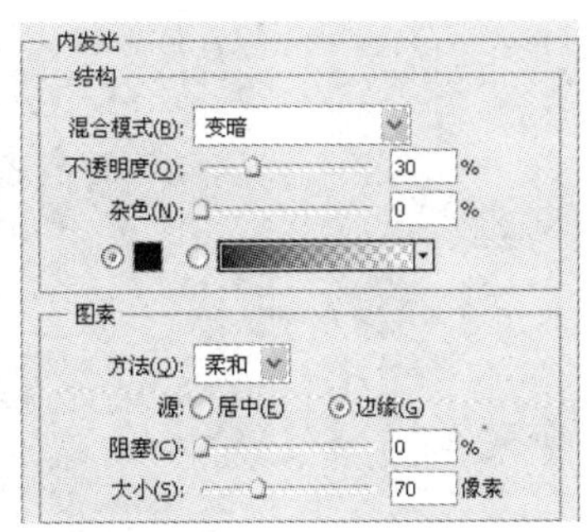

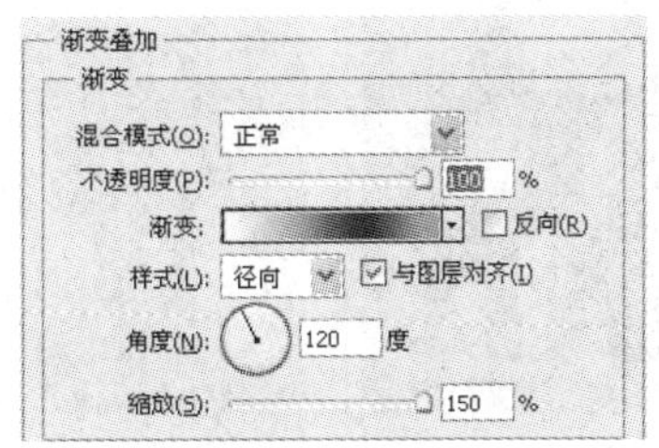

图 7.14　【投影】、【内发光】和【渐变叠加】参数设置

08 修改“球 2”图层的【渐变叠加】样式，渐变颜色为白色—浅红色（#fd372c）—深红色（#8d0102）—浅红色（#fd372c），参数设置如图 7.15 所示。

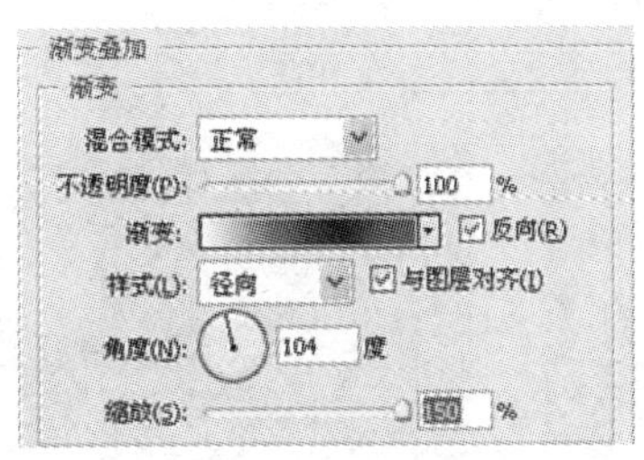

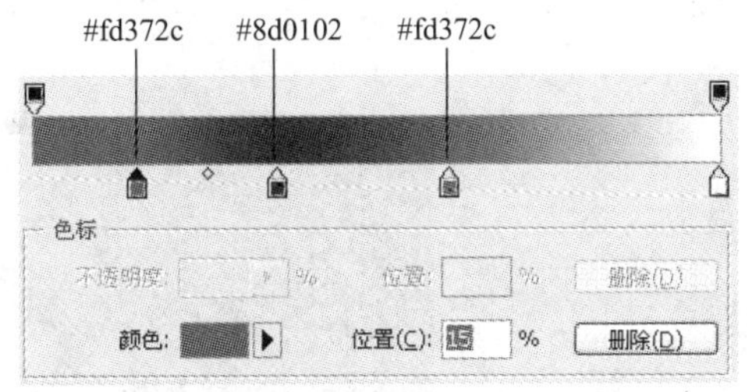

图 7.15　【渐变叠加】参数设置

09 修改“球 3”图层的【渐变叠加】图层样式，渐变颜色为白色—浅橙色（#ec6f01）—棕色（#8d1201）—浅橙色（#ec6f01），参数设置如图 7.16 所示。

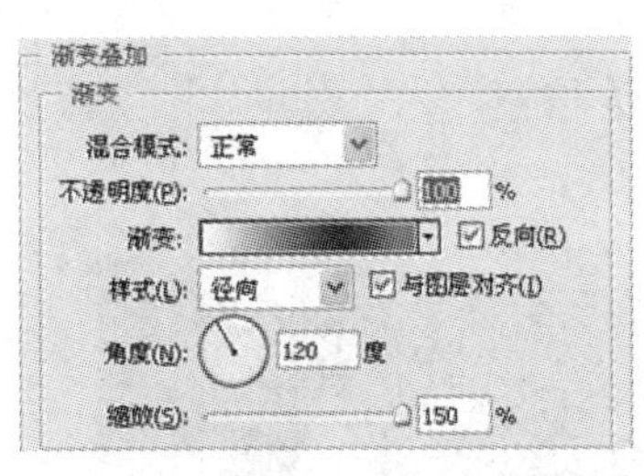

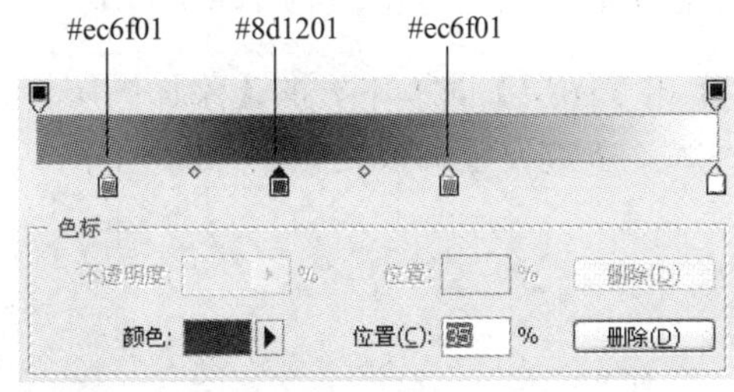

图 7.16　【渐变叠加】参数设置

10 新建图层，重命名为“线条”。设置前景色为黄色（R：249，G：245，B：0），使用【直线工具】，在新图层上绘制 3 条直线，给直线图层添加【投影】图层样式。效果如图 7.17 所示。

11 新建图层，重命名为“雪花”。使用【自定形状工具】，设置前景色为紫色（R：94，G：11，B：97），使用【雪花形状工具】在新图层上绘制大小不一的雪花，效果如图 7.18 所示。

12 选择“雪花”图层，按住 Ctrl 键并单击“球 3”图层图标，激活选区。按 Ctrl + Shift + I 组合键反选选区，按 Delete 键删除圆形以外的雪花，效果如图 7.19 所示。

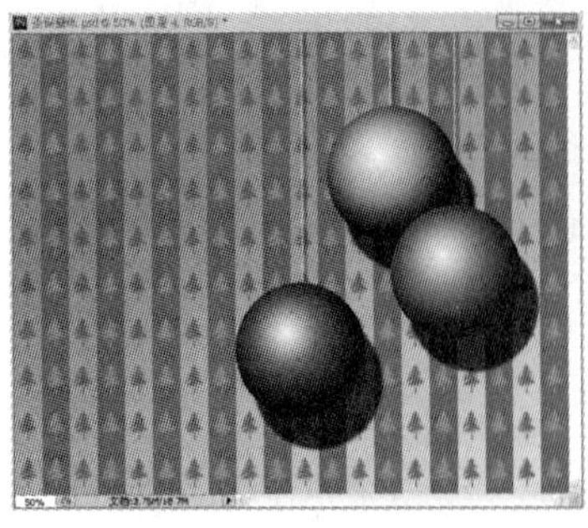

图 7.17　绘制直线

图 7.18　绘制雪花图案

图 7.19　删除图像

13 单击【图层】面板下方的【添加图层样式】按钮，为“雪花”图层添加【渐变叠加】图层样式，参数设置和效果如图 7.20 所示。

14 新建图层，重命名为“星星”。按照步骤 11～13 的方法绘制星星花纹，如图 7.21 所示。

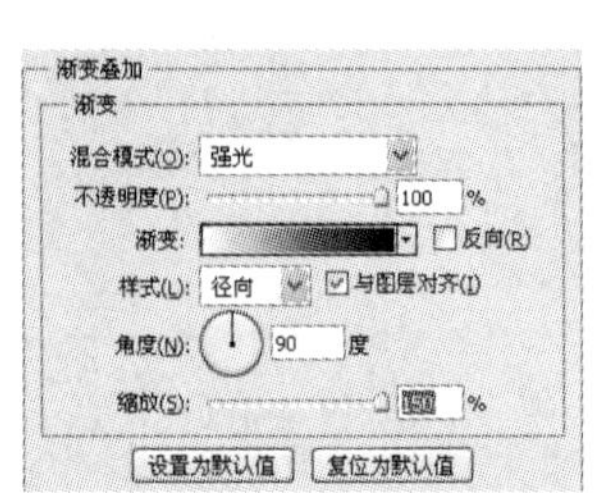

图 7.20　【渐变叠加】参数设置和效果

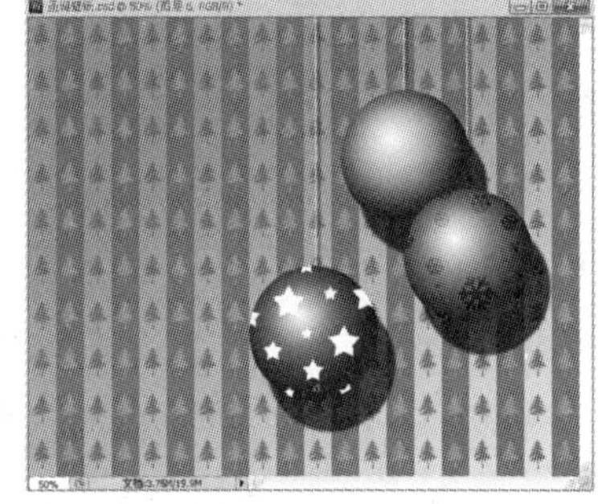

图 7.21　绘制星星花纹

15 单击【图层】面板下方的【添加图层样式】按钮，为“星星”图层添加【渐变叠加】图层样式，参数设置和效果如图 7.22 所示。

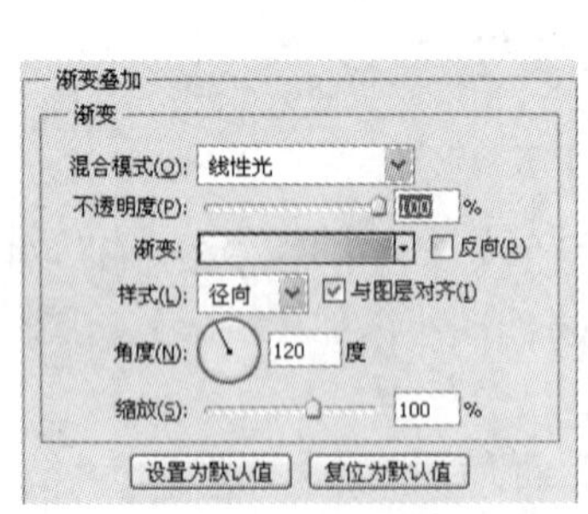

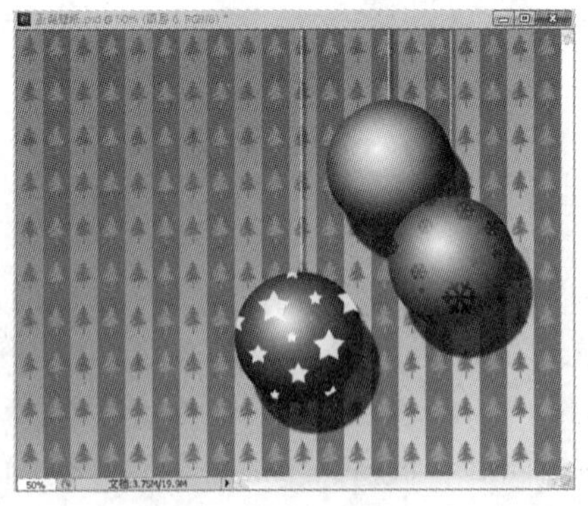

图 7.22 【渐变叠加】参数设置和效果

16 新建图层，重命名为“蓝条”。设置前景色为蓝色（R：11，G：41，B：111），使用【矩形选区工具】，参照前面介绍的方法绘制 6 条矩形条，效果如图 7.23 所示。

17 执行【编辑】|【变换】|【变形】命令，调整“蓝条”外形，效果如图 7.24 所示。

18 设置图层混合模式为【叠加】，图层不透明度为 60%，最终效果如图 7.10 所示。

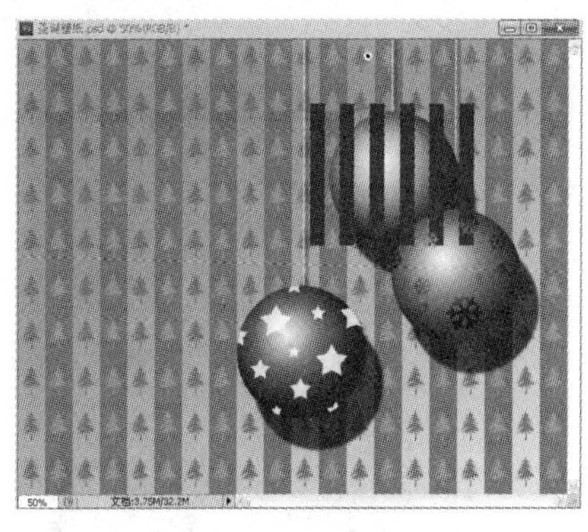
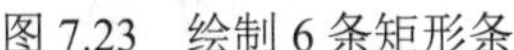

图 7.23　绘制 6 条矩形条

图 7.24　变形矩形条

任务 7.3　图层混合模式的应用——给黑白相片上色

除背景层之外的每个 Photoshop 图层，包括调整图层都支持混合模式，这就影响图层与其下方图层的作用方式。这样的影响是基于每个通道的，因此，在某些情况下混合模式会同时加亮或变暗。对于修饰工作，混合模式可以简化并加速色调校正、蒙尘清除和污点的消除。

◎ 任务目的

通过图层混合模式的设置给黑色相片人物上妆，掌握图层混合模式的使用，效果如图 7.25 所示。

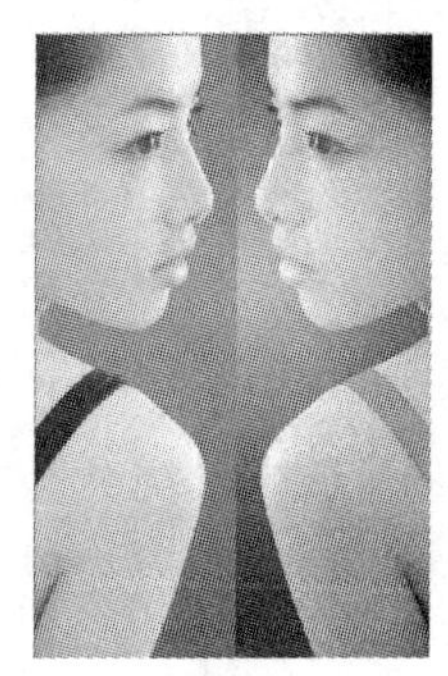

图 7.25　黑白相片人物调色效果图

相关知识

1. 图层混合模式

混合模式是 Photoshop 中十分出色且引人注目的功能。利用此功能，设计师们创造了许多神奇而精彩的艺术效果。在【图层】面板中，单击【图层混合模式】下拉按钮，将弹出如图 7.26 所示的混合模式下拉列表。

2. 混合模式示例说明

使用时在上方图层设置不同的混合模式和不透明度，会创造出精彩的艺术效果。打开“仙女.jpg”与“台历插画.jpg”图像文件，其效果如图 7.27 所示。将“仙女”素材添加到

“台历插画”文件中，即以“台历插画”为基色，以“仙女”为混合色，来说明各混合模式的功能。

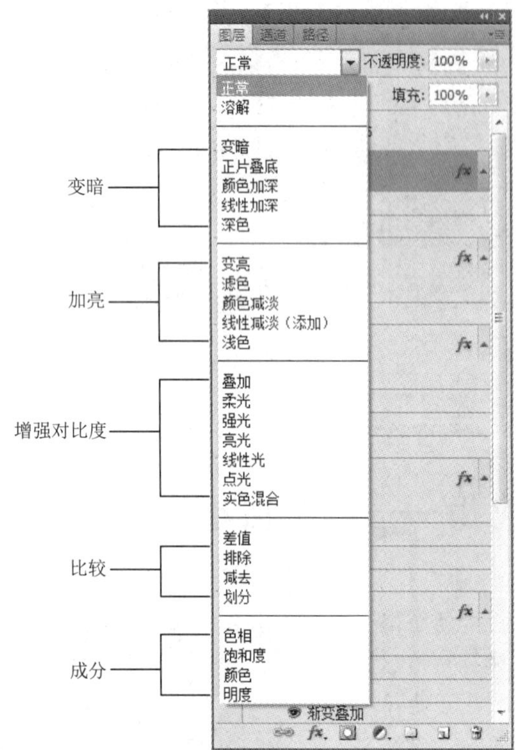

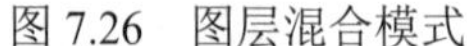

图 7.26 图层混合模式

图 7.27 “仙女.jpg”和“台历插画.jpg”图像

（1）【正常】混合模式

该模式是图层混合模式的默认方式，较为常用。上方图层像素的颜色覆盖下层颜色，如图 7.28 所示。

（2）【溶解】混合模式

该模式就是把当前图层的像素以一种颗粒状的方式作用到下层，以获取溶入式效果。将【图层】面板中的不透明度值降低，溶解效果会更加明显，图 7.29 是使用【溶解】混合模式后又设置不透明度为 70%的效果。

图 7.28 【正常】混合模式

图 7.29 【溶解】混合模式

（3）【变暗】混合模式

该模式用来查看每个通道中的颜色信息，并选择基色或混合色中较暗的颜色作为结果色。把比混合色亮的像素替换掉，而比混合色暗的像素保持不变，效果如图 7.30 所示。

（4）【正片叠底】混合模式

该模式将基色与混合色复合，结果色总是较暗的颜色。任何颜色与黑色复合会产生黑色，任何颜色与白色混合则保持不变，效果如图 7.31 所示。

图 7.30 【变暗】混合模式

图 7.31 【正片叠底】混合模式

（5）【颜色加深】混合模式

该模式通过增加对比度使基色变暗以反映混合色，与白色混合后不产生变化，效果如图 7.32 所示。

（6）【线性加深】混合模式

该颜色模式通过减小亮度使基色变暗以反映混合色，与白色混合后不产生变化，效果如图 7.33 所示。

图 7.32 【颜色加深】混合模式

图 7.33 【线性加深】混合模式

（7）【深色】混合模式

该模式依据图像的饱和度，比较混合色和基色的所有通道值的总和并显示值较小的颜色，不会生成第三种颜色，与白色混合后不产生变化，效果如图 7.34 所示。

（8）【变亮】混合模式

此模式与【变暗】混合模式相反，该模式选择基色或混合色中较亮的颜色作为结果色。比混合色暗的像素将被替换，比混合色亮的像素则保持不变，效果如图 7.35 所示。

图 7.34 【深色】混合模式

图 7.35 【变亮】混合模式

（9）【滤色】混合模式

该模式与【正片叠底】混合模式相反，将混合色的互补色与基色复合，结果色总是较亮的颜色。用黑色过滤时颜色保持不变，用白色过滤将产生白色，效果如图 7.36 所示。

（10）【颜色减淡】混合模式

此模式与【颜色加深】混合模式相反，可以生成非常亮的合成效果，通常被用来创建光源中心点极亮的效果，与黑色混合则不发生变化，效果如图 7.37 所示。

图 7.36 【滤色】混合模式

图 7.37 【颜色减淡】混合模式

（11）【线性减淡（添加）】混合模式

该模式通过加亮所有通道的基色并通过降低其他颜色的亮度来反映混合颜色，此模式对于黑色无效，效果如图 7.38 所示。

（12）【浅色】混合模式

与【深色】混合模式刚好相反，选择此模式，可以依据图像的饱和度，用当前图层中的颜色直接覆盖下方图层中的高光区域颜色，效果如图 7.39 所示。

（13）【叠加】混合模式

使用该混合模式复合或过滤颜色时，图像最终的效果取决于下方图层。但上方图层的明暗对比效果也将直接影响整体效果，叠加后下方图层的亮度区与投影区仍被保留，效果如图 7.40 所示。

（14）【柔光】混合模式

该混合模式可以使颜色变亮或变暗，具体取决于混合色。如果上方图层的像素比 50%灰色亮，则图像变亮，就像被减淡了一样；反之，则图像变暗，就像被加深了一样。其效果如图 7.41 所示。

图 7.38 【线性减淡（添加）】混合模式

图 7.39 【浅色】混合模式

图 7.40 【叠加】混合模式

图 7.41 【柔光】混合模式

（15）【强光】混合模式

此模式的叠加效果取决于混合色。如果混合色（光源）比 50%灰色亮，图像则变亮，如果混合色（光源）比 50%灰色暗，图像则变暗，就像是复合后的效果，这对于向图像中添加阴影非常有用。用纯黑色或纯白色绘画会产生纯黑色或纯白色。其效果如图 7.42 所示。

（16）【亮光】混合模式

使用该混合模式通过增加或减小对比度来加深或减淡颜色，具体情况取决于混合色。如果混合色比 50%灰度亮，图像通过降低对比度来加亮图像；反之，通过提高对比度来使图像变暗。其效果如图 7.43 所示。

图 7.42 【强光】混合模式

图 7.43 【亮光】混合模式

（17）【线性光】混合模式

该模式通过减小或增加亮度来加深或减淡颜色，具体情况取决于混合色。如果混合色比 50%灰度亮，图像通过提高对比度来加亮图像；反之，通过降低对比度使图像变暗。其效果如图 7.44 所示。

（18）【点光】混合模式

该模式通过置换颜色像素来混合图像，如果混合色比 50%灰度亮，比源图像暗的像素会被置换，而比源图像亮的像素无变化；反之，比源图像亮的像素会被置换，而比源图像暗的像素无变化。其效果如图 7.45 所示。

图 7.44 【线性光】混合模式

图 7.45 【点光】混合模式

（19）【实色混合】混合模式

使用此模式可以创建一种近似于色块化的混合效果，亮色会更加亮，暗色会更加暗。其效果如图 7.46 所示。

（20）【差值】混合模式

选择此模式可从上方图层中减去下方图层相应处像素的颜色值，此模式通常使图像变暗并取得反相效果。与白色混合将反转基色值，与黑色混合则不产生变化。其效果如图 7.47 所示。

图 7.46 【实色混合】混合模式

图 7.47 【差值】混合模式

（21）【排除】混合模式

使用该模式可以创建一种与【差值】混合模式相似但对比度更低的效果，效果如图 7.48 所示。

（22）【减去】混合模式

该模式用来查看每个通道中的颜色信息，并从基色中减去混合色。在 8 位和 16 位图像中，任何生成的负片值都会剪切为零。其效果如图 7.49 所示。

图 7.48　【排除】混合模式

图 7.49　【减去】混合模式

（23）【划分】混合模式

该模式用来查看每个通道中的颜色信息，并从基色中分割混合色。其效果如图 7.50 所示。

（24）【色相】混合模式

该模式用基色的亮度和饱和度以及混合色的色相创建结果色，效果如图 7.51 所示。

（25）【饱和度】混合模式

该模式用基色的亮度和色相以及混合色的饱和度创建结果色，效果如图 7.52 所示。

（26）【颜色】混合模式

该模式用基色的亮度及混合色的色相和饱和度创建结果色。这样可以保留图像中的灰阶，并且对与给单色图像上色和给彩色图像着色都非常有用。其效果如图 7.53 所示。

图 7.50　【划分】混合模式

（27）【明度】混合模式

该模式用基色的色相和饱和度及混合色的亮度创建结果色，效果如图 7.54 所示。

图 7.51　【色相】混合模式

图 7.52　【饱和度】混合模式

图 7.53 【颜色】混合模式

图 7.54 【明度】混合模式

任务实施

技能点拨：为了增强照片上色前后的对比效果，首先添加一个图层，设置适当的图层混合模式。其次给人物的肩部、脸部、腮红、嘴唇和眼影上妆，设置上妆各图层的图层混合模式。

实施步骤

01 执行【文件】|【打开】命令，打开“照片调色.jpg”素材图片。

02 复制背景图层，重命名为“背景加亮”。

03 单击【图层】面板下方的【添加图层样式】按钮，为“背景加亮”图层添加【渐变叠加】图层样式，参数设置如图 7.55 所示。在图像中移动鼠标指针使脸部光最亮，注意设置混合模式为【柔光】，效果如图 7.56 所示。

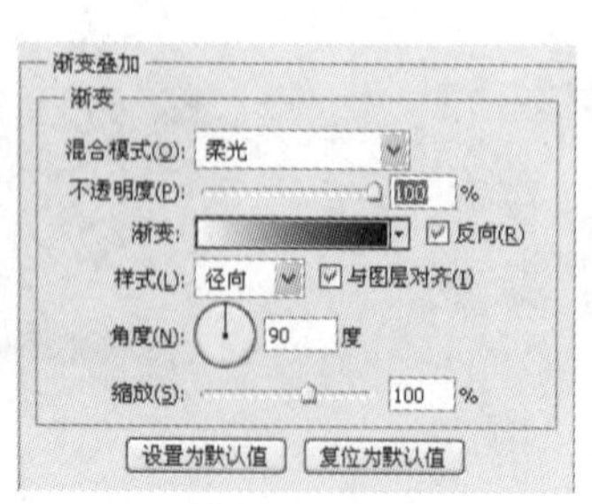

图 7.55 【渐变叠加】参数设置

图 7.56 调整图层样式

04 设置前景色为棕色（#be7629）。新建一个图层“图层 1”，在新建图层上填充前景色，设置“图层 1”的图层混合模式为【颜色】，图层不透明度设置为65%，效果如图7.57所示。

05 使用选区工具制作人物的外形轮廓选区，删除选区中图像，取消选区，效果如图7.58所示。

06 使用【魔棒工具】获取人物肩带选区。执行【选择】|【修改】|【羽化】命令羽化选区 3px。新建一个图层，命名为“肩带”。设置前景色为粉红色（#de929f），按 Alt+Delete 组合键，在选区内填充前景色，设置图层混合模式为【滤色】，效果如图7.59所示。

图7.57 填充前景色

图7.58 删除图像

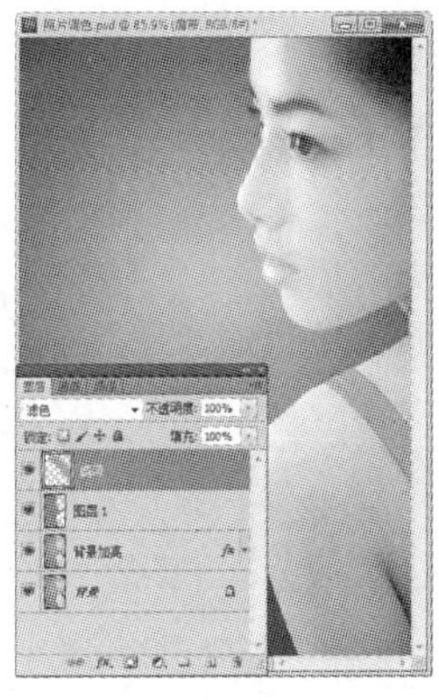

图7.59 制作肩带效果

07 新建图层，命名为“腮红”。设置前景色为粉红色（#f47ab6），调整画笔主直径为170px，笔刷硬度为0%，在人物脸颊位置绘制一个圆，如图7.60所示。设置“腮红”图层混合模式为【叠加】，图层不透明度为70%。

08 新建图层，命名为“唇彩”。设置前景色仍为粉红色（#f47ab6），设置画笔为小直径、小硬度，在新图层上刷出人物嘴唇形状，设置“嘴唇”图层混合模式为【叠加】，效果如图7.61所示。

09 新建图层，命名为“眼影”。设置前景色为蓝色（R：147，G：214，B：220），设置适当的柔边画笔，在人物上眼皮位置刷出浅蓝色眼影，设置图层的不透明度为60%，效果如图7.62所示。

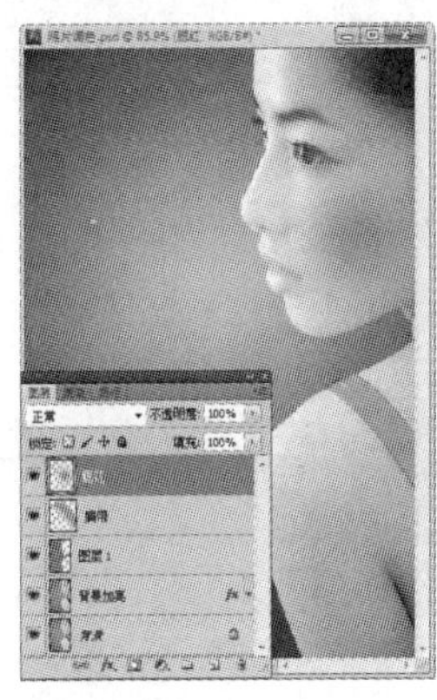

图7.60 绘制腮红

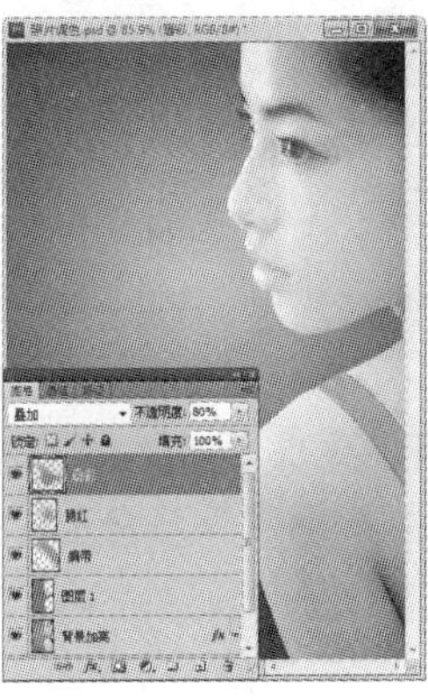

图7.61 绘制唇彩

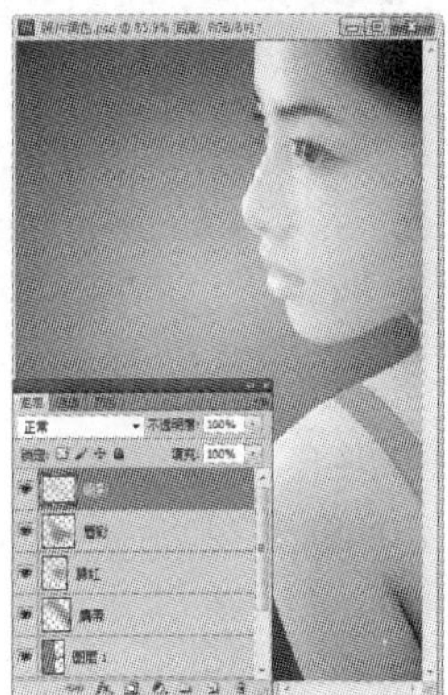

图7.62 绘制眼影

10 复制背景图层，将复制后的背景图层移动到最上方。执行【编辑】|【变换】|【水平翻转】命令，翻转图像。

11 使用【矩形选框工具】，设置前景色为黑色，单击“着色”图层的蒙版层，并在蒙版层上绘制一个黑色矩形，最终效果如图 7.25 所示。

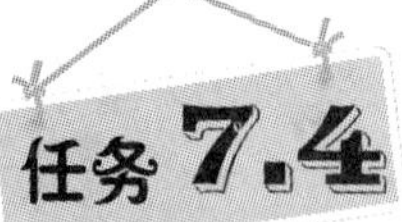

形状图层的应用——制作圣诞贺卡

◎ 任务目的

通过创建富有线条和层次的“雪地”形状图层，制作一幅漂亮的圣诞贺卡，如图 7.63 所示。

图 7.63　圣诞贺卡效果图

相关知识

1. 形状图层的创建

使用【钢笔工具】或矢量绘图工具，并在其属性栏中单击【形状图层】按钮，然后在文档中绘制图形，此时将自动产生一个形状图层。在【图层】面板中会出现一个图层和缩览图及一个链接符号，在此链接符号的右侧有一个路径预览图，如图 7.64 所示。

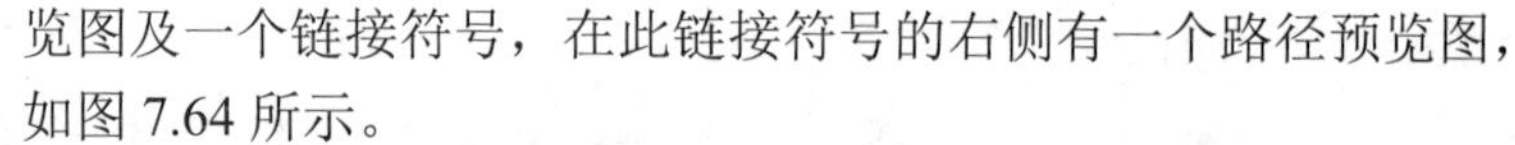

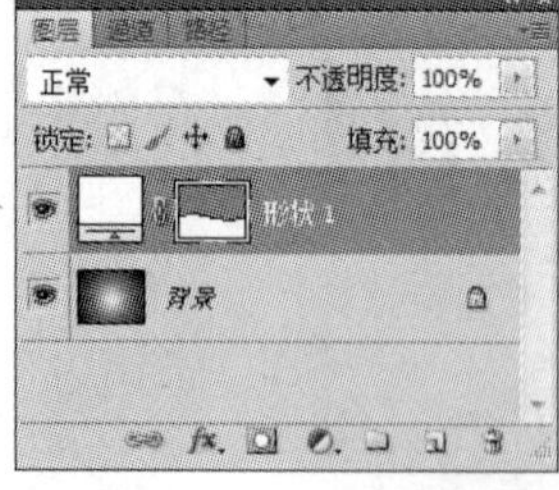

图 7.64　形状图层

2. 形状与路径的区别

从本质上来说，形状是由路径构成的。不同的是：路径是一个虚体，它只是一条路径线而已，而且不在【图层】面板中占用任何位置，因为它们不包括任何图像像素，只能在【路径】面板中查看该路径；形状则本身具有了一种颜色（由填充到路径中的图像像素得到），使路径勾勒出来的范围能够以该颜色显示在画布中。

3. 将形状图层栅格化

如果将形状图层转换为普通层，可以在该图层上右击，在弹出的快捷菜单中选择【栅格化图层】选项即可。此命令是不可逆的，被栅格化后的形状图层将被转换为普通图层，且不能恢复为形状图层，这样做的好处是可以利用滤镜、调色命令及绘图工具对其进行深入的编辑处理。

任务实施

技能点拨：使用【钢笔工具】创建“雪地”形状图层，利用【内发光】、【渐变叠加】等图层样式来制作积雪的效果，使用【自定形状工具】绘制“雪花”和“松树”，为了增加雪地的层次感，再创建两个富有变化的“雪地”形状图层，最后移入“圣诞老人”素材，添加文字，最终完成圣诞贺卡的制作。

实施步骤

1. 绘制夜空背景

01 新建文件。按 Ctrl + N 组合键，新建一个白色背景的文件，参数设置如图 7.65 所示。

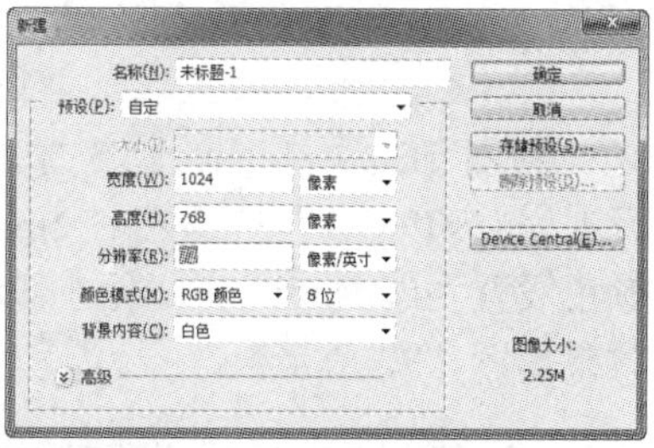

02 使用【渐变工具】，在其属性栏中设置渐变类型为【径向渐变】，渐变颜色为青色（#cdf5ff）—蓝色（#0067a9）—深蓝色（#040023），从图像窗口中心向外做一渐变，填充效果如图 7.66 所示。

图 7.65 【新建】对话框

2. 绘制“雪地 1”

01 设置前景色为白色，使用【钢笔工具】，并在其属性栏中单击【形状图层】按钮，绘制如图 7.67 所示的形状，重命名该图层为“雪地 1”。

图 7.66 使用【渐变工具】绘制夜空

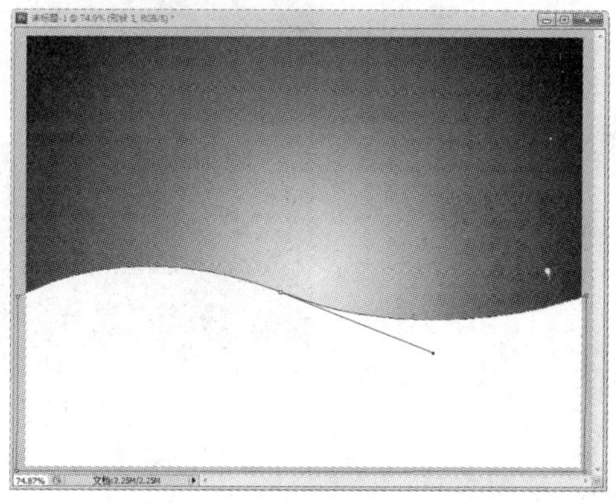

图 7.67 绘制“雪地 1”形状

02 双击“雪地 1”图层，添加【内发光】和【渐变叠加】图层样式，参数设置如图 7.68 和图 7.69 所示，效果如图 7.70 所示。

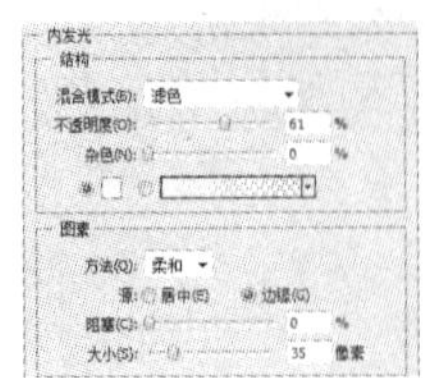

图 7.68 【内发光】参数设置

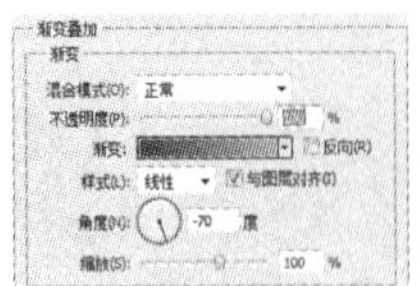

图 7.69 【渐变叠加】参数设置

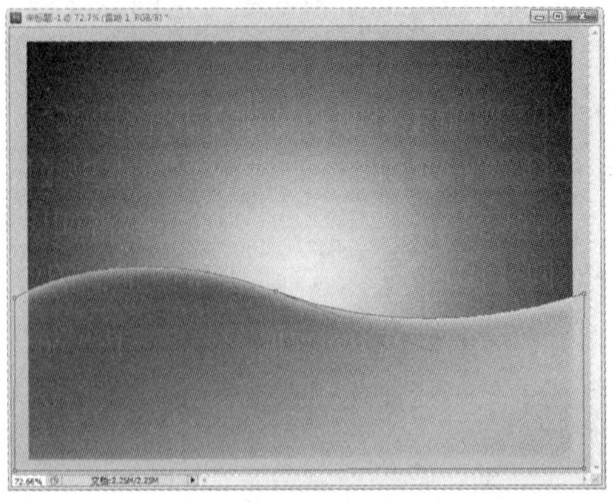

图 7.70 “雪地 1”图层添加图层样式后的效果

3. 绘制松树

01 使用【自定形状工具】，然后在其属性栏中单击【形状图层】按钮，形状选择【树】，颜色设置为深蓝色（#003274），如图 7.71 所示。

图 7.71 【自定形状工具】的属性栏

02 在文档左侧绘制 3 棵大小不一的松树；然后将【自定形状工具】属性栏中的颜色设置为#2979e1，再在文档右侧绘制 6 棵大小不一的松树；将【自定形状工具】属性栏中的颜色设置为#0d438b，在文档左侧继续绘制 2 棵大小不一的松树。错落有致地排列松树位置，效果如图 7.72 所示。

图 7.72 绘制松树

4. 绘制雪花

01 在【图层】面板最上方新建一个图层“图层 1”，重命名为“雪花”，设置前景色为白色，使用【自定形状工具】，在其属性栏中单击【填充像素】按钮，形状选择【雪花 1】，属性栏设置如图 7.73 所示，绘制大小不一的雪花多个。

图 7.73　【自定形状工具】的属性栏

02 同样方法，选择形状【雪花 2】✱与【雪花 3】❆，分别在“雪花”图层绘制多个大小不一的雪花，效果如图 7.74 所示。

图 7.74　绘制雪花

5. 添加两层“雪地”

01 使用【钢笔工具】，在其属性栏中单击【形状图层】按钮，颜色为青色（#a7fef6），属性设置如图 7.75 所示。

图 7.75　【钢笔工具】的属性栏

02 使用【钢笔工具】绘制如图 7.76 所示的形状，并将该图层重命名为“雪地 2”，这时的【图层】面板如图 7.77 所示。

03 双击“雪地 2”图层，弹出【图层样式】对话框，设置【内发光】样式，参数设置如图 7.78 所示，图像效果如图 7.79 所示。

04 设置前景色为白色，使用【钢笔工具】绘制如图 7.80 所示的形状，重命名该形状图层为“雪地 3”。

图 7.76　绘制雪地

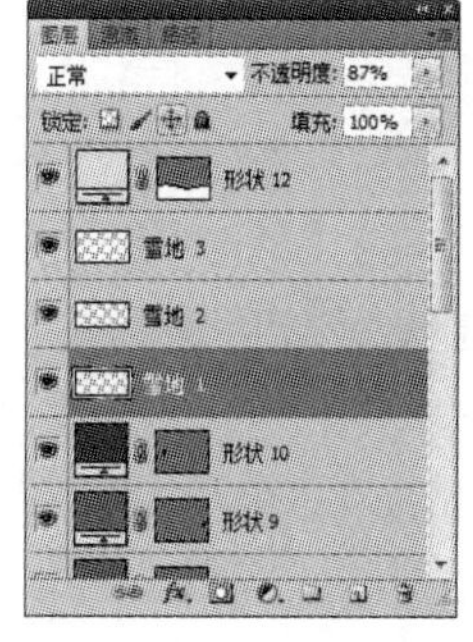

图 7.77 【图层】面板

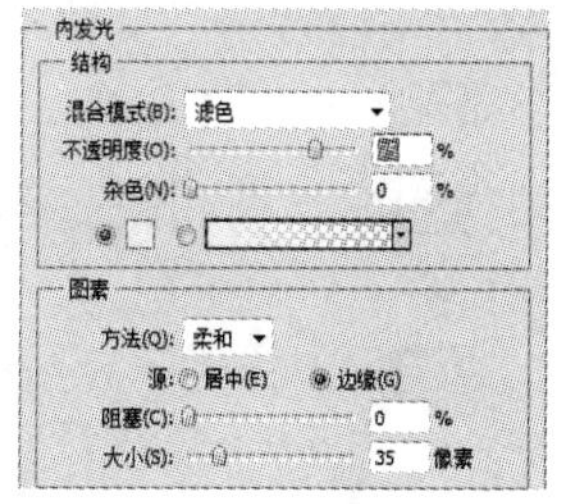

图 7.78 【内发光】参数设置

图 7.79　给“雪地 2”添加【内发光】样式

图 7.80　绘制“雪地 3”

05 双击“雪地 3”图层，添加【内发光】和【渐变叠加】图层样式，参数设置如图 7.81 和图 7.82 所示，效果如图 7.83 所示。

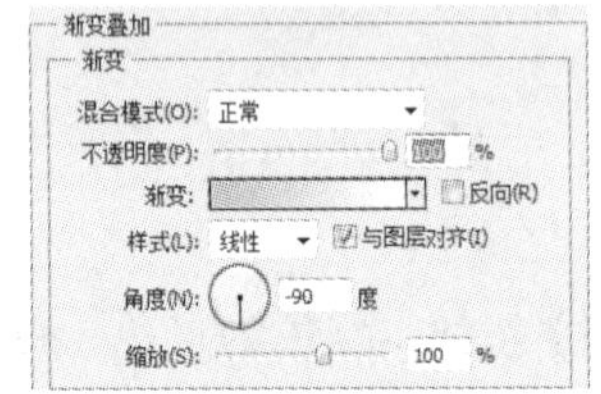

图 7.81　【渐变叠加】参数设置

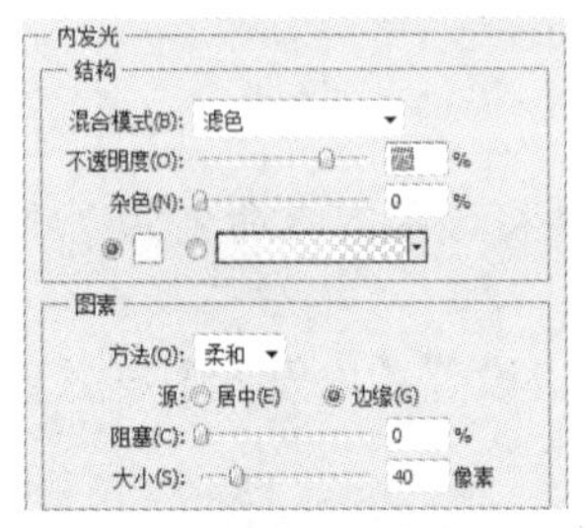

图 7.82　【内发光】参数设置

图 7.83　添加图层样式后的效果

6. 添加素材与文字

01 打开“圣诞老人.jpg”素材文件，选择圣诞老人和小鹿，使用【移动工具】将其移入“圣诞贺卡”文件中，变换其大小和位置，得到效果如图 7.84 所示。

02 使用【横排文字工具】添加“圣诞快乐”字样，效果如图 7.85 所示。

03 给文字图层添加【投影】、【渐变叠加】和【描边】图层样式，参数设置如图 7.86 所示。

04 再输入“Merry Christmas”字样，最终效果如图 7.63 所示。

图 7.84　移入素材后的效果

图 7.85　添加文字

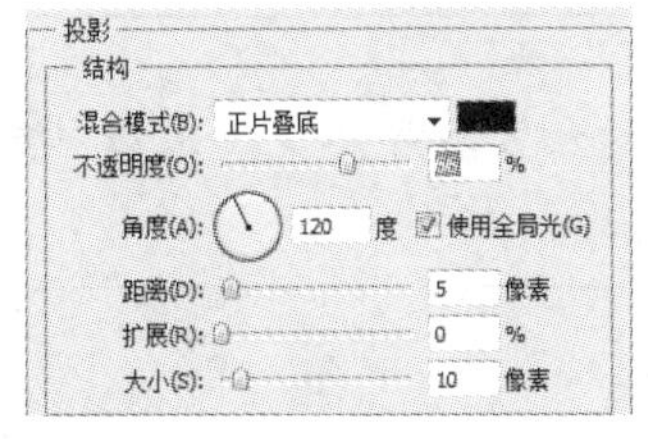

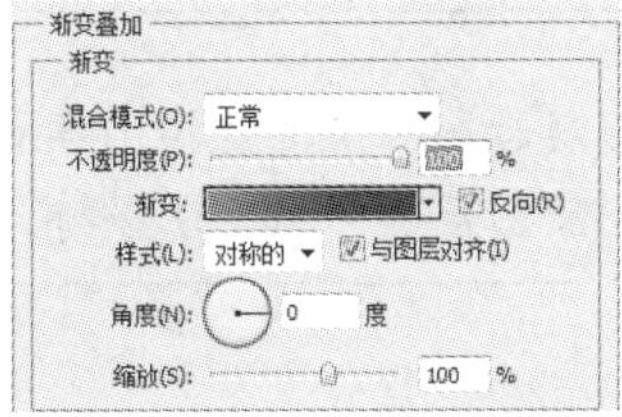

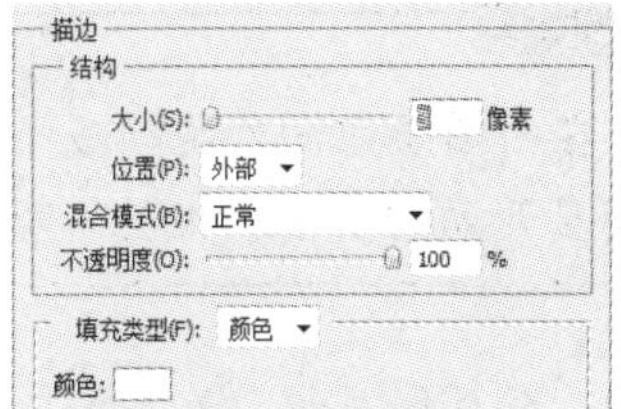

图 7.86　【投影】、【渐变叠加】和【描边】参数设置

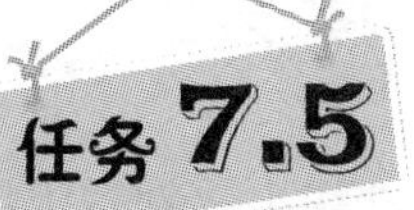

任务 7.5　图层组的应用——制作折扇

◎ 任务目的

通过相关的图层运用、图层组功能分组管理，学习制作“折扇”，折扇的最终效果如图 7.87 所示。

图 7.87　折扇效果图

相关知识

图层组能够将若干个图层组合在一起，从而提高【图层】面板的使用效率。

1. 创建图层组

单击【图层】面板下方的【创建新组】按钮，可以创建默认设置的图层组；如果要将当前存在的图层合并至一个图层组，可以将这些图层选中，然后按Ctrl+G组合键或者执行【图层】|【新建】|【从图层建立组】命令，弹出【新建组】对话框，再单击【确定】按钮。

2. 将图层移入或者移出图层组

1）如果在新建的图层组中没有图层，在此情况下可以通过鼠标拖动的方式将图层移入图层组中。

2）将图层移出图层组，可以使该图层脱离图层组，操作时只需要在【图层】面板中选中图层然后将其移出图层组，当目标位置出现黑色线条时，释放鼠标左键即可。

小贴士

在由图层组向外拖动多个图层时，如果要保持图层间的相互顺序不变，应该从最底层图层开始向上依次拖动，否则原图层顺序将无法保持。

3. 合并图层组

选择要合并的图层组并右击，在弹出的快捷菜单中选择【合并组】选项或按Ctrl+E组合键合并图层组。

4. 删除图层组

如果要删除不需要的图层组，可以单击【图层】面板菜单按钮，在弹出下拉列表中选择【删除组】选项，弹出如图 7.88 所示的提示对话框。

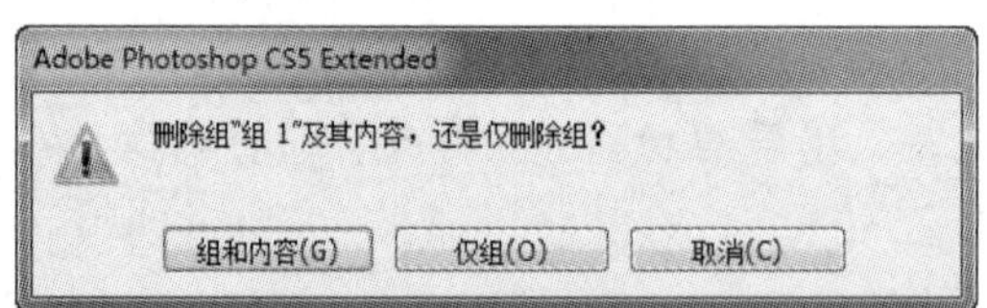

图 7.88 删除图层组的提示对话框

对话框中各按钮释义如下。

1）【组和内容】：单击此按钮，可以删除图层组及其中的所有图层。

2）【仅组】：单击此按钮，只删除图层组，其中的图层仍保存于【图层】面板中。

小贴士

将图层组拖动至【图层】面板底部的【删除图层】按钮上，也可以快速删除图层组及其中的所有图层。

任务实施

技能点拨：本任务的核心是绘制“扇骨”和“扇面”，在制作过程中按 Ctrl + J 组合键复制图层，按 Ctrl + T 组合键旋转变换，按 Ctrl + Alt + Shift + T 组合键快速复制变换。最后处理扇面，完成折扇的制作。将相关的图层运用图层组功能分组管理，从而更好更快地操作和管理【图层】面板，提高作品的制作效率。

实施步骤

1. 制作扇骨

01 新建文件，参数设置如图 7.89 所示。

02 按 Ctrl + R 组合键调用标尺，添加参考线。使用【钢笔工具】绘制“扇骨”路径，效果如图 7.90 所示。

03 新建图层，命名为“扇骨”。设置前景色为黄色（R：171，G：140，B：66）；打开【路径】面板，选择“扇骨”路径，单击【路径】面板下方的【用前景色填充路径】按钮，用前景色填充路径，效果如图 7.91 所示。

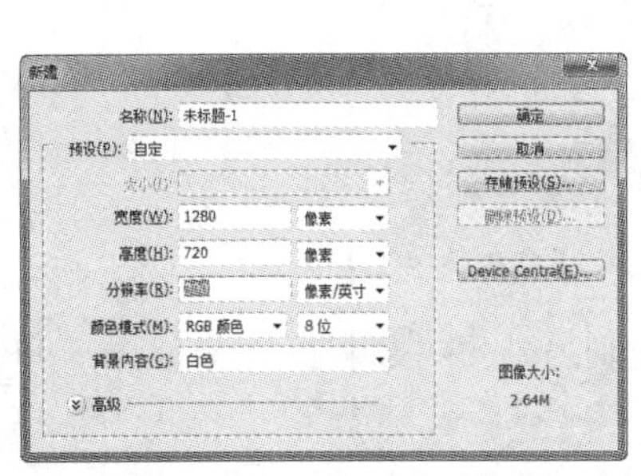

图 7.89 【新建】对话框

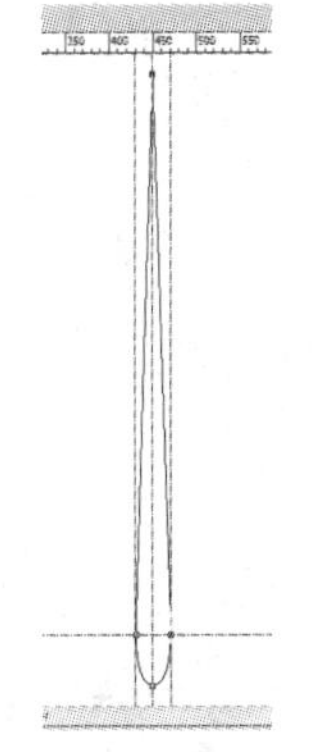

图 7.90 绘制扇骨路径

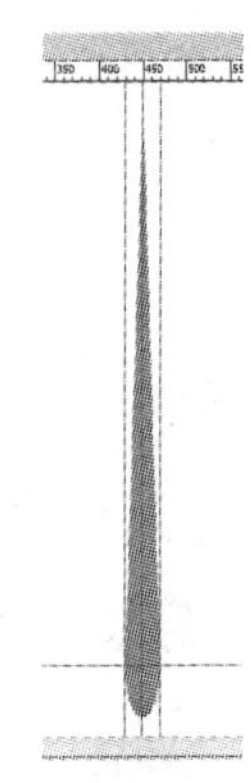

图 7.91 填充前景色

04 返回【图层】面板，选择“扇骨”图层。使用【椭圆选区工具】绘制一个正圆，按 Delete 键删除选区内容，取消选区，效果如图 7.92 所示。

05 按 Ctrl + D 组合键取消选区，单击【图层】面板下方的【添加图层样式】按钮，为“扇骨”图层添加【斜面和浮雕】图层样式，参数设置如图 7.93 所示，效果如图 7.94 所示。

06 复制“扇骨”图层，在新图层上按 Ctrl + T 组合键对复制的“扇骨”进行【自由变换】，参数设置如图 7.95 所示。旋转中心为两参考线的交点，如图 7.96 所示，旋转角度为 8°，效果如图 7.97 所示。

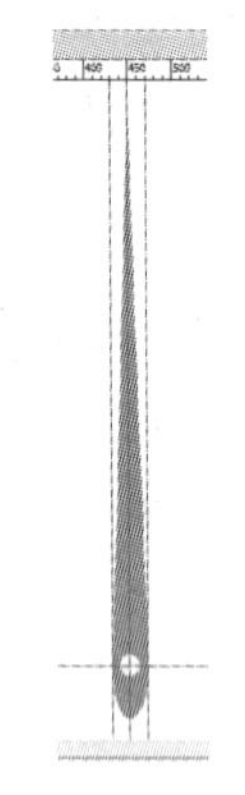

图 7.92　删除图像

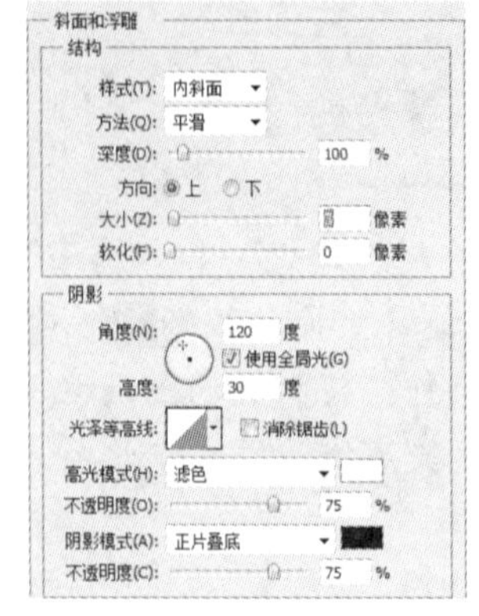

图 7.93 【斜面和浮雕】参数设置

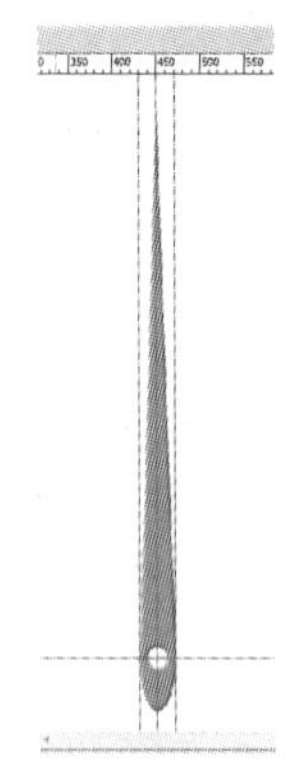

图 7.94 “扇骨”图层效果

X: 482.50 px　Y: 363.50 px　W: 100.00%　H: 100.00%　8 度　H: 0.00 度　V: 0.00 度

图 7.95 【自由变换】参数设置

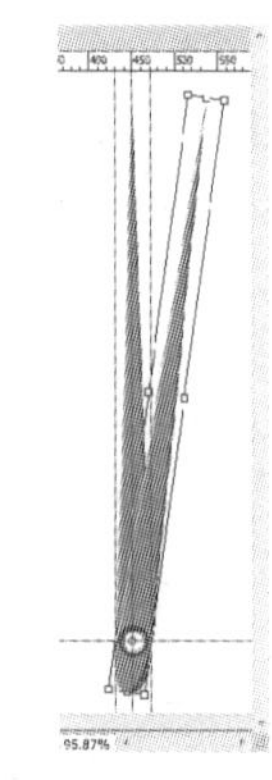

图 7.96　扇骨中心点位置

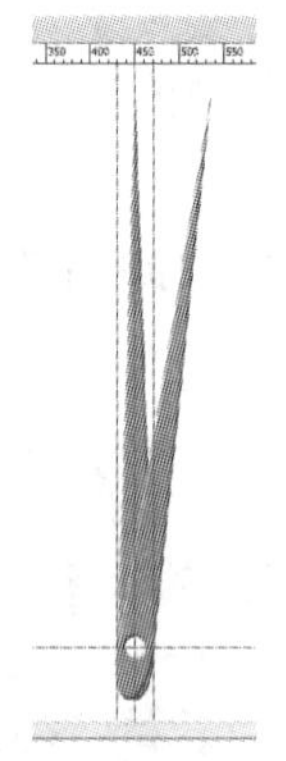

图 7.97 【自由变换】后效果

07 按 Ctrl+Alt+Shift+T 组合键，快速复制另外 19 根扇骨，效果如图 7.98 所示。

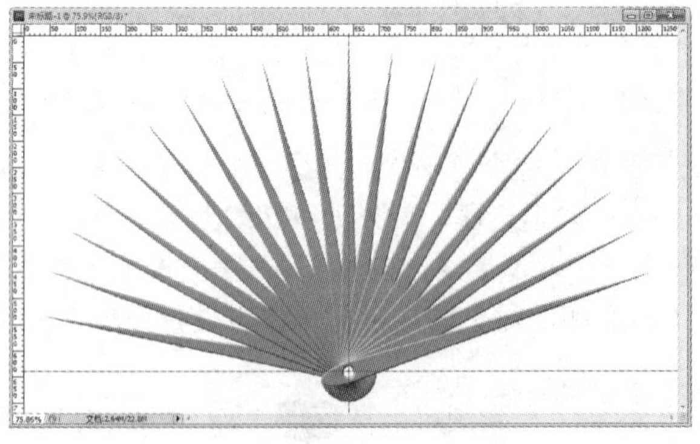

图 7.98　制作 21 根扇骨效果

08 在【图层】面板中将所有的扇骨图层都选中，按 Ctrl+G 组合键将“扇骨”图层成组，图层组重命名为“扇骨”。此时的【图层】面板如图 7.99 所示。

2. 制作扇面

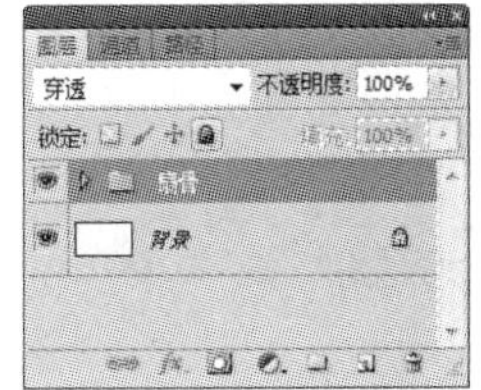

图 7.99　【图层】面板

01 隐藏“扇骨”图层组，添加一条横参考线。使用【钢笔工具】绘制半个“扇面”路径，效果如图 7.100 所示。

02 新建“图层 2”。打开【路径】面板，单击【路径】面板下方的【将路径作为选区载入】按钮，将“扇面路径”转换为选区。设置前景色为深蓝色（R：143，G：199，B：196），按 Alt＋Delete 组合键在选区内填充前景色，取消选区，效果如图 7.101 所示。

03 复制“图层 2”，执行【编辑】|【变换】|【水平翻转】命令，使用【移动工具】将其移动到合适位置。单击【图层】面板上方的【锁定透明像素】按钮，设置前景色为淡蓝色（R：212，G：236，B：236），按 Alt＋Delete 组合键填充前景色，效果如图 7.102 所示。

04 显示“扇骨”图层组。将扇面的 2 个图层合并，使用“扇骨”制作步骤 7 和 8 的方法制作全部的扇面。旋转中心如图 7.103 所示，效果如图 7.104 所示。

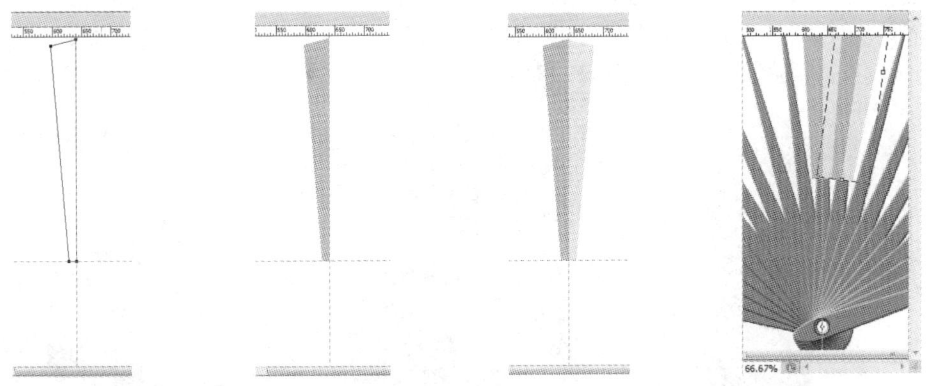

图 7.100　“扇面”路径　图 7.101　填充前景色　图 7.102　扇面效果　图 7.103　扇面中心点位置

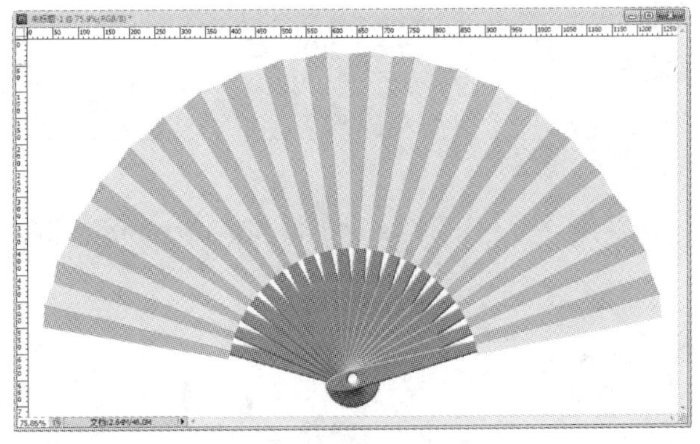

图 7.104　扇面复制完成后效果

05 复制“扇面”组，重命名为“扇面亮面”。执行【图层】|【合并组】命令，将图层组合并，执行【图像】|【调整】|【去色】命令，将图像去色。按 Ctrl＋T 组合键将“扇面亮面”稍微缩小一点，效果如图 7.105 所示。

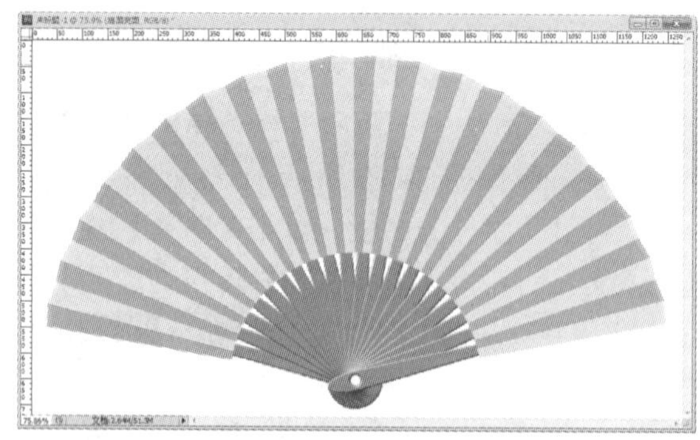

图 7.105　制作“扇面亮面”图层

3. 制作扇子其他部分

01 打开“木质纹理.jpg”素材文件。

02 使用【移动工具】将“背景”图层拖动到折扇文件内，并重命名为“木质纹理”。

03 添加参考线。使用【钢笔工具】绘制“左右扇骨”路径，效果如图 7.106 所示。

04 单击【路径】面板下方的【将路径作为选区载入】按钮，执行【选择】|【反向】命令，选区反选，删除选区中的图像。按 Ctrl + T 组合键旋转合适的角度，效果如图 7.107 所示。

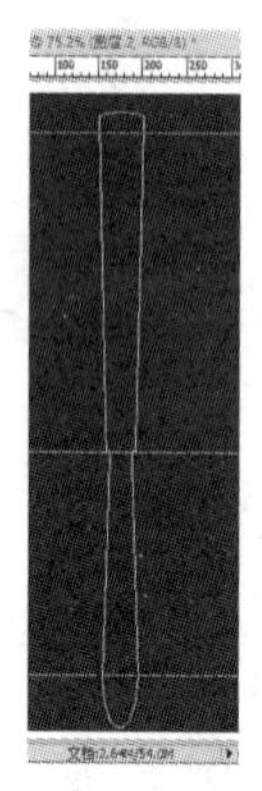

图 7.106　“左右扇骨”路径

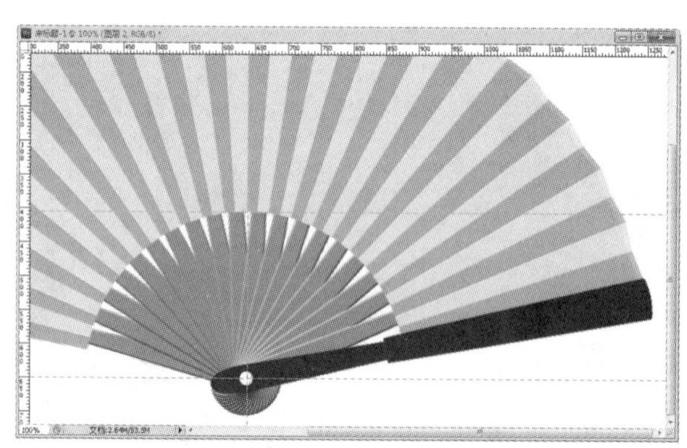

图 7.107　“右扇骨”图层效果

05 为“右扇骨”图层添加【斜面和浮雕】图层样式，参数设置如图 7.108 所示，效果如图 7.109 所示。

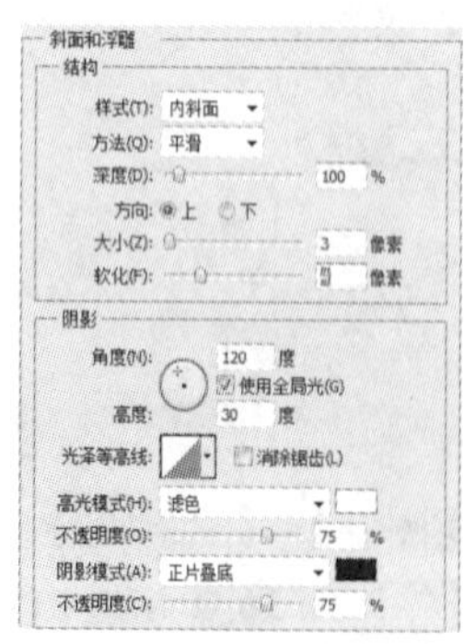

图 7.108　【斜面和浮雕】参数设置

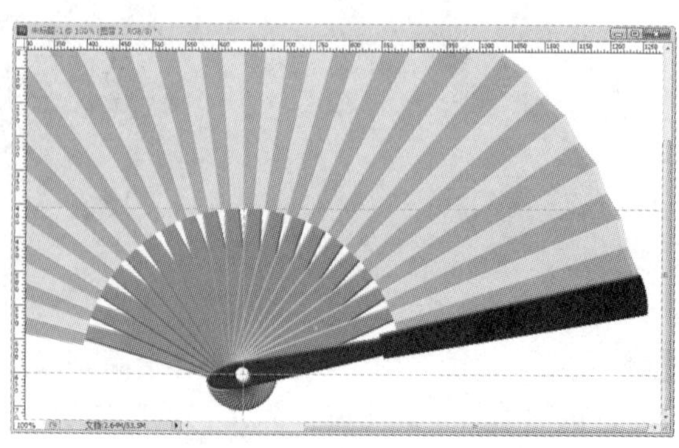

图 7.109　添加图层样式后“右扇骨”图层效果

06 复制“右扇骨”图层，重命名为“左扇骨”。按 Ctrl＋T 组合键调整左右扇骨的旋转方向，效果如图 7.110 所示。

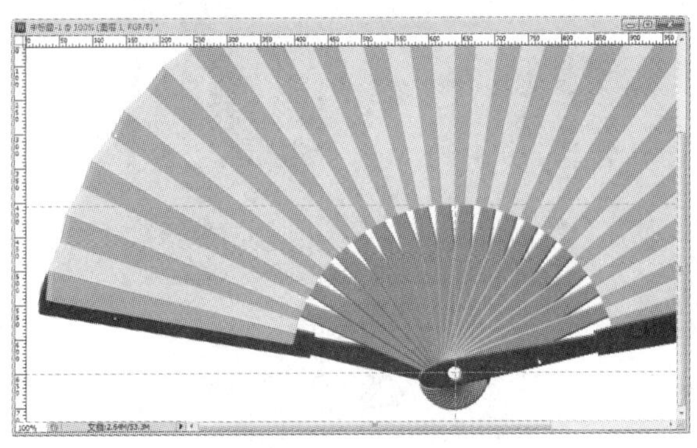

图 7.110　添加左扇骨

07 选择“右扇骨”图层，使用【椭圆选区工具】在木质纹理图像区域中绘制一个圆形选区。按 Ctrl＋J 组合键将选区内容复制到新图层，重命名图层为“骨钉”，效果如图 7.111 所示。

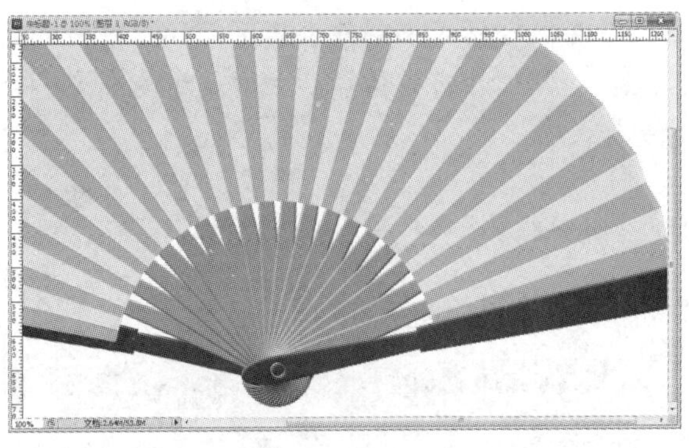

图 7.111　折扇效果图

08 打开“水墨画.jpg”素材文件，使用【选择工具】将“背景”图层拖动到折扇文件内，将图层重命名为“水墨画”，并调整图像大小。

09 按住 Ctrl 键并单击“扇面亮面”图层图标，载入“扇面亮面”图层选区，按 Ctrl＋Shift＋I 组合键反选选区。选择“水墨画”图层，按 Delete 键删除选区内容。设置图层混合模式为【正片叠底】，最终效果如图 7.87 所示。

任务 7.6　图层的应用——制作台历

◎ 任务目的

通过“台历”的制作，熟练掌握图层的应用。台历的效果如图 7.112 所示。

图 7.112　台历效果图

任务实施

技能点拨：本任务主要制作台历。首先，制作背景。其次，制作台历页面，主要是添加图像素材，设置适当的图层混合模式。制作台历页面的立体效果主要通过设置【斜面与浮雕】图层样式实现。最后，制作台历的钩环，主要是填充渐变色，设置【斜面与浮雕】图层样式，完成台历的制作。

实施步骤

01 新建一个文件，参数设置如图 7.113 所示。

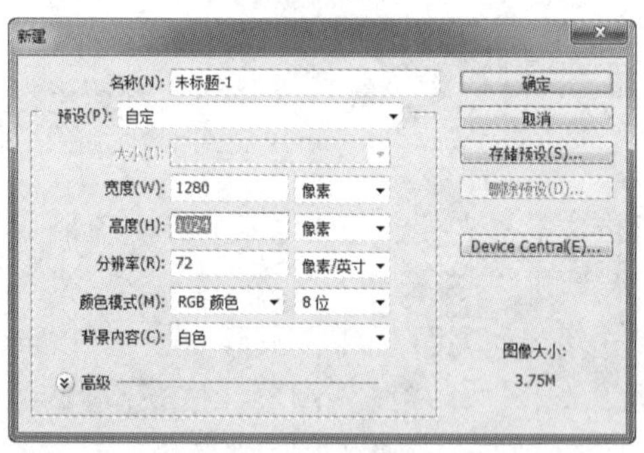

图 7.113　新建文件

02 设置前景色为棕色（#6d5e34），在背景层填充前景色，将背景层复制，设置背景色为白色。执行【滤镜】|【素描】|【半调图案】命令，弹出【半调图案】对话框，设置【大小】为 1，【对比度】为 5，【图案类型】为【网点】。将该图层的图层混合模式设置为【滤色】，图层的不透明度为 20%，效果如图 7.114 所示。

03 将前景色设置为白色。新建一个图层“图层 1”。使用【圆角矩形工具】绘制一个圆角矩形，在属性栏中单击【填充像素】按钮，半径为 20px，效果如图 7.115 所示。添加【渐变叠加】图层样式，参数设置如图 7.116 所示。

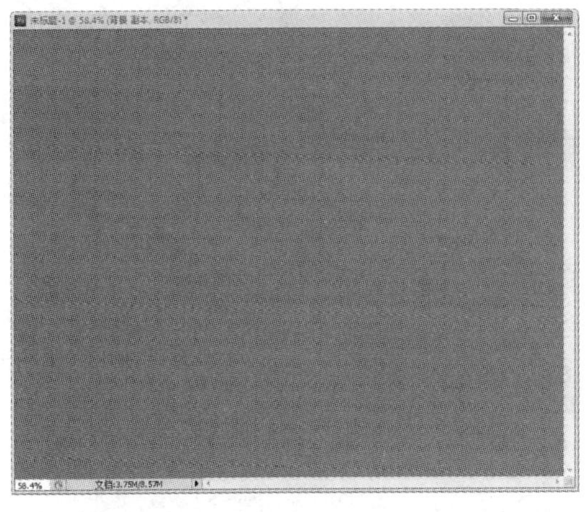

图 7.114 制作背景

图 7.115 绘制圆角矩形

04 打开“水墨画 1.jpg”素材文件，将水墨画拖动至台历文件中，并调整图像大小，使其覆盖住白色圆角矩形。按住 Ctrl 键并单击白色矩形图层，调出白色圆角矩形的图像区域，按 Ctrl + Shift + I 组合键反选选区，删除选区中的图像。设置水墨画图层的图层混合模式为【正片叠底】，添加【斜面与浮雕】图层样式，参数设置如图 7.117 所示，效果如图 7.118 所示。

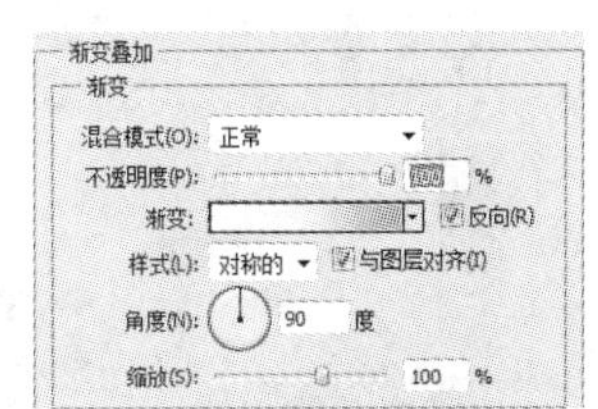

图 7.116 【渐变叠加】参数设置

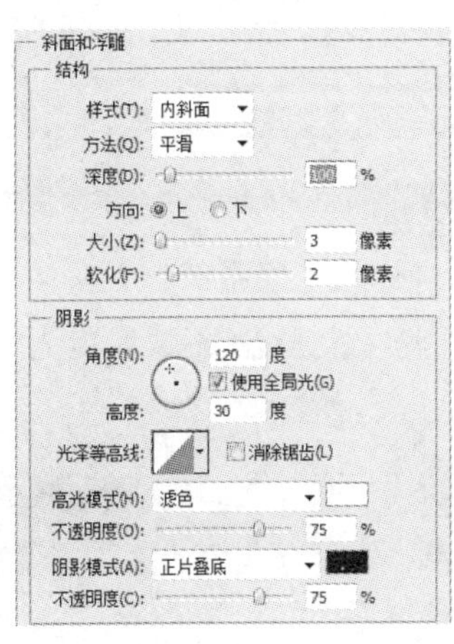

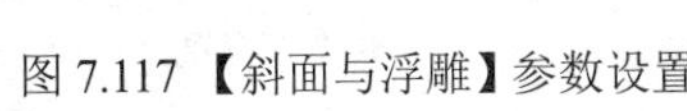

图 7.117 【斜面与浮雕】参数设置

图 7.118 添加图层样式效果

05 打开“水墨画笔.jpg”素材文件，做一个矩形选区，羽化 20px，将选区中的图像拖动至台历文件中，效果如图 7.119 所示。将该图层混合模式设置为【深色】，使用【橡皮擦工具】擦除其中的鱼，效果如图 7.120 所示。

06 打开“茶壶.jpg”素材文件，使用选区工具选中茶壶图像区域，羽化 1px，使用【移动工具】将茶壶拖动到台历文件中，调整茶壶大小，效果如图 7.121 所示。

07 执行【图像】|【调整】|【色相/饱和度】命令，弹出【色相/饱和度】对话框，参数设置如图 7.122 所示。

图 7.119　添加素材

图 7.120　擦除图像

图 7.121　添加“茶壶”素材

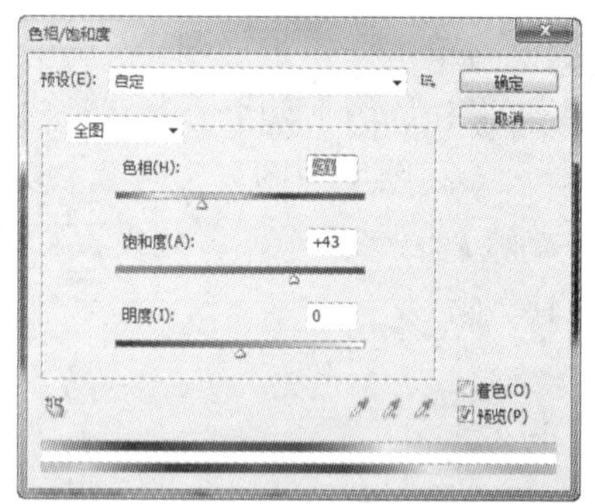

图 7.122 【色相/饱和度】参数设置

08 新建一个图层。使用【矩形工具】，在属性栏中单击【填充像素】按钮，绘制一个白色矩形，效果如图 7.123 所示。设置该图层混合模式为【柔光】，不透明度为 80%，效果如图 7.124 所示。

图 7.123　绘制白色矩形

图 7.124　设置图层混合模式

09 新建一个图层。使用【矩形工具】，在属性栏中单击【填充像素】按钮，绘制一个黑色矩形，添加“茶”、“品味山水间的静谧”和“2”字样，添加日历素材，效果如图 7.125 所示。

10 将除“背景”和“背景 副本”以外的图层选中，按 Ctrl+G 组合键将选中的图层成组，重命名为“单页台历”。复制“单页台历”图层组“单页台历 副本”，按 Ctrl+E 组合键合并组。隐藏“单页台历”图层组。

11 选中“单页台历 副本”图层，使用【橡皮擦工具】，属性设置如图 7.126 所示。在台历文件中擦除上半部分图像，效果如图 7.127 所示。给该图层添加【斜面与浮雕】图层样式，效果如图 7.128 所示。

图 7.125 添加文字

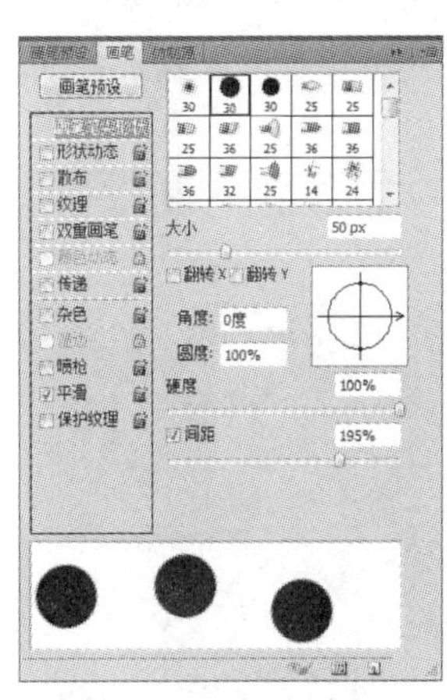

图 7.126 画笔属性设置

图 7.127 擦除图像

图 7.128 添加【斜面与浮雕】图层样式

12 执行【编辑】|【变换】|【斜切】命令，对其进行变换调整，效果如图 7.129 所示。将其再复制两页，每复制一页时，按【向左移动】键 3 次，使其向左移动 3px，效果如图 7.130 所示。

13 再复制一个“单页台历 副本”，按住 Ctrl 键并单击图层，创建该图层图像选区，在选区中填充白色，调整图层位置，将其置于台历最下方，此时的【图层】面板如图 7.131 所示。执行【编辑】|【变换】|【斜切】命令，对其进行变换调整，效果如图 7.132 所示。

图 7.129　调整台历形状

图 7.130　复制台历

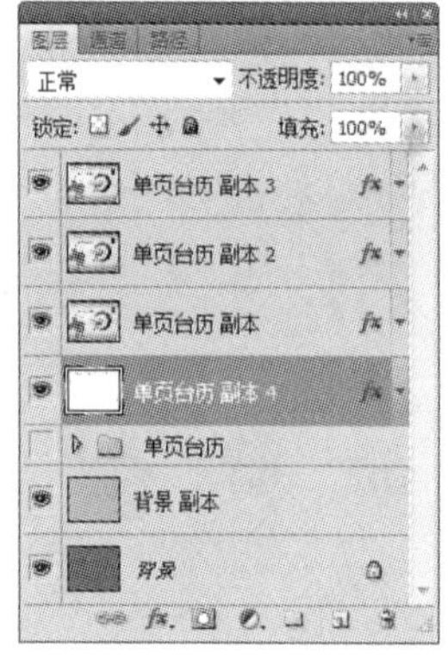

图 7.131　【图层】面板

图 7.132　调整白色页面形状

14 再复制一层白色页面，按【向右移动】键 3 次，使其向右移动 3px，效果如图 7.133 所示。

15 新建一个图层。使用【多边形套索工具】创建如图 7.134 所示的三角形选区。设置前景色为灰色（#8a8a8a），在选区中填充前景色。在【图层】面板中将该图层拖动至“背景 副本”上方。添加【斜面与浮雕】图层样式，效果如图 7.135 所示，此时的【图层】面板如图 7.136 所示。

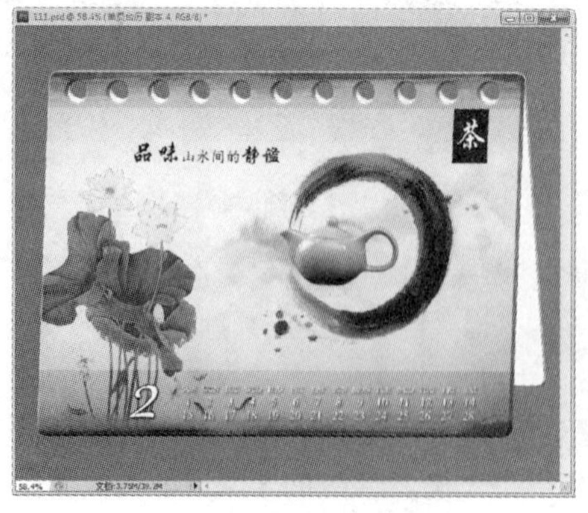

图 7.133　复制白色页面

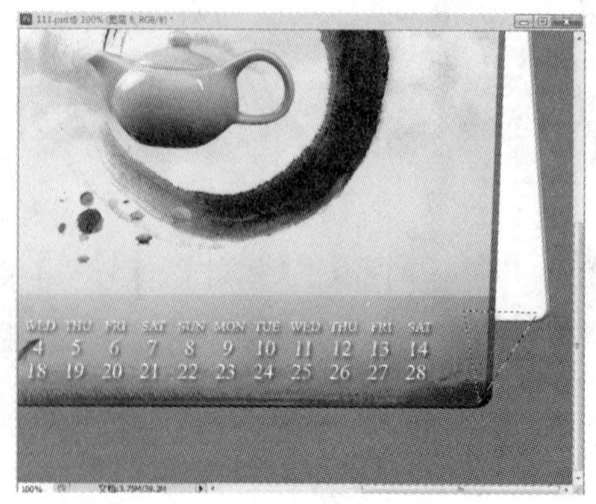

图 7.134　创建选区

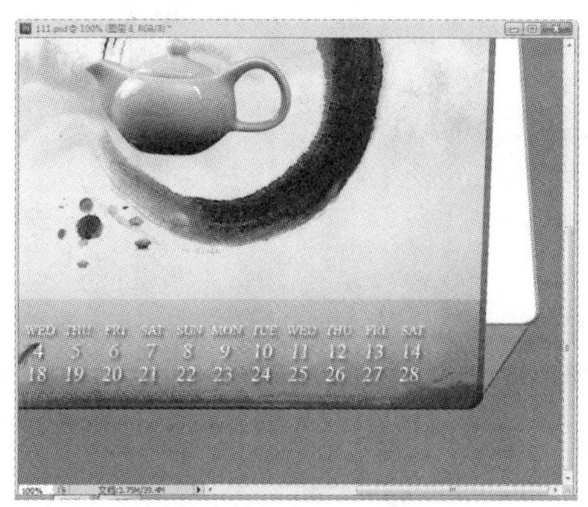

图 7.135　添加【斜面与浮雕】图层样式

图 7.136 【图层】面板

16 使用【椭圆选框工具】，借助参考线，在图像文件的左上方创建一个圆环选区，效果如图 7.137 所示。在选区中从左上到右下做黑色—白色的渐变，添加【斜面与浮雕】图层样式，效果如图 7.138 所示。

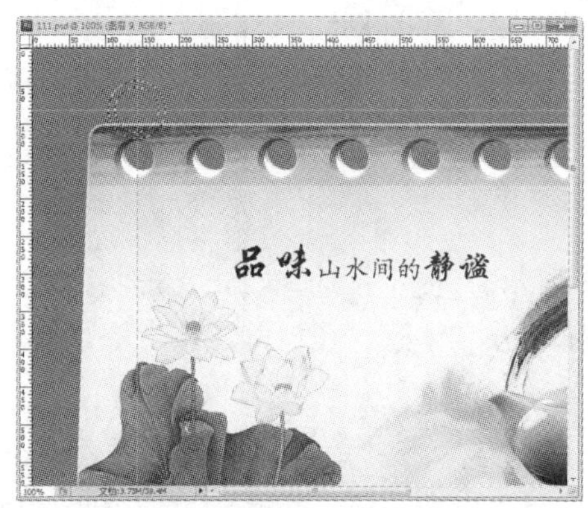

图 7.137　创建圆环选区

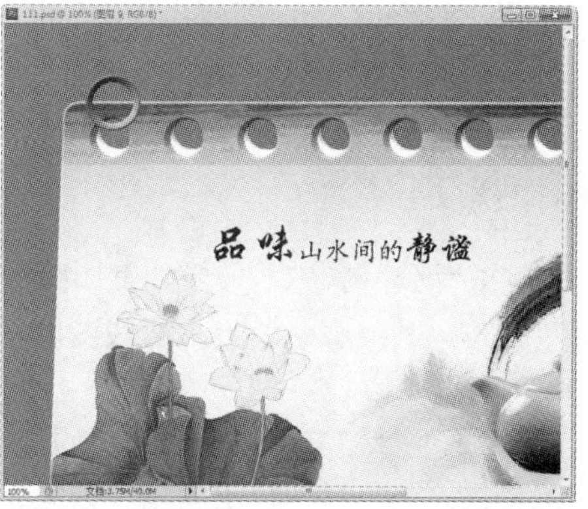

图 7.138　填充渐变色

17 使用【橡皮擦工具】擦除多余图像，效果如图 7.139 所示。再复制一个，调整其位置，效果如图 7.140 所示。

18 将两个环状图形图层合并。复制多个环状图形，最终效果如图 7.112 所示。

图 7.139　擦除图像

图 7.140　复制图像

一、选择题

1．执行【图层】|【栅格化】命令可以将（　　）转换为普通图层。

A．添加图层样式　　B．普通图层　　C．文字图层　　D．背景图层

2．在 Photoshop 中，（　　）图层主要用来从整体上调整图像的色调和色彩。

A．文字　　B．调整　　C．形状　　D．背景

3．如果要将某图像中的部分图像剪切到一个新图层中，通过执行【图层】菜单中的（　　）命令可以实现。

A．【新建】|【通过拷贝的图层】　　B．【新建】|【通过剪切的图层】

D．【新建】|【图层】　　D．【新建】|【图层组】

4．在 Photoshop 中，能实现图层盖印的是（　　）组合键。

A．Ctrl＋E　　B．Ctrl＋Shift＋E

C．Ctrl＋Alt＋Shift＋E　　D．Ctrl＋D

二、操作题

1．制作“枫叶书签”，参考效果如图 7.141 所示。（提示：选择自定义形状中的枫叶来制作书签外形，利用剪贴蒙版来剪裁图像。为了增强立体感，在枫叶图层上添加图层投影效果。）

2．运用本项目知识制作一个精美的台历，参考效果如图 7.142 所示。（提示：首先创建台历的背景，为了衬托台历的精美效果，可给背景添加底纹；再绘制台历插页，添加插页的图片素材与台历所需的文字，最后制作立体的台历效果。注意图层混合模式与图层样式的应用。）

图 7.141　枫叶书签

图 7.142　精美台历

项目 8 通道和蒙版的应用

◎ **项目导读**

美国 Photoshop 专家们一直有一句话称:“通道是核心,蒙版是灵魂。”这足以说明通道和蒙版在 Photoshop 中占有极其重要的地位。

◎ **学习目标**

- 理解通道和蒙版的原理及特点。
- 掌握利用【通道】面板中的颜色信息通道快速更改图像颜色的方法。
- 掌握利用通道的原理快速抠取特殊背景下的透明区域图像的方法。
- 认识蒙版,掌握蒙版的特点及创建方法。
- 掌握应用图层蒙版和快速蒙版编辑图像的方法与技巧。

通道修改颜色——风景图调色

通道是 Photoshop 中的重要概念之一，主要用于保存图像的颜色信息或选区。打开一幅图像时，Photoshop 会自动创建颜色信息通道，图像的颜色模式决定了所创建的颜色通道的数目。例如，RGB 图像有红、绿、蓝 3 个颜色通道，而 CMYK 图像有青、洋红、黄、黑 4 个颜色通道。除了颜色信息通道外，Photoshop 的通道还包括专色通道和 Alpha 通道。

◎ 任务目的

通过实践，了解和熟悉通道，并尝试使用通道操作对图像进行处理，使它产生某种特殊效果。

相关知识

1. 通道原理

通道是基于色彩模式的基础衍生出的简化操作工具。一幅 RGB 三原色图有 3 个默认通道：红、绿、蓝。而一幅 CMYK 图像有 4 个默认通道：青、洋红、黄和黑。由此看出，每一个通道其实就是一幅图像中的某一种基本颜色的单独通道，如图 8.1 所示。也就是说，通道是利用图像的色彩值进行图像修改的，某种意义上来讲，通道实际上可以理解为选择区域的映射。

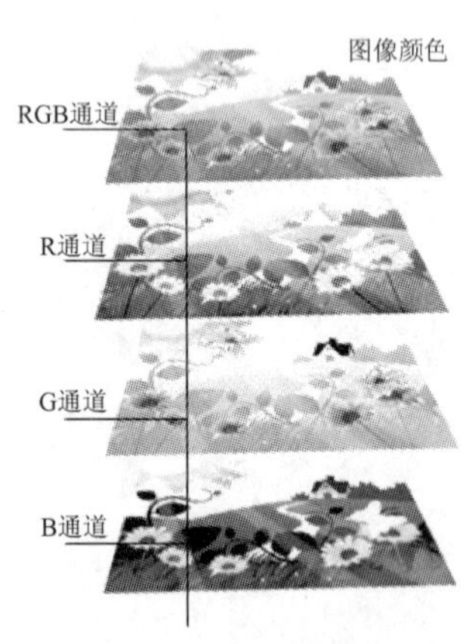

图 8.1　RGB 通道图解

2. 通道分类

通道作为图像的组成部分，与图像色彩模式密不可分，图像色彩模式决定了通道的数量和模式。

在 Photoshop 中涉及的通道类型主要有以下几类。

1）复合通道。复合通道不包含任何信息，实际上它只是同时预览并编辑所有颜色通道的一个快捷方式。它通常被用来在单独编辑完一个或多个颜色通道后，使【通道】面板返回到它的默认状态。

2）颜色通道。在 Photoshop 中编辑图像，实际上就是在编辑颜色通道。这些通道把图像分解成一个或多个色彩成分，图像的模式决定了颜色通道的数量，RGB 模式有 3 个颜色通道，CMYK 图像有 4 个颜色通道，灰度图只有一个颜色通道，它们包含了所有将被打印或显示的颜色。

3）Alpha 通道。Alpha 通道与颜色通道的主要区别在于它不具有颜色存储功能，只用于存储选区和制作蒙版，可以将 Alpha 通道视为一幅灰度图像，从黑到白由 256 种灰度颜色构成，默认情况下，白色代表选区部分，黑色代表非选区部分。

4）专色通道。专色通道是一种特殊的颜色通道，是指在印刷时使用的一种预制的油墨。使用专色的好处在于，可以替代或补充 CMYK 四色油墨无法合成的颜色效果，如金色与银色，还可以降低印刷成本。

3. 【通道】面板

通道的处理主要通过【通道】面板来进行，【通道】面板可用于创建和管理通道，并监视编辑效果。要打开【通道】面板，可执行【窗口】|【通道】命令。

通常，【通道】面板的堆叠顺序为，最上方是复合通道（对于 RGB、CMYK 和 Lab 图像，复合通道为各个颜色通道叠加的效果），然后是颜色通道、专色通道，最后是 Alpha 通道。通道内容的缩览图显示在通道名称的左侧，在编辑通道时，它会自动更新。另外，每一个通道都有一个对应的快捷键，这使得用户可以不打开【通道】面板即可选中通道。

单击【通道】面板菜单按钮，可以弹出【通道】面板下拉列表，选择其中的选项便可进行相应的面板功能操作。图 8.2 为一幅 RGB 彩色图像的【通道】面板，该面板详细列出了当前图像中的所有通道及【通道】面板的功能。

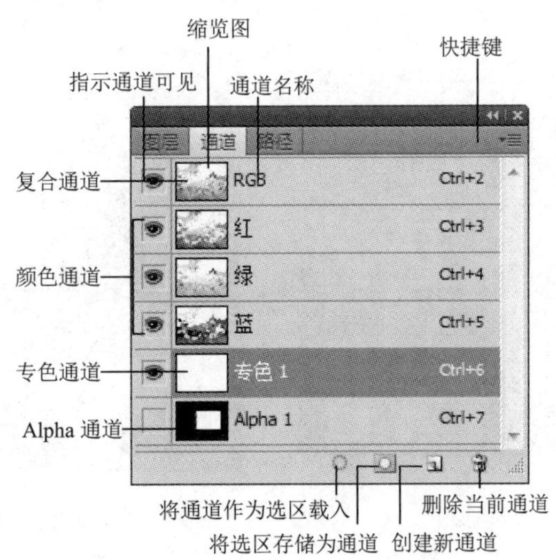

图 8.2 【通道】面板

【通道】面板的功能按钮如下。

1）【将通道作为选区载入】：单击该按钮，可将当前通道作为选区载入。

2）【将选区存储为通道】：单击该按钮，可将当前选区在【通道】面板中存储为一个 Alpha 通道。

3）【创建新通道】：单击该按钮，可建立一个新的 Alpha 通道。

4）【删除当前通道】：单击该按钮，可删除当前通道，但不能删除 RGB 复合通道。

任务实施

技能点拨：打开一个彩色图像文件。打开【通道】面板，对通道进行选取、分离、合并、删除等基本操作，并通过通道操作对图像进行处理。

实施步骤

1. 分离通道

01 按 Ctrl+O 组合键，打开“1.jpg”素材文件。

02 打开【通道】面板，可以观察到“红”、“绿”、“蓝”3 个通道和“RGB”混合通道。

03 单击【通道】面板菜单按钮，在弹出的下拉列表中选择【分离通道】选项，如图 8.3 所示。

04 此时图像“1.jpg”被分解成 3 张灰度级模式的图片，分别为“1.jpg _R”、“1.jpg _G”、“1.jpg _B”，如图 8.4 所示。

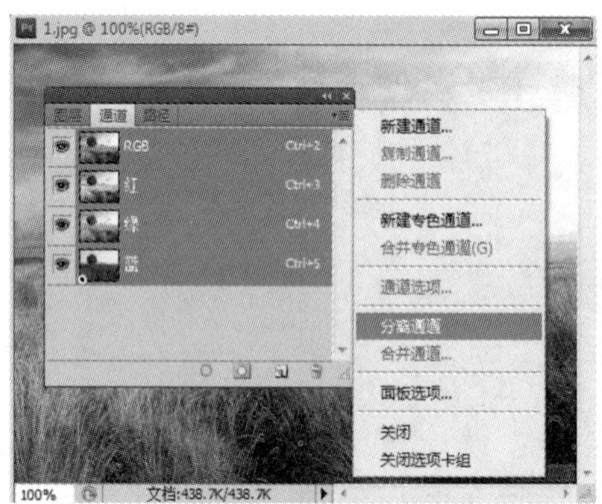

图 8.3　分离通道

图 8.4　分离后的 3 张灰度级模式图片

小贴士

- ❖这一操作对于从一张彩色图像中获取好的灰度图片，是一个非常简便和有效的方法。因为我们可以进行选择，以提取质量最好的那个图层。
- ❖RGB 通道：又称主通道，图像只有在这个通道的状态下才能显示完全的色彩。通道显示内容与图像色彩模式有很大关系，如果当前图像是一幅 CMYK 色彩模式的图像，此时的通道显示会发生变化。
- ❖红色通道：用来存储图像中的红色色彩信息。
- ❖绿色通道：用来存储图像中的绿色色彩信息。
- ❖蓝色通道：用来存储图像中的蓝色色彩信息。

2. 合并通道

01 使用刚才被分解为 3 张灰度文件的图像，如果已经被关闭则再分别打开它们。

02 单击【通道】面板菜单按钮，在弹出的下拉列表中选择【合并通道】选项，弹出如图 8.5 所示的对话框。

03 在图 8.6 所示的对话框中可以分别指定“红色”、“绿色”和“蓝色”通道分别使用哪个灰度文件，选定后单击【确定】按钮。

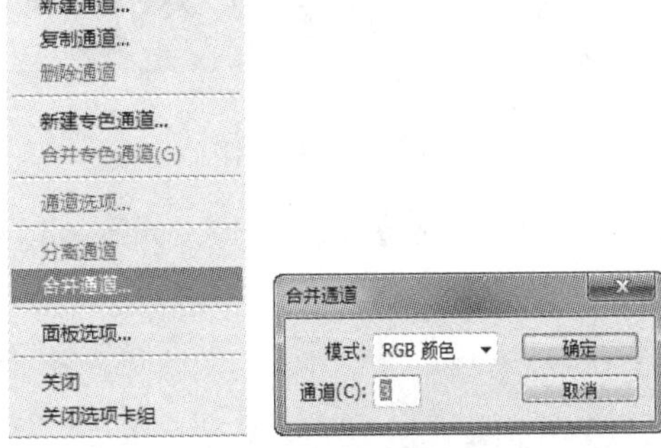

图 8.5　设置【合并通道】对话框

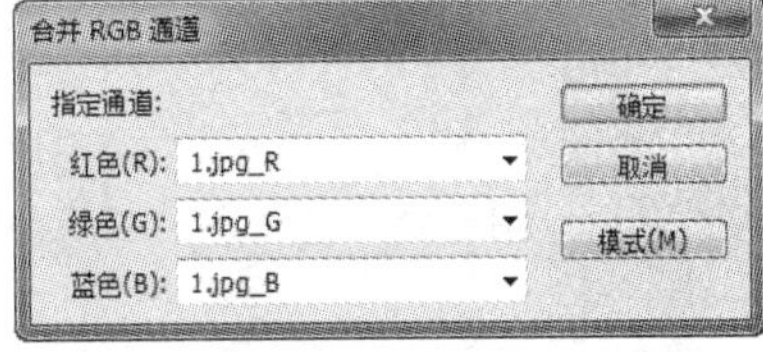

图 8.6　设置【合并 RGB 通道】对话框

04 合并完成后，产生了一个新的图像文件，如图 8.7 所示。

3. 改变单色通道的灰度图，调整图片颜色

01 按 Ctrl+O 组合键，打开“1.jpg”素材文件，效果如图 8.8 所示。

02 打开【通道】面板。选择“绿”通道，按 Ctrl+A 组合键全选复制，选择“蓝”通道粘贴，单击“RGB”通道，效果如图 8.9 所示，保存图像效果。

03 打开原图。选择“红”通道，执行【图像】|【调整】|【曲线】命令，弹出如图 8.10 所示的对话框，单击“RGB”通道，效果如图 8.11 所示，保存图像效果。

图 8.7　合并后新图像

图 8.8　原图效果

图 8.9　调整蓝通道后图像效果

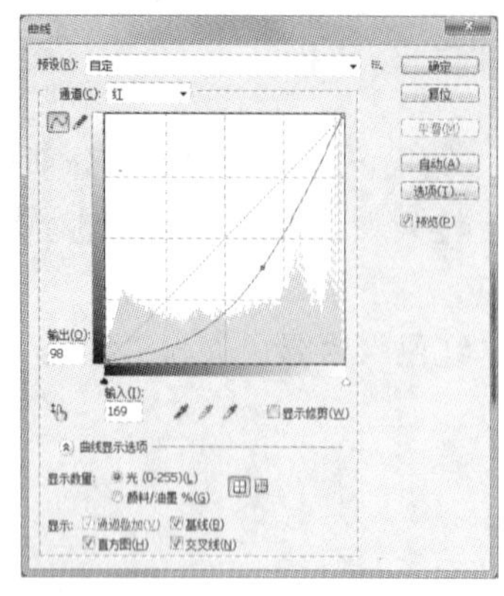

图 8.10　设置【曲线】对话框

图 8.11　调整红通道后图像效果

04 打开原图。执行【图像】|【调整】|【通道混合器】命令，弹出如图 8.12 所示的对话框，效果如图 8.13 所示，保存图像效果。

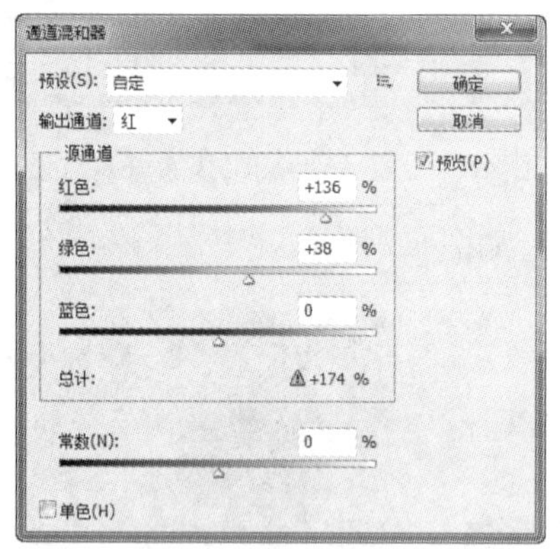

图 8.12　设置【通道混合器】对话框

图 8.13　调整【通道混合器】后图像效果

任务 8.2　通道的应用——抠取婚纱像

抠取婚纱，从背景图里抠出白色半透明的婚纱，通常被认为是最能够全面体现和应用通道概念的案例。

◎ 任务目的

学习利用通道轻松完成抠取半透明图像的操作。

相关知识

一个通道层同一个图层之间最根本的区别在于：图层的各个像素点的属性是以红、绿、蓝三原色的数值来表示的，而通道层中的像素颜色是由一组原色的亮度值组成的。由此可见，每个通道只有一种颜色的不同亮度，是一种 256 级灰度图像。以红通道为例，如图 8.14 和图 8.15 所示，黑色表示完全没有红色，白色表示有完整的红色，灰度的区域由灰度的深浅来决定红色的多少。

（0，255，0）（128，255，0）（255，255，0）

图 8.14　图层及色值

（0，255，0）（128，255，0）（255，255，0）

图 8.15　红色通道

任务实施

技能点拨：在通道中，纯黑色部分会完全隐藏图像，纯白色部分会完全显示图像，而灰色部分就是半透明的。分析这张照片，我们要处理成半透明的地方只有白纱部分，在通道中处理成灰色。背景要完全隐藏，在通道中处理成黑色。人的身体部分要完全显示，在通道中处理成白色。

实施步骤

01 按 Ctrl + O 组合键，打开“婚纱.jpg”素材文件。

02 打开【通道】面板，分别单击“红”、“绿”、“蓝” 3 个通道，通过对比发现绿色通道的图像质量较好，对比度也较强，如图 8.16 所示。

图 8.16　“红”、“绿”、“蓝” 通道效果

03 拖动“绿”通道到【通道】面板下方的【创建新通道】按钮上，复制出一个“绿 副本”通道，如图 8.17 所示。

04 在“绿 副本”通道上，使用【磁性套索工具】将人物及婚纱部分选中，如图 8.18 所示。

图 8.17　复制“绿 通道”

图 8.18　创建选区

05 按 Ctrl + Alt + D 组合键，弹出【羽化选区】对话框，设置【羽化半径】为 0.5px，如图 8.19 所示，单击【确定】按钮应用羽化。

06 设置背景色为黑色，按 Shift + Ctrl + I 组合键将选区反选，按 Ctrl + Delete 组合键填充背景色，再按 Ctrl + D 组合键取消选区，如图 8.20 所示。

图 8.19　【羽化选区】对话框

图 8.20　填充背景色

07 再次使用【磁性套索工具】，套选人物的身体部分，设置【羽化】值为 1px，如图 8.21 所示。

08 设置前景色为白色，按 Alt + Delete 组合键填充前景色，按 Ctrl + D 组合键取消选区，如图 8.22 所示。

图 8.21　选取人物身体

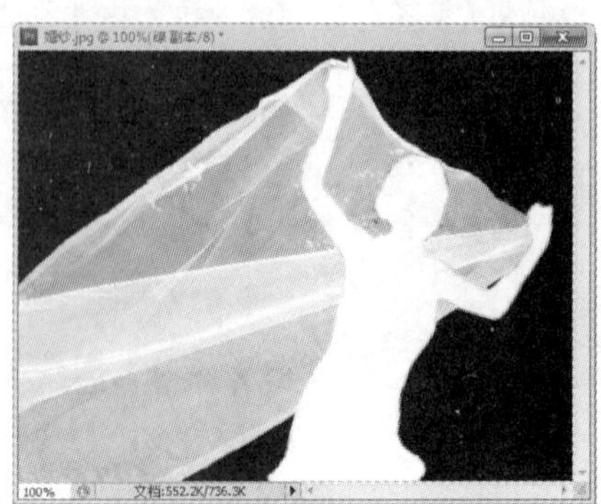

图 8.22　为人物身体填充白色

小贴士

这时观察“绿 副本”通道上的黑白图像可以很明显地看出，不需要的背景已经被处理成了黑色，而完全保留的人物部分已经被填充了白色。

09 按 Ctrl + L 组合键，弹出【色阶】对话框，将中间的灰色滑块拖动到 0.45 的位置，参数设置如图 8.23 所示，单击【确定】按钮。

10 单击“RGB”复合通道，按住 Ctrl 键并单击“绿 副本”，将“绿 副本”通道中的白色和灰色部分载入各区域，如图 8.24 所示。

11 打开背景素材，使用【移动工具】，拖动“穿婚纱的新娘”到“背景”文件中，移动到适当位置。此时可以发现，新娘身后的纱巾是半透明状的，最终效果如图 8.25 所示。

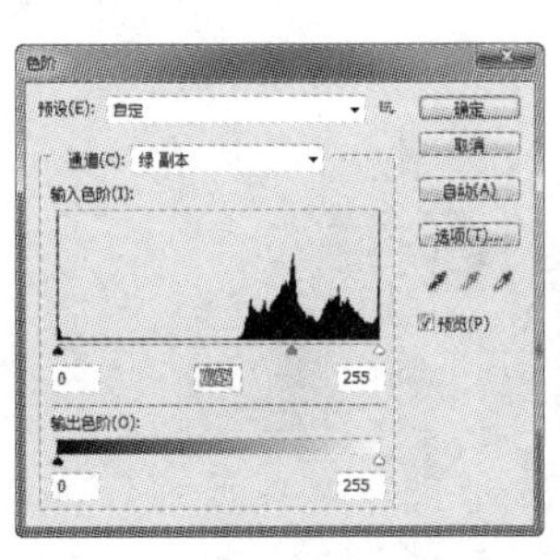

图 8.23　【色阶】参数设置

图 8.24　载入的选区

图 8.25　最终效果

任务 8.3　通道的应用二——抠取发丝

◎ 任务目的

通过对抠取复杂人像的处理过程，进一步熟悉对通道进行编辑的方法。

任务实施

技能点拨：本任务的素材图像比较复杂。使用常规的【铅笔工具】、【套索工具】或【魔棒工具】来抠取会比较烦琐和困难，故考虑采用通道技术抠图。以抠取发丝为例，其抠发前后效果对比如图 8.26 所示。

图 8.26　抠发前后对比效果图

实施步骤

01 按 Ctrl+O 组合键，打开“人物.jpg”素材文件。

02 打开【通道】面板，分别单击“红”、“绿”、“蓝”3 个通道，通过对比发现蓝色通道的图像质量较好，对比度也较强，如图 8.27 所示。

（1）“红”通道

（2）“绿”通道

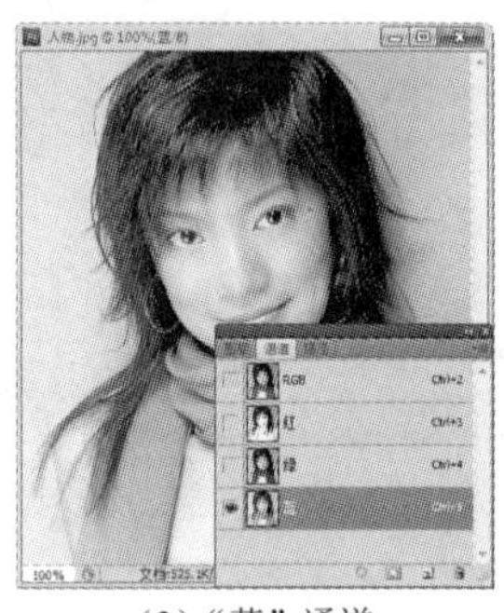

（3）“蓝”通道

图 8.27　3 个通道对比

03 拖动“蓝”通道到【通道】面板下方的【创建新通道】按钮上，复制一个“蓝 副本”通道，如图 8.28 所示。

小贴士

此时可以发现，背景的颜色较亮，而前面的人物颜色较暗。因为头发是要被载入选区的，所以需要将头发处理成白色。

04 单击“蓝 副本”通道，在“蓝 副本”通道上操作，按 Ctrl+I 组合键将图像反相选择，这样暗的地方就变亮了，效果如图 8.29 所示。

05 使用【套索工具】，在其属性栏中将【羽化】值设置为 20px。按住鼠标并拖动，将黑白对比度较弱的区域套选，如图 8.30 所示。

06 按 Ctrl+L 组合键，弹出【色阶】对话框。首先将中间的灰色滑块向左拖动到一个适当位置，使显示不太明显的头发显示出来，然后向右拖动左边的黑色滑块到适当位置，让图像的黑白对比度增大，如图 8.31 所示，并单击【确定】按钮确认。

07 用同样的方法对其他地方进行调节，增大对比度，如图 8.32 所示。

08 使用选区工具将背景选出，填充黑色，再使用选区工具将需要完全显示的地方选出，填充白色，如图 8.33 所示。

图 8.28　复制“蓝”通道

图 8.29　反相“蓝 副本”

图 8.30　选取对比度接近区域

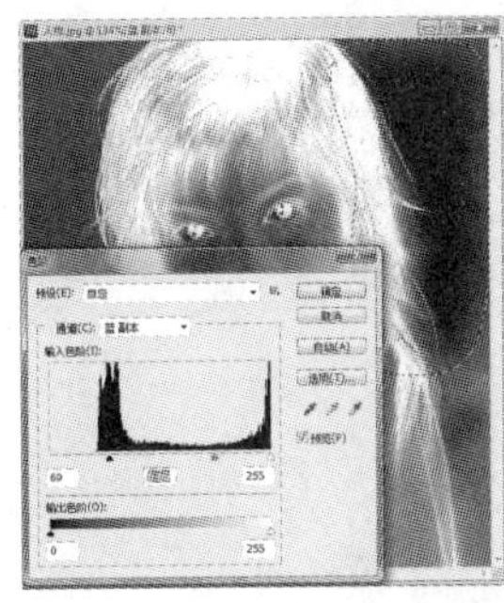

图 8.31　调整色阶一

图 8.32　调整色阶二

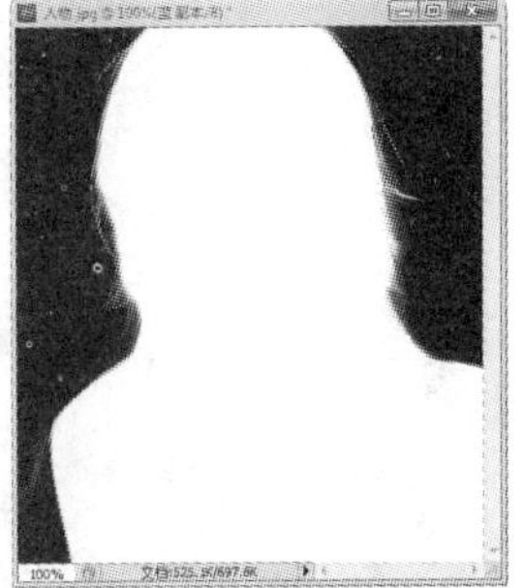

图 8.33　给通道填充颜色

小贴士

注意此步也可以使用画笔进行涂抹。如果觉得细节还不够完美，可以再次使用羽化选区，利用色阶调整的方法调节有问题的部分或将图像放大，使用黑白画笔进行修改。

09 按住 Ctrl 键并单击“蓝 副本”通道的缩览图，将处理好的白色区域载入选区，如图 8.34 所示。

10 单击“RGB”复合通道，再单击“背景”图层，并按住 Ctrl+J 组合键将图像复制到一个新的图层中，如图 8.35 所示。

11 单击“背景”图层，在此图层上操作，按 Alt+Delete 组合键将“背景”图层填充米色，观察抠出后的头发，最终效果如图 8.36 所示。

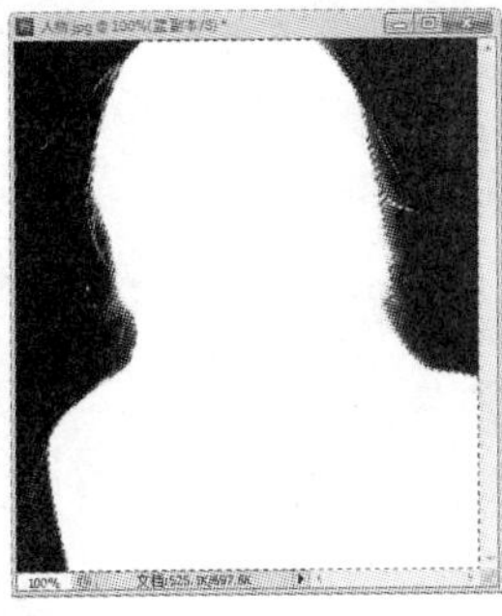

图 8.34　载入选区

图 8.35　复制图层

图 8.36　最终效果

任务 8.4 通道的应用三——修复相片

◎ 任务目的

通过对相片的修复处理，进一步熟悉对通道进行编辑的方法，修复前后的对比如图 8.37 所示。

图 8.37　修复前后对比效果图

任务实施

技能点拨：本任务主要使用通道来修复相片中人物的雀斑问题。比较“红”、“绿”、“蓝”3 个通道哪一个通道雀斑问题较明显，就处理该通道。首先，复制通道，处理黑斑，执行【影印】命令，【反相】处理，执行【阈值】命令，使用【画笔工具】再处理通道，将通道载入为选区，分别提亮“红”、“绿”、“蓝”3 个通道。其次，复制通道，处理白斑，执行【高反差保留】命令，执行【阈值】命令，使用【画笔工具】再处理通道，将通道载入为选区，分别将“红”、“绿”、“蓝”3 个通道变暗。最后，执行【高斯模糊】命令光滑皮肤。

实施步骤

01 打开图像素材文件。打开【图层】面板，复制“背景”图层。

02 处理人物脸部的雀斑。打开【通道】面板，分别单击“红”、“绿”、“蓝”3 个通道，如图 8.38 所示，通过对比发现蓝色通道的图像质量最差、雀斑最多，因此处理蓝通道。

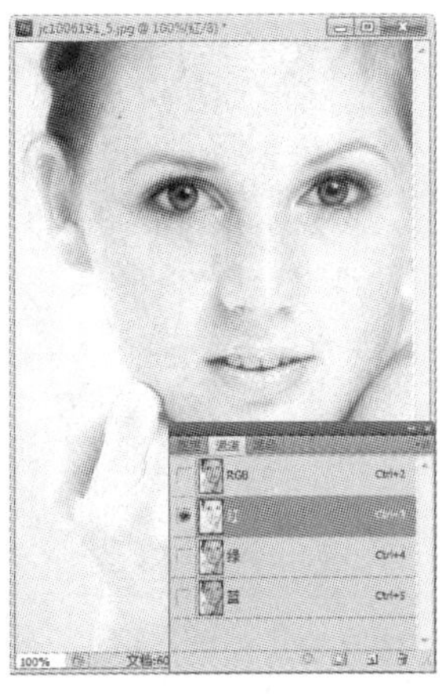

图 8.38　“红”、“绿”、“蓝”通道效果

03 复制“蓝”通道，执行【滤镜】|【素描】|【影印】命令，弹出【影印】对话框，参数设置如图 8.39 所示。

04 按 Ctrl+I 组合键把“蓝 副本”通道反相，效果如图 8.40 所示。

05 执行【图像】|【调整】|【阈值】命令，弹出【阈值】对话框，参数设置如图 8.41 所示。

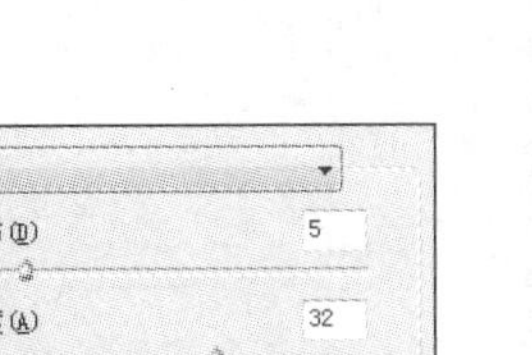

图 8.39 【影印】参数设置

图 8.40　通道反相

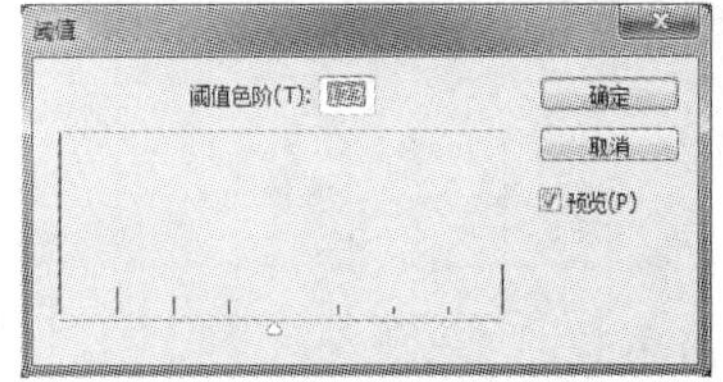

图 8.41 【阈值】参数设置

06 使用【画笔工具】，设置前景色为黑色，将人物的五官及脸部轮廓部分涂黑，处理好的“蓝 副本”通道效果如图 8.42 所示。

07 执行【滤镜】|【模糊】|【高斯模糊】命令，弹出【高斯模糊】对话框，设置【半径】为 2px。

08 载入“蓝 副本”通道的选区，按 Ctrl+H 组合键隐藏选区，选择“蓝”通道，执行【图像】|【调整】|【曲线】命令，弹出【曲线】对话框，参数设置如图 8.43 所示。将选区内的图像调亮，“蓝”通道效果如图 8.44 所示。

09 选择“绿”通道，执行【图像】|【调整】|【曲线】命令，弹出【曲线】对话框，参数设置如图 8.45 所示。将选区内的图像调亮，“绿”通道效果如图 8.46 所示。

图 8.42　画笔涂黑

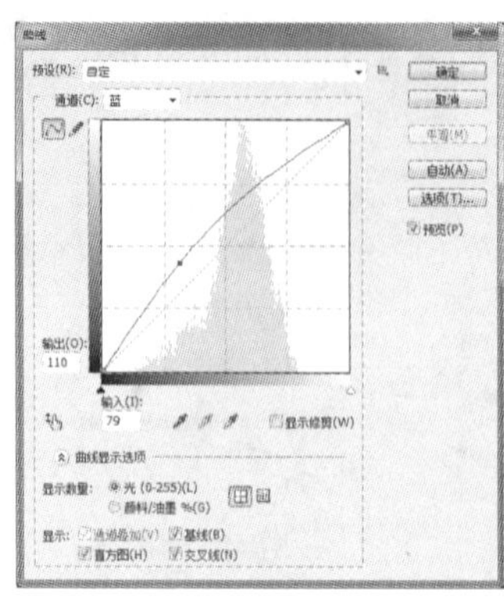

图 8.43　【曲线】参数设置一

图 8.44　调整曲线后效果一

10 选择“红”通道，执行【图像】|【调整】|【曲线】命令，弹出【曲线】对话框，参数设置如图 8.47 所示。将选区内的图像调亮，“红”通道效果如图 8.48 所示。

11 取消选区。单击“RGB”通道，使用【修复画笔工具】修复部分较大的雀斑，效果如图 8.49 所示。

12 处理人物脸部的白斑。选择“蓝”通道，复制“蓝”通道生成“蓝 副本 2”通道，执行【滤镜】|【其它】|【高反差保留】命令，弹出【高反差保留】对话框，参数设置如图 8.50 所示。

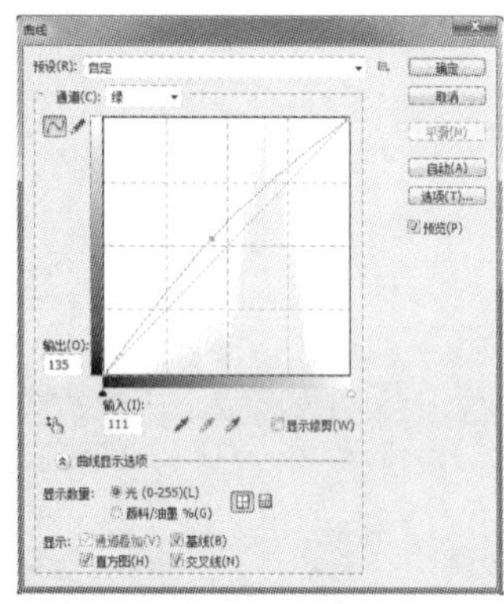

图 8.45　【曲线】参数设置二

图 8.46　调整曲线后效果二

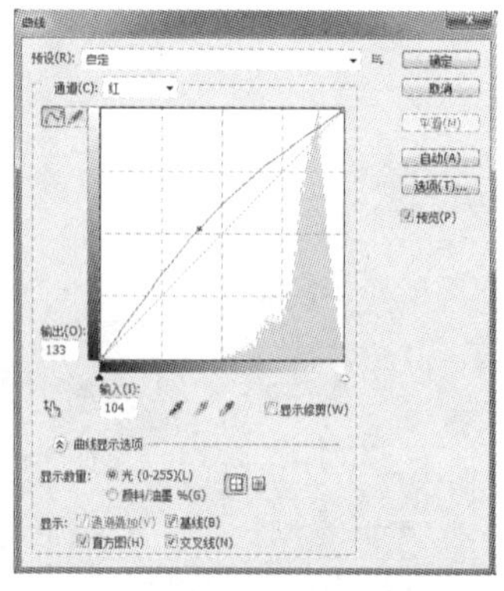

图 8.47　【曲线】参数设置三

图 8.48　调整曲线后效果三

图 8.49　修复雀斑

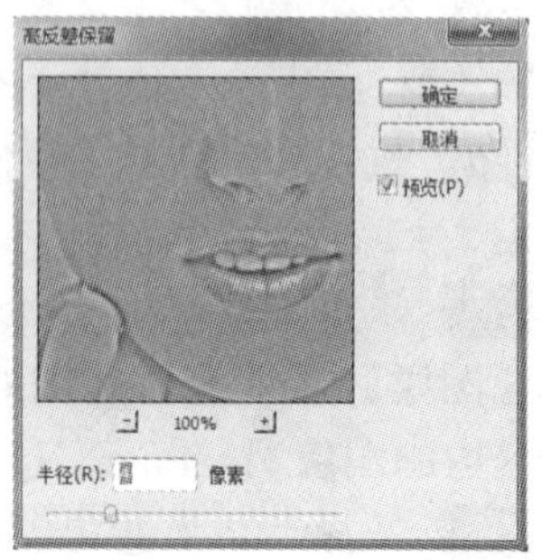

图 8.50　【高反差保留】参数设置

13 执行【图像】|【调整】|【阈值】命令，参数设置如图 8.51 所示。

14 选择【画笔工具】，前颜色设置为黑色，将人物的五官及脸部轮廓部分涂黑，处理好的“蓝 副本 2”通道效果如图 8.52 所示。

15 执行【滤镜】|【模糊】|【高斯模糊】命令，弹出【高斯模糊】对话框，设置【半径】为 1px。

16 载入“蓝 副本 2”通道的选区，按 Ctrl ＋ H 组合键隐藏选区，选择“蓝”通道，执行【图像】|【调整】|【曲线】命令，弹出【曲线】对话框，参数设置如图 8.53 所示。将选区内的图像调暗，“蓝”通道效果如图 8.54 所示。

17 选择“绿”通道，执行【图像】|【调整】|【曲线】命令，弹出【曲线】对话框，参数设置如图 8.55 所示。将选区内的图像调暗，“绿”通道效果如图 8.56 所示。

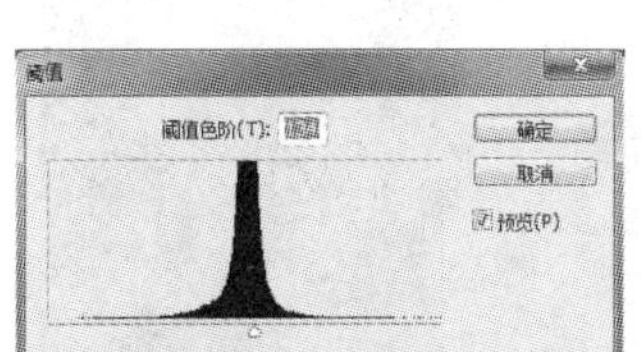

图 8.51 【阈值】参数设置

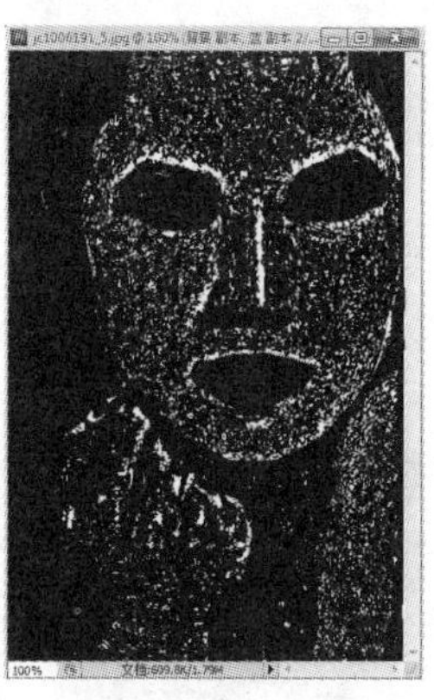

图 8.52　画笔涂黑

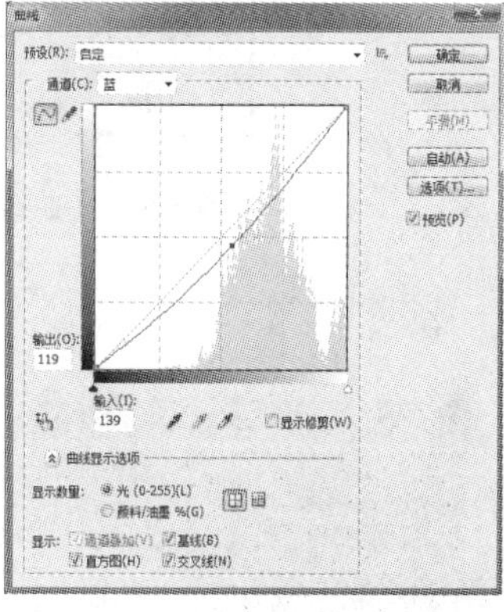

图 8.53 【曲线】参数设置一

图 8.54　调整曲线后效果一

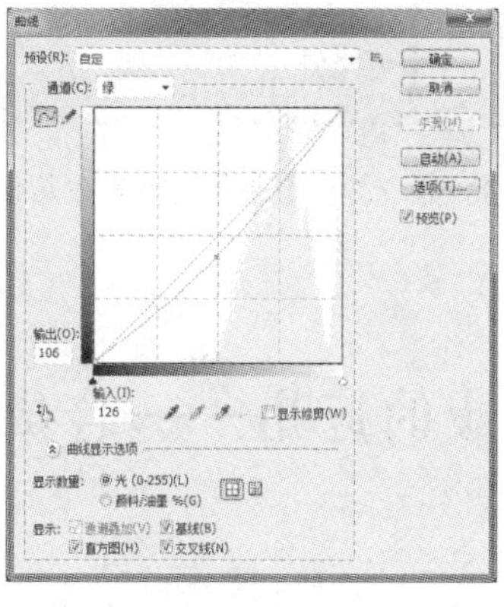

图 8.55 【曲线】参数设置二

图 8.56　调整曲线后效果二

18 选择“红”通道，执行【图像】|【调整】|【曲线】命令，弹出【曲线】对话框，参数设置如图 8.57 所示。将选区内的图像调暗，“红”通道效果如图 8.58 所示。

19 取消选区。打开【图层】面板，将“背景 副本”图层复制，执行【滤镜】|【其它】|【高反差保留】，弹出【高反差保留】对话框，参数设置如图 8.59 所示。

20 设置“背景 副本 2”图层的图层混合模式为【叠加】，不透明度为 40%。

21 复制“背景 副本”图层，生成“背景 副本 3”图层，将其图层位置移动至最上

方，执行【滤镜】|【模糊】|【高斯模糊】，弹出【高斯模糊】对话框，参数设置如图 8.60 所示。

22 设置“背景 副本 3”图层的图层混合模式为【滤色】，不透明度为 50%。使用【橡皮擦工具】将除皮肤以外的部分擦出，最终效果如图 8.61 所示。

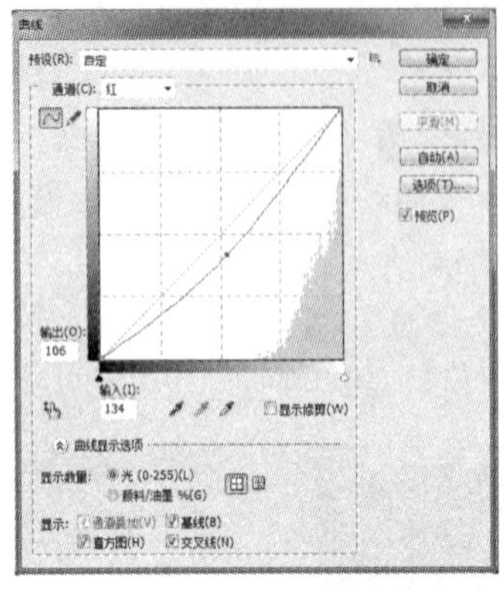

图 8.57 【曲线】参数设置三

图 8.58 调整曲线后效果三

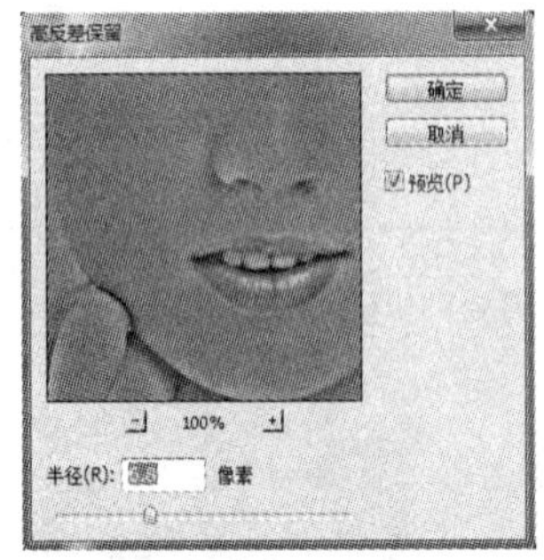

图 8.59 【高反差保留】参数设置

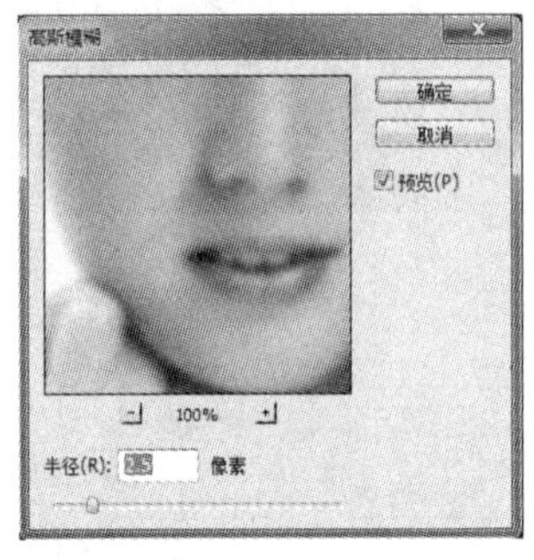

图 8.60 【高斯模糊】参数设置

图 8.61 最终效果

快速蒙版的应用——合成图像

◎ 任务目的

通过实践，了解蒙版的概念、作用，掌握蒙版的用法和常用的效果。

相关知识

1. 蒙版原理

Photoshop 中的蒙版脱胎于传统的暗房技术，其基本的功能是遮挡。当一幅图像上有选区时，对图像所做的编辑只对不断闪烁的选区有效，但这种选区只是临时的，而蒙版可以保存多个、重复使用并较容易编辑的选区。

在 Photoshop 中，蒙版存储在 Alpha 通道中。蒙版和通道是灰度图像，因此，也可以像编辑其他图像那样编辑它。蒙版也使用黑、白、灰来标记。系统默认状态下，黑色区域用来遮盖图像，白色区域用来显示图像，而灰色区域表现半透明效果。

选区、蒙版和 Alpha 通道是 Photoshop 中 3 个紧密相关的概念，可以把它们视为同一个事物的不同方面。选区一旦选定，实际上就创建了一个蒙版；将选区或蒙版存储起来就是 Alpha 通道，它们之间可以互相转换。

2. 蒙版类型

在 Photoshop 中涉及的蒙版类型主要有以下几类。

1）快速蒙版。又称临时蒙版。在该状态下，用户可以在画面中随意绘制蒙版的形状。

2）图层蒙版。通过使用该蒙版可以创建许多梦幻般的图像效果，它是合成图像中必不可少的技术手段。

3）剪贴蒙版。是一组图层的总称，简单来说，它由基层及内容层两部分组成。该蒙版通过使用处于下方图层的形状限制上方图层的显示状态，来创造一种剪贴画的效果。

3. 快速蒙版

双击工具箱中的【以快速蒙版方式编辑】按钮，弹出【快速蒙版选项】对话框，如图 8.62 所示。

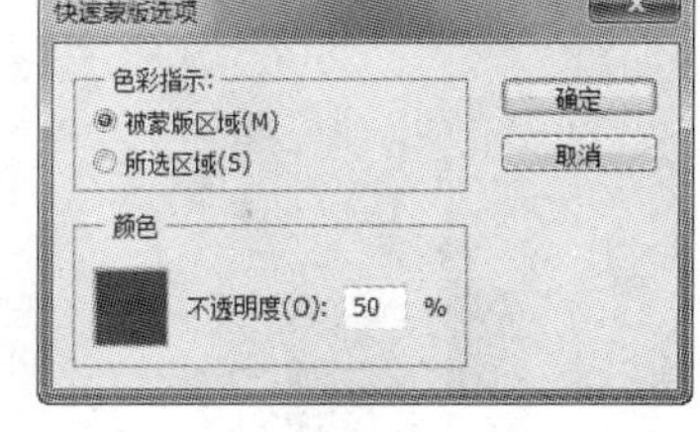

图 8.62　【快速蒙版选项】对话框

1）【色彩指示】：用来指定蒙版的作用状态。

【被蒙版区域】：如果图像中存在选区，点选该单选按钮可以使选区之外的区域被遮盖，不被编辑。

【所选区域】：如果图像中存在各区域，点选该单选按钮可以使选区内的区域被遮盖，不被编辑。

2）【颜色】：用来设置蒙版的颜色，单击其下方的颜色块即可随意设置想要的蒙版颜色，默认颜色为红色。

【不透明度】：用来设置蒙版的透明效果，默认设置为 50%。

任务实施

技能点拨：利用快速蒙版的知识快速合成多张图片。其合成图像效果如图 8.63 所示。

图 8.63　快速合成图像效果图

图 8.63 快速合成图像效果图（续）

实施步骤

1. 抠取图像

01 按 Ctrl+O 组合键，打开“荷花.jpg”和“荷塘.jpg”素材文件，如图 8.64 所示。

02 按 D 键，将工具箱中的前景色和背景色设置成系统默认的颜色。

03 双击工具箱中的【以快速蒙版模式编辑】按钮，弹出【快速蒙版选项】对话框，设置各选项，如图 8.65 所示。

图 8.64 “荷花.jpg”和“荷塘.jpg”图像

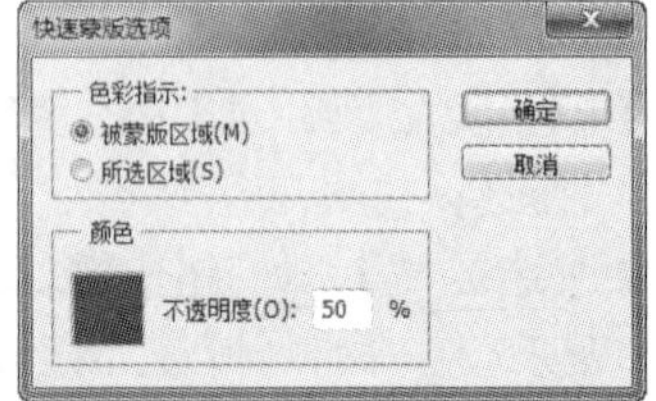

图 8.65 设置【快速蒙版选项】对话框

04 使用【画笔工具】，设置合适的画笔大小，并将画笔【硬度】设置为 100%。

05 把鼠标指针放置在图像中拖动，给荷花添加蒙版效果。为了提高选取的准确度，可以把图像放大一定比例，如图 8.66 所示。

小贴士

❖在涂抹过程中要根据需要随时调整画笔大小。

❖要想使选取的图像边缘出现羽化效果，在绘制前可以将画笔【硬度】设置为 50%等。

❖在 Photoshop 中凡具有绘图功能的工具都可以编辑快速蒙版的状态。

❖在选取过程中，出现了多选的情况，可以按 X 键，将前景色、背景色切换，以使用白色减少蒙版区域。

06 在当前的快速蒙版状态下，【通道】面板中也会出现一个“快速蒙版”图层，如图 8.67 所示。

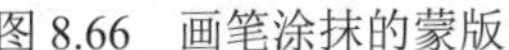

图 8.66　画笔涂抹的蒙版

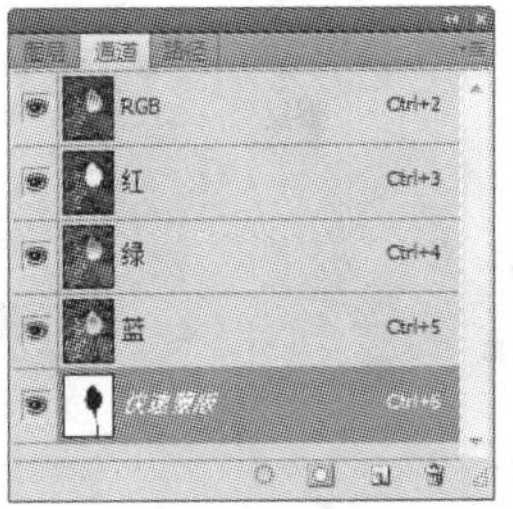

图 8.67　【通道】面板

07 单击工具箱中的【以标准模式编辑】按钮，或按 Q 键，可以将快速蒙版转换成选区，效果如图 8.68 所示。

08 执行【选择】|【反向】命令，将选区反选，使用【移动工具】将选区中的荷花移动到“荷塘.jpg”文件中，调整位置和大小，效果如图 8.69 所示。

图 8.68　快速蒙版转换成选区

图 8.69　荷塘合成文件

2. 合成图像

01 按 Ctrl+O 组合键，打开 “海底世界.jpg”和“海滩.jpg”素材文件。

02 使用【移动工具】，按住 Shift 键并拖动“海滩”图像到“海底世界”文件中，如图 8.70 所示。

03 使用【渐变工具】，设置渐变颜色为黑色—白色，渐变类型为【线性渐变】。选择“图层 1”，在“图层 1”上按 Q 键切换至快速蒙版编辑模式，从右向左做出渐变，效果如图 8.71 所示。

04 按 Q 键切换至标准编辑模式，重复按 Delete 键删除选区内的图像，取消选区，效果如图 8.72 所示。

图 8.70 将“海滩”拖动到“海底世界”中

图 8.71 做出渐变效果

图 8.72 删除图像

05 按照步骤 3 和 4 的方法，参考图 8.73 渐变方向和距离，完成其他部分的图像删除。

图 8.73 各角度的渐变方向

06 在人物脖子部位，在快速蒙版编辑状态下用硬度较小的画笔进行蒙版选择后转换成选区，删除多余的图像，如图 8.74 所示。

07 进行适当的位置调整，最终效果如图 8.75 所示。

图 8.74 删除多余的图像

图 8.75 最终效果

任务 8.6 图层蒙版——制作儿童相册

◎ 任务目的

通过制作“儿童相册”（图 8.76），了解图层蒙版的概念、作用，掌握图层蒙版的用法和常用的效果。

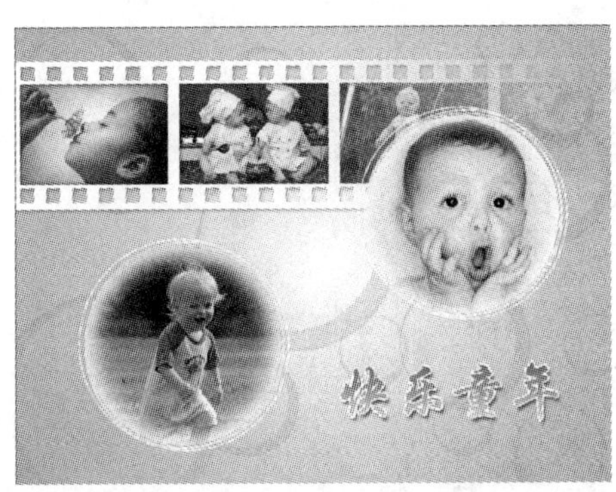

图 8.76　儿童相册效果图

相关知识

1. 图层蒙版原理

图层蒙版可以理解为在当前图层上面覆盖一层玻璃片，这种玻璃片有透明和黑色不透明两种，前者显示全部，后者隐藏部分。使用各种绘图工具在蒙版上（玻璃片上）涂色（只能涂黑、白、灰色）。涂黑色的地方蒙版变为不透明，看不见当前图层图像；涂白色的地方变为透明，可看到当前图层上的图像；涂灰色的则变为半透明，透明的程度由灰色的深浅决定。

2. 图层蒙版的添加

创建图层蒙版，可以执行以下操作之一。

1）单击【图层】面板下方的【添加蒙版】按钮。

2）执行【图层】|【图层蒙版】|【显示全部】命令。

3. 图层蒙版的快捷菜单命令

将鼠标指针放置在蒙版区域右击，在弹出的快捷菜单中可以实现蒙版的各种编辑，如图 8.77 所示。

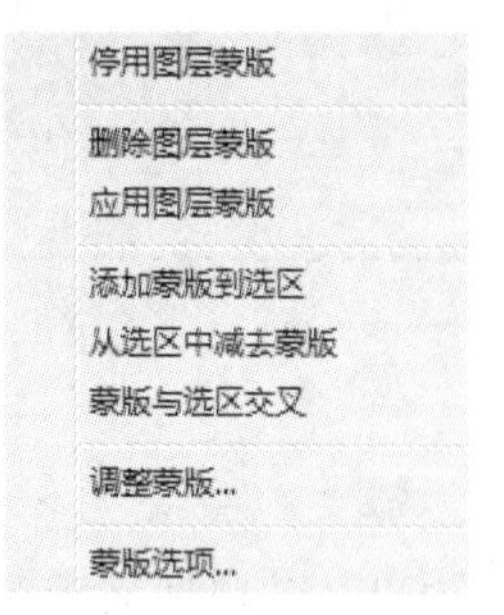

图 8.77　图层蒙版的快捷菜单

1）【停用图层蒙版】：可以暂时取消图层蒙版的应用效果。

2）【删除图层蒙版】：删除当前图层的图层蒙版。

3）【应用图层蒙版】：删除图层蒙版，图像中原本被隐藏的部分将被删除。

4）【添加蒙版到选区】：如果原图像中存在选区，由图层蒙版转换的选区将与原选区相加。

5）【从选区中减去蒙版】：如果原图像中存在选区，由图层蒙版转换的选区将从原选区中减去。

6）【蒙版与选区交叉】：如果原图像中存在选区，由图层蒙版转换的选区将与原选区相交。

7）【调整蒙版】：对蒙版选区进行一些设置。

8）【蒙版选项】：用来设置蒙版的颜色和不透明度。

4. 图层蒙版应用小案例——制作小鸟倒影

01 按 Ctrl+O 组合键，打开“小鸟.png”和“风景.jpg”素材文件，如图 8.78 所示。

图 8.78　“小鸟.png”和“风景.jpg”图像

02 使用【选择工具】，将“小鸟”拖动到“风景”图中，调节大小并置于适当位置，如图 8.79 所示。

03 在【图层】面板中，复制“小鸟”图层复制，执行【编辑】|【变换】|【垂直翻转】命令，将复制的图像垂直翻转，调整其位置，设置“小鸟 副本”图层的不透明度为 30%，效果如图 8.80 所示。

图 8.79　添加素材

图 8.80　垂直翻转效果

04 单击【图层】面板下方的【添加图层蒙版】按钮，为复制的图层添加图层蒙版，效果如图 8.81 所示。

05 使用【渐变工具】，设置渐变颜色为黑色—白色，渐变类型为【线性渐变】，在蒙版中从下到上做出渐变，此时“小鸟 副本”出现若隐若现的蒙太奇效果，这就是图像倒影制作的方法之一，图像效果与图层蒙版显示如图 8.82 所示。

图 8.81 【图层】面板

图 8.82　图像效果和图层蒙版显示

小贴士

由图 8.82 的图层蒙版可以看出，黑色区域遮盖了图像，白色区域显示图像，而灰色区域使图像若隐若现。

06 在【图层】面板中，单击图层缩览图和图层蒙版之间的按钮，可以取消图像与蒙版的链接，使用【移动工具】可以分别移动图像或蒙版的位置，效果如图 8.83 所示。

07 单击图层缩览图和图层蒙版之间的按钮原位置，图像与蒙版将重新链接。将鼠标指针放置在蒙版区域并右击，在弹出的快捷菜单中可以实现蒙版的各种编辑，如图 8.84 所示。

图 8.83　取消图像与蒙版的链接

图 8.84　蒙版快捷菜单

任务实施

技能点拨：在制作中，主要使用图层蒙版这一工具。首先，制作背景、泡泡，并对其进行复制，设置其不透明度，完成背景的制作。其次，制作胶片，处理胶片上的相片，主要使用了图层蒙版。制作圆形相片，主要还是使用图层蒙版。最后，添加文字，给文字添加合适的图层样式。

实施步骤

01 新建一个文件，宽度为1024px，高度为768px，分辨率为72px/in。

02 在"背景"图层上使用【渐变工具】填充渐变色，渐变颜色为白色—粉色（#ffb0de），渐变类型为【径向渐变】，从中心向外做出渐变，效果如图8.85所示。

03 绘制泡泡。新建"图层 1"。使用【椭圆选框工具】创建一个正圆选区，设置前景色为红色（#d1509c），执行【编辑】|【描边】命令，弹出【描边】对话框，设置宽度为5px，位置为【居外】，效果如图8.86所示。

04 新建"图层 2"，设置前景色为粉色（#ff9ad5），在选区中填充前景色，使用【椭圆选框工具】创建一个正圆选区，效果如图8.87所示。

05 删除选区中的图像。使用【椭圆选框工具】创建效果如图8.88所示的选区。

图8.85 填充渐变色

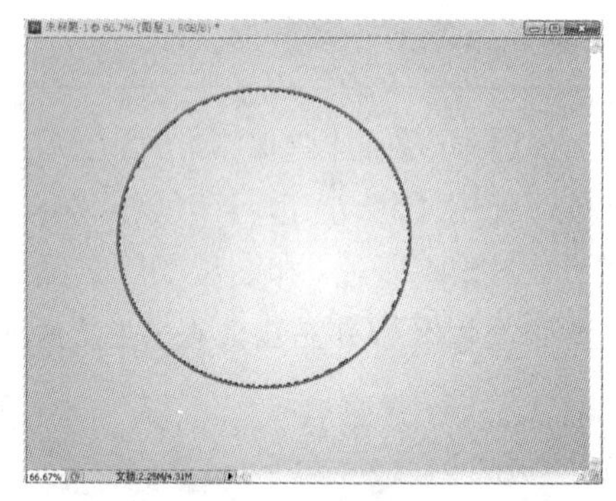

图8.86 选区描边

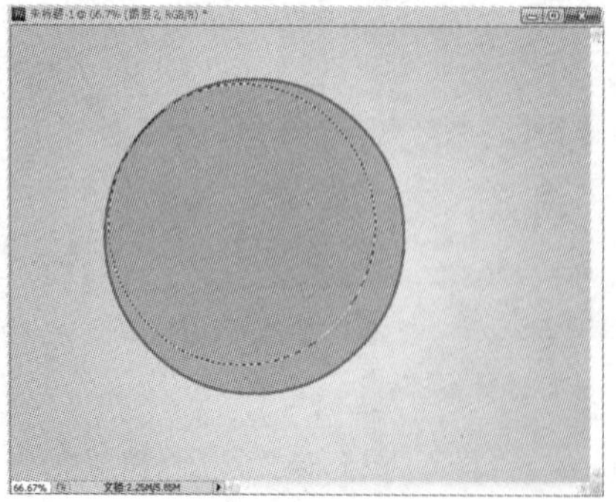

图8.87 创建选区一

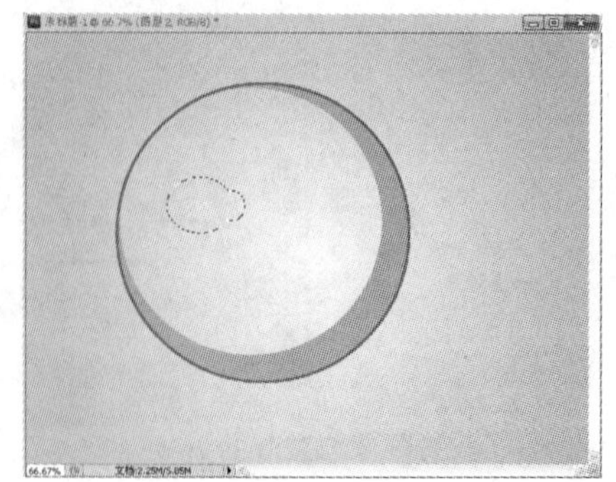

图8.88 创建选区二

06 执行【选择】|【变换选区】命令，将选区旋转，在选区中填充浅粉色（#ffedf7）。取消选区，将所有的泡泡图层合并，命名为“泡泡”。将泡泡复制多个，调整各自的大小、方向和不透明度，将所有泡泡的图层都选中，执行【图层】|【图层编组】命令，将所有的泡泡图层成组，图像效果如图 8.89 所示。

07 在图层组外新建一个图层，使用【矩形选框工具】在图像上方创建一个选区，填充白色，效果如图 8.90 所示。

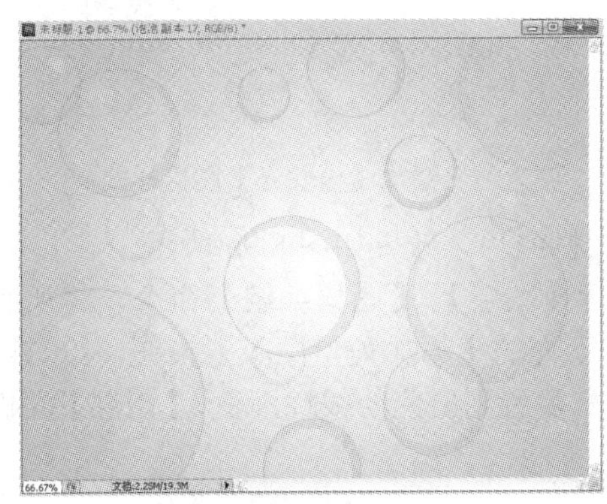

图 8.89　复制泡泡

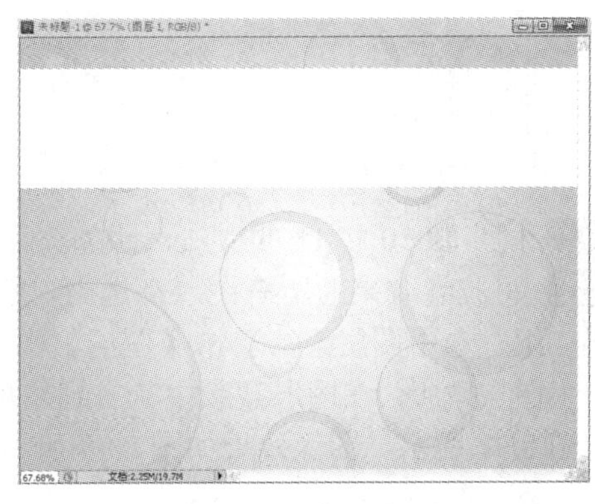

图 8.90　绘制白色色块

08 单击【图层】面板下方的【添加图层蒙版】按钮，给该图层添加一个图层蒙版。使用【画笔工具】，选择【方头画笔】选项，打开【画笔】面板，属性设置如图 8.91 所示。

09 选择蒙版，设置前景色为黑色，在蒙版中绘制图案，如图 8.92 所示，图像效果如图 8.93 所示。

10 打开素材文件，使用【移动工具】将人物素材移动到文件中，调整大小和位置，使用【矩形选框工具】创建一个如图 8.94 所示的选区。

11 执行【图层】|【图层蒙版】|【显示选区】命令，给该图层添加图层蒙版，单击该图层中的按钮，取消图像与蒙版之间的链接，各自调整蒙版和图像的大小及位置。调整完后，再单击该图层中的按钮，重新再链接上。给图层添加【内发光】图层样式，发光颜色为红色（#dc4396），效果如图 8.95 所示。

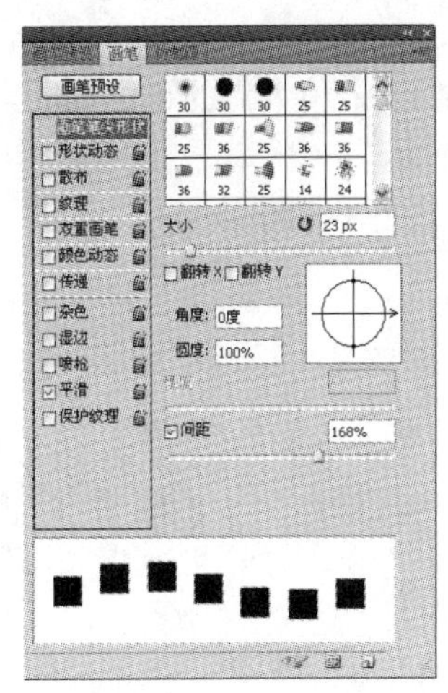

图 8.91【画笔工具】属性设置

图 8.92　编辑蒙版一

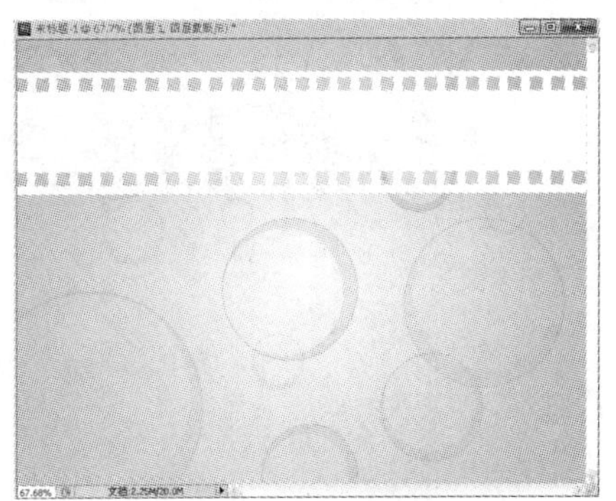

图 8.93　图像效果一

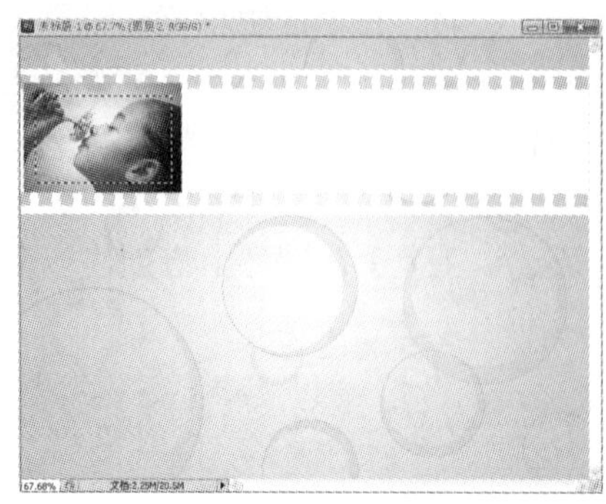

图 8.94　创建选区三

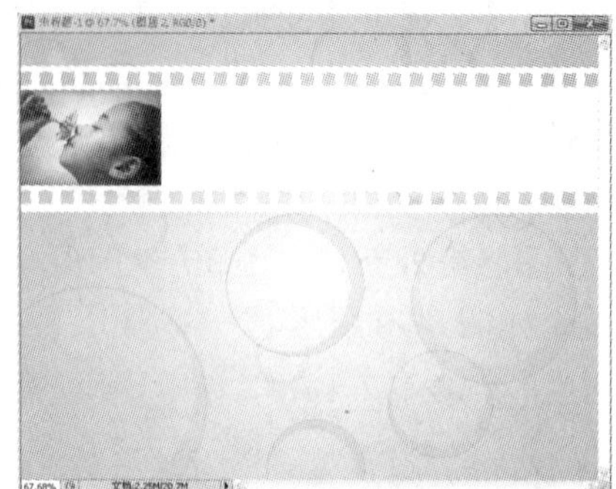

图 8.95　添加【内发光】图层样式

12 同步骤 10 和 11 的方法，添加其他素材图片，效果如图 8.96 所示。

13 将胶卷效果的所有图层都选中，执行【图层】|【图层编组】命令，将所有的胶卷图层成组。选中图层组，单击【图层】面板下方的【添加矢量蒙版】按钮，给该图层组添加一个图层蒙版，在图层蒙版中从右到左填充黑色到白色的线性渐变，【图层】面板预览效果如图 8.97 所示，图像效果如图 8.98 所示。

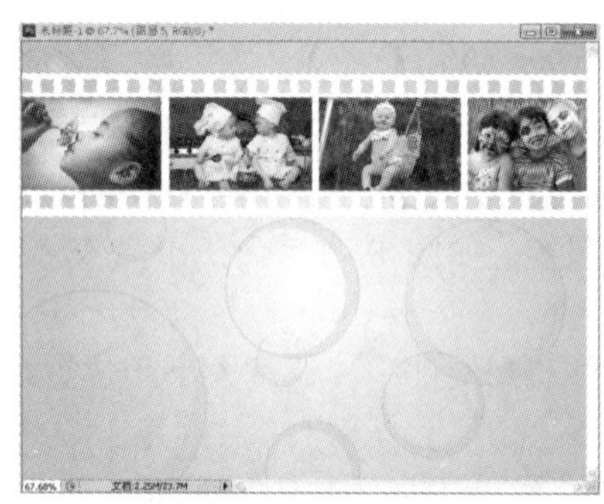

图 8.96　添加图像素材

图 8.97　编辑蒙版二

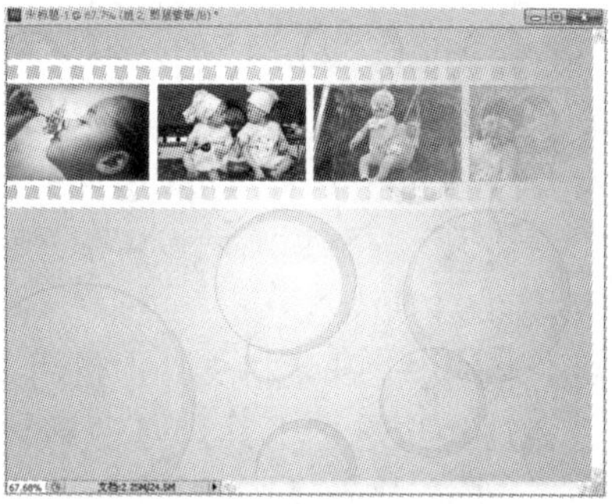

图 8.98　图像效果二

14 选中“胶卷白色框”图层，给该图层添加【投影】图层样式。

15 在图层组外新建一个图层，使用【椭圆选框工具】创建一个正圆选区，在选区中填充白色，效果如图 8.99 所示。

16 新建一个图层，使用【椭圆选框工具】创建一个比步骤 15 中稍大点的正圆选区，用白色描边选区，描边宽度为 3px，调整位置，效果如图 8.100 所示。

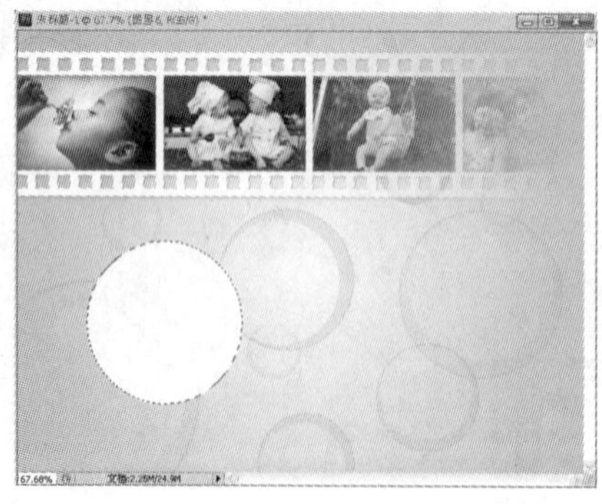

图 8.99　绘制白色圆

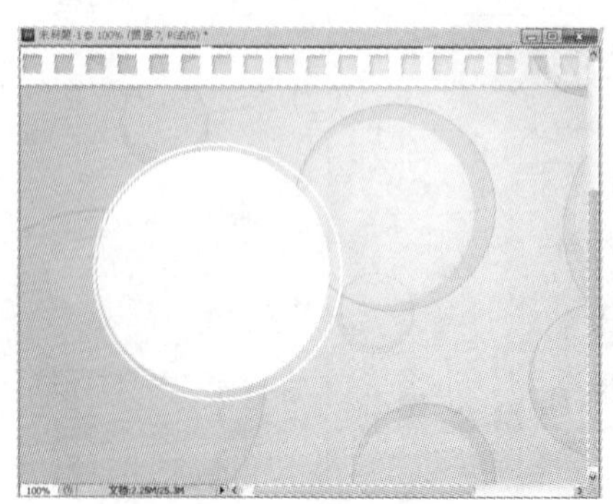

图 8.100　描边选区

17 再复制一个，调整大小和位置，效果如图 8.101 所示。

18 使用【移动工具】将人物素材移动到文件中，调整大小和位置，将其置于白色圆上方，按住 Ctrl 键并单击白色圆图层，载入白色圆图像选区，执行【图层】|【图层蒙版】|【显示选区】命令，给该图层添加图层蒙版，单击该图层中的按钮，取消图像与蒙版之间的链接，选中蒙版，执行【滤镜】|【模糊】|【高斯模糊】命令，弹出【高斯模糊】对话框，设置【半径】为 8px，按 Ctrl+T 键将蒙版稍微缩小，调整图像的位置和大小，效果如图 8.102 所示。

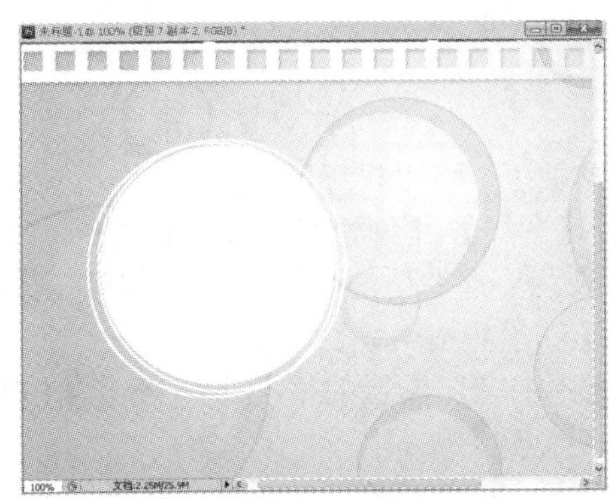

图 8.101　复制图层

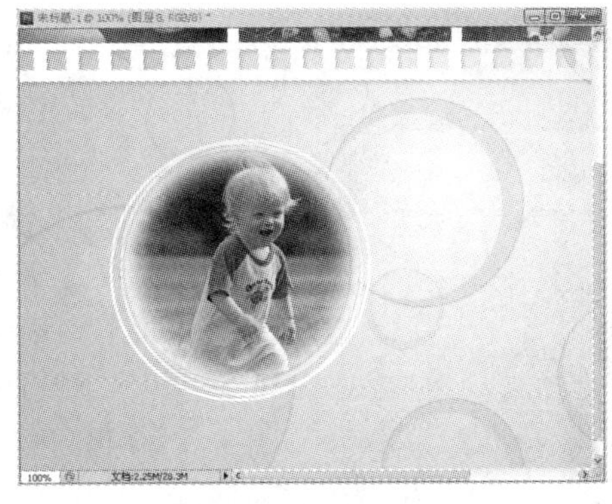

图 8.102　图像效果三

19 同步骤 15～18 方法，在右上角绘制类似效果图像，效果如图 8.103 所示。

20 添加文字，设置文字的【投影】、【描边】、【渐变叠加】图层样式，最终效果如图 8.76 所示。

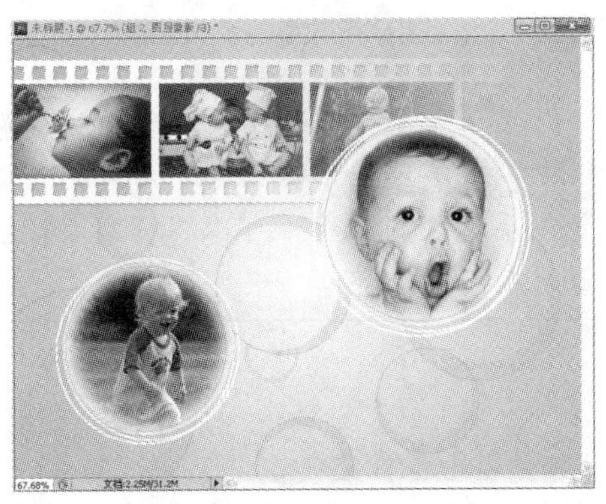

图 8.103　处理图像素材

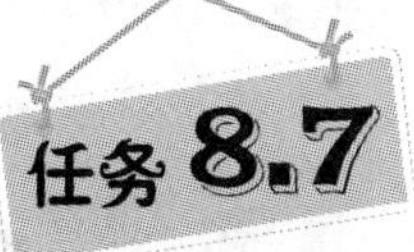

任务 8.7　剪贴蒙版——制作 CD 盘面

◎ 任务目的

通过实践，了解剪贴蒙版的概念和作用，掌握剪贴蒙版的用法。

相关知识

1. 剪贴蒙版

剪贴蒙版是一组图层的总称，简单来说，它由基层及内容层两部分组成。该蒙版通过使用处于下方基层的形状限制上方内容层的显示状态，来创造一种剪贴画的效果，如图 8.104 所示。

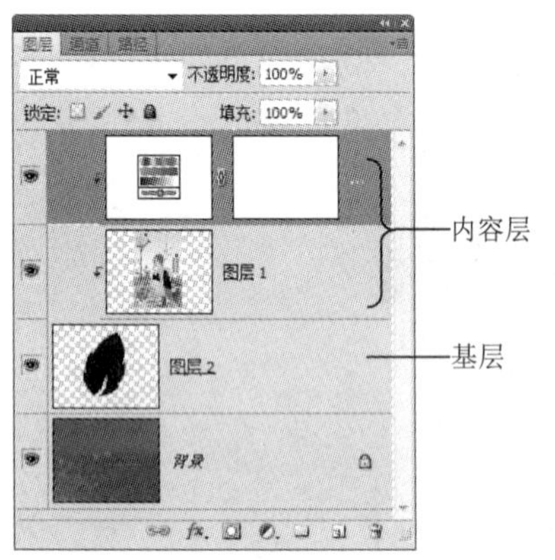

图 8.104　剪贴蒙版标示图

2. 创建剪贴蒙版

创建剪贴蒙版，可以执行以下操作之一。

1）执行【图层】|【创建剪贴蒙版】命令。

2）直接在内容层图层的名称上右击，在弹出的快捷菜单中选择【创建剪贴蒙版】选项。

3）在选择内容层图层的情况下，按 Alt+Ctrl+G 组合键即可创建剪贴蒙版。

4）按住 Alt 键，将鼠标指针放置在基层与内容层之间的分隔线上（鼠标指针将会变为两个交叉的圆圈）时，单击即可。

从图 8.104 可以看出，建立剪贴蒙版后，内容层前方出现了一个指示标志↲，而且图层的缩览图被缩进，同时基层的名字会出现下画线。

小贴士

❖在创建剪贴蒙版后，仍可以为各图层设置混合模式、不透明度及图层样式等。

❖在任意一个剪贴蒙版中，基层都是唯一的，而内容层可以是无限多的。无论基层还是内容层，都不受图层类型的限制，可以根据需要，使用任意一个类型的图层作为剪贴蒙版中的基层或内容层。

3. 取消剪贴蒙版

要取消剪贴蒙版，可以执行以下操作之一。

1）按住 Alt 键，将鼠标指针放置在【图层】面板中两个图层的分隔线上，当鼠标指针变化形状时单击分隔线。

2）在【图层】面板中选择内容图层中的任意一个图层，执行【图层】|【释放剪贴蒙版】命令。

3）选择内容图层中的任意一个图层，按 Alt+Ctrl+G 组合键。

任务实施

技能点拨：使用剪贴蒙版的方法制作 CD 光盘的盘面，最终效果如图 8.105 所示。

图 8.105　光盘最终效果图

实施步骤

01 按 Ctrl+N 组合键，新建一个文件，参数设置如图 8.106 所示。

02 按 Ctrl+R 组合键显示标尺，并在横竖 6cm 的位置各拉出一条参考线，如图 8.107 所示。

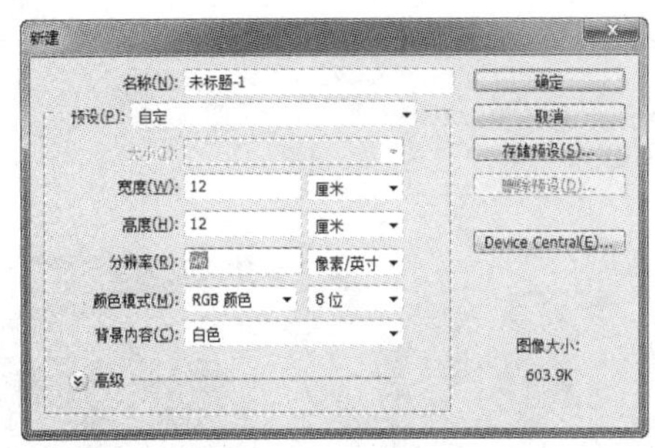

图 8.106 【新建】对话框

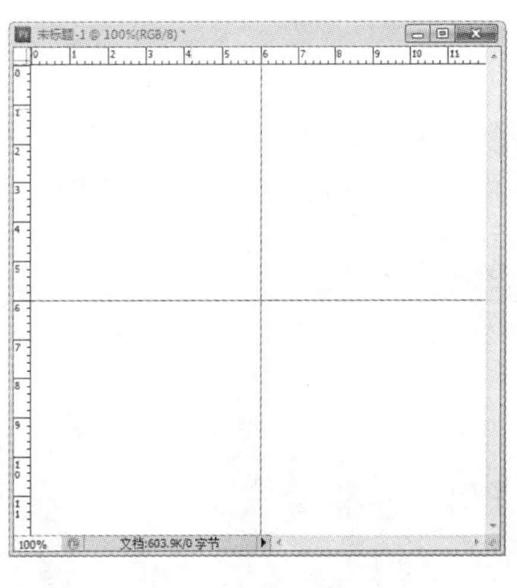

图 8.107　添加参考线

03 设置前景色为黑色。新建一个图层，使用【椭圆工具】，单击属性栏中的【填充像素】按钮，移动鼠标指针到两条参考线的交点处单击，按 Shift+Alt 组合键并拖动鼠标，以画布为中心向外绘制一个黑色正圆形，如图 8.108 所示。

04 再次使用【椭圆选框工具】，移动鼠标指针到两条参考线的交点处单击，按 Shift+Alt 组合键并拖动鼠标，以画布为中心向外绘制一个小正圆形选区，删除选区中的图像，效果如图 8.109 所示，取消选区。

05 添加【投影】和【描边】图层样式，参数设置如图 8.110 所示。

06 执行【视图】|【清除参考线】命令，将参考线清除。

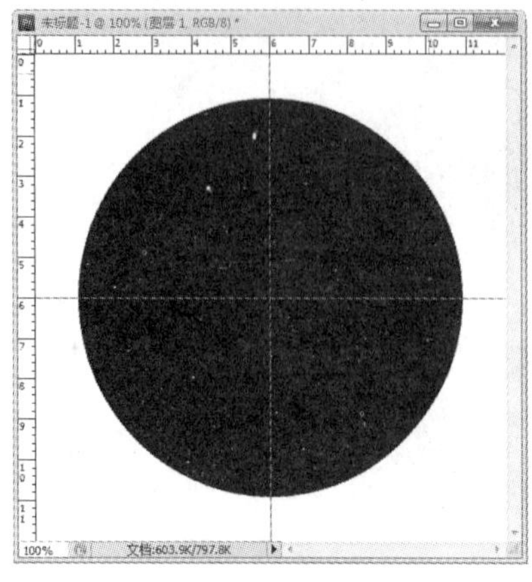

图 8.108　绘制正圆形

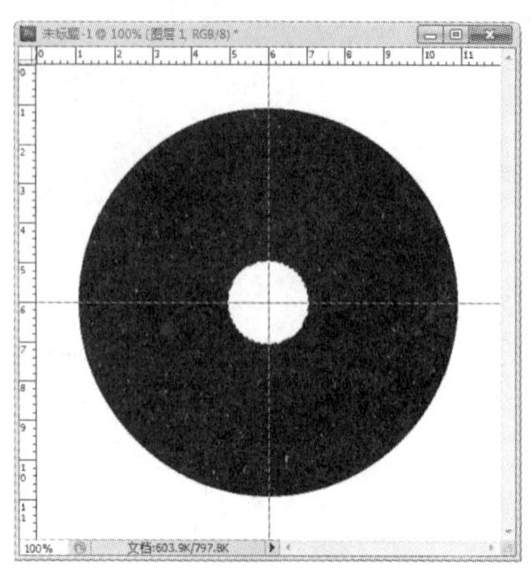

图 8.109　删除选区图像

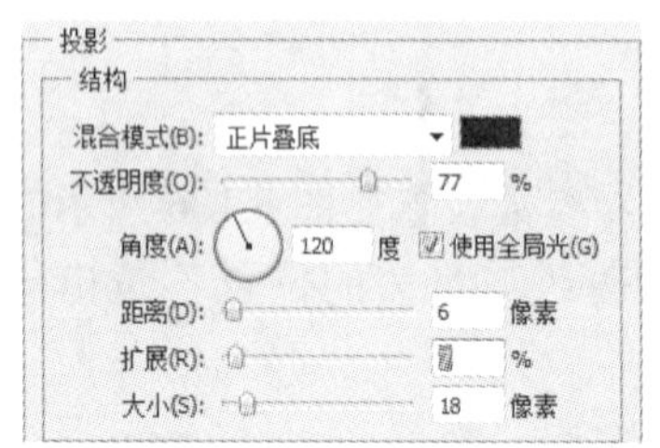

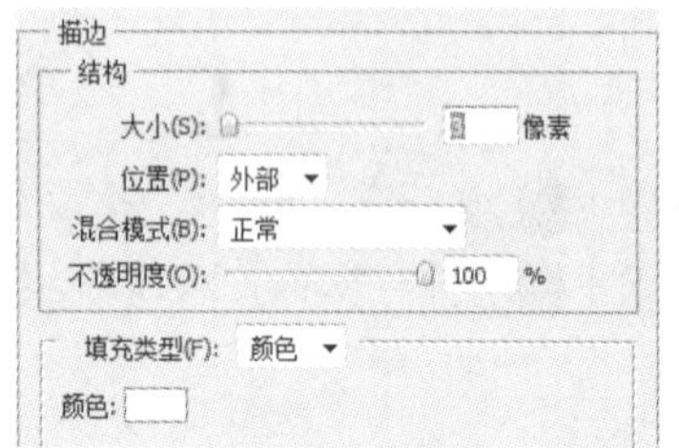

图 8.110 【投影】和【描边】参数设置

07 打开图像素材文件，并将它拖动到文件中，调整大小和位置，效果如图 8.111 所示。

08 打开【图层】面板，按住 Alt 键移动鼠标到“图层 1”和“图层 2”的中间分割线位置单击，即创建一个图层剪贴蒙版，效果如图 8.112 所示，【图层】面板如图 8.113 所示。

09 使用【移动工具】，调整人物素材的位置。

图 8.111　插入图像素材

图 8.112　创建图层剪贴蒙版

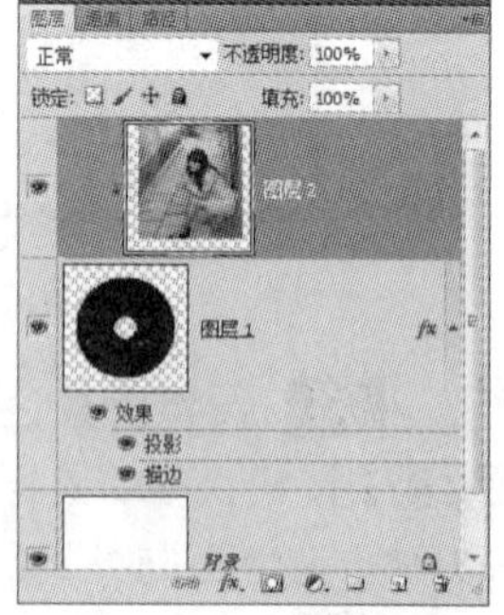

图 8.113 【图层】面板

10 单击【图层】面板下方的【创建新的填充或调整层】按钮，在弹出的下拉列表中选择【色相/饱和度】选项，参数设置如图 8.114 所示。

11 按 Alt+Ctrl+G 组合键，创建剪贴蒙版，效果如图 8.115 所示。

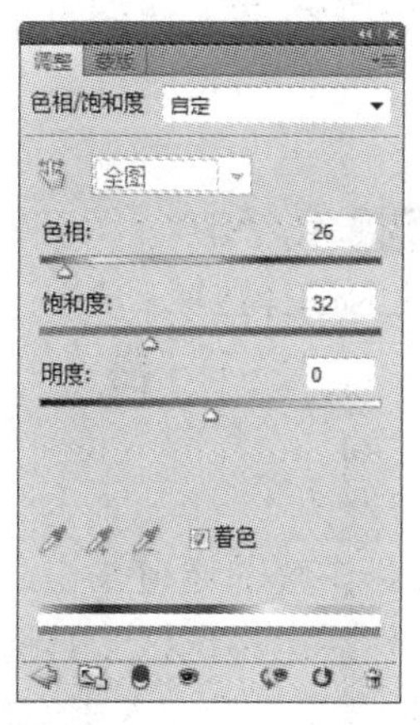

图 8.114 【色相/饱和度】参数设置

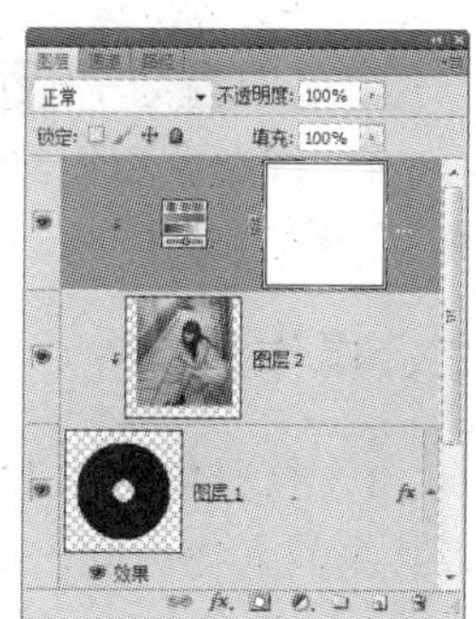

图 8.115 创建剪贴蒙版

12 使用【横排文字工具】，在盘面写上“十年怀旧金曲”字样，添加【投影】、【渐变叠加】和【描边】图层样式，参数设置如图 8.116 所示。至此，CD 盘面就制作完成了，最终效果如图 8.105 所示。

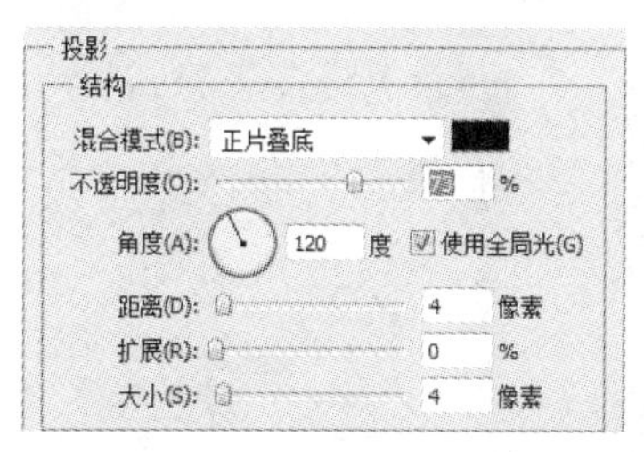

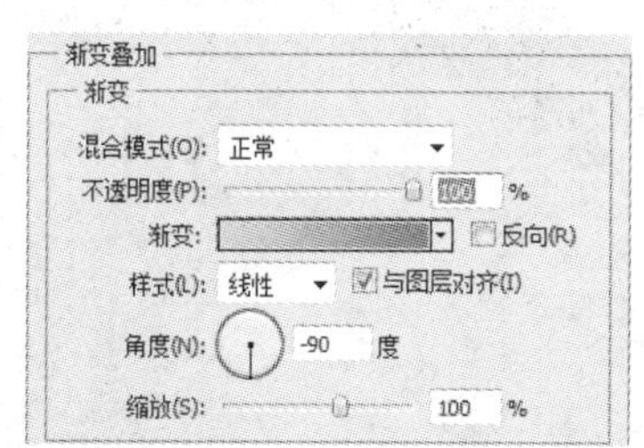

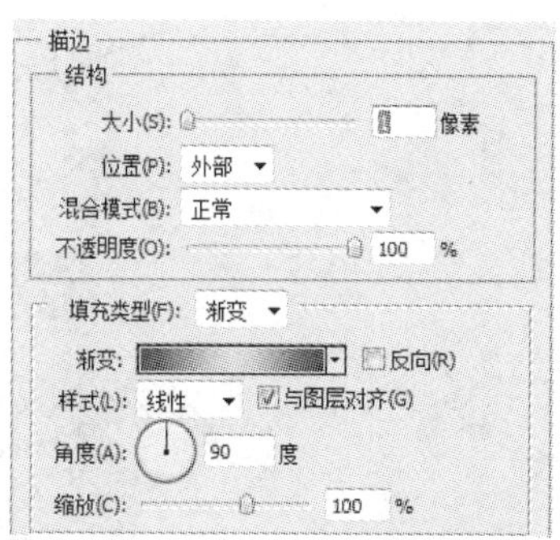

图 8.116 【投影】、【渐变叠加】和【描边】参数设置

实践探索

一、选择题

1. 在印刷行业，（　　）是用来输出图像特殊效果的通道，它可以使用一种特殊的颜色来代替或补充其他的油墨颜色进行图像的输出。

A. 复合通道　　B. Alpha 通道　　C. 单色通道　　D. 专色通道

2. Alpha 通道是我们新建的用于保存选区的通道，对于一个很不容易建立的选择区域，使用 Alpha 通道可以将其保存以便重复使用。（　　）可以将选择区域快速保存到 Alpha 通道中。

A.【将通道作为选区载入】按钮　　B.【将选区存储为通道】按钮

C.【创建新通道】按钮　　D.【删除当前通道】按钮

3．按住（　　）的同时，单击所需要的 Alpha 通道，可以向图像中载入通道中保存的选择区域。

A．Alt 键　　B．Ctrl 键

C．Ctrl＋Enter 组合键　　D．Shift＋Enter 组合键

4．快速蒙版创建后，按（　　）键可以快速将快速蒙版转换为选择区域。

A．Alt　　B．Ctrl　　C．X　　D．Q

二、操作题

1．打开如图 8.117 所示的"相片.jpg"图像文件，运用本项目讲解的通道知识，快速将其中的人物选取出来。（提示：首先复制对比度大的色彩通道；然后运用选区工具选取边缘发丝，调整色阶以增强黑白对比度；接着将除发丝外的部分用选区工具选出并填充白色；最后单击通道缩览图并按住 Ctrl 键选出人物。）

图 8.117 "相片.jpg"图像

2．运用本项目讲解的剪贴蒙版内容，制作一张光盘，其中素材文件可以随意选择。

项目 9

滤镜的应用

◎ **项目导读**

滤镜是 Photoshop 软件中非常强大的工具，它能在较短的时间内产生很多的特殊效果，制作出绚丽的艺术作品。对于滤镜，可通过不同的参数制作出很多不同的效果，也可以结合图层、蒙版、通道及图层样式等来处理效果，这样可以制作出许多神奇的效果。

◎ **学习目标**

- 了解特殊滤镜【液化】的功能。
- 了解【滤镜库】的使用方法。
- 掌握各滤镜组中常用滤镜命令的作用与使用规则。
- 通过实例掌握常用滤镜的综合应用技巧。

任务 9.1 液化滤镜的应用——制作 QQ 表情

Photoshop CS5 提供了 4 种特殊的滤镜，包括【液化】、【镜头校正】、【滤镜库】和【消失点】。因为它们的应用领域较为特殊，所以我们将其归类为特殊功能滤镜。下面将通过实例具体讲解其中功能比较强大的【液化】滤镜。

◎ 任务目的

使用 Photoshop 中的【液化】滤镜工具制作完成一组 QQ 表情，最终效果如图 9.1 所示。

图 9.1　QQ 表情效果图

相关知识

【液化】滤镜是通过使用各种工具对图像进行变形、扭曲、膨胀等液化操作。打开“鲜橙.jpg”素材文件，执行【滤镜】|【液化】命令，弹出如图 9.2 所示的【液化】对话框，通过此对话框的参数设置可以对图像进行液化变形处理。

图 9.2　【液化】滤镜对话框

该滤镜较为复杂，因此根据对话框的结构将其分为 5 个部分进行讲解。

1. 【工具选择】区

【向前变形工具】：使用此工具在图像中拖动，可以使图像的像素随着涂抹产生变形。

【重建工具】：在扭曲预览图像之后，使用此工具可以完全或者部分地恢复更改。

【顺时针旋转扭曲工具】：使用此工具，可以使图像产生顺时针旋转效果。

【褶皱工具】：使用此工具，可以使图像向操作中心点收缩以产生挤压效果。

【膨胀工具】：使用此工具，可以使图像背离操作中心点，从而产生膨胀效果。

【左推工具】：使用此工具，可以移动与描边方向垂直的像素。直接拖动此工具，使像素向左移；按住 Alt 键拖动此工具，使像素向右移。

【镜像工具】：使用此工具，可以将像素复制到画笔区域。

【湍流工具】：使用此工具，可以平滑地拼凑像素。适合创建火焰、云彩、波浪等效果。

【冻结蒙版工具】：使用此工具，拖动经过的范围被保护，以免被进一步编辑。

【解冻蒙版工具】：解除使用【冻结蒙版工具】所冻结的区域，使其还原为可编辑状态。

【抓手工具】：拖动此工具，可以显示出未在预览窗口中显示出来的图像。

【缩放工具】：在预览图像中单击或者拖动此工具，可以放大预览图像；按住 Alt 键在预览图像中单击或者拖动此工具，则缩小预览图像。

2.【工具选项】区

【画笔大小】：设置使用上述各工具操作时，图像受影响区域的大小。

【画笔密度】：控制画笔如何在边缘羽化。产生的效果是：画笔的中心最强，边缘处最弱。

【画笔压力】：设置使用上述各工具操作时，一次操作影响图像的程度大小。

【画笔效率】：设置工具在预览图像中保持静止时扭曲所应用的速度。该设置的值越大，应用扭曲的速度就越快。

【湍流抖动】：控制【湍流工具】拼凑像素的紧密程度。

【光笔压力】：使用光笔绘图板中的压力读数。

3.【重建选项】区

【模式】：在此下拉列表中选择一种重建模式。

【重建】：要将所有未冻结区域中的效果改回其在弹出【液化】对话框时的状态，从【重建选项】区的【模式】下拉列表中选择【恢复】选项，然后单击【重建】按钮。

【恢复全部】：要将整个预览图像改回其在弹出【液化】对话框时的状态，在【重建选项】区中单击【恢复全部】按钮。

4.【蒙版选项】区

蒙版运算模式：在此列有 5 种蒙版运算模式，即【替换选区】、【添加到选区】、【从选区中减去】、【与选区交叉】及【反相选区】。

【无】：单击此按钮，可以取消当前所有冻结状态。

【全部蒙住】：单击此按钮，可以将当前图像全部冻结。

【全部反相】：单击此按钮，可以冻结与当前所选相反的区域。

5.【视图选项】区

【显示图像】：勾选此复选框，在对话框的预览窗口中显示当前操作的图像。

【显示网格】：勾选此复选框，在对话框的预览窗口中显示辅助操作的网格。
【网格大小】：在此定义网格的大小。
【网格颜色】：在此定义网格的颜色。
【蒙版颜色】：在勾选【显示蒙版】复选框后，可以在此定义图像冻结区域显示的颜色。
【显示背景】：在此定义背景的显示方式。
【不透明度】：在此定义背景的不透明度显示。
使用不同的扭曲工具编辑的图像扭曲效果如图 9.3 所示。

图 9.3　液化后的图像效果

任务实施

技能点拨：在制作中，主要根据提供的图像并结合各种液化工具对图像进行变形、膨胀等液化操作，分别对各图片进行脸部变形，创建自然的效果。

实施步骤

01 按 Ctrl+N 组合键，新建一个文件，参数设置如图 9.4 所示。

02 按 Ctrl+O 组合键，打开“表情.png”素材文件。使用【移动工具】将该素材拖动到图像窗口中，如图 9.5 所示。

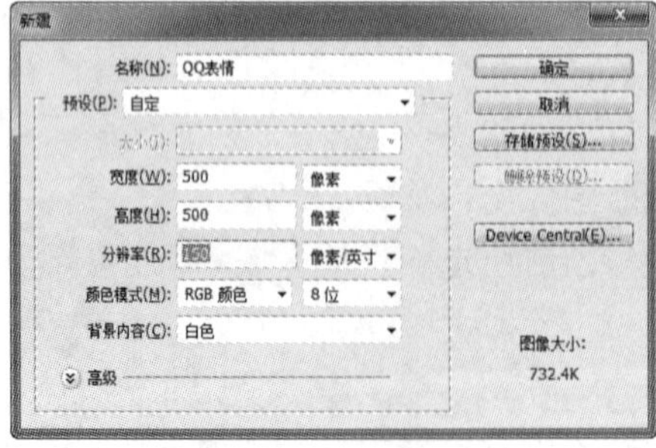

图 9.4　【新建】对话框

图 9.5　导入素材图片

03 按 Ctrl＋J 组合键，复制多个图形，并分别调整各图形的大小和位置，如图 9.6 所示。

04 选择“图层 1 副本”图层，执行【滤镜】|【液化】命令，弹出【液化】对话框，在对话框中使用【缩放工具】调整预览图像的大小，使用对话框中的【向前变形工具】变形“嘴巴”和“眉毛”部分，如图 9.7 所示。

图 9.6　调整各图形的大小和位置

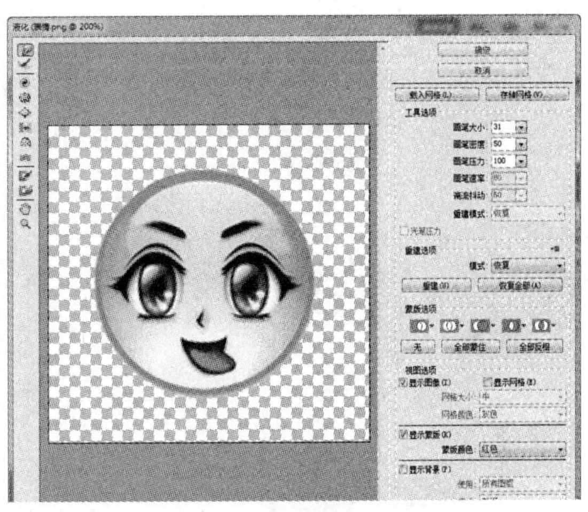

图 9.7　变形“图层 1 副本”的脸部表情

小贴士

在使用【向前变形工具】时，不可以在图像上过度拖动，以免使图像变得模糊。

05 选择“图层 2 副本”图层，执行【滤镜】|【液化】命令，弹出【液化】对话框，使用对话框中的【褶皱工具】变形“嘴巴”与“眼睛”部分，如图 9.8 所示。

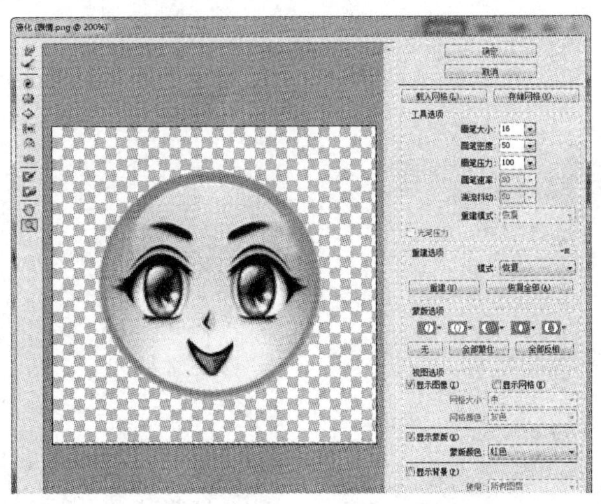

图 9.8　变形“图层 2 副本”的脸部表情

06 选择“图层 3 副本”图层，执行【滤镜】|【液化】命令，弹出【液化】对话框，

使用对话框中的【膨胀工具】，并在窗口中调整“眼睛”与“眉毛”部分，再使用【向前变形工具】调整“嘴巴”为生气状态，如图 9.9 所示。

07 选择“图层 4 副本”图层，执行【滤镜】|【液化】命令，弹出【液化】对话框，使用对话框中的【湍流工具】变形其中的一个“眼睛”，再调整“眉毛”和“嘴巴”部分，如图 9.10 所示。

08 最后输入文字“QQ 表情”，制作完成的最终效果如图 9.1 所示。

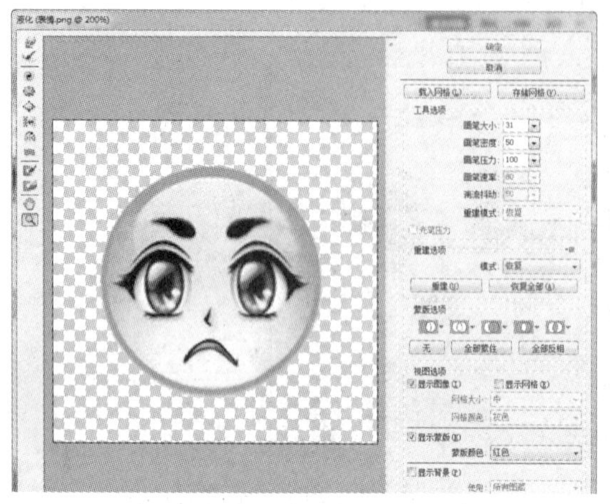

图 9.9　变形“图层 3 副本”的脸部表情

图 9.10　变形“图层 4 副本”的脸部表情

任务 9.2　镜头校正滤镜的应用——修正海滨外景照片

◎ 任务目的

本任务是对图 9.11 所示的海滨外景原始照片进行修正处理，最终效果如图 9.12 所示。

图 9.11　海滨外景原始图

图 9.12　调整后的海滨外景效果图

相关知识

1. 关于【自动镜头校正】滤镜

【自动镜头校正】是 Photoshop CS5 新增的一款滤镜工具。Abode 公司 CS5 的开发人员取消了滤镜【扭曲】下的【镜头校正】，将【镜头校正】放置于滤镜下拉菜单的重要位置。该滤镜工具是一款非常实用的变形或失真图片的修复滤镜，可以用于一些抠图错位，如偏斜、上下不对称等图片的修正。

【自动镜头校正】滤镜下的【几何扭曲】、【色差】和【晕影】命令可以实现自动校正，节省大量时间。打开【自动镜头校正】滤镜，默认进入【自动校正】选项卡，如图 9.13 所示。如果拍摄图片的 EXIF 数据完善且【自动镜头校正】滤镜能找到“镜头配置文件”，则可勾选【几何扭曲】、【色差】和【晕影】复选框，相关校正就能自动完成，而且校正的效果非常好。如果找不到相机和“镜头配置文件”，还可以在【搜索条件】中进行选择，也可使用【联机搜索】在网上寻找。不过该滤镜目前佳能仅支持 EOS 5D Mark 2 及 EOS 1Ds Mark 3，尼康仅支持 D3X，索尼仅支持 DSLR-A900。相信随着时间的推移，该滤镜会支持更多品牌和型号的相机及更多的镜头。

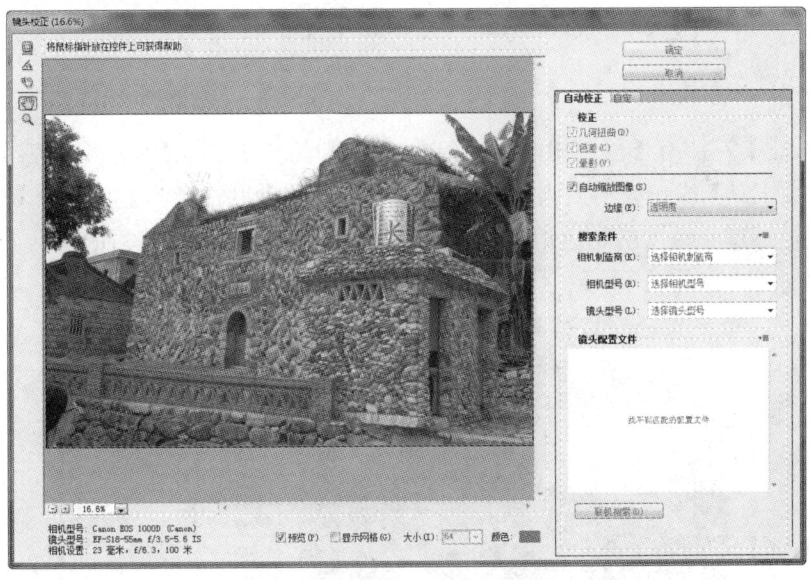

图 9.13　【镜头校正】对话框

小贴士

- ❖按 Ctrl＋Shift＋R 组合键可以快速弹出【镜头校正】对话框。
- ❖因【自动镜头校正】滤镜系【镜头校正】滤镜升级而来，而 CS5 软件本身并没有将其更名为【自动镜头校正】，故此处暂使用两个滤镜名称。

2. 关于【自定】选项卡

进入【自定】选项卡后可进行手动调整，如图 9.14 所示。调整的内容包括【几何扭曲】、【色差】(增加了【修复绿/洋红边】)、【晕影】和【变换】，也就是把 ACR 中【镜头校正】和原来【扭曲】滤镜中的【镜头校正】功能都集合到了这里。

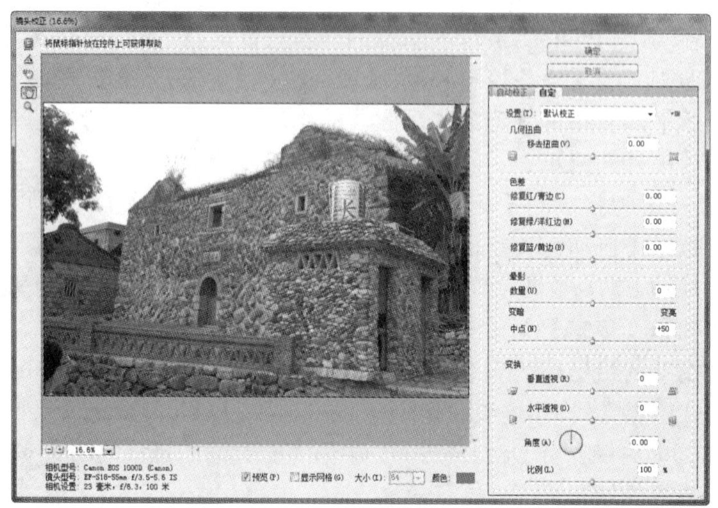

图 9.14　【镜头校正】对话框

3.【镜头校正】工具

【镜头校正】左侧有【移去扭曲工具】、【拉直工具】、【移动网格工具】等，其【移去扭曲工具】操作变形太大，不易精确控制。【移动网格工具】在进行【变换】|【角度】调整时，通过移动网格贴近偏离垂直的物体，可以起到精准的参照作用，其操作界面如图 9.15 所示。

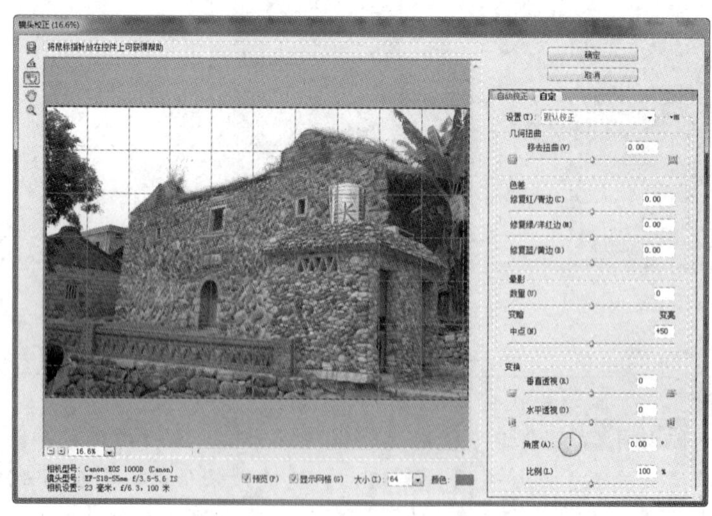

图 9.15　使用【移动网格工具】进行调整

任务实施

技能点拨：在制作中，首先执行【变换】命令将原始拍摄倾斜的照片修正，再执行【晕影】命令将灰暗的图像变得亮丽起来，接着执行【几何扭曲】命令为图像增加透视效果，最后执行【曲线】命令来校正整幅照片的明暗对比效果。

实施步骤

01 按 Ctrl+O 组合键，打开“海边风景.jpg”素材文件，如图 9.16 所示。

02 执行【滤镜】|【镜头校正】命令，弹出【镜头校正】对话框。在【镜头校正】对话框右侧选择【自定】选项卡，将【变换】|【角度】值调整为 355°，如图 9.17 所示。此时，观察照片中的灯杆已经被更改为竖直状态。

图 9.16 “海边风景.jpg”图像

图 9.17　设置【变换】中的【角度】值

小贴士

步骤 2 中使用【变换】|【角度】值对图像进行编辑调节，主要考虑到拍摄的原始图像中的灯杆、树木等发生向右倾斜的缘故。

03 然后将【晕影】|【数量】参数调整为+45，如图 9.18 所示。此时，观察整幅照片较之前明亮了许多，天空的光线和颜色也变得丰富起来。

图 9.18 【晕影】参数设置

04 再调整【几何扭曲】|【移去扭曲】数值为+20，为照片增加一些透视感，更有利于海滨大场景的展示。调整数值及预览效果如图 9.19 所示。

图 9.19 调整【几何扭曲】数值

05 调整完后，单击【确定】按钮完成【镜头校正】部分的工作。此时观察图像，发现整幅图像仍呈现偏灰暗的状态，接着要做的就是执行【曲线】命令来校正整幅照片的明暗对比效果。

06 按 Ctrl+M 组合键弹出【曲线】对话框，将左侧的【输出】数值调整为 135，下方的【输入】数值调整为 110。调整步骤及最终效果如图 9.20 和图 9.12 所示。

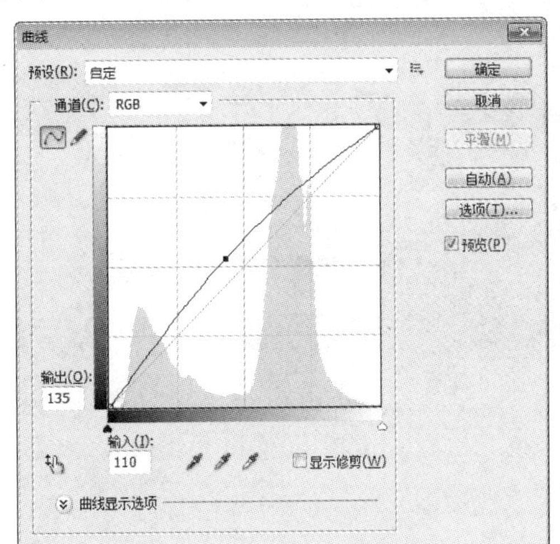

图 9.20　【曲线】对话框

滤镜库的应用——螃蟹的多种奇特效果

【滤镜库】是一个集中了大部分滤镜效果的集合库。它将滤镜作为一个整体放置在库中，利用【滤镜库】可以对图像进行滤镜操作。这样很好地避免了多次单击【滤镜】菜单，选择不同滤镜的繁杂操作，但是【滤镜】菜单中列出的所有滤镜并不是都可以在【滤镜库】对话框中使用。

◎ 任务目的

通过实践，了解和熟悉【滤镜库】的使用，并尝试对螃蟹图像进行多种处理，得到各种奇特效果。

相关知识

执行【滤镜】|【滤镜库】命令，即可弹出如图 9.21 所示的【滤镜库】对话框。【滤镜库】对话框是多种滤镜的集成式对话框。在该对话框的左侧为图像效果预览区域，中间部分为滤镜命令选择区域，而右侧是参数设置和滤镜效果添加或删除区域。

在滤镜命令选择区域中显示了 6 个滤镜组，单击滤镜组名称，可以展开或折叠当前的滤镜组，展开滤镜组后，单击某个滤镜命令，即可将该命令应用到当前的图像中，并且在对话框的右侧显示当前选择滤镜的参数选项，还可以从右侧的下拉列表中执行各种滤镜命令。在【滤镜组】右下角显示了当前应用在图像上的所有滤镜列表。

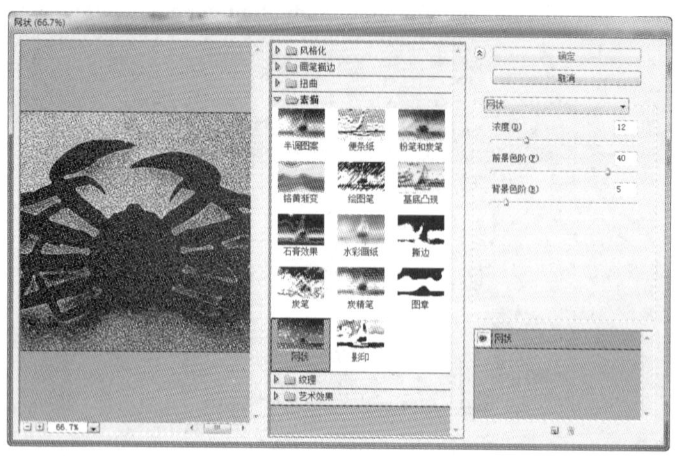

图 9.21 【滤镜库】对话框

1. 更改【滤镜库】对话框中的预览显示

1）单击预览区域下方的 + 按钮或 - 按钮可以放大或缩小图像。

2）在缩放栏（显示缩放百分比的位置）下拉列表中可以选取缩放百分比。

3）单击⌃按钮或⌄按钮可以隐藏或者显示中间部分的滤镜命令选择区域。隐藏了滤镜命令选择区域，图像缩览图就可以展开。

4）将鼠标指针放置到图像缩览图区域，可以使用【抓手工具】在预览区域中拖动查看图像的其他区域。

2. 滤镜效果图层操作方法

在【滤镜库】对话框中可以对当前图像应用多个相同或者不同的滤镜命令，可以将这些滤镜命令效果叠加起来以得到更丰富的效果。滤镜效果图层的操作和【图层】面板中图层的操作类似，其中包括添加、删除、隐藏、显示、改变图层顺序等操作。

1）如要添加滤镜效果图层，可在滤镜效果图层区域中单击【新建效果图层】按钮，此时新添加的滤镜效果图层会延续上一个滤镜效果图层的命令及其参数。

2）如果希望查看在某一个或者某几个滤镜效果图层添加前的效果，可以单击该滤镜效果图层左侧的按钮以将其隐藏起来，对于不再需要的滤镜效果图层，可以将其删除。要删除这些图层，可以通过单击将其选中，然后单击【删除效果图层】按钮即可。

技能点拨：打开一个“螃蟹”图像文件。执行【滤镜】|【滤镜库】命令，弹出【滤镜库】对话框，对当前图像应用多种不同的滤镜命令。通过滤镜命令效果叠加起来以得到多种丰富的图像效果，从而熟悉【滤镜库】的图层操作技巧。

实施步骤

01 打开“螃蟹.jpg”图像文件。

02 执行【滤镜】|【滤镜库】命令，弹出【滤镜库】对话框。

03 在对话框中首先对最底层滤镜效果图层执行【风格化】滤镜组的【照亮边缘】命令，然后在第二层、第三层滤镜效果图层执行【纹理】滤镜组的【染色玻璃】和【龟裂缝】命令，如图 9.22 所示。

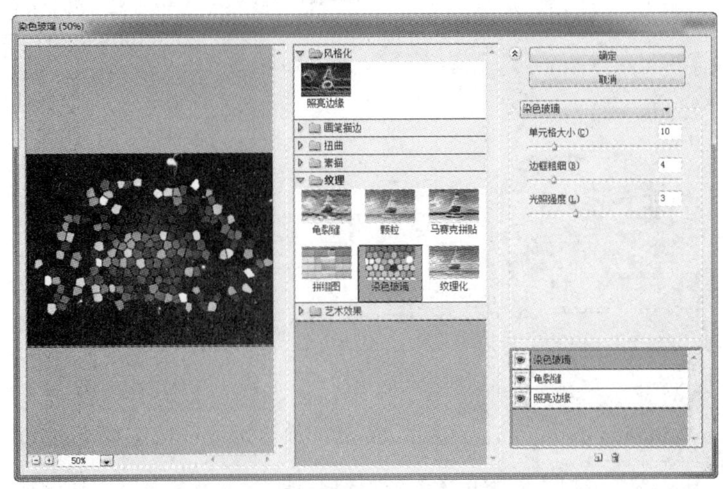

图 9.22 【照亮边缘】、【染色玻璃】和【龟裂缝】3 个滤镜效果

04 单击【照亮边缘】滤镜效果图层前面的按钮隐藏该滤镜效果，如图 9.23 所示，此时图像预览图区域显示的是【龟裂缝】和【染色玻璃】滤镜叠加的效果。

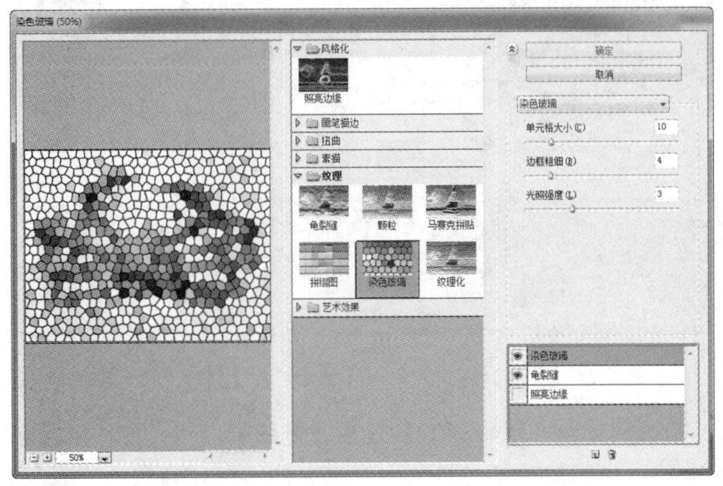

图 9.23 隐藏【照亮边缘】后的滤镜效果

05 依次选择【照亮边缘】、【染色玻璃】滤镜效果图层，然后单击【删除效果图层】按钮，删除这两个效果图层，再单击【新建效果图层】按钮，此时新添加了【龟裂缝】滤

镜效果图层，并延续上一个【龟裂缝】滤镜效果图层的命令参数，得到“龟裂缝”纹理进一步加深，如图 9.24 所示。

06 选择底层的【龟裂缝】滤镜效果图层，在滤镜命令选择区域中选择【纹理】滤镜组的【马赛克拼贴】命令，选择其上的【龟裂缝】滤镜效果图层，在命令选择区域中执行【素描】滤镜组的【水彩画纸】命令。图 9.25 所示的是【马赛克拼贴】滤镜图层叠加【水彩画纸】滤镜图层的效果。

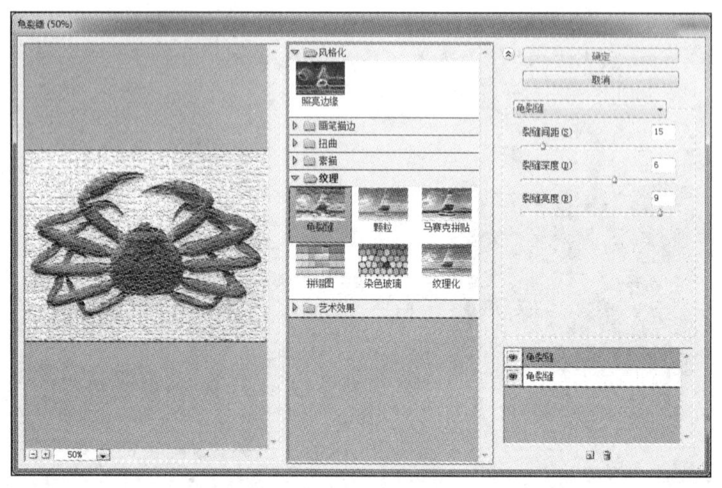

图 9.24 添加滤镜效果图层

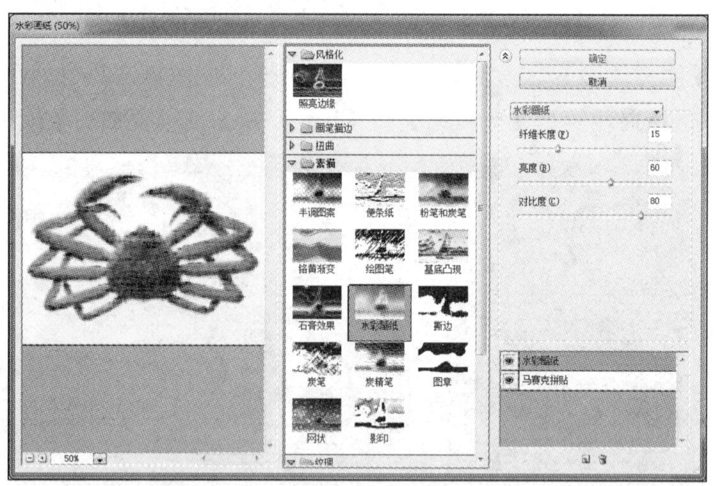

图 9.25 【马赛克拼贴】和【水彩画纸】滤镜叠加效果

07 将鼠标指针放置到【水彩画纸】效果滤镜图层，然后按住鼠标左键并向下拖动，使【水彩画纸】滤镜效果图层移至【马赛克拼贴】滤镜图层效果的下方，此时图像的效果就发生了变化，如图 9.26 所示。由此可见，在滤镜效果图层中不仅能够叠加滤镜效果，而且可以通过修改滤镜图层的顺序修改应用这些滤镜所得到的效果。

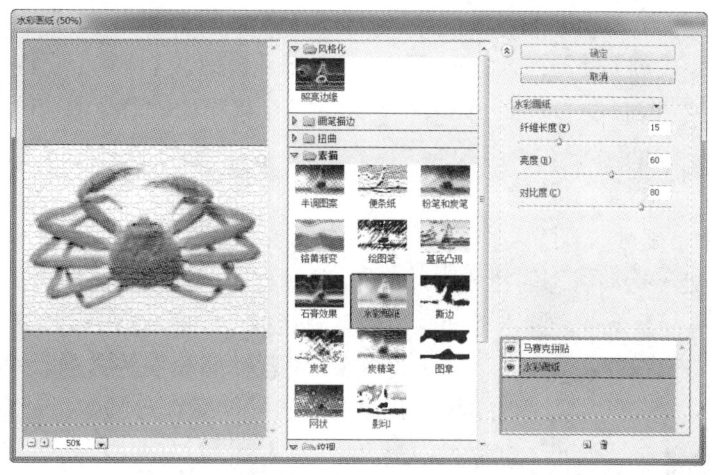

图 9.26　【水彩画纸】滤镜图层移至【马赛克拼贴】滤镜图层下方的效果

任务 9.4　模糊滤镜的应用——制作飞雪效果

在所有 Photoshop 滤镜命令中，只有 20%的滤镜命令会被经常用到。通过下面一些实例讲解 Photoshop 中的一些常用滤镜的应用。

◎ 任务目的

通过制作一幅漫天飞雪的效果图像（图 9.27），掌握模糊类滤镜的使用方法。

图 9.27　飞雪效果图

相关知识

【模糊】滤镜组中的命令主要对图像进行模糊处理，用于平滑边缘过于清晰和对比度过于强烈的区域，通过削弱相邻像素之间的对比度，达到柔化图像的效果。【模糊】滤镜组通常用于模糊图像背景，突出前景对象。它包括【表面模糊】、【动感模糊】、【方框模糊】、【高斯模糊】、【进一步模糊】、【径向模糊】、【镜头模糊】、【模糊】、【平均】、【特殊模糊】和【形状模糊】等 11 种模糊命令。下面介绍其中常用的 3 个模糊滤镜命令的功能。

1. 【动感模糊】滤镜

【动感模糊】滤镜可以对图像像素进行线性位移操作，从而产生沿某一方向运动的模糊效果，就像拍摄处于运动状态的物体照片一样，使静态图像产生动态效果。执行【滤镜】|【模糊】|【动感模糊】命令，弹出【动感模糊】对话框，如图 9.28 所示。

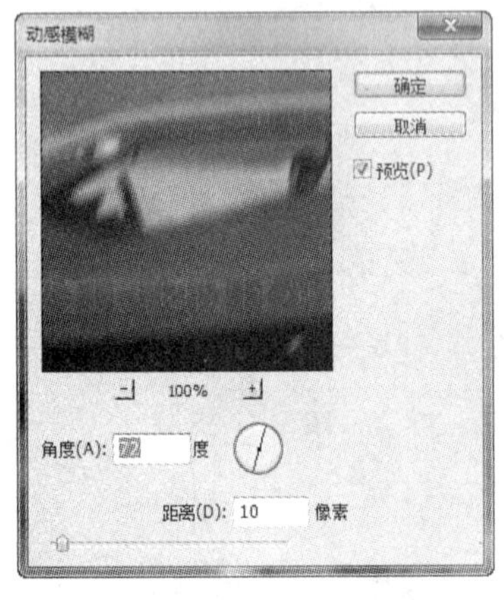

图 9.28 【动感模糊】对话框

1)【角度】：设置动感模糊的方向。可以直接在文本框中输入角度值，也可以拖动右侧的指针来调整角度，取值范围为－360～＋360。

2)【距离】：设置像素移动的距离。这里的移动并非简单的位移，而是在【距离】限制范围内，按照某种方式复制并叠加像素，再经过对透明度的处理得到的。该值越大，模糊效果越强，取值范围为 1～999。

原图与使用【动感模糊】滤镜后的对比效果如图 9.29 所示。

2. 【高斯模糊】滤镜

【高斯模糊】滤镜可以利用高斯曲线的分布模式模糊图像。利用半径的大小来设置图像的模糊程度。执行【滤镜】|【模糊】|【高斯模糊】命令，弹出【高斯模糊】对话框，如图 9.30 所示。

【半径】：设置图像的模糊程度。该值越大，模糊越强烈，取值范围为 0.1～250。

原图与使用【高斯模糊】滤镜后的对比效果如图 9.31 所示。

图 9.29 原图与使用【动感模糊】滤镜后的对比效果

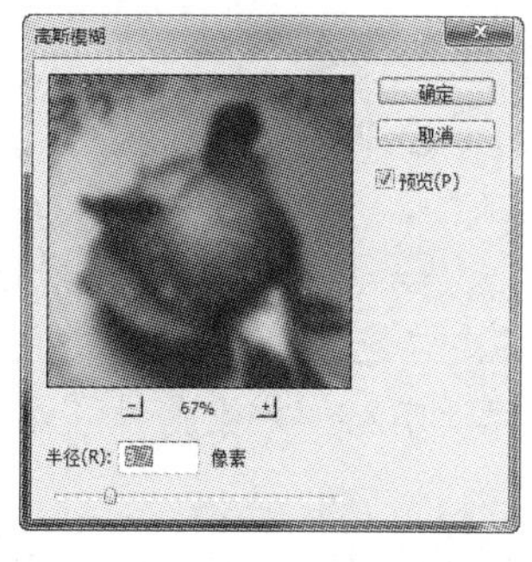

图 9.30　【高斯模糊】对话框

图 9.31　原图与使用【高斯模糊】滤镜后的对比效果

3.【径向模糊】滤镜

【径向模糊】滤镜不但可以制作旋转动态效果，还可以制作从图像中心向四周辐射的模糊效果。执行【滤镜】|【模糊】|【径向模糊】命令，弹出【径向模糊】对话框，如图 9.32 所示。

1)【数量】：设置径向模糊的强度值越大，图像越模糊，其取值范围为 1～100。

2)【模糊方法】：设置模糊的方式，包括【旋转】和【缩放】两种方式。点选【旋转】单选按钮，图像产生旋转的模糊效果；点选【缩放】单选按钮，图像产生放射状模糊的效果。

3)【品质】：设置处理图像的质量，由差到优的效果顺序为【草图】、【好】和【最好】。品质越好，处理速度越慢。

4)【中心模糊】：设置径向模糊开始的位置，即模糊区域的中心位置。模糊区域的中心位置在下方的预览框中。单击或拖动鼠标，即可修改径向模糊的中心位置。

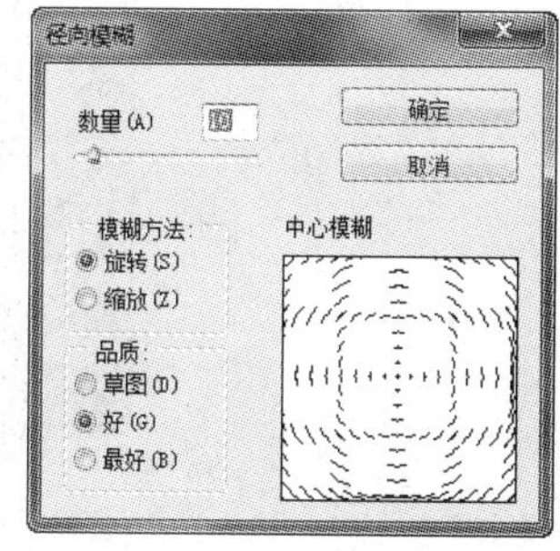

图 9.32　【径向模糊】对话框

原图与使用【径向模糊】滤镜后的对比效果如图 9.33 所示。

图 9.33　原图与使用【径向模糊】滤镜后的对比效果

任务实施

技能点拨：在制作中，需添加一个白色填充的图层，使用【添加杂色】滤镜，再使用【点状化】滤镜，把杂点编辑成彩色块效果。选择其中的白色，使用【高斯模糊】滤镜模糊图像，最后使用【动感模糊】滤镜完成最终效果。

实施步骤

01 按 Ctrl + O 组合键，打开“雪景.jpg”素材文件，如图 9.34 所示。

图 9.34 “雪景.jpg”图像

02 新建“图层 1”，并向该层中填充白色。执行【滤镜】|【杂色】|【添加杂色】命令，弹出【添加杂色】对话框，参数设置如图 9.35 所示。

03 单击【添加杂色】对话框中的【确定】按钮，整个图像填满了杂点。

04 执行【滤镜】|【像素化】|【点状化】命令，弹出【点状化】对话框，参数设置如图 9.36 所示。

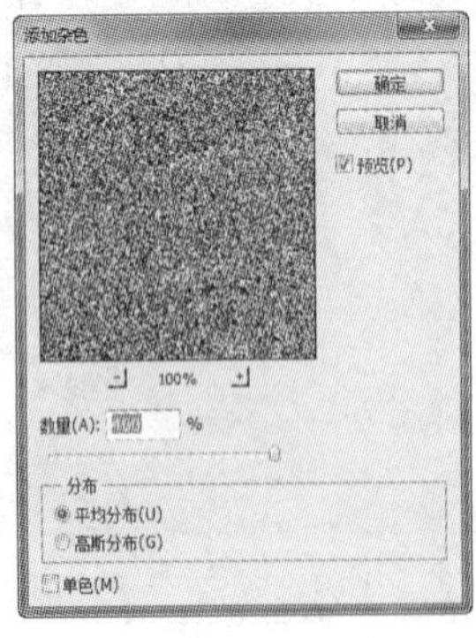

图 9.35 【添加杂色】对话框

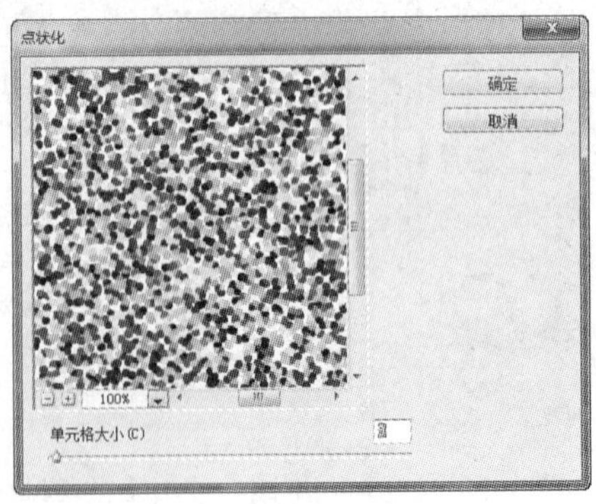

图 9.36 【点状化】对话框

小贴士

使用【点状化】滤镜可以将图像杂点归结为大的颜色块，并且颜色块之间还会产生缝隙，这些缝隙将运用工具箱中的背景色填充，其中的【单元格大小】用于控制颜色块的大小。

05 单击【确定】按钮，添加的杂色被处理成彩色块效果，如图 9.37 所示。

06 使用【魔棒工具】将其中的任意一种颜色全部选择，并填充白色。之后按 Ctrl＋Shift＋I 组合键，反选选区并删除选区内的图像，效果如图 9.38 所示。

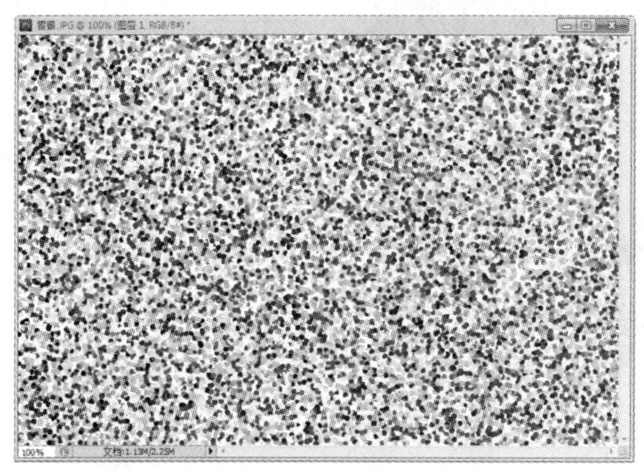

图 9.37　添加的点状化效果图

图 9.38　反选选区并删除选区内图像后的效果

07 取消选区。执行【滤镜】|【模糊】|【高斯模糊】命令，弹出【高斯模糊】对话框，参数设置如图 9.39 所示。

08 单击【高斯模糊】对话框中的【确定】按钮，图像边缘出现虚化效果，如图 9.40 示。

09 执行【滤镜】|【模糊】|【动感模糊】命令，弹出【动感模糊】对话框，参数设置如图 9.41 所示。

10 单击【动感模糊】对话框中的【确定】按钮，编辑图像动态模糊效果，如同漫天飞雪。至此完成最终效果，如图 9.27 所示。

11 按 Ctrl＋Shift＋S 组合键，将该文件保存为“漫天飞雪.psd”。

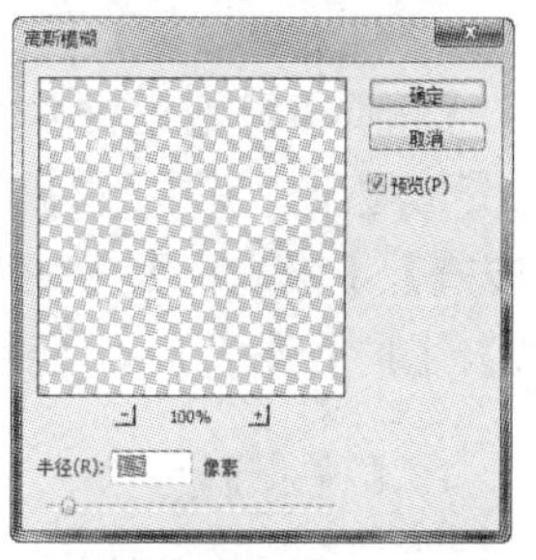

图 9.39　【高斯模糊】参数设置

图 9.40　使用【高斯模糊】滤镜的效果

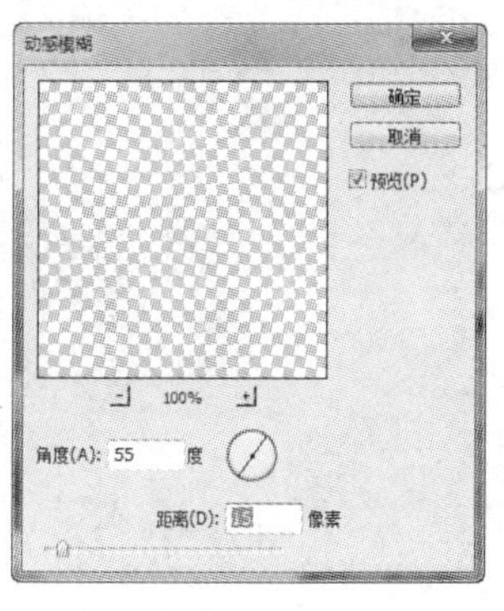

图 9.41　【动感模糊】参数设置

扭曲滤镜的应用——制作水中倒影

◎ 任务目的

通过运用扭曲类滤镜，制作水中倒影的画面，最终效果如图 9.42 所示。

图 9.42　水中倒影效果图

相关知识

【扭曲】滤镜组可以将图像进行几何扭曲，以创建波浪、波纹、挤压及切变等各种图像的变形效果。其中既有平面的扭曲效果，又有三维的扭曲效果。它包括【波浪】、【波纹】、【玻璃】、【极坐标】、【切变】、【球面化】、【水波】、【旋转扭曲】、【置换】、【海洋波纹】、【挤压】、【扩散亮光】和【镜头校正】13 种扭曲滤镜，其中大部分都是常用的滤镜命令。

1.【波浪】滤镜

【波浪】滤镜可以根据用户设置产生不同的波幅和纹理效果。打开“白路洲.jpg”素材文件，执行【滤镜】|【扭曲】|【波浪】命令，弹出【波浪】对话框，如图 9.43 所示。

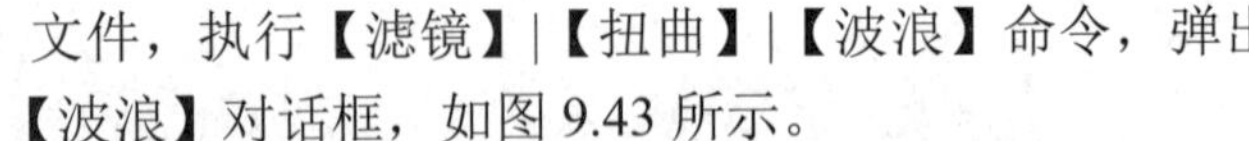

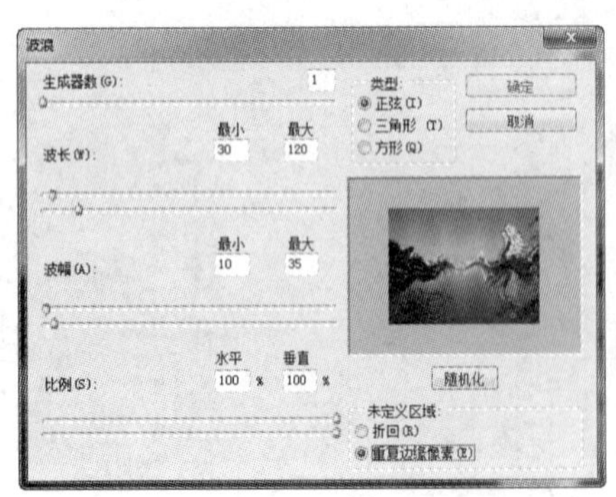

图 9.43　【波浪】对话框

1）【生成器数】：设置波纹生成的数量，取值范围为 1～999。

2）【波长】：设置相邻两个波峰之间的距离，以分别设置最小波长和最大波长，注意最小波长不可以超过最大波长。

3）【波幅】：设置波浪的高度，可以分别设置最大波幅和最小波幅，同样最小波幅不能超过最大波幅。

4）【比例】：设置水平和垂直方向波浪波动幅度

的缩放比例。

5）【类型】：设置生成波纹的类型，包括【正炫】、【三角形】和【方形】3 个选项。

6）【随机化】单击此按钮，可以在不改变参数的情况下，改变波浪的效果，多次单击可以生成更多的波浪效果。

7）【未定义区域】设置像素波动后边缘空缺的处理方法。点选【折回】单选按钮，表示将超出边缘位置的图像在一侧折回；点选【重复边缘像素】单选按钮，表示将超出边缘位置的图像重复边缘的像素。

原图与使用【波浪】滤镜后的对比效果如图 9.44 所示。

图 9.44　原图与使用【波浪】滤镜后的对比效果

2.【波纹】滤镜

【波纹】滤镜可以在图像上创建风吹水面产生的起伏效果。执行【滤镜】|【扭曲】|【波纹】命令，弹出【波纹】对话框，如图 9.45 所示。

1）【数量】：设置生成波纹的数量，取值范围为−999～+999。

2）【大小】：设置生成波纹的大小，包括【大】、【中】和【小】3 个选项。

在原图中选取水面部分的图像使用【波纹】滤镜，原图与使用【波纹】滤镜后的对比效果如图 9.46 所示。

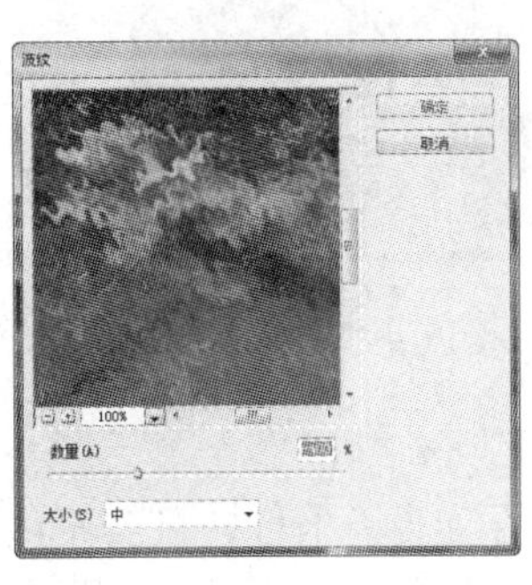

图 9.45　【波纹】对话框

图 9.46　原图与使用【波纹】滤镜后的对比效果

3.【玻璃】滤镜

【玻璃】滤镜可以制作一系列纹理，模拟透过玻璃观看图像的效果。执行【滤镜】|【扭曲】|【玻璃】命令，弹出【玻璃】对话框，如图 9.47 所示。

图 9.47 【玻璃】对话框

1)【扭曲度】：设置图像的扭曲程度。该值越大，图像的扭曲越明显，取值范围为 0～20。

2)【平滑度】：设置图像的平滑程度。该值越大，图像越平滑，取值范围为 1～15。

3)【纹理】：设置图像的扭曲纹理。其包括【块状】、【画布】、【磨砂】和【小镜头】4 个选项。另外，还可以通过单击右侧的 ▾≡ 按钮，载入.PSD 格式的图片作为纹理。设置纹理后，可以通过【缩放】参数来修改纹理的大小。如果勾选【反相】复选框，可以将纹理的凹凸进行反转。

原图与使用【玻璃】滤镜后的对比效果如图 9.48 所示。

图 9.48 原图与使用【玻璃】滤镜后的对比效果

4.【极坐标】滤镜

【极坐标】滤镜可以将图像从平面坐标转换到极坐标，或将图像从极坐标转换到平面坐标以生成扭曲图像的效果。执行【滤镜】|【扭曲】|【极坐标】命令，弹出【极坐标】对话框，如图 9.49 所示。

1）【平面坐标到极坐标】：点选该单选按钮，可以将平面直角坐标转换为极坐标，将直线形的图像变为弧形。

2）【极坐标到平面坐标】：点选该单选按钮，可以将极坐标转换为平面直角坐标，将弧形的图像变为直线形。

原图与使用【极坐标】滤镜后的对比效果如图 9.50 所示。

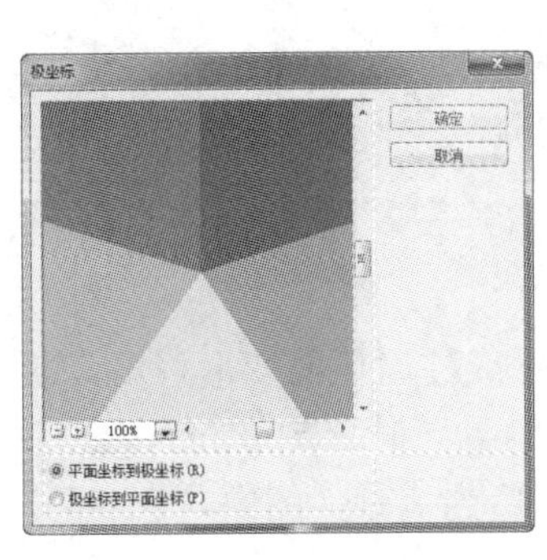

图 9.49　【极坐标】对话框

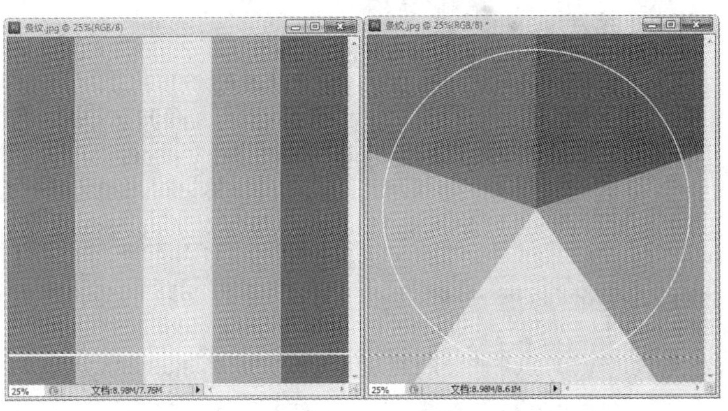

图 9.50　原图与使用【极坐标】滤镜后的对比效果

5.【切变】滤镜

【切变】滤镜允许用户按自己设置的曲线来扭曲图像。执行【滤镜】|【扭曲】|【切变】命令，弹出【切变】对话框，如图 9.51 所示。

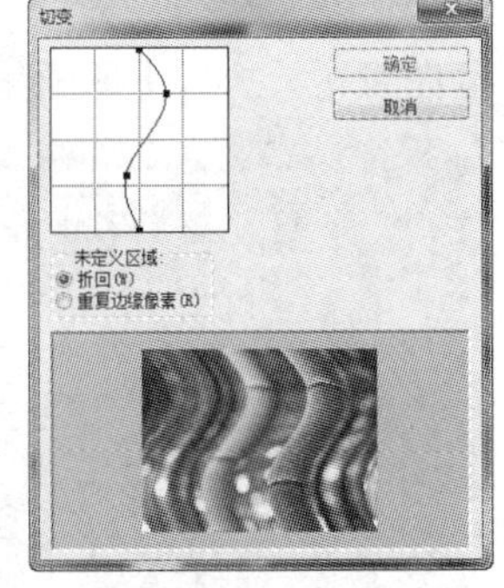

图 9.51　【切变】对话框

1）【切换控制区】：主要用来控制图像的扭曲变形。在控制区中的直线上或其他方格位置单击，可以直接添加控制点。拖动控制点即可设置直线变形，同时图像同步变形。多次单击可添加多个控制点。如果想删除控制点，直接将控制点拖动到对话框外释放鼠标即可。

2）【未定义区域】：设置像素波动后边缘空缺的处理方法。点选【折回】单选按钮，表示将超出边缘位置的图像在另一侧折回；点选【重复边缘像素】单选按钮，表示将超出边缘位置的图像重复边缘的像素。

3）【默认】：单击该按钮，可以将调整后的曲线恢复为直线效果。

原图与使用【切变】滤镜后的对比效果如图 9.52 所示。

6.【球面化】滤镜

【球面化】滤镜可以使图像产生凹陷或凸出的球面或柱面效果，就像图像被包裹在球面上或柱面上一样，产生立体效果。执行【滤镜】|【扭曲】|【球面化】命令，弹出【球面化】对话框，如图 9.53 所示。

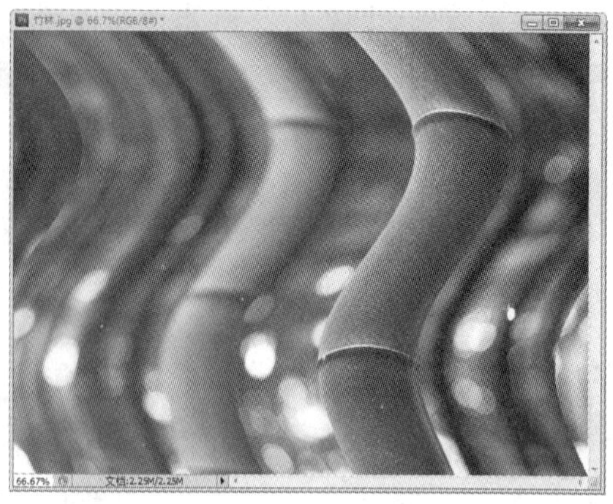

图 9.52　原图与使用【切变】滤镜后的对比效果

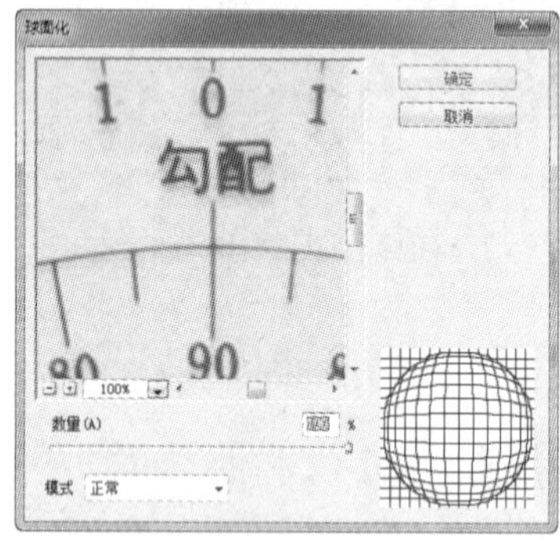

图 9.53　【球面化】对话框

1）【数量】：设置产生球面化或柱面化的变形程度，取值范围为－100%～＋100%。当值为正时，图像向外凸出，且值越大，凸出的程度越大；当值为负时，图像向内凹陷，且值越小，凹陷的程度越大。

2）【模式】：设置图像变形的模式。其包括【正常】、【水平优先】和【垂直优先】3 个选项。当选择【正常】时，图像将产生球面化效果；当选择【水平优先】时，图像将产生竖直的柱面效果；当选择【垂直优先】时，图像将产生水平的柱面效果。

在原图中使用【椭圆形选框工具】选取图像中的一部分图像，再执行【球面化】命令，原图与使用【球面化】滤镜后的对比效果如图 9.54 所示。

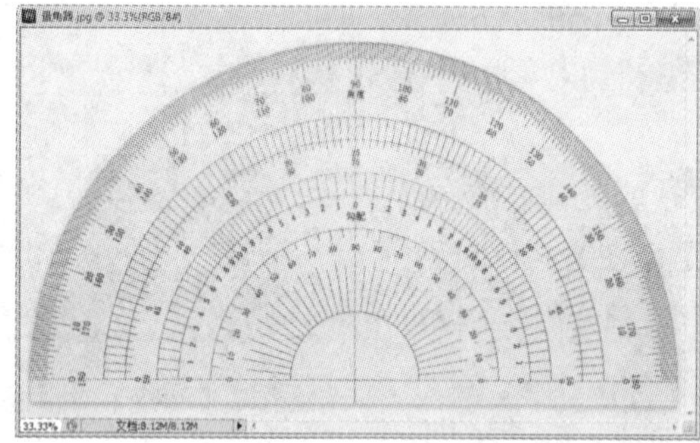

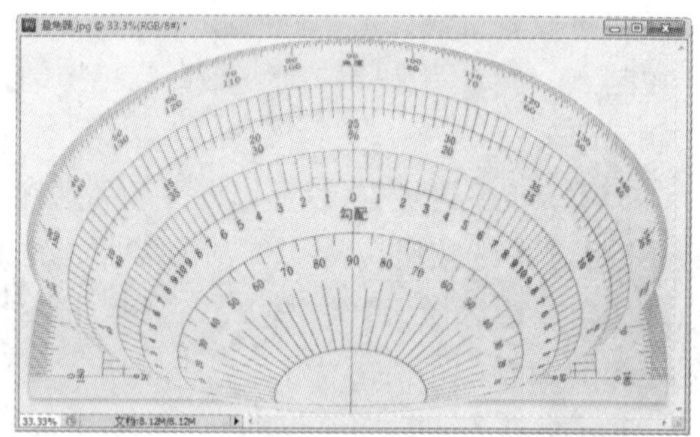

图 9.54　原图与使用【球面化】滤镜后的对比效果

7.【水波】滤镜

【水波】滤镜可以制作类似涟漪的图像变形效果，多用来制作水的波纹。执行【滤镜】|【扭曲】|【水波】命令，弹出【水波】对话框，如图 9.55 所示。

1)【数量】: 设置生成波纹的强度，取值范围为－100～＋100。当值为负时，图像中心是波峰；当值为正数时，图像中心是波谷。

2)【起伏】: 设置生成水波纹的数量。其值越大，波纹数量越多，波纹越碎。

3)【样式】: 设置置换像素的方式。其包括【围绕中心】、【从中心向外】和【水池波纹】3 个选项。【围绕中心】表示沿中心旋转变形；【从中心向外】表示从中心向外置换变形；【水池波纹】表示向左上或右下置换变形图像。

在原图中选取水面部分图像使用【水波】滤镜，原图与使用【水波】滤镜后的对比效果如图 9.56 所示。

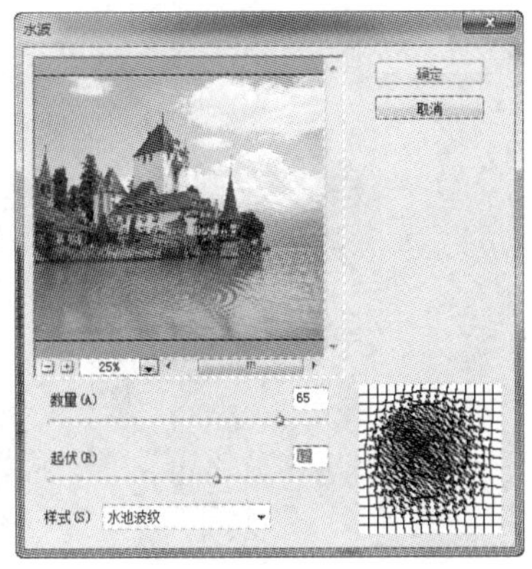

图 9.55　【水波】对话框

图 9.56　原图与使用【水波】滤镜后的对比效果

8.【旋转扭曲】滤镜

【旋转扭曲】滤镜创造出一种螺旋形的效果，以图像中心为旋转中心，在图像中央呈现最大化的扭曲，并逐渐向边缘递减，就像风轮一样。执行【滤镜】|【扭曲】|【旋转扭曲】命令，弹出【旋转扭曲】对话框，如图 9.57 所示。

【角度】: 设置旋转的强度，取值范围为－999～＋999。当值为正时，图像按顺时针旋转；当值为负时，图像按逆时针旋转。

原图与使用【旋转扭曲】滤镜后的对比效果如图 9.58 所示。

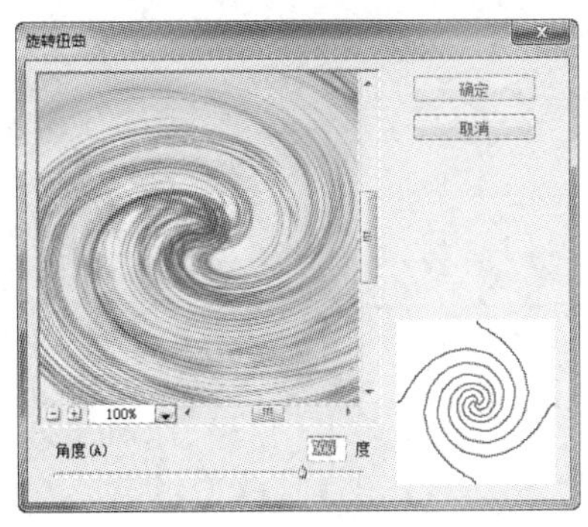

图 9.57　【旋转扭曲】对话框

9.【置换】滤镜

【置换】滤镜可以指定一幅图像，并使用该图像的颜色、形状和纹理等来确定当前图像中的扭曲方式，最终使两幅图像交错在一起，产生位移扭曲效果。这里的另一幅图像被称为置换图，而且置换图必须是.PSD 格式。执行【滤镜】|【扭曲】|【置换】命令，弹出【置换】对话框，如图 9.59 所示。

图 9.58　原图与使用【旋转扭曲】滤镜后的对比效果

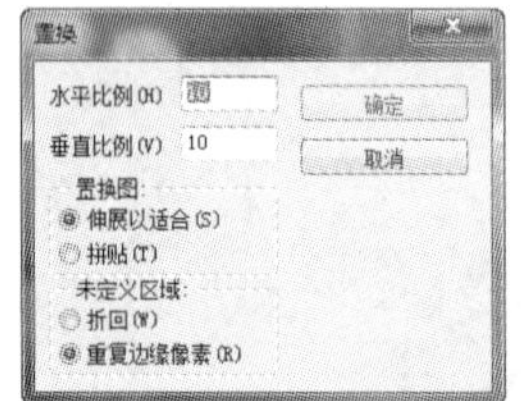

图 9.59　【置换】对话框

1)【水平比例】: 设置图像在水平方向上的变形比例。

2)【垂直比例】: 设置图像在垂直方向上的变形比例。

3)【置换图】: 当置换图与当前图像区域的大小不同时，设置图像的匹配方式。其包括【伸展以适合】和【拼贴】两个选项。

4)【未定义区域】: 设置像素波动后边缘空缺的处理方法。

原图、置换图和使用【置换】滤镜后的对比效果如图 9.60 所示。

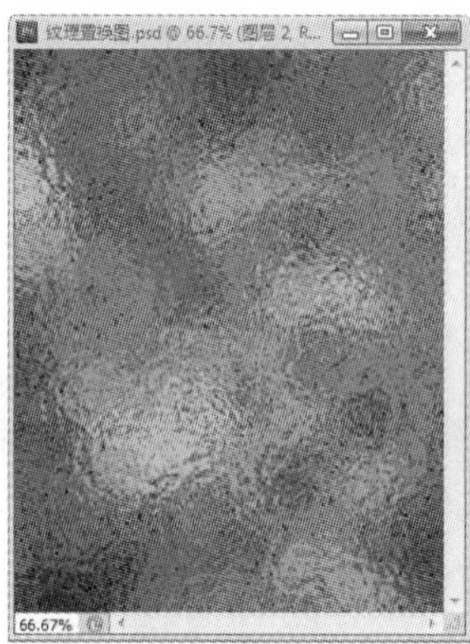

图 9.60　原图、置换图和使用【置换】滤镜后的对比效果

任务实施

技能点拨：在制作中，首先打开一幅待处理图像，然后扩大画布的大小为制作倒影提供足够的空间。添加两个图层分别作为倒影和非倒影区域的图层，使用【波纹】、【动感模糊】和【水波】3 种滤镜来制作水中倒影效果。

实施步骤

01 打开“秋色.jpg”素材文件，将其作为待处理的图片，如图 9.61 所示。

02 设置前景色和背景色分别为黑色和白色。

03 执行【图像】|【画布大小】命令，弹出【画布大小】对话框，参数设置如图 9.62 所示。设置“定位点”位于最上面一行的中间位置，单击【确定】按钮，效果如图 9.63 所示，即画布高度增加了 60%。这样做是为了增加图像倒影的区域。

图 9.61　待处理的图片

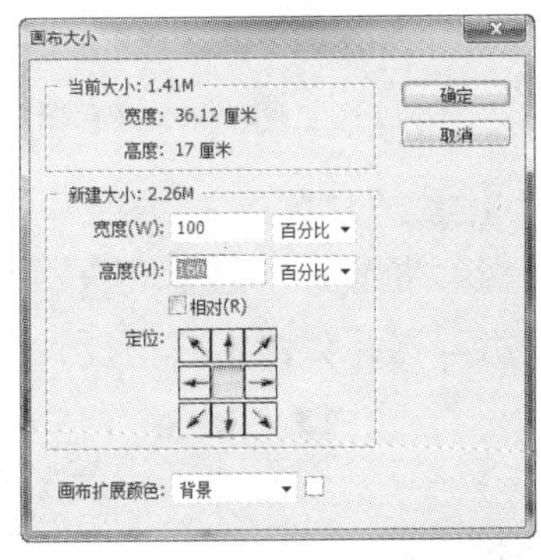

图 9.62　【画布大小】对话框

04 用选取工具在图像中选出倒影区域，如图 9.64 所示。

图 9.63　增加画布大小

图 9.64　倒影区域

05 执行【选择】|【存储选区】命令，弹出【存储选区】对话框，如图 9.65 所示，单击【确定】按钮，把图 9.64 所示的选区保存起来。

06 按 Ctrl+J 组合键将所选区域复制到“图层 1”图层中。选择“图层 1”图层，设置锁定透明像素区域，然后按 Ctrl+Delete 组合键，将该图层的图像区域填充为白色，保持该区域的选择。

07 选择“背景”图层后，按 Ctrl+Shift+I 组合键进行反向选择。

08 按 Ctrl+J 组合键将所选区域复制到“图层 2”图层中，得到倒影以外的图像区域，此时的【图层】面板如图 9.66 所示。

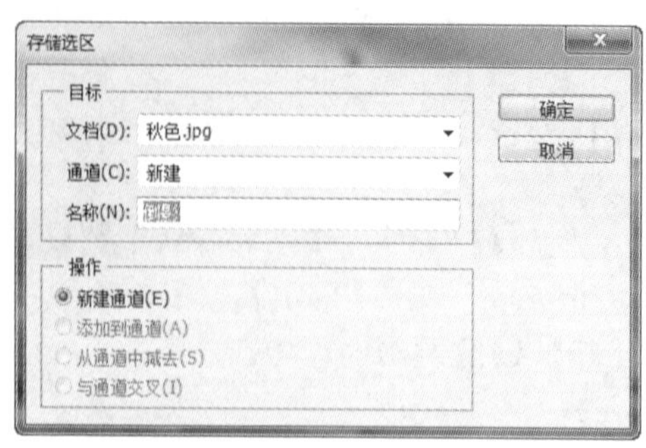

图 9.65 【存储选区】对话框

图 9.66 【图层】面板一

09 在“图层 2”图层中，垂直翻转图层中的图像，向下拖动图像内容并将它置于水中倒影的位置，按 Ctrl+T 组合键，拖动控制点，使所选图像充满水面区域，并缩小图像的高度，效果如图 9.67 所示。

图 9.67 移动变形倒影图像

10 选择“图层 2”图层，按 Alt+Ctrl+G 组合键创建剪贴蒙版。这样在“图层 2”图层中就会只显示“图层 1”图层中有图像区域的内容，这时【图层】面板如图 9.68 所示。

图 9.68 【图层】面板二

11 选择“图层 2”图层，执行【滤镜】|【扭曲】|【波纹】命令，弹出【波纹】对话框，设置【数量】为 120，【大小】为中，单击【确定】按钮，【波纹】效果如图 9.69 所示。

12 执行【滤镜】|【模糊】|【动感模糊】命令，弹出【动感模糊】对话框，设定【角度】为 90°，【距离】为 12px，单击【确定】按钮，就可以得到模糊的倒影区域图像，效果如图 9.70 所示。

13 为了产生更为逼真的效果，下面将添加一些波纹效果。在倒影处选择一个矩形区域，按 Ctrl+Alt+D 组合键进行羽化，设置羽化半径为 5px，羽化效果如图 9.71 所示。

14 执行【滤镜】|【扭曲】|【水波】命令，弹出【水波】对话框，设置【数量】为2，【起伏】为6，【样式】为水池波纹。设置“图层2”图层的不透明度为90%，就可以得到比较逼真的水中倒影效果，如图9.72所示。

图9.69　【波纹】效果

图9.70　【动感模糊】效果

图9.71　羽化效果

图9.72　添加水波效果

15 最后，在“图层1”图层中取消锁定透明像素区域，由于此时倒影和背景层仍有明显的界限，可以考虑使用【笔刷工具】消除。使用【笔刷工具】，并设置笔刷大小为40px，硬度为0%，对图层1倒影的边界进行涂抹，以消除明显的界限，最终的图像效果如图9.42所示。

任务9.6　风格化滤镜的应用——制作飘逸的羽毛

◎ 任务目的

执行【风格化】滤镜组的【风】滤镜命令，制作飘逸的羽毛画面，最终效果如图9.73所示。

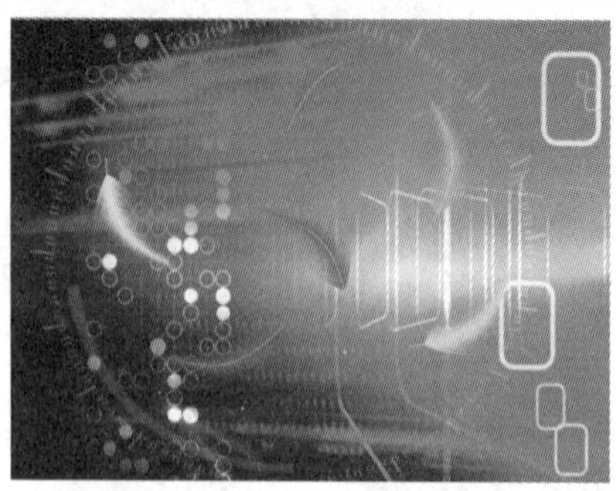

图 9.73　飘逸的羽毛效果图

相关知识

【风格化】滤镜组通过置换像素、查找和增加图像的对比度，在图像中产生一种印象派的艺术风格。【风格化】滤镜组中包含【查找边缘】、【等高线】、【风】、【浮雕效果】、【扩散】、【拼贴】、【曝光过度】、【凸出】和【照亮边缘】9 种滤镜效果。下面打开“百合花.jpg”素材文件，如图 9.74 所示，将其作为演示素材，讲解常用的几个滤镜命令。

1.【风】滤镜

【风】滤镜通过在图像中添加一些小的方向线制作起风的效果。执行【滤镜】|【风格化】|【风】命令，弹出【风】对话框，如图 9.75 所示。

图 9.74　“百合花.jpg”图像

1)【方法】：设置风的强度。其包括【风】、【大风】和【飓风】3 个选项，风的强度依次加强。

2)【方向】：指定风吹的方向。其包括【从左】和【从右】两个选项，点选【从左】单选按钮，将产生从左向右吹风的效果；点选【从右】单选按钮，将产生从右向左吹风的效果。

单击【风】对话框中的【确定】按钮，图像出现被风吹的效果，如图 9.76 所示。

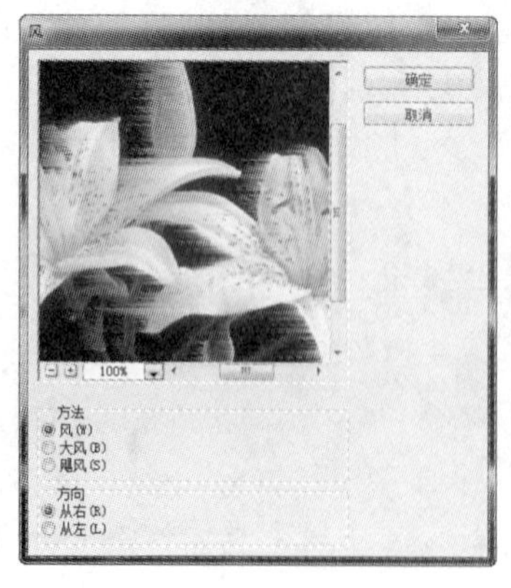

图 9.75　【风】对话框

图 9.76　图像起风效果

2.【浮雕效果】滤镜

【浮雕效果】滤镜主要用来制作图像的浮雕效果。它将整个图像转换成灰色图像，并通过勾画图像的轮廓，从而使图像产生凸起以制作浮雕效果。将“百合花.jpg”图像还原到初始状态，执行【滤镜】|【风格化】|【浮雕效果】命令，弹出【浮雕效果】对话框，如图 9.77 所示。

1）【角度】：设置光线照射的角度，即产生浮雕效果的方向。可以在文本框中输入角度值，也可以通过拖动右侧的指针来改变浮雕的方向。

2）【高度】：设置图像浮雕效果的凸出程度，即浮雕的深度。值越大，图像的凸出效果越明显。

3）【数量】：设置图像的对比度。值越大，图像的对比度越大，图像的凸出效果越明显。

单击【浮雕效果】对话框中的【确定】按钮，得到图像的浮雕效果如图 9.78 所示。

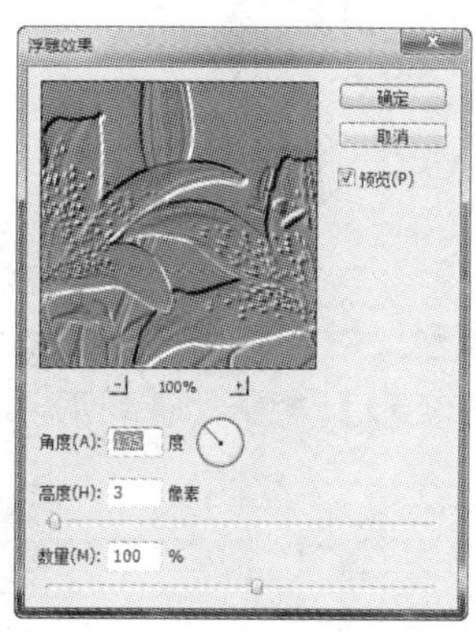

图 9.77　【浮雕效果】对话框

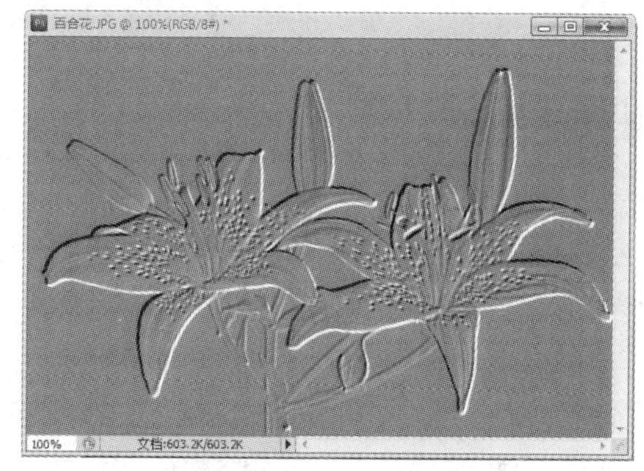

图 9.78　浮雕图像效果

3.【照亮边缘】滤镜

【照亮边缘】滤镜通过搜索主要颜色的变化区域来突出图像的边缘，有些类似于【查找边缘】滤镜，只不过它在查找边缘的同时，将边缘照亮，制作类似霓虹灯的效果。将“百合花.jpg”图像还原到初始状态，执行【滤镜】|【风格化】|【照亮边缘】命令，弹出【照亮边缘】对话框，如图 9.79 所示。

1）【边缘宽度】：设置发光轮廓线的宽度。其值越大，发光的边缘宽度越大，取值范围为 1～14。

2）【边缘亮度】：设置发光轮廓线的发光强度。其值越大，发光边缘的亮度越大，取值范围为 0～20。

3）【平滑度】：设置发光轮廓线的柔和程度。其值越大，边缘越柔和，取值范围为 1～15。

单击【照亮边缘】对话框中的【确定】按钮，显示图像边缘被照亮如同闪烁的霓虹灯的效果。

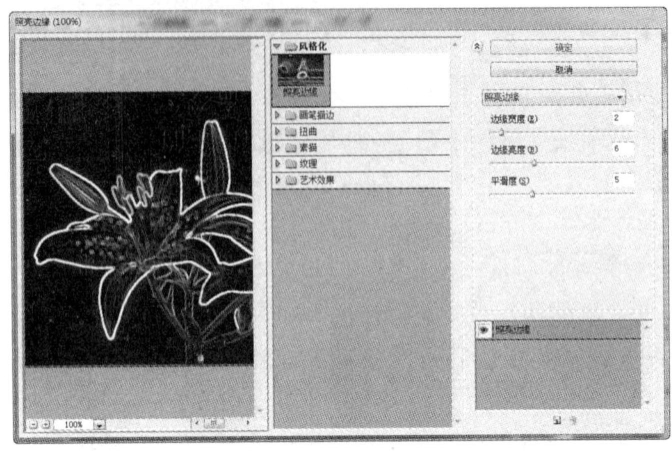

图 9.79 【照亮边缘】对话框

技能点拨：在制作中，首先在白色背景中绘制黑色矩形，对其使用【风】滤镜与【动感模糊】滤镜，制作羽毛特效，再执行【自由变换】和【变形】命令，得到羽毛形状。最后复制多个羽毛，变换颜色与形状进行画面布局。

实施步骤

01 按 Ctrl + N 组合键，新建一个文件，参数设置如图 9.80 所示。

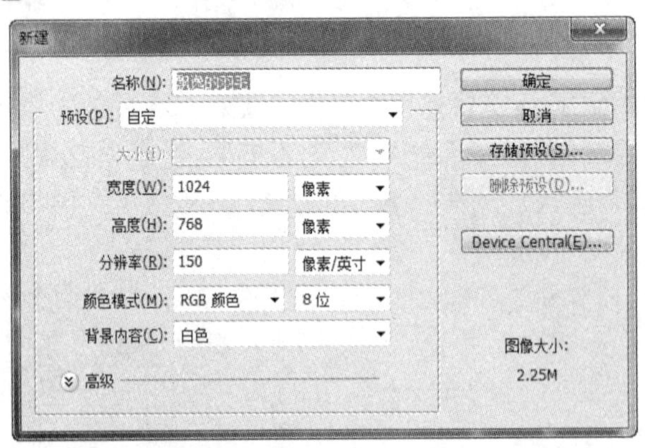

图 9.80 【新建】对话框

02 新建一个图层，绘制矩形选区并填充黑色，效果如图 9.81 所示，然后取消选区。

03 选择黑色矩形所在的图层，执行【滤镜】|【风格化】|【风】命令，弹出【风】对话框，参数设置如图 9.82 所示。

图 9.81　绘制黑色矩形

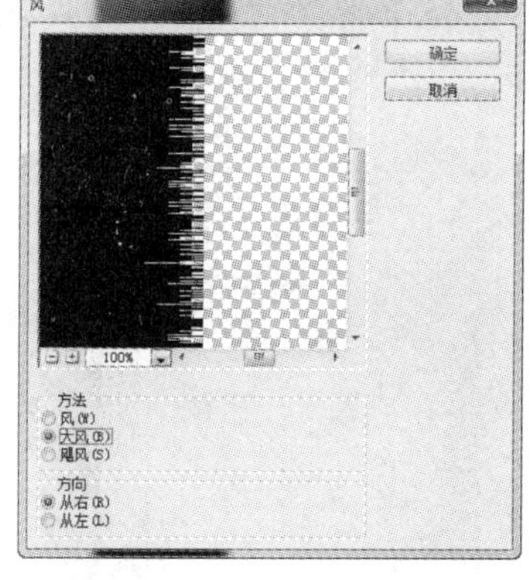

图 9.82 【风】参数设置

小贴士

❖按 Ctrl + F 组合键，可以以相同的参数再次应用该滤镜。

❖按 Alt + Ctrl + F 组合键，会重新打开上一次执行的滤镜对话框。

❖按 Shift + Ctrl + F 组合键或者执行【编辑】|【渐隐】命令，即可弹出【渐隐】对话框，从中可以调整【不透明度】和选择颜色混合【模式】。

04 选择黑色矩形所在的图层，执行【滤镜】|【模糊】|【动感模糊】命令，弹出【动感模糊】对话框，参数设置如图 9.83 所示。根据实际情况可加按 Ctrl + F 组合键几次以加强模糊效果。

05 使用【矩形选框工具】选择如图 9.84 所示的左侧无锯齿处，并将其删除。

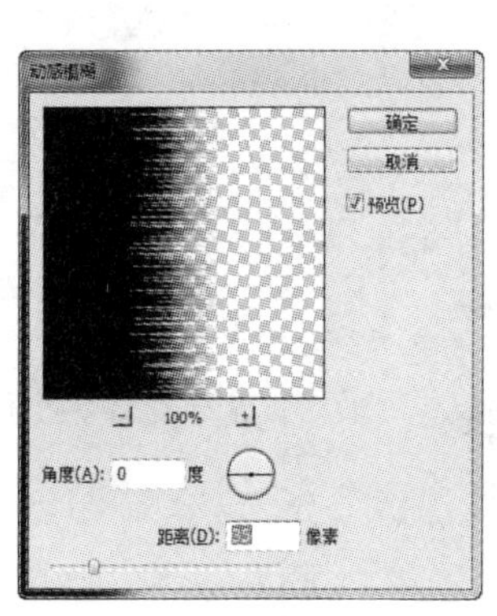

图 9.83 【动感模糊】参数设置

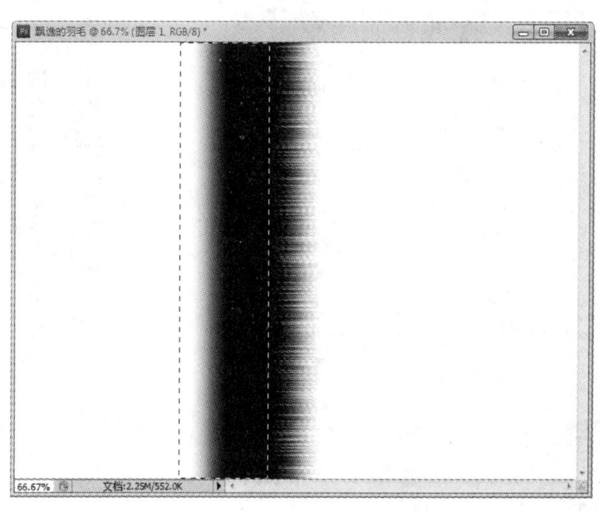

图 9.84　选择左侧无锯齿处

06 执行【自由变换】|【变形】命令进行变形处理，如图 9.85 所示。将黑色矩形变形成羽毛状效果，如图 9.86 所示。

07 复制左半边羽毛并进行水平翻转，效果如图 9.87 所示。

08 新建一个图层，绘制羽毛柄状的矩形选区，羽化 1px，填充深灰色。用硬度较低的橡皮擦擦除羽毛柄过长的部分，制作羽毛柄效果如图 9.88 所示。

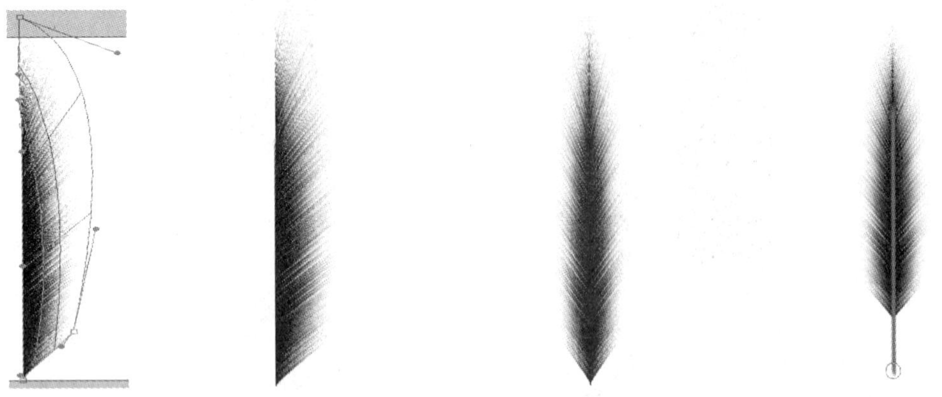

图 9.85　变形处理　　图 9.86　羽毛状效果　　图 9.87　复制翻转羽毛效果　　图 9.88　制作羽毛柄效果

09 合并除背景之外的所有图层，并命名为“羽毛”。

10 在背景层填充黑色，再选择“羽毛”图层，执行【图像】|【调整】|【色相/饱和度】命令，弹出【色相/饱和度】对话框，参数设置如图 9.89 所示，调整羽毛颜色，效果如图 9.90 所示。

11 复制“羽毛”图层，将复制的图层命名为“羽毛 1”，隐藏“羽毛”图层，选择“羽毛 1”图层。

12 执行【滤镜】|【扭曲】|【切变】命令，弹出【切变】对话框，在曲线上添加节点，调整羽毛弧度，如图 9.91 所示。

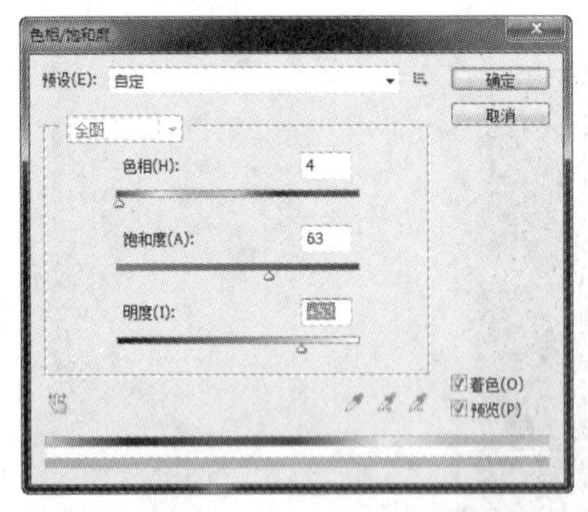

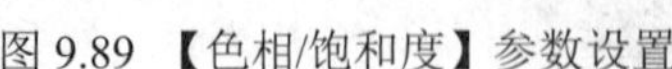

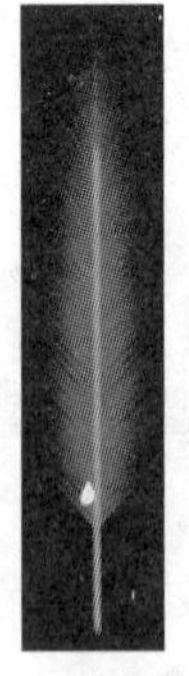

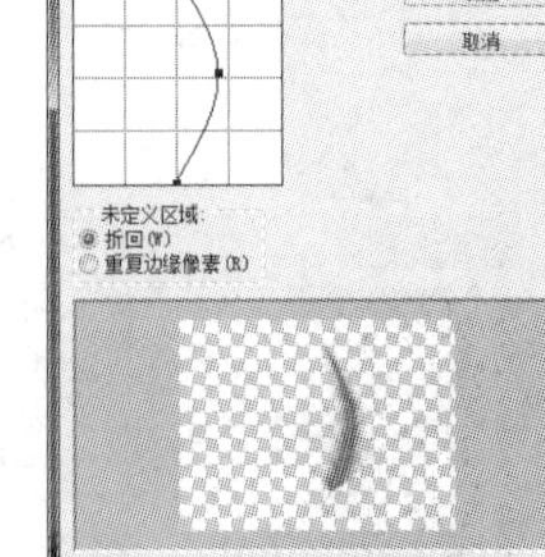

图 9.89　【色相/饱和度】参数设置　　图 9.90　调整羽毛颜色　　图 9.91　【切变】参数设置

13 把羽毛调整到适当的大小，复制多个“羽毛”图层，调整各层羽毛的颜色，变换羽毛的位置与方向，如图 9.92 所示。

14 打开“背景.jpg”文件，移动该图片到“飘逸的羽毛”的所有羽毛层之下，背景层之上，此时的【图层】面板如图 9.93 所示，适当调整“背景”图片的大小与羽毛的位置角度，得到的最终效果如图 9.73 所示。

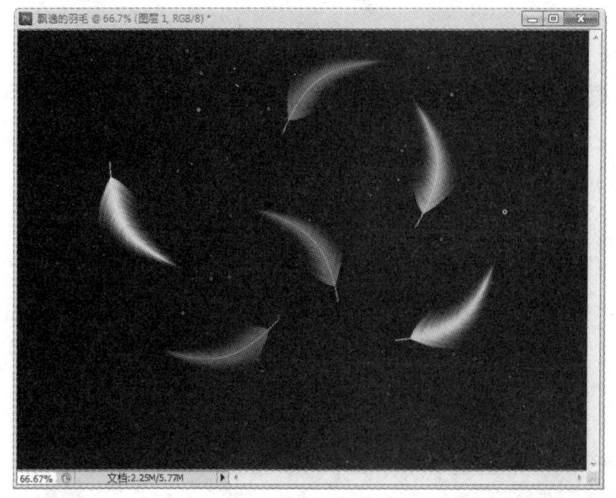

图 9.92　对复制的“羽毛”变换颜色、位置与方向

图 9.93　【图层】面板

任务 9.7　渲染滤镜的应用——打造梦幻光影

◎ 任务目的

通过运用渲染类滤镜，制作梦幻光影的效果，最终效果如图 9.94 所示。

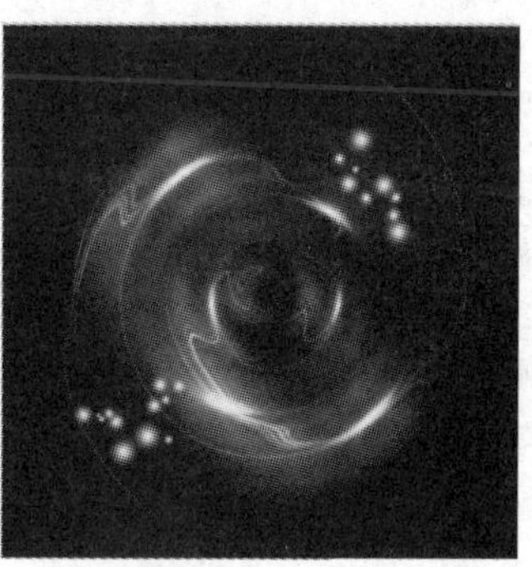

图 9.94　梦幻光影效果图

相关知识

【渲染】滤镜组能够在图像中模拟光线照明、云雾状及各种表面材质的效果。它包括【分层云彩】、【光照效果】、【镜头光晕】、【纤维】和【云彩】5 种滤镜。

1.【云彩】滤镜

【云彩】滤镜可以根据前景色和背景色的混合，制作类似云彩的效果。它与当前图像的颜色没有任何关系。要制作云彩，只需设置前景色和背景色即可。如将前景色设置为蓝色，背景色设置为白色，执行【滤镜】|【渲染】|【云彩】命令，即可创建如图 9.95 所示的云彩效果。注意当前图层上的图像数据将会被替换。

2.【光照效果】滤镜

【光照效果】滤镜可以模拟不同的灯光，使图像产生立体效果。其包含 17 种光照样式、3 种光照类型和 4 种光照属性，还可以使用灰度文件的纹理（称为凹凸图）产生类似 3D 的效果。执行【滤镜】|【渲染】|【光照效果】命令，弹出【光照效果】对话框，如图 9.96 所示。

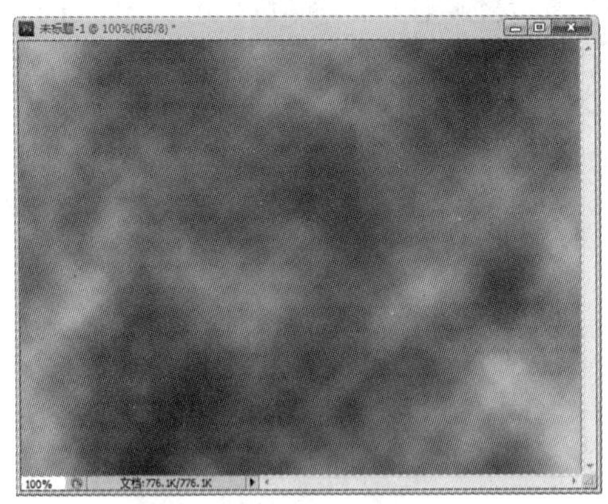

图 9.95　使用【云彩】滤镜后的效果图

图 9.96　【光照效果】对话框

（1）样式

在【样式】右侧的下拉列表中，可以选择一种预置的光照样式，Photoshop 预置了 17 种光照样式。单击【存储】按钮，可以将当前光照设置保存成新的样式；单击【删除】按钮，可以将当前选择的光照样式删除。

（2）光照类型

该选项区域不仅可以设置光照的类型，还可以设置是否打开光源、强度、聚焦等。

1）【光照类型】：在右侧的下拉列表中，可以选择一种光照的类型。其包括【平行光】、【全光源】和【点光】3 种类型。【平行光】的照射与其照射的远近和角度有关，可以模拟太阳光；【全光源】的照射是从光源位置向各个方向照射；【点光】的照射为工椭圆形的光。

2）【开】：勾选该复选框，将打开光源照射，否则不使用光源效果。

3）【强度】：设置光照的亮度大小。其值越大，亮度越高。

4）【光照颜色】：单击右侧的色块，可弹出【选择光照颜色】对话框，设置光照的颜色。

5）【聚焦】：设置点光源的光照范围。其值越大，光照的范围越大。只有选择【点光】选项时，该项才可以使用。

（3）光照属性

在【属性】选项区域中，可以对光照的属性进行设置，如光泽、材料、曝光度等。

1)【光泽】：设置图像表面反射光的多少，从【杂边】到【发光】反光程度逐渐增强。通过它可以调整图像的平衡程度。

2)【材料】：设置图像本身颜色的质感。【塑料效果】反射光的颜色比较亮，而【金属质感】反射自身的颜色，有金属质感。

3)【曝光度】：设置图像的曝光程度。其值越大，图像的曝光度越大。

4)【环境】：设置图像的环境光效果。可以单击右侧的色块，弹出【选择环境颜色】对话框设置环境光的颜色，其值范围为－100～＋100。

(4) 纹理通道

在【纹理通道】选项区域中可以选择作用通道，生成一种浮雕效果。

1)【白色部分突出】：勾选该复选框，通道中的白色部分为凸出部分；不勾选该复选框，图像中的黑色部分为凸出部分。

2)【高度】：设置图像中凸出部分的高光。其值越大，凸出越明显。

小贴士

❖要为图像添加多个光源。可以在预览窗的底部拖动💡图标到预览窗口的图像中，释放鼠标即可添加一个光源，多次拖动，可以添加多个光源。还可以选择不同的光源，将其设置成不同的光照类型。

❖如果要删除光源，可以选择该光源，然后按 Delete 键；或将其拖动到图标上，释放鼠标即可。

原图与使用【光照效果】滤镜后的对比效果如图 9.97 所示。

图 9.97　原图与使用【光照效果】滤镜后的对比效果

3.【镜头光晕】滤镜

【镜头光晕】滤镜可以模拟照相机镜头由于亮光所产生的镜头光斑效果。执行【滤镜】|【渲染】|【镜头光晕】命令，弹出【镜头光晕】对话框，如图 9.98 所示。

1)【光晕中心】：设置光晕的中心位置。在预览窗口中单击或拖动窗口中的十字形标记，可改变光晕中心的位置。

2)【亮度】：设置光晕的亮度。值越大，光晕的亮度越大，取值范围为 10%～300%。

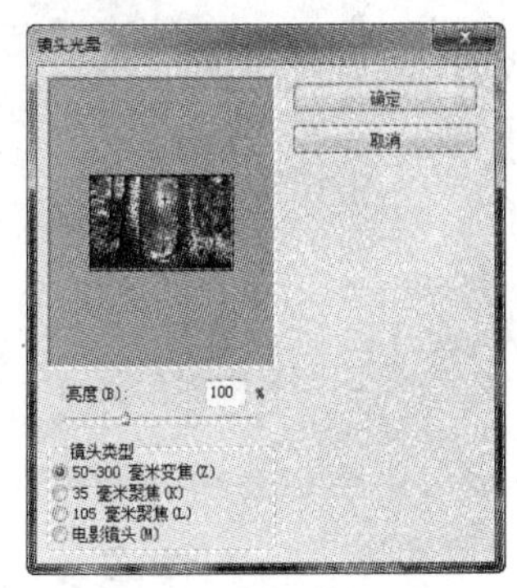

图 9.98　【镜头光晕】对话框

3)【镜头类型】：设置镜头的类型。其包括【50-300 毫米变焦】、【35 毫米聚焦】、【105 毫米聚焦】和【电影镜头】4 个选项，不同的镜头将产生不同的光晕效果。

原图与使用【镜头光晕】滤镜后的对比效果如图 9.99 所示。

图 9.99　原图与使用【镜头光晕】滤镜后的对比效果

4.【纤维】滤镜

【纤维】滤镜可以将前景色和背景色进行混合处理，生成具有纤维效果的图像。执行【滤镜】|【渲染】|【纤维】命令，弹出【纤维】对话框，如图 9.100 所示。

1)【差异】：设置纤维细节变化的差异程度。其值越大，纤维的差异性越大，图像越粗糙。

2)【强度】：设置纤维的对比度。其值越大，生成的纤维对比度越大，纤维纹理越清晰。

3)【随机化】：单击该按钮，可以在相同参数的设置下，随机产生不同的纤维效果。

如将前景色设置为蓝色，背景色设置为灰白色，执行【纤维】命令后选取部分产生的效果如图 9.101 所示。

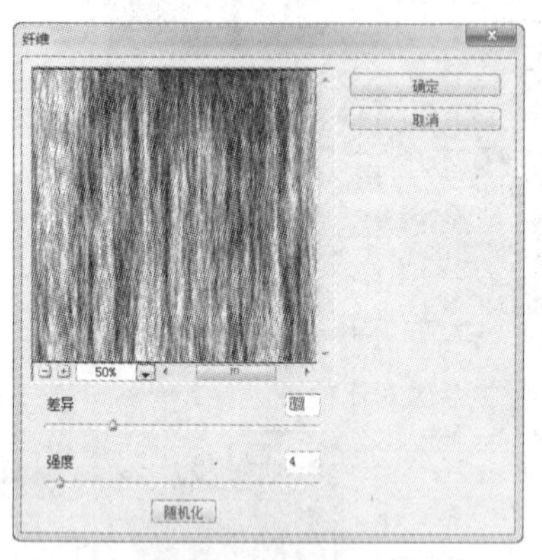

图 9.100　【纤维】对话框

图 9.101　使用【纤维】滤镜后选取部分产生的效果

任务实施

技能点拨：在制作中，首先新建一个图像文件，然后添加【镜头光晕】和【极坐标】

滤镜，调整图层混合模式，再执行【水波】、【高斯模糊】命令，最后添加七彩渐变图层，调整图层混合模式，添加圆点进行点缀，完成梦幻光影效果。

实施步骤

01 新建一个文件，宽度为 600px，高度为 600px，分辨率为 300px/in。

02 新建“图层 1”，并填充黑色。

03 选中“图层 1”图层，执行【滤镜】|【渲染】|【镜头光晕】命令，弹出【镜头光晕】对话框，如图 9.102 所示。为新图层添加【镜头光晕】滤镜的图像效果，如图 9.103 所示。

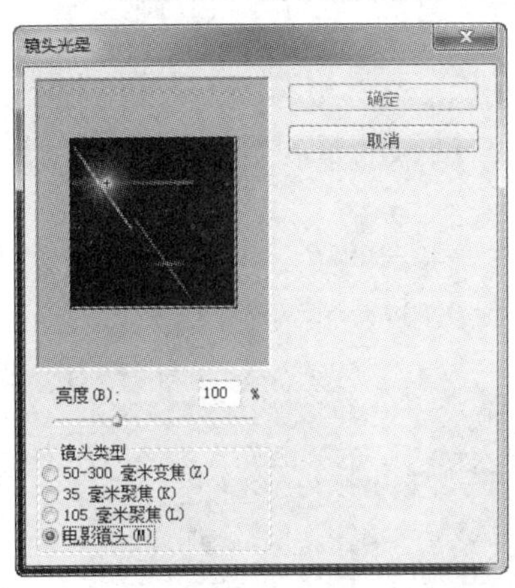

图 9.102 【镜头光晕】对话框

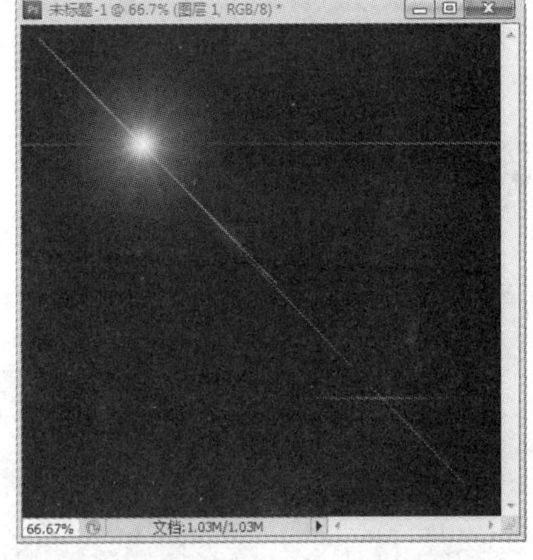

图 9.103　添加【镜头光晕】滤镜的图像效果

04 用同样的方法添加另外两处镜头光晕，注意添加的光晕中心点的位置，如图 9.104 所示，添加两处【镜头光晕】滤镜的图像效果如图 9.105 所示。

图 9.104　添加另外两处镜头光晕

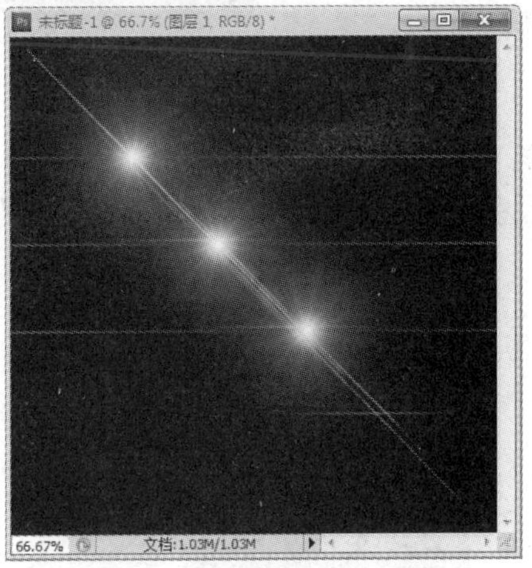

图 9.105　使用 3 个镜头光晕的效果图

05 在该图层上执行【滤镜】|【扭曲】|【极坐标】命令，弹出【极坐标】对话框，参数设置如图 9.106 所示，效果如图 9.107 所示。

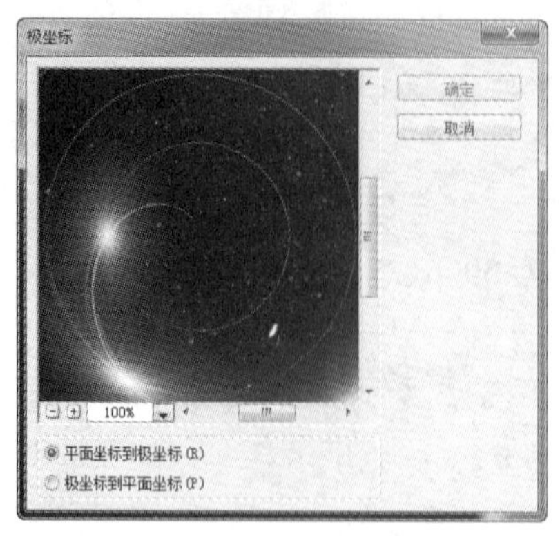

图 9.106 【极坐标】参数设置

图 9.107 使用【极坐标】滤镜的效果图

06 按 Ctrl+J 组合键复制图层并旋转 180°，设置图层属性为【滤色】，效果如图 9.108 所示。

07 按 Ctrl+E 组合键向下合并两个图层，在合并后的图层上执行【滤镜】|【扭曲】|【水波】命令，弹出【水波】对话框，参数设置如图 9.109 所示。

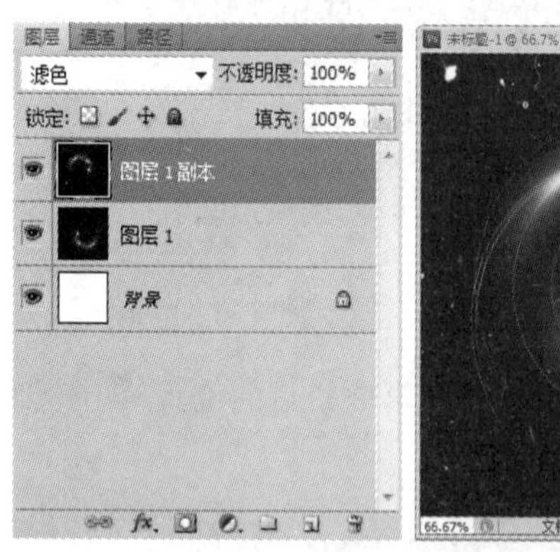

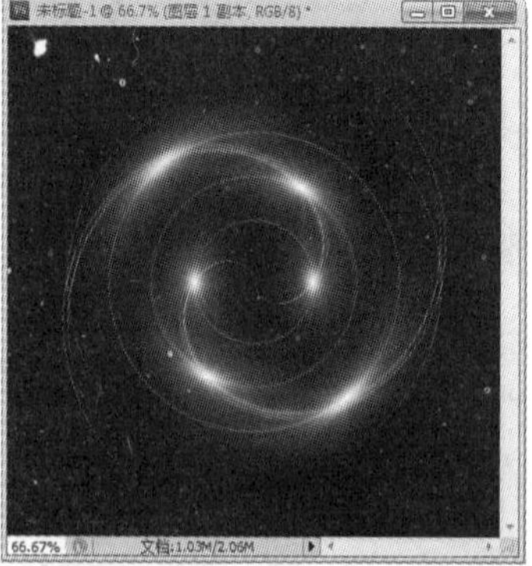

图 9.108 复制旋转图层的效果

图 9.109 【水波】参数设置

08 在该图层上执行【滤镜】|【模糊】|【高斯模糊】命令，弹出【高斯模糊】对话框，参数设置如图 9.110 所示，此时图层效果如图 9.111 所示。

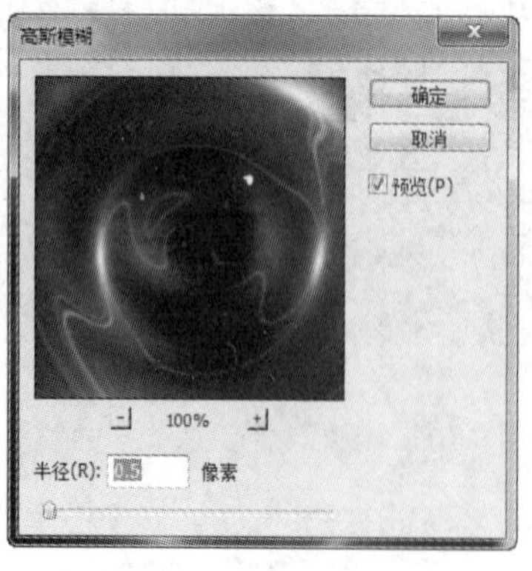

图 9.100 【高斯模糊】参数设置

图 9.111 图层光影效果

09 新建“图层 2”，并填充【透明彩虹】线性渐变，图层效果如图 9.112 所示；设置图层为【叠加】模式，此时【图层】面板如图 9.113 所示。

10 新建“图层 3”，设置前景色为白色，使用【画笔工具】，在属性栏中单击【切换画笔调板】按钮，打开【画笔】面板，设置适当的画笔尖直径、间距、形状动态、散布等参数，参数设置如图 9.114 所示。

11 使用【画笔工具】点缀一些白色光点，并为图层添加【外发光】图层样式，参数设置如图 9.115 所示，得到梦幻光影的最终效果如图 9.94 所示。

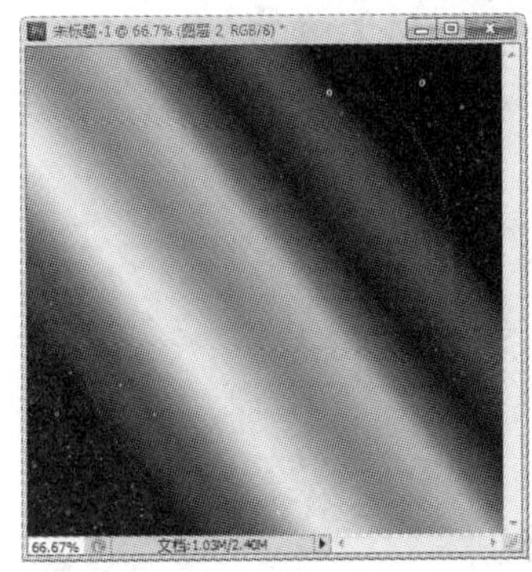

图 9.112　填充【透明彩虹】线性渐变

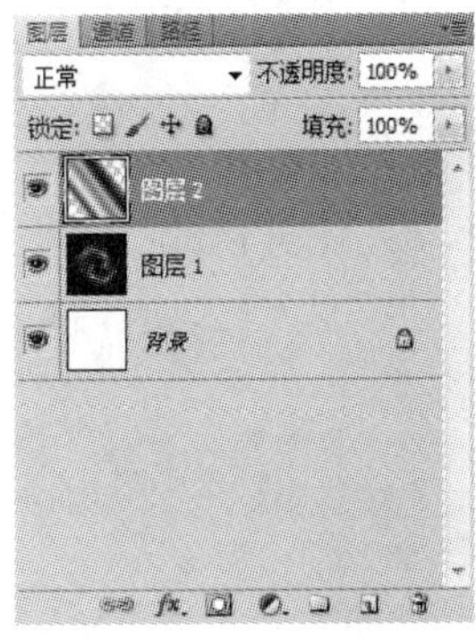

图 9.113 【图层】面板

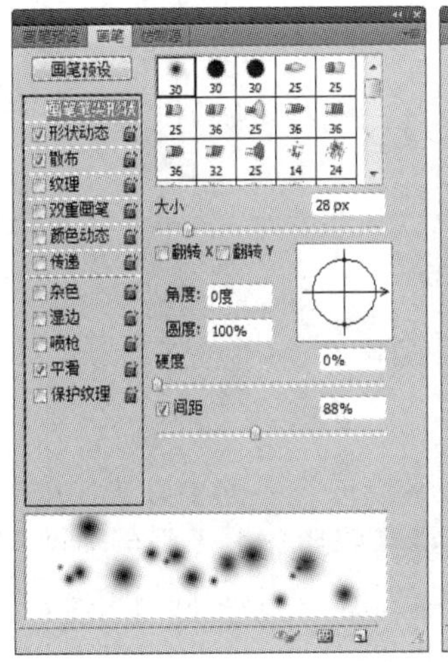

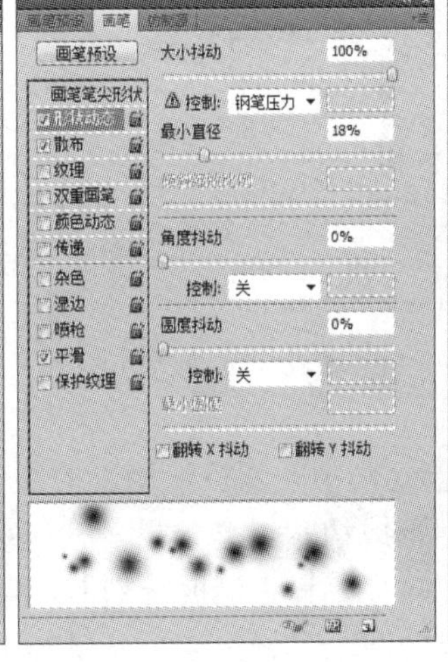

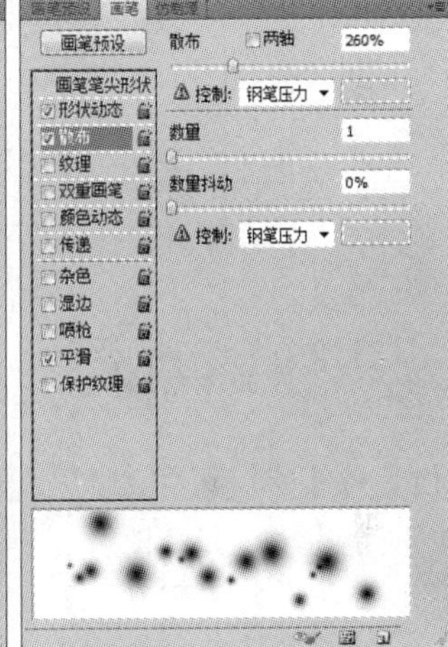

图 9.114 【画笔】参数设置

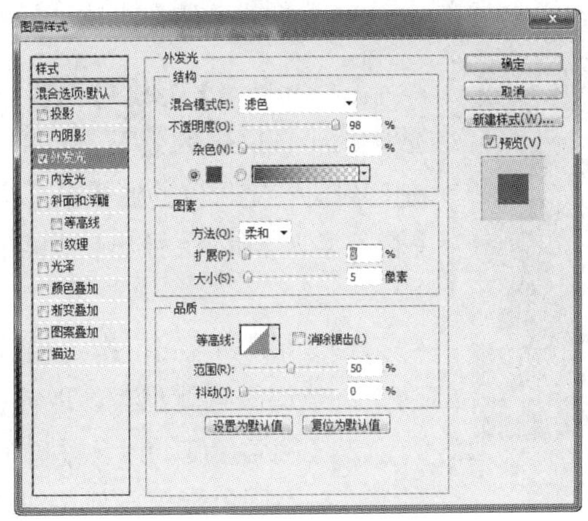

图 9.115 【外发光】参数设置

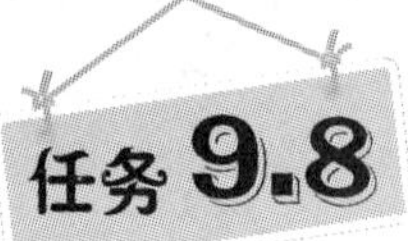

任务9.8 像素化滤镜的应用——创建艺术相框

◎ 任务目的

通过运用【像素化】滤镜，为照片创建艺术相框，最终效果如图 9.116 所示。

图 9.116 艺术相框效果图

相关知识

【像素化】滤镜组主要通过单元格中的颜色值相近的像素结成许多的小方块，并将这些小方块重新组合，有机地分布，形成像素组合效果。其包括【彩块化】、【彩色半调】、【点状化】、【晶格化】、【马赛克】、【碎片】和【铜板雕刻】7 种滤镜。打开“向日葵.jpg”素材文件作为其中介绍常用滤镜命令的演示素材，如图 9.117 所示。

图 9.117 “向日葵.jpg”图像

1.【彩色半调】滤镜

【彩色半调】滤镜可以模拟对图像的每个通道使用放大的半调网屏的效果。半调网屏由网点组成，网点控制印刷时特定位置的油墨量。执行【滤镜】|【像素化】|【彩色半调】命令，弹出【彩色半调】对话框，如图 9.118 所示。

1)【最大半径】：指定半调网点的最大半径。其值越大，半调网点就越大，取值范围是 4～127。

2)【网角（度）】：设置每个通道网点的实际水平线的夹角，不同色彩模式使用的通道数不同。对于灰色模拟的图像，只能使用【通道 1】；对于 RGB 图像，【通道 1】为红色通道、【通道 2】为绿色通道、【通道 3】为蓝色通道；对于 CMYK 图像，【通道 1】为青色、【通道 2】为洋红、【通道 3】为黄色、【通道 4】为黑色。

单击【彩色半调】对话框中的【确定】按钮，编辑的图像彩色半调效果如图 9.119 所示。

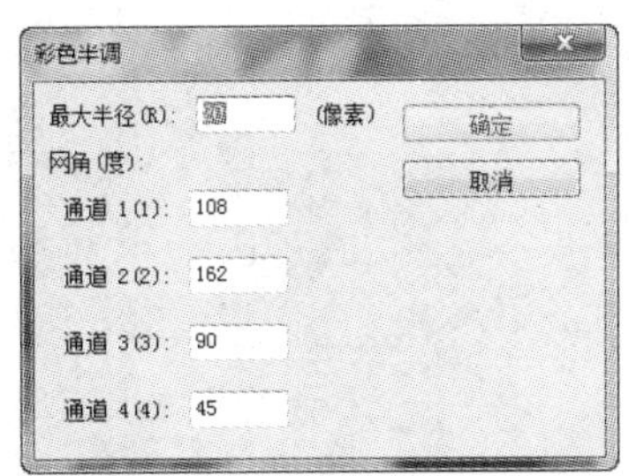

图 9.118　【彩色半调】对话框

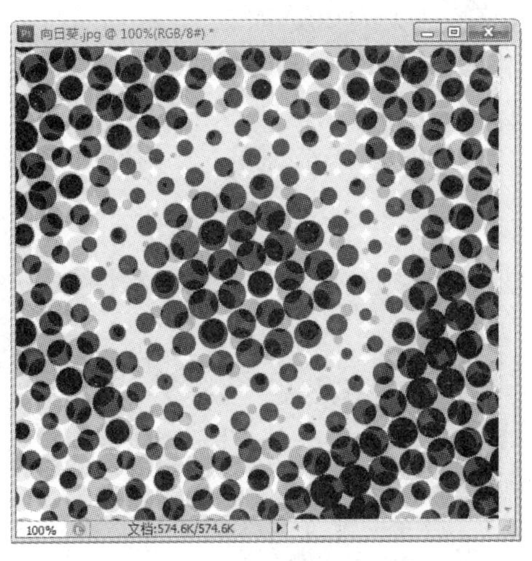

图 9.119　图像彩色半调效果

2.【点状化】滤镜

【点状化】滤镜可以将图像中的颜色分解为随机分布的网点，并使用背景色作为网点之间的画布颜色，形成类似点状化绘图的效果。按 Ctrl+Z 组合键，将“向日葵”图像还原至初始状态，设置背景色为绿色，执行【滤镜】|【像素化】|【点状化】命令，弹出【点状化】对话框，设置【单元格大小】为 20，如图 9.120 所示。

【单元格大小】：设置点状化的大小。其值越大，点块越大，取值范围为 3～300。

单击【点状化】对话框中的【确定】按钮，编辑的图像点状化效果如图 9.121 所示。

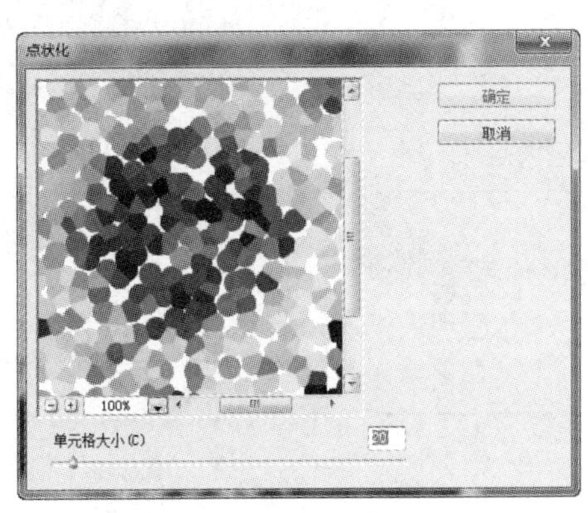

图 9.120　【点状化】对话框

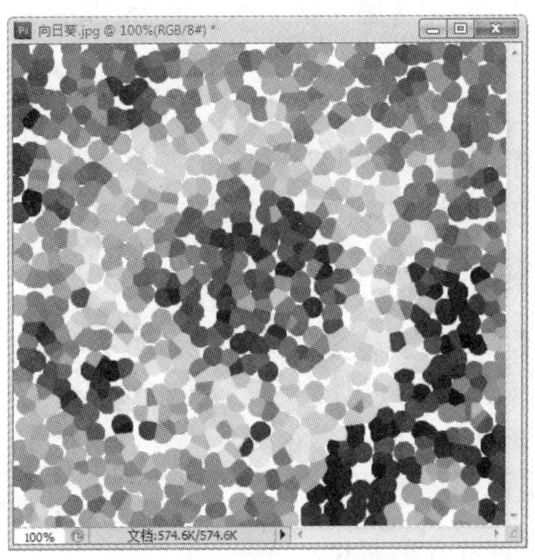

图 9.121　图像点状化效果

3.【晶格化】滤镜

【晶格化】滤镜可以使图像产生结晶般的块状效果。按 Ctrl + Z 组合键，将“向日葵”图像还原至初始状态。执行【滤镜】|【像素化】|【晶格化】命令，弹出【晶格化】对话框，设置【单元格大小】为 20，如图 9.122 所示。

【单元格大小】：设置结晶体的大小。值越大，结晶体越大，取值范围为 3～300。

单击【晶格化】对话框中的【确定】按钮，像素图像中的颜色像素被归纳成不规则的色块效果，如图 9.123 所示。

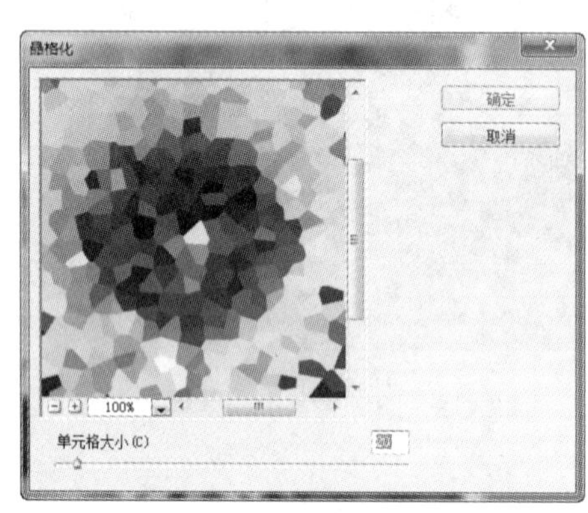

图 9.122 【晶格化】对话框

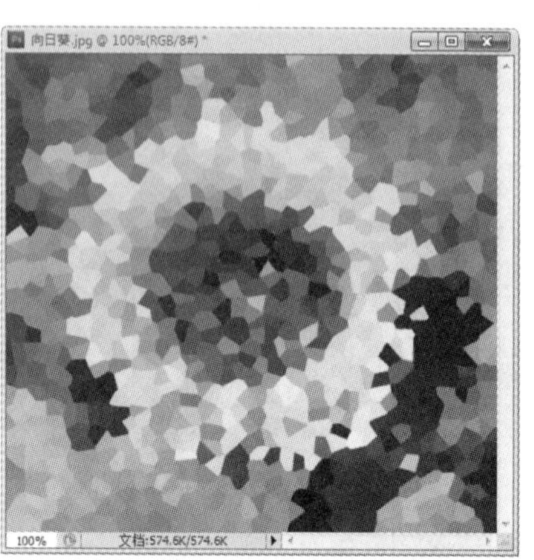

图 9.123 图像晶格化效果

4.【马赛克】滤镜

【马赛克】滤镜可以使图像中的像素集结成块状效果。平时看电视或看电影中的人物面部多应用该滤镜效果，人们常说的给人物面部打个马赛克，说的就是这种滤镜效果。将“向日葵”图像还原至初始状态。执行【滤镜】|【像素化】|【马赛克】命令，弹出【马赛克】对话框，设置【单元格大小】为 20，如图 9.124 所示。

【单元格大小】：设置马赛克的大小。其值越大，马赛克越大，取值范围为 2～200。

单击【马赛克】对话框中的【确定】按钮，图像颜色像素被归纳成规则的方块效果，如图 9.125 所示。

小贴士

【晶格化】和【马赛克】滤镜同样都可以将图像颜色像素进行归纳，形成色块效果。但前者形成不规则的多边色块，后者则形成规则的方形色块。

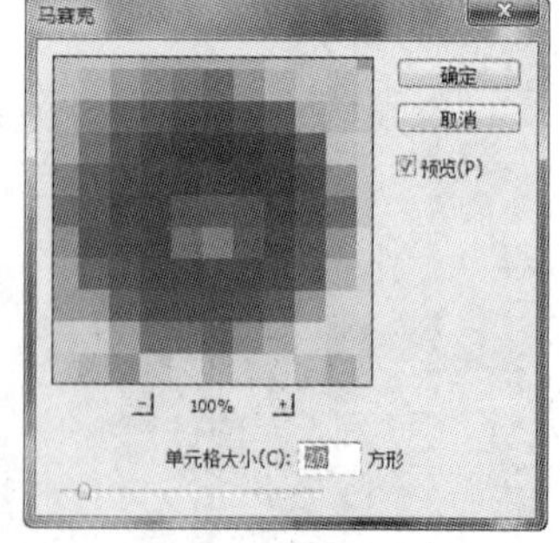

图 9.124 【马赛克】对话框

5.【碎片】滤镜

【碎片】滤镜可以使图像产生重叠位移的模糊效果。该滤镜没有任何参数设置，如果想使模糊效果更加明显，可以多次执行该滤镜。使用【碎片】滤镜后的效果如图 9.126 所示。

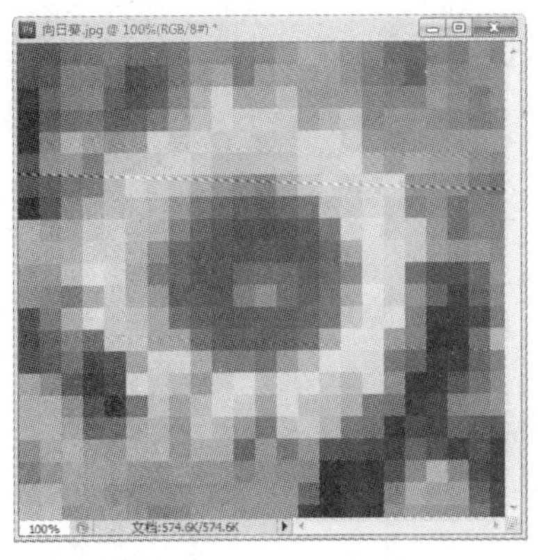

图 9.125 图像马赛克效果

图 9.126 图像碎片效果

任务实施

技能点拨：首先在图像中创建矩形选区，分割照片为相框与框内两个区域，进入【以快速蒙版模式编辑】，对相框区域使用【碎片】与【阴影线】滤镜制作边框，然后进入【以标准模式编辑】，最后使用【彩色半调】滤镜增加艺术效果。

实施步骤

01 打开"照片.jpg"素材文件，使用【矩形选框工具】在图像区域创建矩形选区，如图 9.127 所示。

02 单击工具箱中的【以快速蒙版模式编辑】按钮，将图像选区切换为快速蒙版模式状态，如图 9.128 所示。

图 9.127 创建矩形选区

图 9.128 换为快速蒙版模式

03 执行【滤镜】|【像素化】|【碎片】命令，然后按 Ctrl+F 组合键两次，也就是重复使用【碎片】滤镜效果两次。

04 执行【滤镜】|【画笔描边】|【阴影线】命令，弹出【阴影线】对话框，设置各个选项的具体参数，如图 9.129 所示。

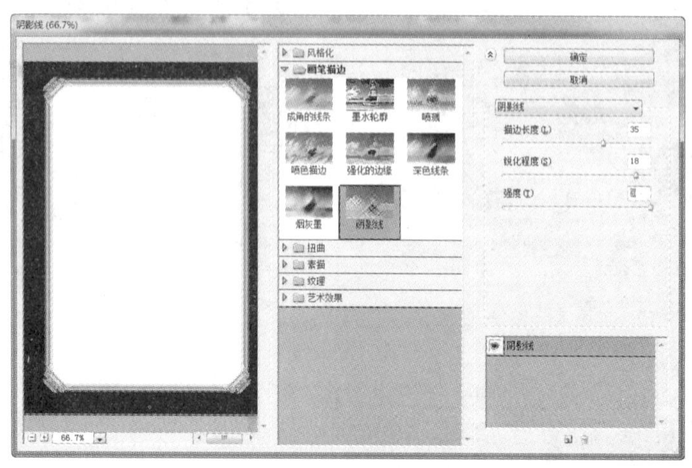

图 9.129 【阴影线】参数设置

05 单击【阴影线】对话框中的【确定】按钮即可为图像添加阴影线效果，如图 9.130 所示。

06 单击工具箱中的【以标准模式编辑】按钮，将图像切换为选区状态，然后按 Ctrl+Shift+I 组合键对选择区域反选，如图 9.131 所示。

图 9.130 为蒙版添加阴影线效果

图 9.131 选区状态

07 新建“图层 1”，为选区设置自己喜欢的颜色，按 Ctrl+D 组合键取消选区，如图 9.132 所示。

08 执行【滤镜】|【像素化】|【彩色半调】命令，弹出【彩色半调】对话框，将【最大半径】设置为 18，如图 9.133 所示。

09 单击【彩色半调】对话框中的【确定】按钮即得到相框的色彩半调效果，如图 9.134 所示。

图 9.132　为选区填充颜色

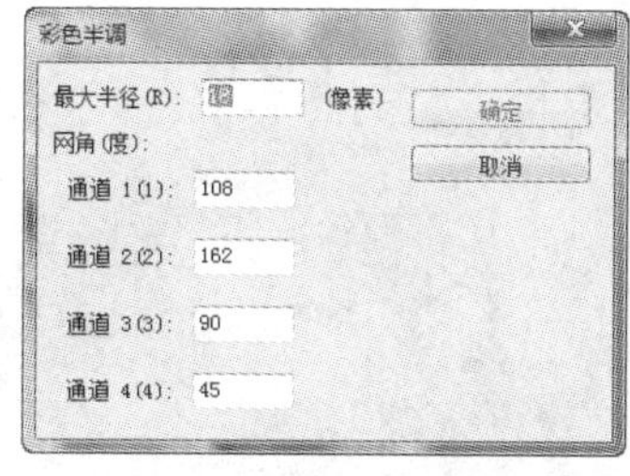

图 9.133　【彩色半调】参数设置

图 9.134　【彩色半调】滤镜效果

10 最后多次按 Ctrl+F 组合键，也就是重复使用【彩色半调】滤镜效果几次，也可继续使用其他滤镜进行修饰，直到得到令人满意的效果为止，如图 9.116 所示。

11 按 Ctrl+S 组合键，保存文件。

任务 9.9　艺术效果滤镜的应用——制作水彩画效果

◎ 任务目的

通过运用【艺术效果】滤镜，制作“水彩画”，最终效果如图 9.135 所示。

图 9.135　水彩画效果图

相关知识

【艺术效果】滤镜组主要将摄影图像变成传统介质上的绘画效果，执行这些命令可以使图像产生不同风格的艺术效果。其包括【壁画】、【彩色铅笔】、【粗糙蜡笔】、【底纹效果】、

【干画笔】、【海报边缘】、【海绵】、【绘画涂抹】、【胶片颗粒】、【木刻】、【霓虹灯光】、【水彩】、【塑料包装】、【调色刀】、【涂抹棒】15 种滤镜。打开“西红柿.jpg”素材文件作为介绍常用滤镜命令的演示素材，如图 9.136 所示。

图 9.136 “西红柿.jpg”图像

1.【彩色铅笔】滤镜

【彩色铅笔】滤镜可以模拟各种颜色的铅笔在纯色背景上绘制图像的效果，绘制的图像中保留重要的边缘，外观呈粗糙阴影线效果，纯色的背景色透过比较平滑的区域显示出来。执行【滤镜】|【艺术效果】|【彩色铅笔】命令，弹出【彩色铅笔】对话框，如图 9.137 所示。

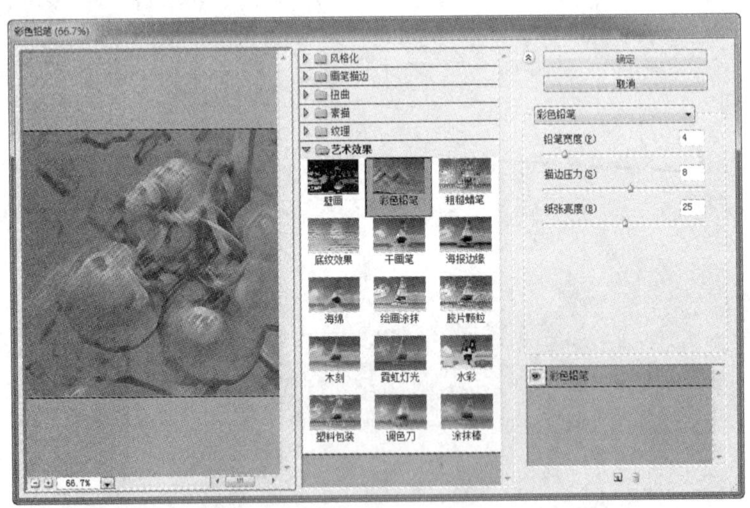

图 9.137 【彩色铅笔】对话框

1)【铅笔宽度】：设置铅笔笔触的宽度。其值越大，铅笔绘制的线条越粗，取值范围为 1～24。

2)【描边压力】：设置铅笔绘图时的压力大小。其值越大，绘制的颜色越明显，取值范围为 0～15。

3)【纸张亮度】：设置纯色背景的亮度。其值越大，纸张的亮度越大，取值范围为 0～50。

原图使用【彩色铅笔】滤镜后的效果如图 9.138 所示。

图 9.138 原图使用【彩色铅笔】滤镜后的效果

2.【粗糙蜡笔】滤镜

【粗糙蜡笔】滤镜可使图像产生类似彩色蜡笔在带纹理的背景上描边的效果，使图像表面产生一种不平整的浮雕纹理。执行【滤镜】|【艺术效果】|【粗糙蜡笔】命令，弹出【粗糙蜡笔】对话框，如图 9.139 所示。

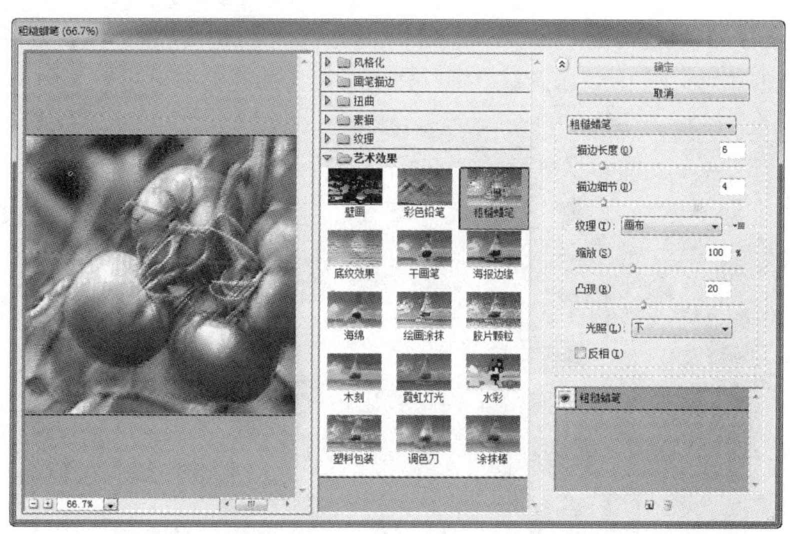

图 9.139 【粗糙蜡笔】对话框

1)【描边长度】：设置画笔描绘线条的长度。其值越大，线条越长，取值范围为 0～40。

2)【描边细节】：设置粗糙蜡笔的细腻程度。其值越大，细节描写越明显，取值范围为 1～20。

3)【纹理】：设置生成纹理的类型。在右侧的下拉列表中包括【砖形】、【粗麻布】、【画布】和【砂岩】4 种纹理类型。

4)【缩放】：设置纹理的缩放大小。其值越大，纹理越大，取值范围为 50%～120%。

5)【凸现】：设置纹理凹凸程度。其值越大，图像的凸现感越强，取值范围为 0～50。

6）【光照】：设置光源的照射方向。其包括【下】、【左下】、【左】、【左上】、【上】、【右上】、【右】和【右下】8 个选项。

7）【反相】：勾选该复选框，可以反转纹理的凹凸区域。

原图使用【粗糙蜡笔】滤镜后的效果如图 9.140 所示。

图 9.140　原图使用【粗糙蜡笔】滤镜后的效果

3.【绘画涂抹】滤镜

【绘画涂抹】滤镜可以模拟画笔在图像上随意涂抹，使图像产生模糊的艺术效果。执行【滤镜】|【艺术效果】|【绘画涂抹】命令，弹出【绘画涂抹】对话框，如图 9.141 所示。

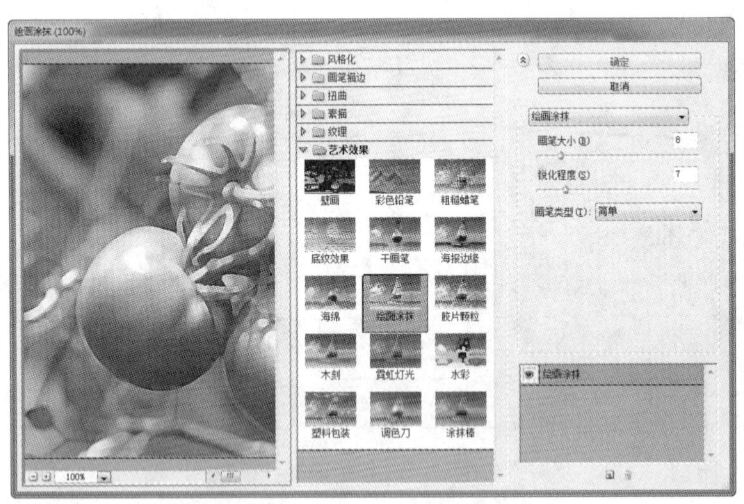

图 9.141　【绘画涂抹】对话框

1）【画笔大小】：设置涂抹工具的笔触大小。其值越大，涂抹的范围越大，取值范围为 1～50。

2）【锐化程度】：设置涂抹笔触的清晰程度。其值越大，锐化程度越大，图像越清晰，取值范围为 0～40。

3）【画笔类型】：指定涂抹的画笔类型。在右侧的下拉列表中，可以选择【简单】、【未处理光照】、【未处理深色】、【宽锐化】、【宽模糊】和【火花】6种类型，使用不同的选项。

原图使用【绘画涂抹】滤镜后的效果如图9.142所示。

图9.142　原图使用【绘画涂抹】滤镜后的效果

4.【水彩】滤镜

【水彩】滤镜可以将图像的细节进行简化处理，使图像产生一种水彩画的艺术效果。执行【滤镜】|【艺术效果】|【水彩】命令，弹出【水彩】对话框，如图9.143所示。

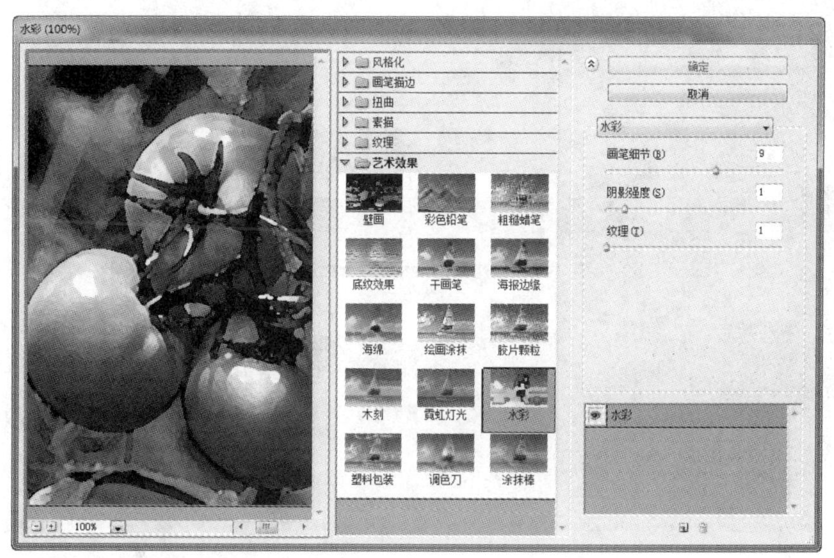

图9.143　【水彩】对话框

1)【画笔细节】：设置画笔图画的细腻程度。其值越大，图像细节表现越多，取值范围为1～14。

2)【阴影强度】：设置图像中暗区的深度。其值越大，暗区越暗，取值范围为0～10。

3)【纹理】：设置颜色交界处的纹理强度。其值越大，纹理越明显，取值范围为1～3。

原图使用【水彩】滤镜后的效果如图9.144所示。

图 9.144　原图使用【水彩】滤镜后的效果

5.【海绵】滤镜

【海绵】滤镜可以创建对比颜色较强的纹理，使图像显得有用海绵绘制的艺术效果。执行【滤镜】|【艺术效果】|【海绵】命令，弹出【海绵】对话框，如图 9.145 所示。

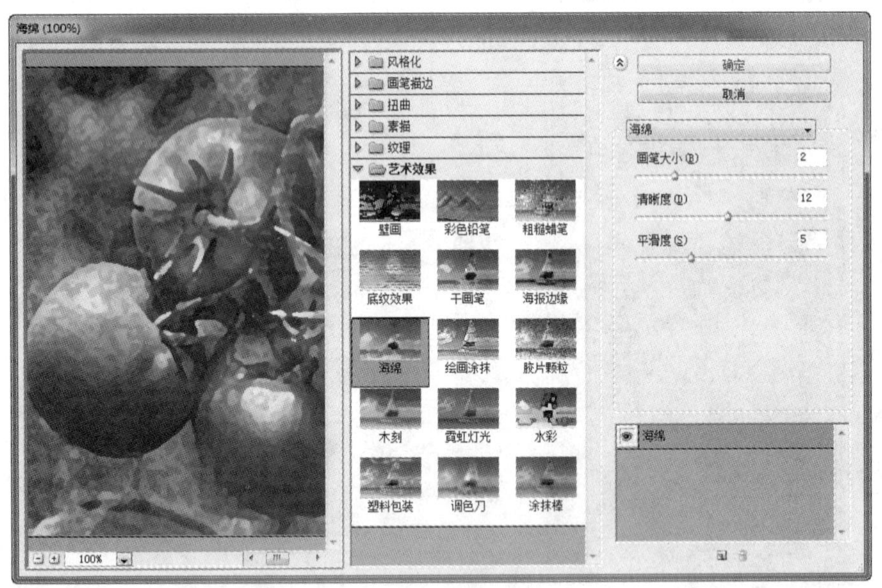

图 9.145　【海绵】对话框

1)【画笔大小】：设置海绵笔触的粗细。其值越大，笔触越大，取值范围为 0～10。

2)【清晰度】：设置图像边缘的清晰程度。其值越大，绘制的颜色越清晰，取值范围为 0～25。

3)【平滑度】：设置绘制颜色间的光滑程度。其值越大，越光滑，取值范围为 1～15。

原图使用【海绵】滤镜后的效果如图 9.146 所示。

图 9.146　原图使用【海绵】滤镜后的效果

6.【塑料包装】滤镜

【塑料包装】滤镜可以为图像表面增加一层强光效果，使图像产生质感很强的塑料包装的艺术效果。执行【滤镜】|【艺术效果】|【塑料包装】命令，弹出【塑料包装】对话框，如图 9.147 所示。

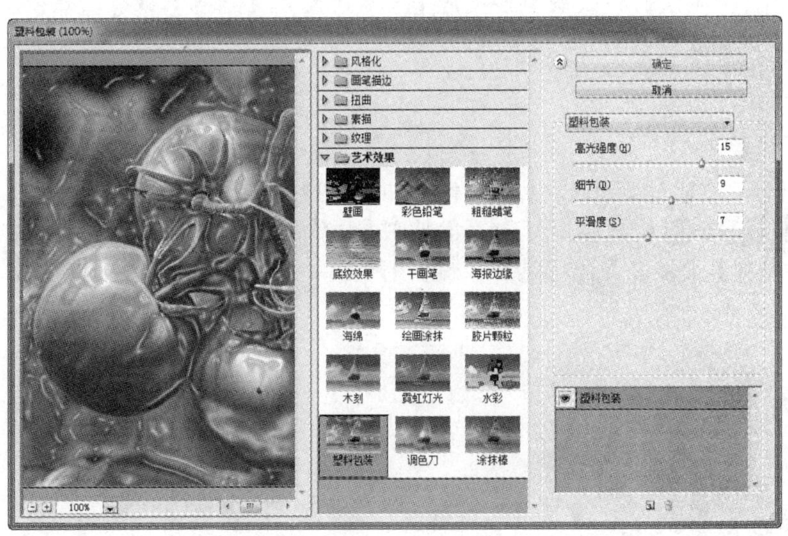

图 9.147　【塑料包装】对话框

1)【高光强度】：设置图像中高光区域的亮度。其值越大，高光区域的亮度越大，取值范围为 0～20。

2)【细节】：设置图像中高光区域的复杂程度。其值越大，高光区域越多，取值范围为 1～15。

3)【平滑度】：设置图像中塑料包装的光滑程度。其值越大，越光滑，取值范围为 1～15。

原图使用【塑料包装】滤镜后的效果如图 9.148 所示。

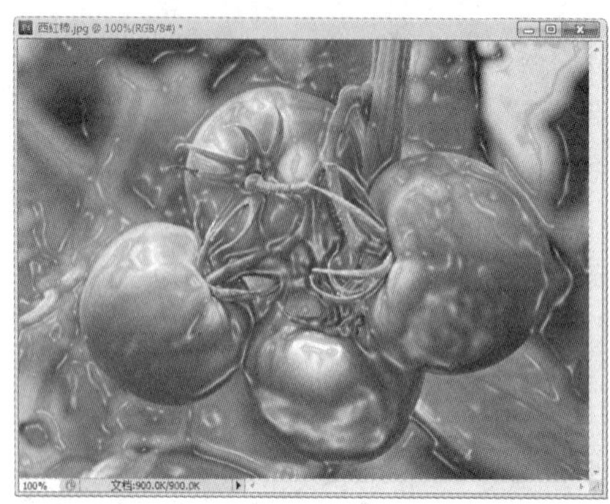

图 9.148　原图使用【塑料包装】滤镜后的效果

任务实施

技能点拨：在制作中，通过使用【特殊模糊】滤镜与【查找边缘】滤镜，配合选择【叠加】图层模式，产生淡彩的效果，再执行【艺术效果】|【水彩】命令，配合选择【柔光】图层模式，最终完成水彩画效果。

实施步骤

01 打开“水上建筑.jpg”素材文件，如图 9.149 所示。

02 按 Ctrl+J 组合键，复制“背景”图层为“图层 1”图层。执行【滤镜】|【模糊】|【特殊模糊】命令，弹出【特殊模糊】对话框，参数设置如图 9.150 所示，单击【确定】按钮。

图 9.149 “水上建筑.jpg”图像

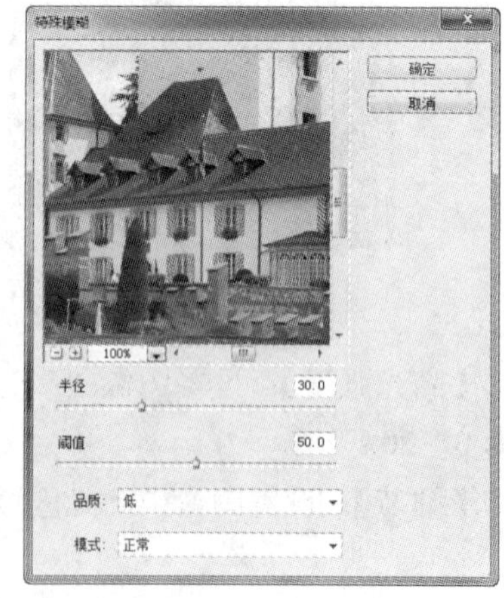

图 9.150 【特殊模糊】参数设置

03 复制“图层 1”图层为“图层 1 副本”图层，执行【滤镜】|【风格化】|【查找边缘】命令，得到的画面效果如图 9.151 所示。

04 执行【滤镜】|【模糊】|【高斯模糊】命令，弹出【高斯模糊】对话框，参数设置如图 9.152 所示。单击【确定】按钮，得到的效果如图 9.153 所示。

图 9.151　使用【查找边缘】滤镜后的效果

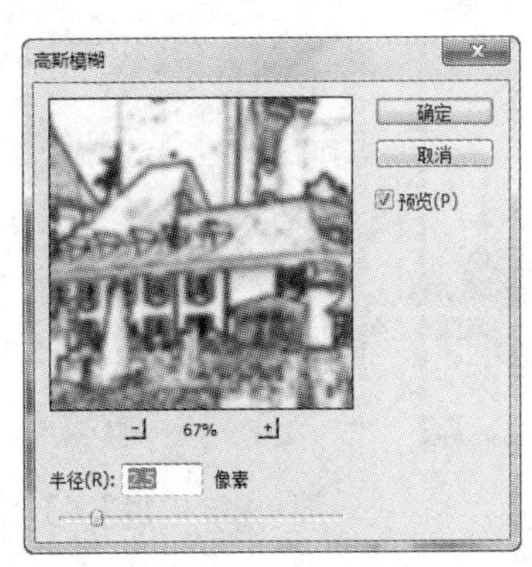

图 9.152　【高斯模糊】参数设置

图 9.153　使用【高斯模糊】滤镜后的效果

05 在【图层】面板上设置图层混合模式为【叠加】,【图层】面板与叠加效果如图 9.154 所示。

06 复制“背景”图层为“背景副本”图层，然后将新图层至于图层的最上方。执行【滤镜】|【艺术效果】|【水彩】命令，弹出【水彩】对话框，参数设置如图 9.155 所示，单击“确定”按钮。

07 在【图层】面板中设置图层混合模式为【柔光】，完成水彩画的制作，此时的【图层】面板如图 9.156 所示，水彩画最终效果如图 9.135 所示。

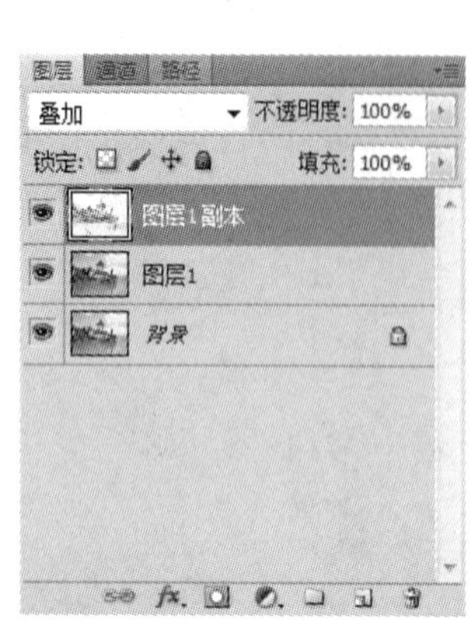

图 9.154　【图层】面板与叠加效果

图 9.155　【水彩】对话框

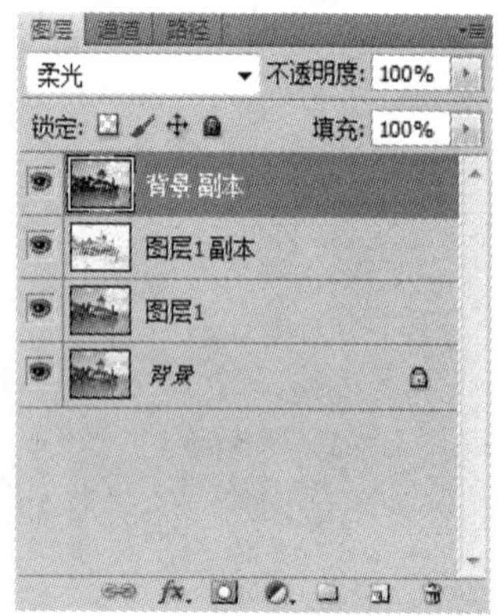

图 9.156　【图层】面板

杂色滤镜的应用——创建怀旧色调照片

◎ 任务目的

在制作中，通过应用【杂色】滤镜，为照片创建怀旧照片色调，最终效果如图 9.157 所示。

图 9.157　怀旧色调照片效果图

相关知识

【杂色】滤镜主要是添加或减少杂色，以增加图像的纹理或减少图像的杂色效果。其包括【减少杂色】、【蒙尘与划痕】、【去斑】、【添加杂色】和【中间值】5 种滤镜。打开“梅.jpg”素材文件作为演示素材，如图 9.158 所示，讲解该滤镜组中常用的几个滤镜命令。

1.【减少杂色】滤镜

通常使用数码照相机拍摄的照片较容易出现大量的杂点，使用【减少杂色】滤镜可以轻易地将这些杂点去除。执行【滤镜】|【杂色】|【减少杂色】命令，弹出【减少杂色】对话框，如图 9.159 所示。

图 9.158　“看梅.jpg”图像

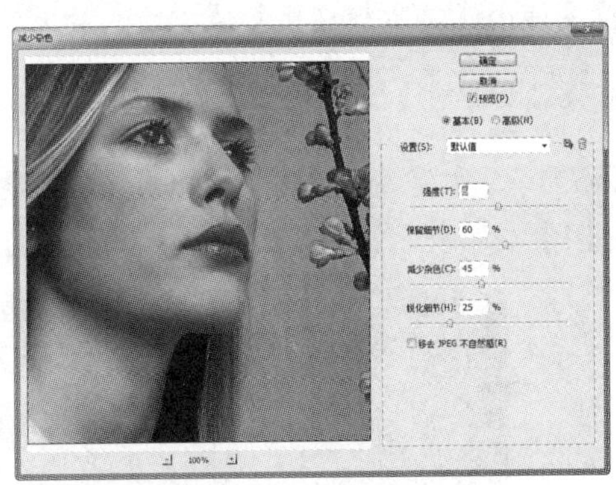

图 9.159　【减少杂色】对话框

1）【基本】：用来控制降低杂色中最基础的选项。

2）【高级】：在此模式下，用户可以在每个通道上执行降噪，还可以将特定的设置保存为预设值。

3）【强度】：用来控制降噪的程度。

4）【保留细节】：在减少图像杂色时保持原图像细节的程度。

5）【减少杂色】：用来控制图像减少杂色的数量。

6）【锐化细节】：用来控制图像颜色像素的锐化程度。

7）【移去 JPEG 不自然感】：勾选此复选框，可以移除 JPEG 图像压缩时产生的杂色。

可以看到使用【减少杂色】滤镜移除的图像杂点效果更加细腻，几乎保持了原图像的细节，如图 9.160 所示。

2. 【蒙尘与划痕】滤镜

【蒙尘与划痕】滤镜可以去除像素邻近区差别较大的像素，以减少杂色，修复图像的细小缺陷。执行【滤镜】|【杂色】|【蒙尘与划痕】命令，弹出【蒙尘与划痕】对话框，如图 9.161 所示。

图 9.160　使用【减少杂色】滤镜后的效果

图 9.161　【蒙尘与划痕】对话框

1）【半径】：设置去除缺陷的搜索范围。其值越大，图像越模糊，取值范围为 1～100。

2）【阈值】：设置被去掉的像素与其他像素的差别程度。其值越大，去除杂点的能力越弱，取值范围为为 0～128。

原图使用【蒙尘与划痕】滤镜后的效果如图 9.162 所示。

3. 【添加杂色】滤镜

【添加杂色】滤镜可以在图像上随机添加一些杂点，产生杂色的图像效果。执行【滤镜】|【杂色】|【添加杂色】命令，弹出【添加杂色】对话框，如图 9.163 所示。

图 9.162　使用【蒙尘与划痕】滤镜后的效果

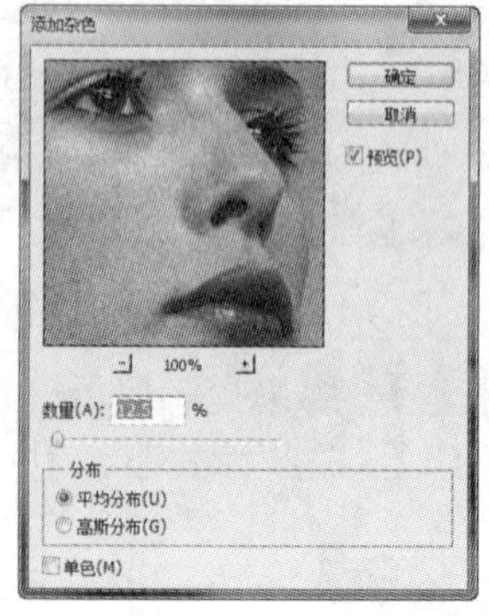

图 9.163　【添加杂色】对话框

1）【数量】：设置图像中生成杂色的数量。其值越大，生成的杂色数量越多。

2）【分布】：设置杂色分布的方式。其包括【平均分布】和【高斯分布】两种分布方式。如果点选【平均分布】单选按钮，将使用随机分布产生杂色；如果点选【高斯分布】单选按钮，则根据高斯曲线进行分布，产生的杂色效果更加明显。

3）【单色】：勾选该复选框，将产生单色的杂色效果。

原图使用【添加杂色】滤镜后的效果如图9.164所示。

图9.164　使用【添加杂色】滤镜后的效果

小贴士

在图像处理过程中，【添加杂色】滤镜往往会与其他滤镜结合起来使用。

4.【中间值】滤镜

【中间值】滤镜可以在邻近的颜色像素中搜索，去除与邻近像素相差过大的像素，用得到的像素中间值来替换中心像素的亮度值使图像变得模糊。执行【滤镜】|【杂色】|【中间值】命令，弹出【中间值】对话框，如图9.165所示。

【半径】：设置邻近像素亮度的分析范围。其值越大，图像越模糊，取值范围为1～100。

原图使用【中间值】滤镜后的效果如图9.166所示。

图9.165　【中间值】对话框

图9.166　使用【中间值】滤镜后的效果

任务实施

技能点拨：首先使用【去色】滤镜将照片处理为灰度图像效果，给照片添加老照片的泛黄色调，再使用【添加杂色】滤镜，最后使用【云彩】与【纤维】滤镜和图层模式的运用为照片添加老照片的纹理。

实施步骤

01 打开“江南水乡.jpg”素材文件。

02 执行【图像】|【调整】|【去色】命令，去掉照片中的彩色信息，效果如图 9.167 所示。

03 新建“图层 1”，将前景色设置为土黄色（R：224，G：190，B：72），按 Alt + Delete 组合键将该图层填充为前景色，然后设置该图层的混合模式为【颜色】，不透明度为 40%，此时【图层】面板如图 9.168 所示。

图 9.167　灰度图像效果

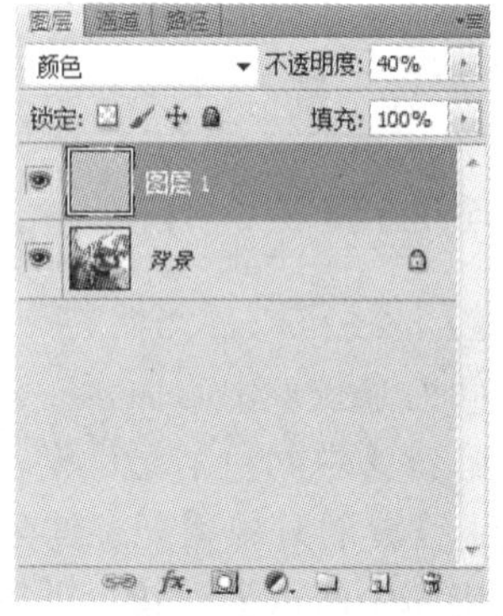

图 9.168　【图层】面板一

04 选中“背景”图层，执行【滤镜】|【杂色】|【添加杂色】命令，弹出【添加杂色】对话框，并从中进行相应的参数的设置，如图 9.169 所示。单击【确定】按钮，给“背景”图层添加杂色。

05 新建“图层 2”，按 D 键恢复默认的前景色和背景色，执行【滤镜】|【渲染】|【云彩】命令，为“图层 2”添加云彩效果，此时【图层】面板如图 9.170 所示。

06 执行【滤镜】|【渲染】|【纤维】命令，弹出【纤维】对话框，参数设置如图 9.171 所示。

07 单击【确定】按钮，应用【纤维】滤镜，设置“图层 2”的图层混合模式为【颜色加深】，不透明度为 40%，此时【图层】面板如图 9.172 所示，得到的怀旧色调照片最终效果如图 9.157 所示。

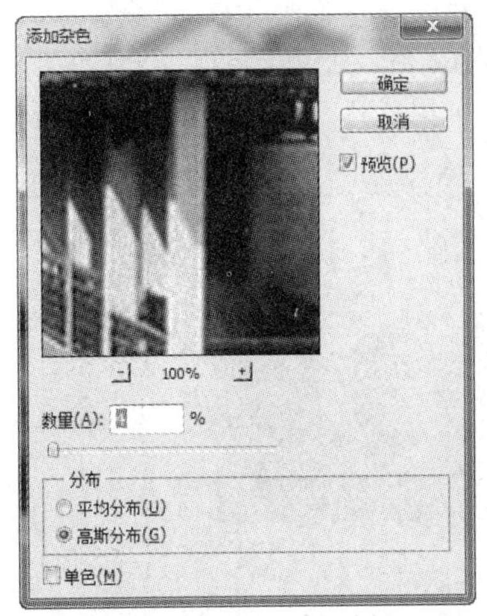

图 9.169　【添加杂色】参数设置

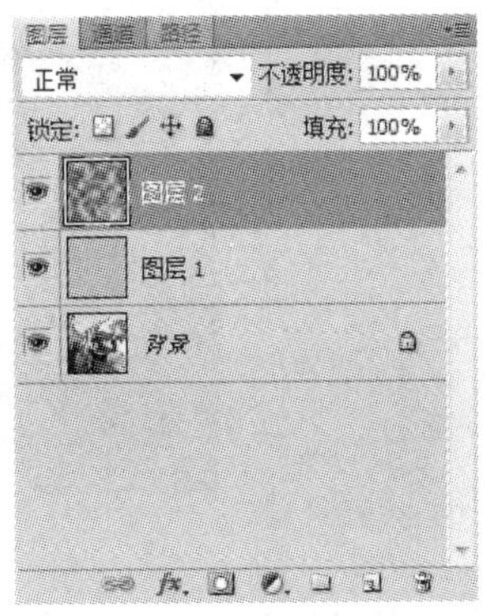

图 9.170　【图层】面板二

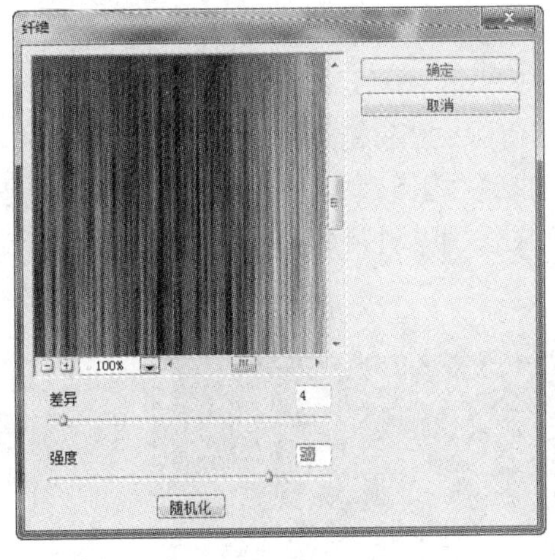

图 9.171　【纤维】参数设置

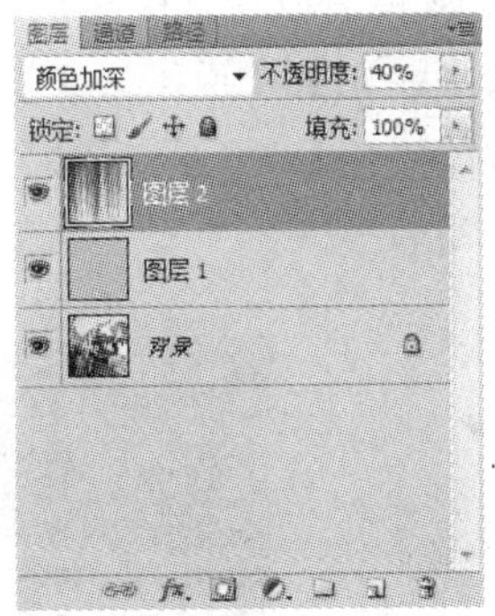

图 9.172　【图层】面板三

锐化滤镜的应用——制作油画效果

◎ 任务目的

油画的笔触具有强烈的立体感，具有极强的表现力。通过 Photoshop 软件，即使不懂得画油画，也能将用户的照片变成一幅油画艺术品。油画最终效果如图 9.173 所示。

图 9.173　油画效果图

相关知识

【锐化】滤镜可以加强图像的对比度，使图像变得更加清晰。其包括【USM 锐化】、【进一步锐化】、【锐化】、【锐化边缘】和【智能锐化】5 种滤镜，其中比较常用的是【USM 锐化】和【智能锐化】。下面以“书桌.jpg”图像为素材，如图 9.174 所示，演示这两种锐化滤镜的作用与效果。

图 9.174　“书桌.jpg”图像

1.【USM 锐化】滤镜

【USM 锐化】滤镜可以在图像边缘的每侧生成一条亮线和一条暗线，以此来产生轮廓的锐化效果。其多用于校正摄影、扫描、重新取样或打印过程中产生的模糊效果。执行【滤镜】|【锐化】|【USM 锐化】命令，弹出【USM 锐化】对话框，参数设置如图 9.175 所示。

1）【数量】：设置图像对比强度。其值越大，图像的锐化效果越明显，取值范围为 1%～500%。

2）【半径】：设置边缘两侧像素影响锐化的像素数目。其值越大，锐化的范围越大，取值范围为 0～255。

3）【阈值】设置锐化像素与周围区域亮度的差值。其值越大，锐化的像素越少，取值范围为 0～255。

使用【USM 锐化】滤镜后的效果如图 9.176 所示。

图 9.175　【USM 锐化】对话框

图 9.176　使用【USM 锐化】滤镜后的效果

2. 【智能锐化】滤镜

【智能锐化】滤镜具有【USM 锐化】滤镜所没有的锐化控制功能。它可以设置锐化算法或控制在阴影和高光区域中进行的锐化量。执行【滤镜】|【锐化】|【智能锐化】命令，弹出【智能锐化】对话框，在其中设置各项参数。在【智能锐化】对话框中，如果点选【高级】单选按钮，将显示高级参数设置，有 3 个选项卡，如图 9.177 所示。

（1）【锐化】选项卡

在默认状态下，【智能锐化】对话框参数显示的就是【锐化】选项卡。

1）【数量】设置锐化的程度。其值越大，图像的简化效果越明显，取值范围为 1%～500%。

2）【半径】设置边缘周围像素的锐化影响范围。其值越大，受影响的边缘越宽，锐化的效果越明显，取值范围为 0.1～640。

3）【移去】：设置图像锐化的锐化算法。【高斯模糊】是【USM 锐化】滤镜使用的方法；【镜头模糊】将更精细地锐化图像中的边缘和细节，并减少了锐化光晕；【动感模糊】可以减少由于照相机或主体移动而导致的模糊效果。当选择【动感模糊】选项后，可以通过输入【角度】值或拖动指针来设置动感模糊的角度。

4）【更加准确】：勾选该复选框，将更加精确地移去模糊，处理速度也会变慢。

（2）【阴影】选项卡

选择【阴影】选项卡进行【阴影】参数设置，如图 9.178 所示。该区域主要用来进行图像中较暗和较亮区域的锐化设置。

图 9.177 【智能锐化】对话框

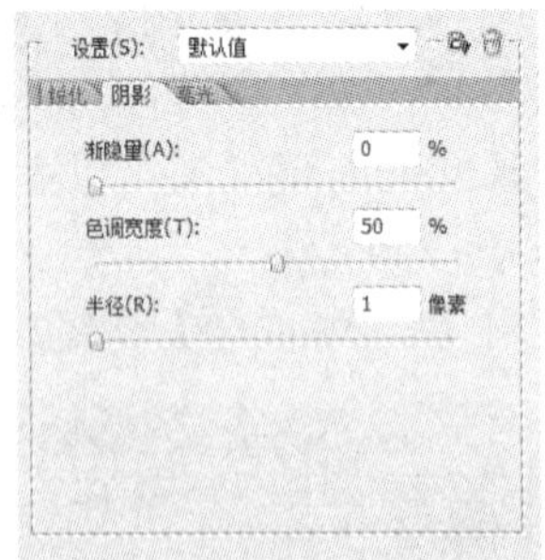

图 9.178 【阴影】参数设置

1）【渐隐量】：可以减少对图像阴影部分的锐化百分比。

2）【色调宽度】：控制阴影或高光中色调的修改范围。

3）【半径】：可以设置锐化阴影的范围。

【高光】选项卡中的参数与【阴影】选项卡中的相同，这里不再赘述。原图使用【智能锐化】滤镜后的效果如图 9.179 所示。

图 9.179 原图使用【智能锐化】滤镜后的效果

任务实施

技能点拨：本“油画”的制作由 Photoshop 中的【绘画涂抹】、【USM 锐化】、【浮雕效果】和【纹理化】等滤镜的配合使用完成。

实施步骤

01 按 Ctrl+O 组合键，打开“田园风光.jpg”素材文件作为待处理图像，如图 9.180 所示。

图 9.180 “田园风光.jpg”图像

02 执行【滤镜】|【杂色】|【中间值】命令，弹出【中间值】对话框，参数设置如图 9.181 所示。单击【确定】按钮，得到的效果如图 9.182 所示。

03 执行【滤镜】|【锐化】|【USM 锐化】命令，弹出【USM 锐化】滤镜对话框，参数设置如图 9.183 所示。单击【确定】按钮，图像效果如图 9.184 所示。

图 9.181 【中间值】对话框

图 9.182 添加【中间值】滤镜的效果

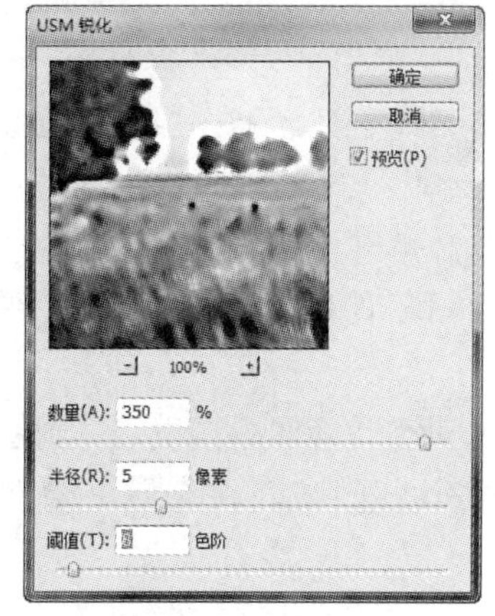

图 9.183 【USM 锐化】参数设置

图 9.184 设置滤镜后的效果

04 执行【滤镜】|【艺术效果】|【绘画涂抹】命令，弹出【绘画涂抹】对话框，参数设置如图 9.185 所示。

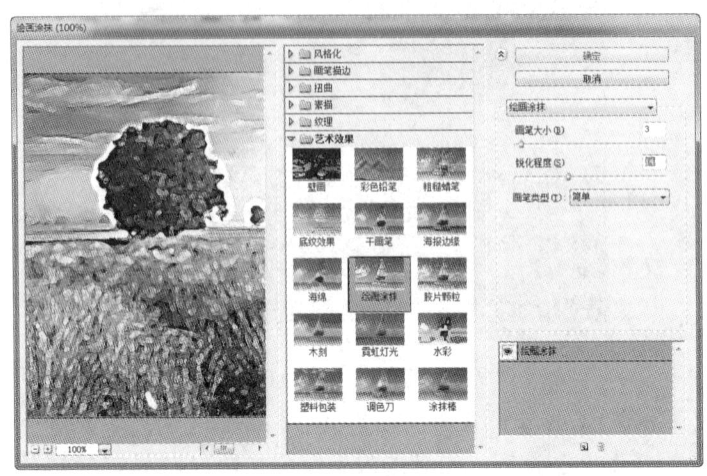

图 9.185 【绘画涂抹】参数设置

05 执行【图像】|【调整】|【色阶】命令，弹出【色阶】对话框，参数设置如图 9.186 所示。单击【确定】按钮，得到的效果如图 9.187 所示。

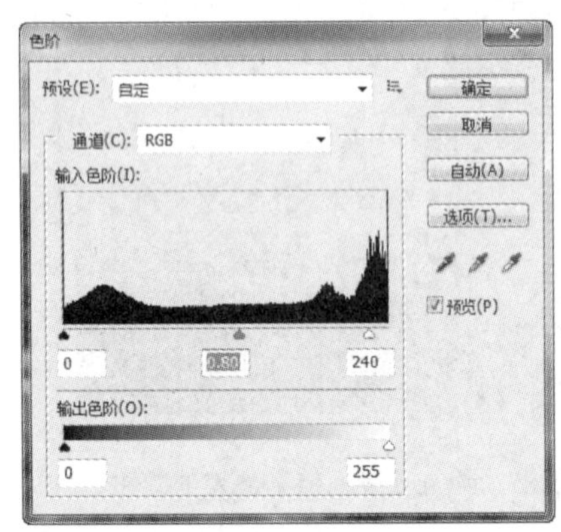

图 9.186 【色阶】参数设置

图 9.187 调整图像色阶后的效果

06 复制图层。在【图层】面板上将背景图层拖动到【创建新的图层】按钮上复制图层，得到“背景 副本”图层，如图 9.188 所示。

07 执行【滤镜】|【风格化】|【浮雕效果】命令，弹出【浮雕效果】对话框，参数设置如图 9.189 所示。单击【确定】按钮，设置“背景 副本”图层的混合模式为【线性光】，图层不透明度为 50%，如图 9.190 所示。

08 按 Ctrl+E 组合键，将“背景 副本”图层合并到“背景”图层，得到图像的油画效果如图 9.191 所示。按 Ctrl+A 组合键，使图像全部被选中，再按 Ctrl+C 组合键对制作的“油画”进行复制。

09 按 Ctrl+O 组合键，打开“画框.jpg”素材文件，使用【魔棒工具】在“画框”内部单击，得到“画框”内部选区，如图 9.192 所示。

图 9.188　复制图层

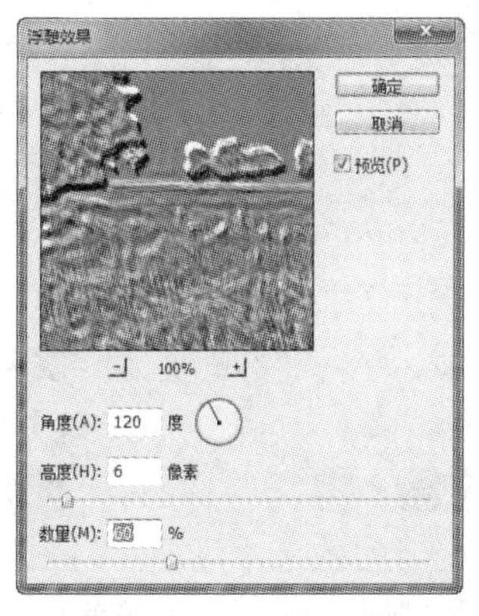

图 9.189　【浮雕效果】参数设置

图 9.190　设置图层混合模式

图 9.191　油画效果

图 9.192　选取“画框”内部

10 执行【编辑】|【选择性粘贴】|【贴入】命令，将复制的内容粘贴到选区中，在【图层】面板中生成“图层 1”图层，如图 9.193 所示。

图 9.193　【图层】面板

小贴士

步骤 10 中的【贴入】命令也可以按 Alt+Shift+Ctrl+V 组合键来完成。

11 按 Ctrl+T 组合键，同时按住 Shift+Alt 组合键，用鼠标调整图像的大小至与画框适配，按 Enter 键确定操作，效果如图 9.173 所示。至此油画效果制作完成。

实践探索

一、选择题

1. 在运用滤镜命令处理图像时，如果需要重复上一次使用过的滤镜命令，可以按(　　)组合键。

A. Alt+F　　B. Shift+F　　C. Ctrl+F　　D. Ctrl+D

2. 如果在滤镜对话框对自己调节的效果不满意，希望恢复调节前的参数，可以按(　　)，这时【取消】按钮会变为【复位】按钮，单击此按钮就可以将参数重置为调节前的状态。

A. Alt 键　　B. Alt+F 组合键

C. Ctrl+F 组合键　　D. Shift+F 组合键

3. (　　)滤镜组通过置换像素、查找和增加图像的对比度，在图像中产生一种印象派的艺术风格。

A.【风格化】　　B.【艺术效果】　　C.【锐化】　　D.【像素化】

4. (　　)滤镜组可以将图像进行几何扭曲，以创建波浪、波纹、挤压及切变等各种图像的变形效果。

A.【风格化】　　B.【扭曲】　　C.【艺术效果】　　D.【纹理】

二、操作题

1. 打开“美少女.jpg”素材文件，使用【喷色描边】与【彩色半调】滤镜制作艺术边框，效果如图 9.194 所示。(提示：首先把“美少女.jpg”图像转为普通图层，在该层之下添加淡蓝色背景层，在“美少女”图层中创建矩形选区，分割照片为相框与框内两个区域，进入【以快速蒙版模式编辑】，对相框区域使用【喷色描边】滤镜制作边框，然后进入【以标准模式编辑】，反选选区，按 Delete 键删除选区内容，最后对“淡蓝色背景层”使用【彩色半调】滤镜完成艺术边框的制作。)

2. 绘制绚丽的花朵，参考效果如图 9.195 所示。(提示：先绘制一个白色矩形条，执行【滤镜】|【风格化】|【风】命令制作花瓣雏形；执行【编辑】|【变换】|【变形】命令将风格化后的矩形条变形成一个花瓣；为花瓣添加图层样式，复制花朵的其他花瓣。花蕊的制作方法与花瓣相同。)

图 9.194　艺术边框效果

图 9.195　绚丽花朵效果

10 项目 动作功能的应用

◎ **项目导读**

【动作】是 Photoshop 的一个非常强大而又难以掌握的功能，而图像自动批处理又是【动作】的高级应用，也是一个非常实用的功能。图像自动批处理可以帮助用户快速完成大批量图像的处理操作，这样既提高了工作效率，又不会因多次操作而发生参数设置错误的情况。

◎ **学习目标**

- 了解【动作】的工作原理。
- 认识【动作】面板及作用。
- 掌握【动作】最基本的录制与播放及其他编辑操作。
- 了解自动批处理的意义及作用。
- 掌握自动批处理的使用方法。

任务 10.1 使用预置动作——制作宝宝相框

【动作】是 Photoshop 中一些命令的集合，利用【动作】可以方便快捷地将用户执行过的操作及命令记录下来。需要再次执行同样或类似的操作或命令时，通过应用录制的【动作】即可。应用【动作】可以大大提高设计工作者的工作效率。

◎ 任务目的

通过制作如图 10.1 所示的“宝宝相框”，学习 Photoshop 预置动作的使用方法。

图 10.1 宝宝相框效果图

相关知识

Photoshop 中的【动作】是将一系列命令组合为单个动作，相当于以前在 DOS 操作系统中的批处理命令，也就是一种对图像进行多重步骤的批处理操作，这样可以大大减轻用户一些需要重复操作的烦恼。

在 Photoshop 中，对【动作】的编辑用一个单独的面板来完成。使用该面板可以实现【动作】的记录、播放、编辑和删除等，还可以创建新序列和新动作。执行【窗口】|【动作】命令或按 Alt+F9 组合键，可以打开【动作】面板，如图 10.2 所示。

1）【停止播放/记录】■：当【动作】面板中正在执行记录或播放动作时，单击该按钮，可以停止记录或播放。

2）【开始记录】●：单击该按钮时将显示红色，说明已经开始录制动作。

3）【播放】▶：单击该按钮，系统将自动播放录制的动作。

4）【新建组】□：单击该按钮可以新建一个动作组。动作组如同图层中的组，也是用来管理具体的动作的。

5）【新建动作】：单击该按钮可以创建一个新的动作。

6）【删除动作】：单击该按钮可以删除记录的动作或动作指令。

7）【切换对话开/关】：此图标以黑白效果显示，在播放动作时会弹出该动作相对应的对话框，以方便我们对此动作的参数进行重新设置。如果某项动作指令前面没有该图标，说明该项操作没有可以设置的对话框；如果该图标显示为红色，说明此动作中有部分动作指令在当前条件下不可执行。单击该按钮，系统会自动将不可执行的动作指令转换成可执行的指令。

8）【切换项目开/关】：用来控制动作指令是否被播放。

9）【默认动作】：这是系统默认的动作选项。单击【动作】面板菜单按钮，在弹出的下拉列表中选择【复位动作】选项，即可将【动作】面板设置为系统默认的显示状态。

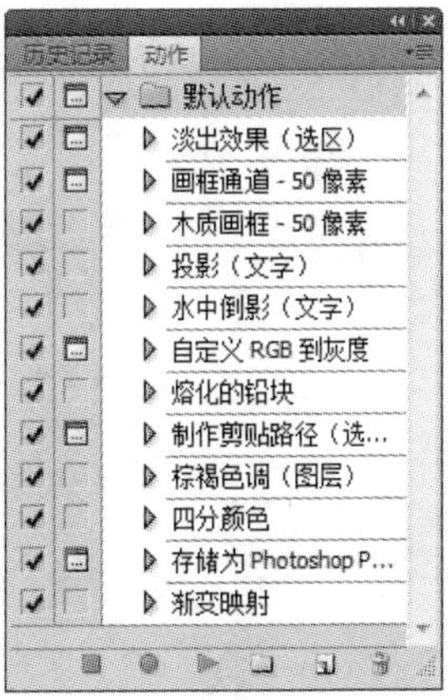

图 10.2　【动作】面板一

10）【动作指令】：录制的操作指令。一个动作中可以包含许多动作指令。

任务实施

技能点拨：在制作中，使用 Photoshop 预置动作，并使用该软件自带的动作为图像制作一个木质画框。

实施步骤

01 按 Ctrl+O 组合键，打开“宝宝.jpg”素材文件，如图 10.3 所示。执行【窗口】|【动作】命令或按 Alt+F9 组合键，打开【动作】面板，如图 10.4 所示。

图 10.3　“宝宝.jpg”图像

图 10.4　【动作】面板二

02 单击【动作】面板菜单按钮，在弹出的下拉列表中选择【图像效果】选项，如图 10.5 所示。此时【图像效果】动作组被调了出来，如图 10.6 所示。

03 选择【图像效果】动作组中的【细雨】选项，使其变成蓝色状态，如图 10.7 所示。此时【动作】面板的【开始记录】按钮和【播放】按钮就变成了启动状态。

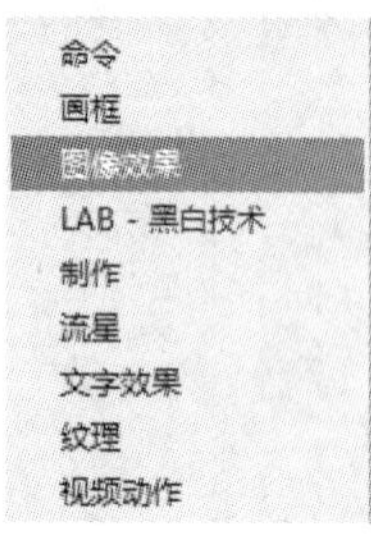

图 10.5 选择【图像效果】选项

图 10.6 调出【图像效果】动作组

图 10.7 选择【细雨】选项

04 单击【动作】面板下方的【播放】按钮，此时可看到 Photoshop 窗口不停地闪动，几秒后，图像就有了细雨蒙蒙的效果了，如图 10.8 所示。

图 10.8 添加【细雨】动作后的效果

05 单击【动作】面板上方的菜单按钮，在弹出的下拉列表中选择【画框】选项，调出【画框】动作组，如图 10.9 所示。

06 选择【画框】动作组中的【木质画框-50 像素】选项，使其变成蓝色状态，如图 10.10 所示。此时【动作】面板下方的【开始记录】按钮和【播放】按钮就变成了启动状态。

07 单击【动作】面板下方的【播放】按钮，会弹出一个【信息】提示对话框，如图 10.11 所示。

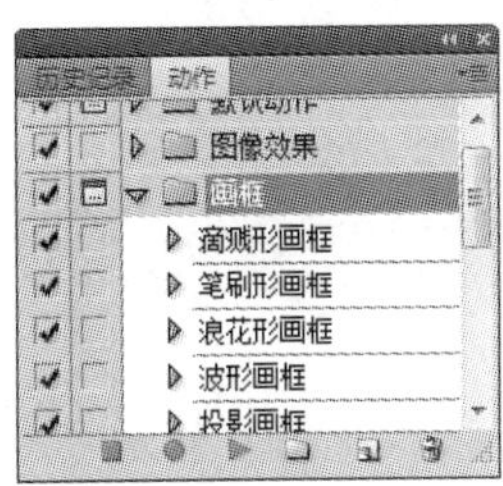

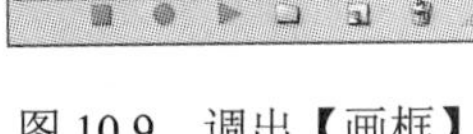

图 10.9　调出【画框】动作组

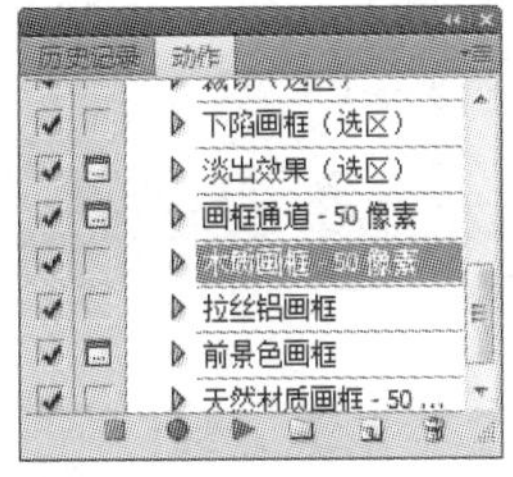

图 10.10　选择【木质画框-50 像素】选项

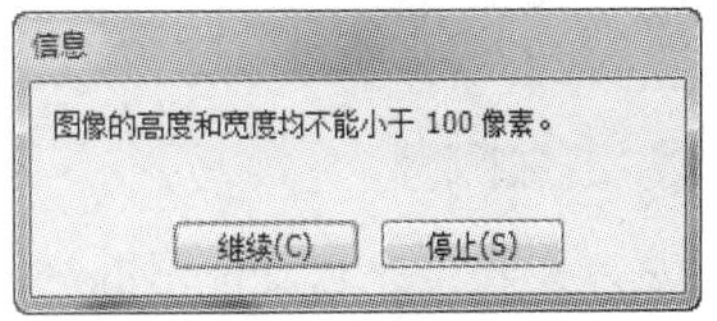

图 10.11　【信息】提示对话框

08 Photoshop 闪动数秒后，已经为图像制作了一个木质相框，最终效果如图 10.1 所示。

任务 10.2　应用及录制动作——快速制作水墨画

◎ 任务目的

通过学习使用 Photoshop 录制一幅水墨画的动作，然后应用录制的动作，在数秒内如法炮制多张风格统一的水墨画，如图 10.12 所示。通过本任务学习 Photoshop 录制并应用动作的方法。

图 10.12　水墨画效果图

任务实施

技能点拨：根据 Photoshop 动作制作的规律，要先记录下第一张风光图片的水墨效果制作的全过程，再将所记录的动作运用到要使用的图像上。

实施步骤

1. 动作录制

01 按 Ctrl+O 组合键，打开“风光 1.jpg”素材文件。

02 单击【动作】面板下方的【新建组】按钮，输入名称“水墨效果”，如图 10.13 所示。

03 单击【动作】面板下方的【新建动作】按钮，输入名称“水墨效果”，如图 10.14 所示。

04 单击【开始记录】按钮，开始录制操作。

05 按 Ctrl+M 组合键，弹出【曲线】对话框，调整画面亮度，如图 10.15 所示。

图 10.13 【新建组】对话框

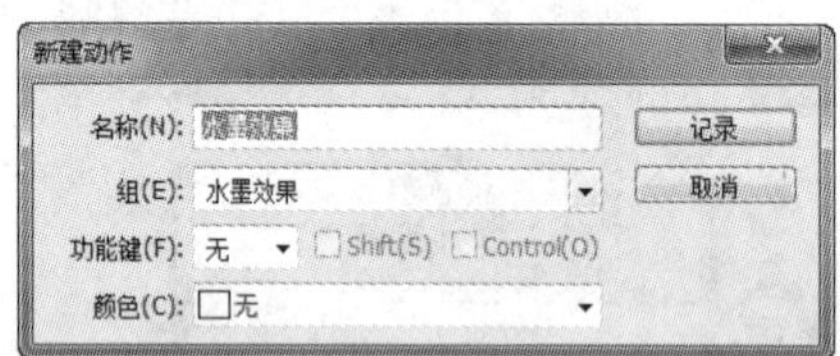

图 10.14 【新建动作】对话框

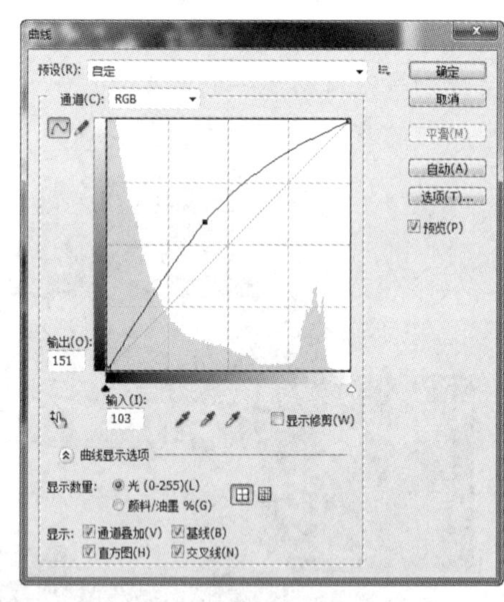

图 10.15 【曲线】对话框

06 在【图层】面板中复制两个图层，如图 10.16 所示。

07 在【图层】面板中，将“背景 副本”图层隐藏，选中“背景 副本 2”图层，执行【图像】|【调整】|【去色】命令，将图像去色，去色后的页面效果如图 10.17 所示，此时的【动作】面板如图 10.18 所示。

08 执行【图像】|【调整】|【亮度/对比度】命令，弹出【亮度/对比度】对话框，参数设置如图 10.19 所示，调整后图像效果如图 10.20 所示。

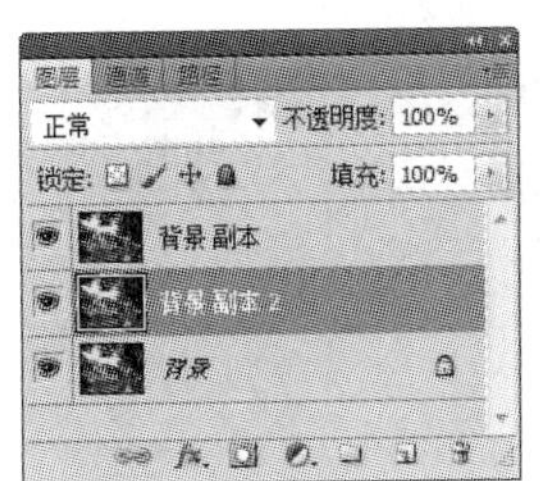

图 10.16 【图层】面板

图 10.17　执行【去色】命令后的效果

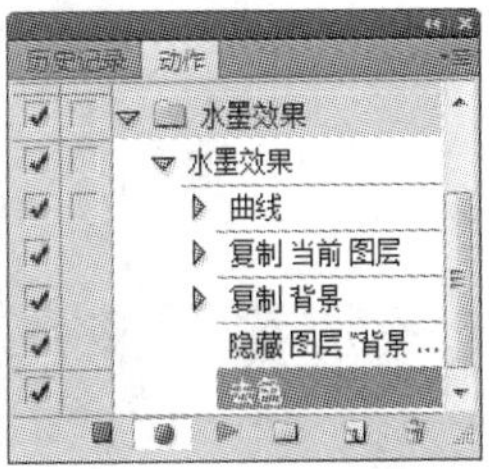

图 10.18 【动作】面板

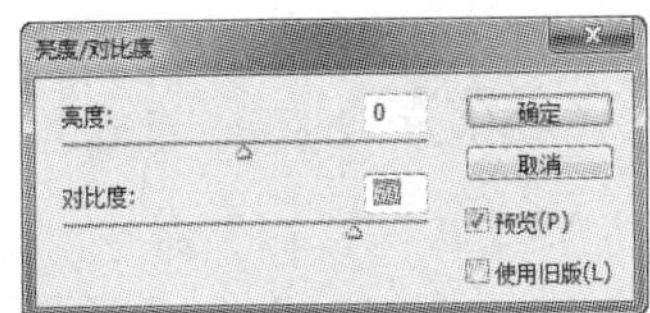

图 10.19 【亮度/对比度】参数设置

图 10.20　执行【亮度/对比度】命令后的效果

09 执行【滤镜】|【模糊】|【特殊模糊】命令，弹出【特殊模糊】对话框，参数设置如图 10.21 所示。再执行【滤镜】|【模糊】|【高斯模糊】命令，弹出【高斯模糊】对话框，参数设置如图 10.22 所示。

10 执行【滤镜】|【杂色】|【中间值】，弹出【中间值】对话框，参数设置如图 10.23 所示，效果如图 10.24 所示。

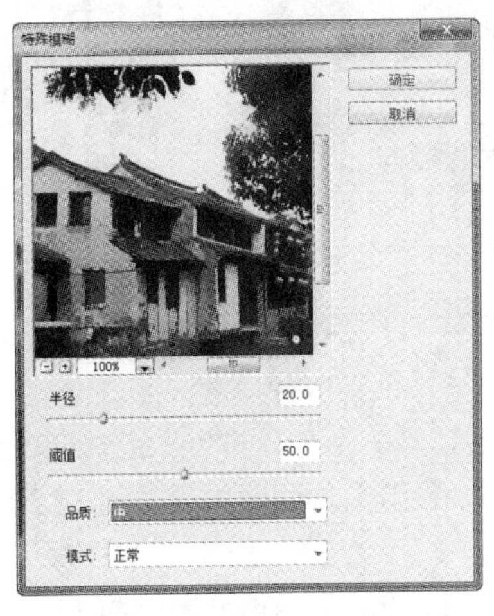

图 10.21 【特殊模糊】参数设置

图 10.22 【高斯模糊】参数设置

图 10.23 【中间值】参数设置

11 在【图层】面板中选择“背景 副本”图层，显示图层，执行【图像】|【调整】|【去色】命令，将图像去色。执行【图像】|【调整】|【亮度/对比度】命令，弹出【亮度/对比度】对话框，设置【对比度】为 50。执行【图像】|【调整】|【曲线】命令，弹出【曲线】对话框，参数设置如图 10.25 所示，效果如图 10.26 所示。

图 10.24 使用【中间值】滤镜效果

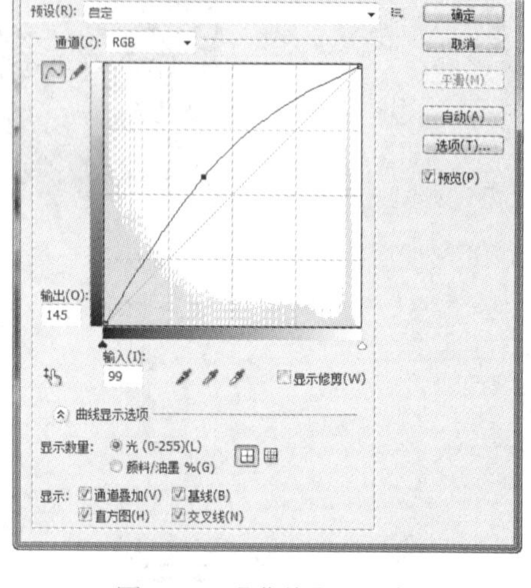

图 10.25 【曲线】对话框

12 在“背景 副本”图层上执行【滤镜】|【模糊】|【特殊模糊】命令，弹出【特殊模糊】对话框，参数设置如图 10.27 所示，效果如图 10.28 所示。

图 10.26 执行【曲线】命令后的效果

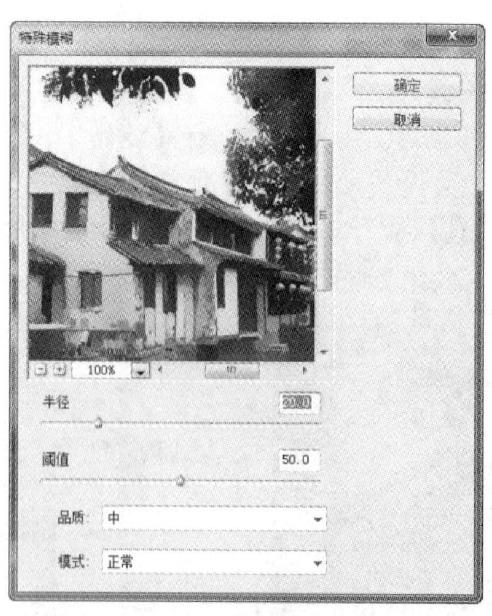

图 10.27 【特殊模糊】参数设置

13 在“背景 副本”图层上添加半径为 1px 的【高斯模糊】滤镜，设置完成后的效果如图 10.29 所示。将该图层的混合模式调整为【变亮】模式，设置后的页面效果如图 10.30 所示。

14 复制两个“背景 副本”图层，增加页面的层次感，设置完成后的效果如图 10.31 所示。

图 10.28 使用【特殊模糊】滤镜后的效果

图 10.29 使用【高斯模糊】滤镜后的效果

图 10.30 设置【变亮】图层混合模式后的效果

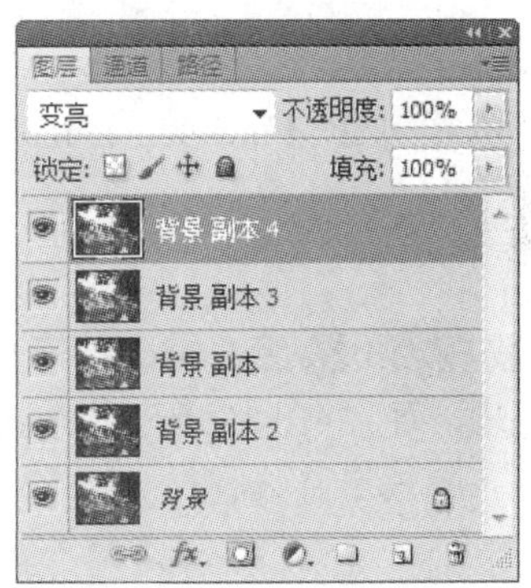

图 10.31 【图层】面板

15 使用【直排文字工具】，在页面中添加合适的文字。最后，使用【矩形选框工具】绘制一个矩形选区，并进行描边，效果如图 10.32 所示。

图 10.32 完成后的效果

16 打开【动作】面板，单击【动作】面板下方的【停止播放/记录】按钮。选中“水墨效果”动作组，单击【动作】面板上方的菜单按钮，在弹出的下拉列表中选择【存储动作】选项，如图 10.33 所示，弹出【存储】对话框，输入动作名称，并单击【保存】按钮，如图 10.34 所示。

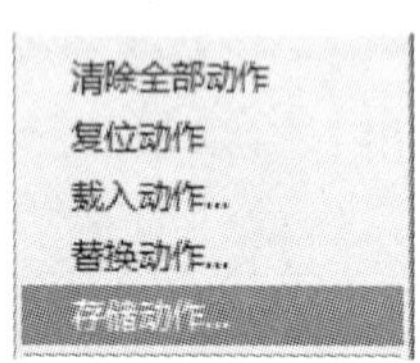

图 10.33 选择【存储动作】选项

图 10.34 【存储】对话框

2. 动作应用

01 按 Ctrl+O 组合键，打开“风光 2.jpg”素材文件，在【动作】面板上选择【水墨效果】选项，如图 10.35 所示，接着单击【动作】面板下方的【播放】按钮，图像闪烁数秒后，又一幅水墨画就制作完成了，如图 10.36 所示。

图 10.35 【动作】面板

图 10.36 “风光 2”水墨效果

小贴士

- 在播放（应用）动作过程中部分效果不适合时，可以双击动作中的某个命令，弹出相应的对话框以重新调整参数，或是暂停动作进行手动调整。
- 如果有大量的图片都要进行相同处理，可利用【批处理】功能来完成。

02 按照步骤 1 的方法将其他图片应用动作，最终效果如图 10.12 所示。

任务 10.3 自动批处理——制作电子相册

从事图形图像工作的人员会经常处理大批量的图像文件。例如，将几百张彩色图片转换成灰度图像，将上千张图片的分辨率改成 100px/in，将上万张图片的尺寸统一成 500px×500px 大小等，这些工作很难一张一张去完成。在 Photoshop 中利用【动作】和【批处理】功能就可以很好地解决这些问题。其实，批处理也就是让多个图像文件执行同一个动作，从而实现自动化操作。

◎ 任务目的

通过学习 Photoshop 自动批处理的使用方法，快速统一处理图像尺寸，制作如图 10.37 所示的电子相册。

图 10.37　快速批量处理的电子相册图像

相关知识

1. 图像自动批处理的意义

在 Photoshop 的【文件】|【自动】菜单下有几个非常实用的自动批处理功能，如图 10.38 所示。

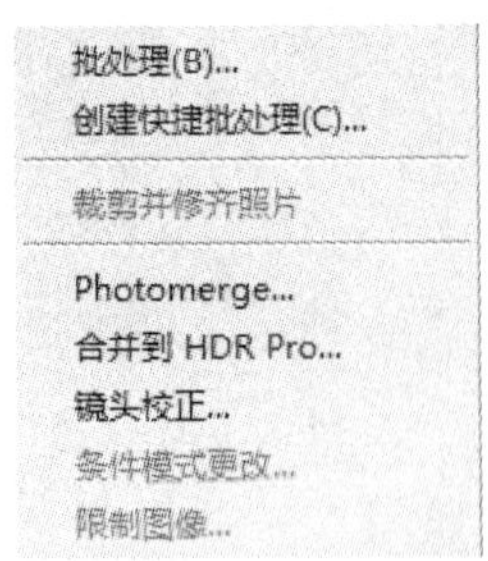

图 10.38 【自动】子菜单选项

1）【批处理】：可以一次性地对大批量图像文件执行同一个动作操作，从而实现操作的自动化。

2）【创建快捷批处理】：可以将一个动作创建一个可执行的小程序。

3）【裁剪并修齐照片】：可以裁剪并修齐照片。

4）【Photomerge】：用来合并多幅图像。

5）【合并到 HDRPro】：可以合并高动态区域的图像。

6）【镜头校正】：对批量文件的镜头进行校正。

7）【条件模式更改】：用于快速转换文件的色彩模式。

8）【限制图像】：可以自动调整图像文件的大小。

2. 批处理

执行【文件】|【自动】|【批处理】命令，弹出【批处理】对话框，如图 10.39 所示。

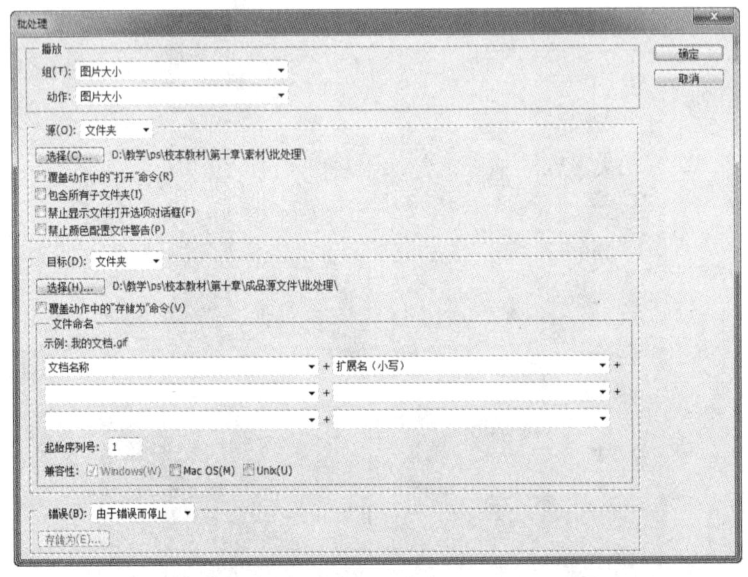

图 10.39 【批处理】对话框

在【批处理】对话框中设置选项，各选项作用如下。

1）【组】：此处包含了载入动作面板的所有组，从中选择要执行的动作所在的组。

2）【动作】：从中选择要执行的动作。

3）【源】：用于选择图片的来源。其共有以下 4 种选择。

①【文件夹】：处理指定文件夹中的文件。单击【选择】按钮可以查找并选择文件夹。

②【导入】：处理来自数码照相机、扫描仪或 PDF 文档的图像。此项只有安装了扫描仪才会被启用。

③【打开的文件】：处理所有打开的文件。此项只有在打开图像后才可用。

④【Bridge】：处理 Adobe Bridge 中选定的文件。如果未选择任何文件，则处理当前 Bridge 文件夹中的文件。

4)【覆盖动作中的“打开”命令】：勾选此复选框可以忽略动作中的【打开】命令。

5)【包含所有子文件夹】：勾选此复选框可以对文件夹中的所有子文件执行相同的动作。

6)【禁止显示文件打开选项对话框】：勾选此复选框可以禁止打开【文件选项】对话框。

7)【禁止颜色配置文件警告】：勾选此复选框可以禁止颜色警告。

8)【目标】：用于设置文件处理后的存储方式。其共有以下 3 种选择。

①【无】：对处理后的文件不进行任何保存，只将文件打开并放置在 Photoshop 界面中。

②【存储并关闭】：将文件保存在原路径中并关闭。

③【文件夹】：将处理后的文件保存在新的文件夹中，单击【选择】按钮指定文件存储的路径。

9)【覆盖动作中的“存储为”命令】：勾选此复选框可以忽略动作中的【存储为】命令。

10)【错误】：此下拉列表中提供了遇到错误时的两种方案。

①【由于错误而停止】：遇到错误时停止。

②【将错误记录到文件】：遇到错误时保存。

任务实施

技能点拨：执行 Photoshop 的【批处理】命令，对多张图片进行快速统一尺寸的处理。

实施步骤

01 启动 Photoshop，打开【动作】面板，单击【动作】面板菜单按钮，在弹出的下拉列表中选择【载入动作】选项，如图 10.40 所示。

02 弹出【载入】对话框，选择已经存储的【图片大小】动作组文件，如图 10.41 所示，单击【载入】按钮，【图片大小】动作组被载入【动作】面板中，如图 10.42 所示。

图 10.40 选择【载入动作】选项

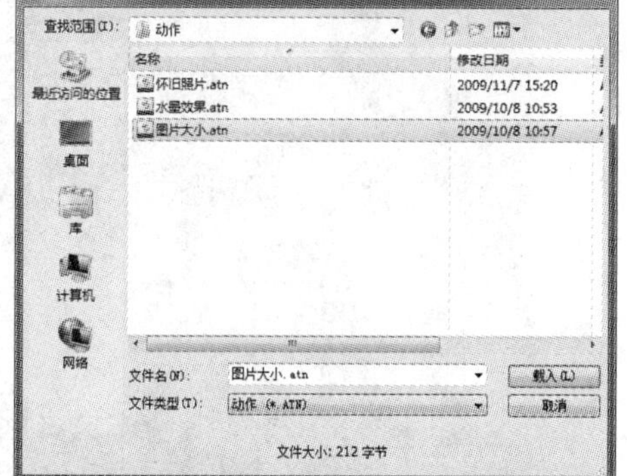

图 10.41 【载入】对话框

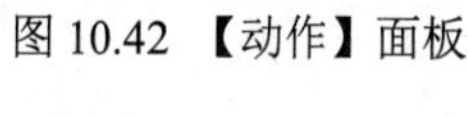

图 10.42 【动作】面板

03 执行【文件】|【自动】|【批处理】命令，弹出【批处理】对话框，在对话框中设置选项，在【源】下拉列表中选择【文件夹】选项。

04 单击【确定】按钮，Photoshop 界面自动演示处理过程，最终效果如图 10.37 所示。

一、选择题

1．要想建立一个动作序列，可以单击【动作】面板中的（　　）。

A．【停止播放/记录】按钮　　B．【开始记录】按钮

C．【新建组】按钮　　D．【播放】按钮

2．要想为已经录制好的【动作】面板插入其他的命令选项，可以选择【动作】面板下拉列表中的（　　）选项。

A．【插入菜单项目】　B．【插入路径】　C．【插入停止】　D．【载入动作】

3．在 Photoshop 中，按 F7 键可以显示或隐藏【图层】面板，那么，按（　　）组合键可以显示或隐藏【动作】面板。

A．Alt+F6　　B．Alt+F5　　C．Alt+F9　　D．Alt+F8

二、操作题

运用所学的动作知识，使用所提供的【怀旧照片】动作为图 10.43 所示的“童年不再.jpg”图像制作怀旧效果。（提示：在【动作】面板下拉列表中选择【载入动作】选项，执行导入的【怀旧效果】命令。）

图 10.43 “童年不再.jpg”图像

项目 11 综合实训

◎ **项目导读**

Photoshop 是 Adobe 公司推出的一款功能十分强大、使用范围广泛的平面图形图像处理软件。它是众多平面设计师进行平面设计、图形图像处理的首选软件。本项目主要介绍 Photoshop 在商业广告、平面海报、网页设计中的应用，通过综合实例的制作，提高软件的综合应用能力。

◎ **学习目标**

- 掌握 Photoshop 在商业广告中的应用。
- 掌握 Photoshop 在平面海报中的应用。
- 掌握 Photoshop 在网页设计中的应用。

制作笔记本电脑创意广告

◎ 任务目的

通过制作如图 11.1 所示的“笔记本电脑创意广告”，提高使用 Photoshop 软件的综合制作能力。

图 11.1　笔记本电脑创意广告效果图

任务实施

技能点拨：本任务要制作的是数码类产品创意广告，年轻、时尚、科技是笔记本电脑（规范术语为笔记本式计算机，笔记本电脑为其俗称）的特点，可以通过色彩的处理来突出其特点。本广告意思明确、文字较少。其制作分为平面广告背景的制作、广告中各元素的制作和组合等几个部分。首先在背景图层中填充渐变色，使用滤镜制作效果，添加花纹，完成背景部分的制作。其次将广告中各主要的图像元素添加进来。最后添加文字，完成广告的整体设计制作。

实施步骤

01 新建一个文件，执行【文件】|【新建】命令，新建一个图像文件，宽度为 7.5cm，高度为 10.5cm，分辨率为 300px/in。

02 新建一个图层，命名为“背景色”。使用【渐变工具】，设置渐变类型为【径向渐变】，单击渐变颜色条，设置渐变色为淡紫色（#f0d5ff）—深紫色（#180739），从图像文件中心向外做出渐变，效果如图 11.2 所示。

03 执行【滤镜】|【素描】|【水彩画纸】命令，弹出【水彩画纸】对话框，设置【纤维长度】为 15，【亮度】为 50，【对比度】为 70，效果如图 11.3 所示。

04 设置前景色为黑色。复制“背景色”图层，在“背景色 副本”图层中执行【滤镜】|【纹理】|【染色玻璃】命令，弹出【染色玻璃】对话框，设置【单元格大小】为 10，【边框粗细】为 2，【光照强度】为 3。将“背景色 副本”图层的不透明度设置为 15，图层混合模式设置为【滤色】，效果如图 11.4 所示。

图 11.2　填充背景渐变色

图 11.3　【水彩画纸】滤镜

图 11.4　【染色玻璃】滤镜

05 打开“花纹.png”素材文件，使用【移动工具】将花纹图像移动到图像文件中，调整其大小和位置。再复制两个花纹图层，调整大小和位置，效果如图 11.5 所示。

06 将所有的花纹图层合并，命名为“花纹”，设置花纹图层的不透明度为 30%。

07 使用【矩形选框工具】，在文件中创建一个长条形选区，效果如图 11.6 所示。

08 新建一个图层，命名为“晾衣杆”。使用【渐变工具】，设置渐变类型为【线形渐变】，设置渐变色为灰色（R：114，G：101，B：108）—白色—灰色（R：51，G：53，B：55）—白色—灰色（R：73，G：73，B：74）—灰色（R：99，G：96，B：94），在选区中从上到下做出渐变，取消选区。按 Ctrl + T 组合键，调整长度和位置，完成晾衣杆制作，效果如图 11.7 所示。

09 打开“衣架.png”素材文件，使用【移动工具】将衣架移动到图像文件中，调整其大小和位置。执行【编辑】|【变换】|【斜切】命令，调整衣架，增强立体感，按 Ctrl + T 组合键调整其角度。

图 11.5　添加图像素材一　　图 11.6　创建选区　　图 11.7　填充渐变色

10 执行【图层】|【图层蒙版】|【显示全部】命令，给该图层添加图层蒙版。在蒙版中使用黑色画笔，在衣架和晾衣杆的交叉处填充黑色，效果如图 11.8 所示。

11 选择图像部分，按 Ctrl+M 组合键，弹出【曲线】对话框，参数设置如图 11.9 所示。

12 打开“笔记本电脑.png”素材文件，使用【移动工具】将衣架移动到图像文件中，调整其大小和位置，按 Ctrl+T 组合键调整其角度。执行【编辑】|【变换】|【水平翻转】命令，效果如图 11.10 所示。

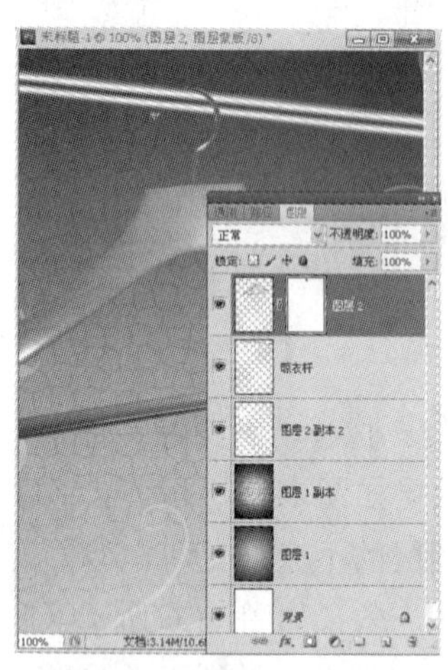

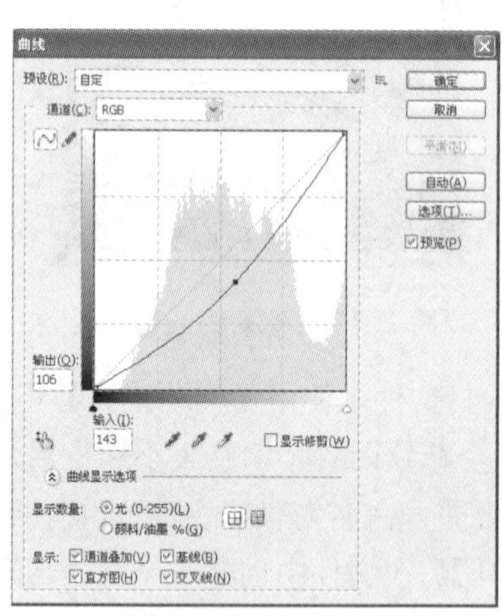

图 11.8　添加图层蒙版一　　图 11.9 【曲线】参数设置　　图 11.10　添加图像素材二

13 执行【编辑】|【变换】|【扭曲】命令，调整笔记本电脑的侧边，使其向内稍微弯曲，效果如图 11.11 所示。

14 使用【磁性套索工具】，沿衣架和笔记本电脑交界处制作如图 11.12 所示的选区。

15 新建一个图层，设置前景色为黑色，在选区中填充黑色，将该图层移动到“笔记本电脑”图层的下方。选中“笔记本电脑图层”，执行【图层】|【图层蒙版】|【显示全部】命令，给该图层添加图层蒙版。在蒙版中从上到下填充黑色到白色的渐变，使“笔记本电

脑”图层和新图层有很好的过渡，效果如图 11.13 所示。

图 11.11 执行【扭曲】命令

图 11.12 创建选区

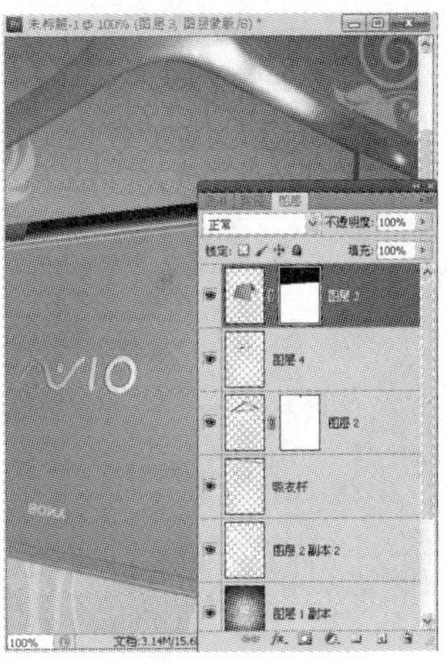

图 11.13 添加图层蒙版二

16 使用【钢笔工具】绘制如图 11.14 所示的路径。将路径转换成选区，将选区羽化 1px。新建一个图层，在选区中填充白色，取消选区，效果如图 11.15 所示。

17 执行【文件】|【打开】命令，打开“蝴蝶.jpg”素材文件，使用【移动工具】将蝴蝶图像移动到图像文件中，将该图层命名为“蝴蝶”，调整其大小和位置，效果如图 11.16 所示。

图 11.14 绘制路径

图 11.15 填充白色

图 11.16 添加图像素材三

18 按 Alt 键，在【图层】面板中单击“蝴蝶”和白色色块中间交界处，创建剪贴蒙版，效果如图 11.17 所示。

19 选择“蝴蝶”图层，设置前景色为紫色（#4e3d65）。新建一个图层，在图像下方创建一个矩形选区，填充前景色，取消选区，效果如图 11.18 所示。给“衣架”和“笔记本电脑”图层添加【投影】图层样式。

20 使用【横排文字工具】，文字颜色设置为白色，在紫色区域中输入文字“B&C”字样，效果如图 11.19 所示。

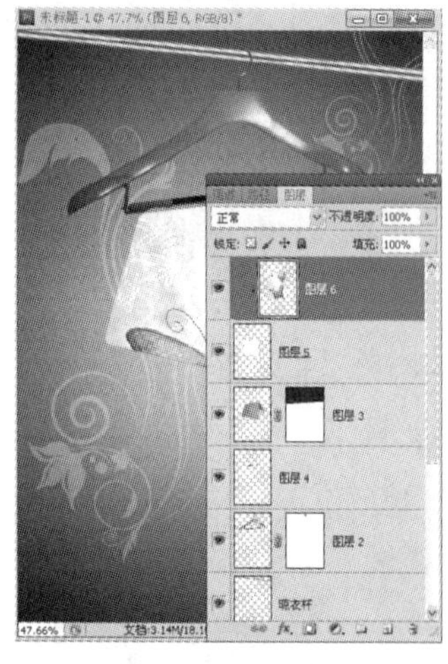
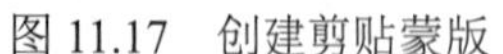

图 11.17 创建剪贴蒙版

图 11.18 填充前景色

图 11.19 添加文字

21 再复制一个“B&C”图层，执行【编辑】|【变换】|【垂直翻转】命令，然后执行【图层】|【图层蒙版】|【显示全部】命令，给该图层添加图层蒙版。在蒙版中从上到下填充白色到黑色的渐变，将该图层的不透明度设置为 50%，完成文字倒影的制作，效果如图 11.20 所示。

22 使用【横排文字工具】，在右下角输入文字“中国授权有限公司 TEL：010-34562888 010-34562999”字样。

23 打开“字.png”素材文件，使用【移动工具】将素材图像移动到图像文件中，调整大小和位置。

24 执行【窗口】|【样式】命令，打开【样式】面板，单击面板菜单按钮，在弹出的下拉列表中选择【Web 样式】选项，在新出现的样式中单击【蓝色回环】按钮，修改【描边】图层样式，将其中的渐变颜色设置为灰色（R：166，G：166，B：166）—白色—白色—灰色（R：166，G：166，B：166），如图 11.21 所示。

25 选择“花纹”图层，将图层混合模式设置为【减去】，最终效果如图 11.1 所示。

图 11.20 添加图层蒙版三

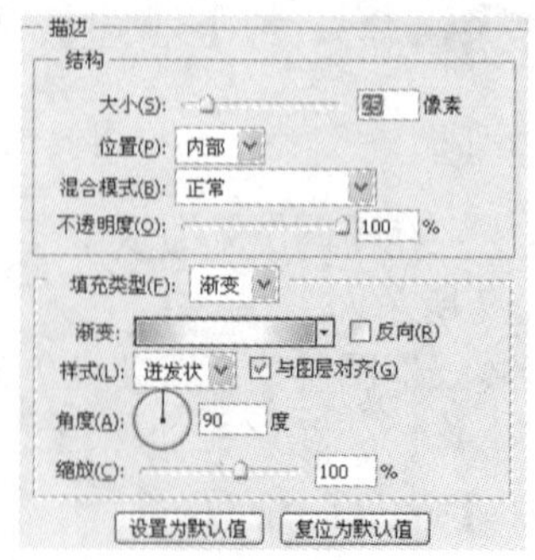

图 11.21 设置图层样式

任务 11.2 制作文化艺术节海报

◎ 任务目的

通过制作如图 11.22 所示的文化艺术节海报，学习使用 Photoshop 软件设计海报的技巧。

图 11.22　文化艺术节海报效果图

任务实施

技能点拨：本海报的制作分为海报背景部分的制作、版面布局的设计、海报中各元素的制作和组合等几个部分。首先绘制并填充图像，作为海报背景部分。其次制作海报中各元素图像。最后将其组合，完成版面的整体设计。

实施步骤

01 新建一个文件，宽度为 10cm，高度为 14cm，分辨率度为 200px/in。

02 使用【渐变工具】，在图像中从上至下做出蓝色（#97c3fe）—浅蓝色（#d8e6ff）渐变，效果如图 11.23 所示。

03 新建一个图层，使用【多边形套索工具】创建如图 11.24 所示的多边形选区。

04 在选区中填充白色，将白色色条图层复制多个，按 Ctrl + T 组合键旋转，效果如图 11.25 所示。

图 11.23 填充渐变色

图 11.24 创建多边形选区

图 11.25 复制旋转白色色条

05 将所有白色色条都选中，进行合并，命名为“白色色条”，执行【滤镜】|【扭曲】|【旋转扭曲】命令，弹出【旋转扭曲】对话框，参数设置如图 11.26 所示。

06 将“白色色条”图层复制生成“白色色条 副本”图层，选择“白色色条”图层，执行【滤镜】|【模糊】|【径向模糊】命令，弹出【径向模糊】对话框，参数设置如图 11.27 所示。

07 选中“白色色条”图层和“白色色条 副本”图层，执行【图层】|【图层编组】命令，将两个图层成组，命名为“组 1”。选择“组 1”，单击【图层】面板中的【添加蒙版】按钮，给图层组添加蒙版，在蒙版中填充白色—黑色的径向渐变，效果如图 11.28 所示。

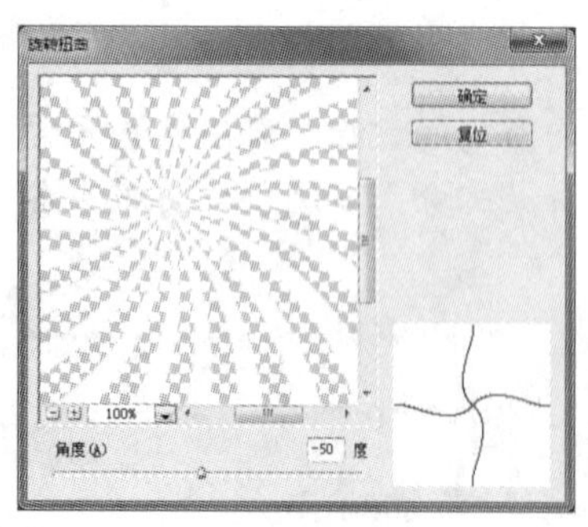

图 11.26 【旋转扭曲】参数设置

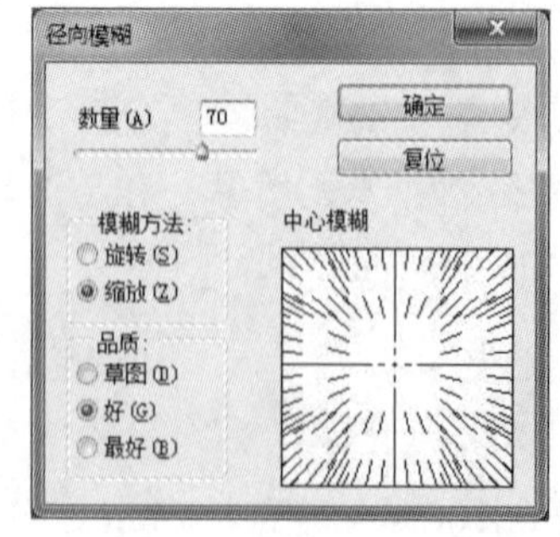

图 11.27 【径向模糊】参数设置

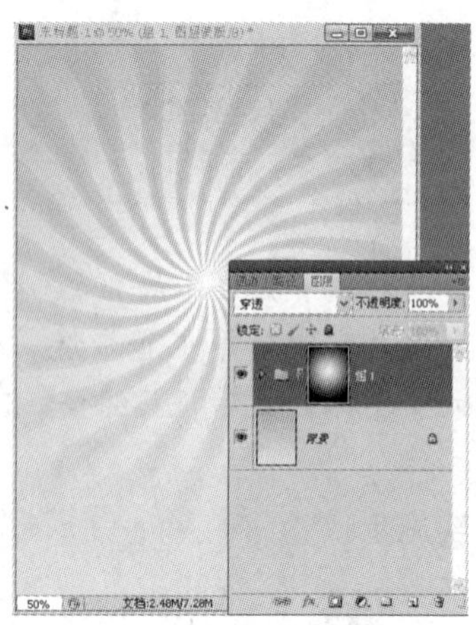

图 11.28 给图层组添加蒙版

08 使用【移动工具】调整“组 1”的位置，效果如图 11.29 所示。

09 新建一个图层，使用【钢笔工具】绘制多条路径，分别填充粉色（#fcafff）、红色（#ed1485）、白色、紫色（#9a0b81）、白色、蓝色（#1f3394），浅蓝色（#8bdbff）、白色、绿色（#74be23）、黄色（#ffff40）、白色、橙色（#ff9801），绘制彩虹。将彩虹所有图层选中合并，命名为“彩虹”，效果如图 11.30 所示。

10 给“彩虹”图层添加【投影】图层样式。

11 打开“人物.jpg”素材文件。使用【魔棒工具】选中其中的一个人物造型，将其移动到海报文件中。单击【图层】面板上方的【锁定透明像素】按钮，设置前景色为黑色，按 Alt+Delete 组合键填充前景色，效果如图 11.31 所示。

图 11.29 调整图层组位置

图 11.30 绘制彩虹

图 11.31 添加人物素材一

12 打开“人物 1.jpg”素材文件。使用【魔棒工具】选中其中几个人物造型，将其移动到海报文件中，调整其大小和位置，效果如图 11.32 所示。

13 打开“人物 2.jpg”素材文件。使用【磁性套索工具】选中中间人物区域，执行【选择】|【修改】|【平滑】命令，弹出【平滑选区】对话框，设置【取样半径】为 1px，将其移动到海报文件中。单击【图层】面板上方的【锁定透明像素】按钮，设置前景色为黑色，按 Alt+Delete 组合键填充前景色，调整大小和位置，效果如图 11.33 所示。

14 新建一个图层，创建一个正圆选区，设置前景色为红色（#d3291c），在选区中填充红色，取消选区，效果如图 11.34 所示。

15 以参考线的交点为中心，向外再创建一个较小的正圆选区，执行【编辑】|【描边】命令，弹出【描边】对话框，设置描边颜色为白色，宽度为 15px，效果如图 11.35 所示。

16 取消选区。再创建一个较小的正圆选区，执行【编辑】|【描边】命令，弹出【描边】对话框，设置描边颜色为白色，宽度为 6px，取消选区，效果如图 11.36 所示。

17 再创建一个更小的正圆选区，填充白色，取消选区，效果如图 11.37 所示。

图 11.32　添加人物素材二

图 11.33　添加人物素材三

图 11.34　绘制红色正圆

图 11.35　选区描边一

图 11.36　选区描边二

图 11.37　填充白色

18 调整大小和位置。将该图层复制多个，分别调整它们的大小位置，将所有的红色、白色圆选中，按 Ctrl+G 组合键将这些图层编组，效果如图 11.38 所示。

19 选择“组 1”，在蒙版中使用【画笔工具】将左下部分涂黑，效果如图 11.39 所示。

20 在“彩虹”图层上方新建一个图层。设置前景色为黑色，使用【自定形状工具】绘制一个高音符号，效果如图 11.40 所示。

21 使用【魔棒工具】选中高音符号图像区域，执行【编辑】|【定义画笔预设】命令，将高音符号定义为画笔，取消选区。

22 按 Ctrl+A 组合键全选，删除选区内图像。设置【画笔】属性，如图 11.41 所示。设置前景色为红色（#b31616），绘制高音符号，如图 11.42 所示。设置该图层混合模式为【划分】，不透明度为 80%。

23 在图层最上方新建一个图层，设置前景色为白色，按 Alt+Delete 组合键填充白色。创建一个圆角矩形选区，删除选区中图像，取消选区，效果如图 11.43 所示。

图 11.38　复制圆形图案

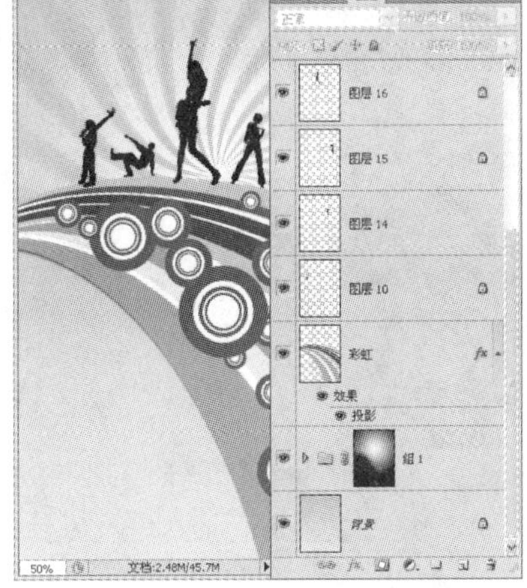

图 11.39　编辑图层组蒙版

图 11.40　绘制高音符号

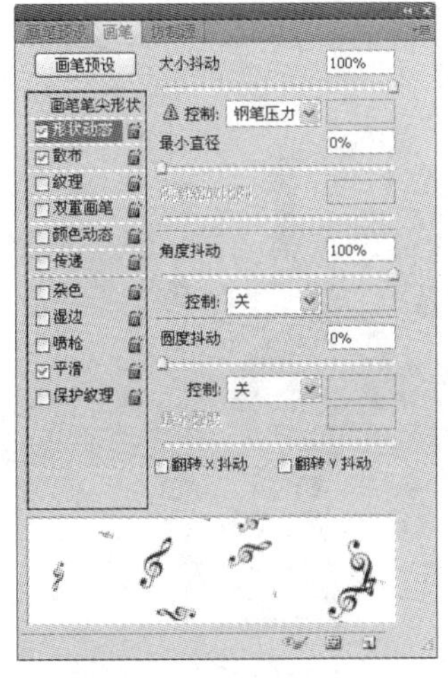

图 11.41　【画笔】属性设置

图 11.42　绘制红色高音符号

图 11.43　绘制白色边框

24 新建一个图层，使用【圆角矩形工具】在正上方创建一个白色矩形，如图 11.44 所示。

25 新建一个图层，使用【椭圆工具】在左下角创建几个白色正圆，如图 11.45 所示。

26 添加文字，执行【窗口】|【样式】命令，打开【样式】面板，添加“Web 样式”，选择其中的【蓝色回环】选项，效果如图 11.46 所示。

27 在右下角添加“文化艺术节组委会宣”字样，效果如图 11.47 所示。

28 打开“吉他.jpg”素材文件。将吉他选中，移动到海报文件中，调整大小和位置，最终效果如图 11.22 所示。

图 11.44　创建白色圆角矩形

图 11.45　创建白色正圆

图 11.46　添加文字一

图 11.47　添加文字二

制作牙膏创意广告

◎ 任务目的

通过制作如图 11.48 所示的牙膏创意广告，提高使用 Photoshop 软件综合制作的能力。

图 11.48 牙膏创意广告效果图

任务实施

技能点拨：本牙膏创意广告的制作分为平面广告背景的制作、广告中各元素的制作和组合几个部分。首先将背景素材移动到新图像文件中，调整颜色，添加云彩效果，作为牙膏广告的背景部分。再分别制作牙膏广告中的牙刷和牙膏部分。最后添加其他素材，完成广告的整体设计。

实施步骤

01 新建一个文件，宽度为10cm，高度为7.5cm，分辨率为300px/in。

02 执行【文件】|【打开】命令，打开“01.jpg”，使用【移动工具】将素材图像移动到图像文件中。

03 执行【图像】|【调整】|【色相/饱和度】命令，弹出【色相/饱和度】对话框，参数设置如图11.49所示。

04 新建“图层2”，设置前景色为淡蓝色（R：98，G：186，B：221），使用【画笔工具】在背景图的天空部分填充淡蓝色，效果如图11.50所示。

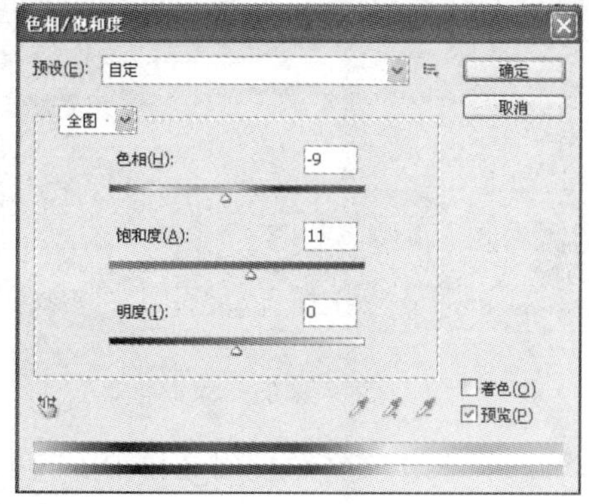

图 11.49 【色相/饱和度】参数设置

图 11.50 画笔填充颜色

05 单击【图层】面板下方的【创建新图层】按钮，新建“图层 3”。设置前景色为白色，使用【画笔工具】在背景天空下半部分填充白色，效果如图 11.51 所示。

06 执行【文件】|【打开】命令，打开“02.png”素材文件，使用【移动工具】将素材图像移动到图像文件中，调整位置。

07 执行【文件】|【打开】命令，打开“天空.jpg”素材文件，使用【移动工具】将素材图像移动到图像文件中，调整位置，添加图层蒙版让其自然过渡，效果如图 11.52 所示。

图 11.51　画笔填充颜色

图 11.52　添加图像素材一

08 单击【图层】面板下方的【创建新图层】按钮，新建“图层 4”。使用【钢笔工具】创建一个如图 11.53 所示的路径。设置前景色为绿色（R：27，G：67，B：3），将路径转换为选区。按 Alt+Delete 组合键，在选区中填充前景色，取消选区。

09 执行【文件】|【打开】命令，打开“04.png”素材文件，使用【移动工具】将素材图像移动到图像文件中，按 Ctrl+T 组合键调整位置和大小，使得素材覆盖“图层 6”中绿色部分。按 Alt 键，在【图层】面板中单击“图层 6”和“图层 7”中间交界处，创建剪贴图层，效果如图 11.54 所示。

图 11.53　使用【钢笔工具】绘制路径

图 11.54　添加图像素材二

10 执行【文件】|【打开】命令，打开“05.png”素材文件，使用【移动工具】将素材图像移动到图像文件中，按 Ctrl+T 组合键调整位置和大小，效果如图 11.55 所示。将

该图层复制多个，使用【移动工具】调整其位置，给每个树的图层添加图层蒙版，使其过渡自然，效果如图 11.56 所示。

图 11.55 添加图像素材三

图 11.56 添加图层蒙版

11 将所有树的图层都选中，执行【图层】|【合并图层】命令，将这些图层合并。

12 单击【图层】面板下方的【创建新图层】按钮，新建“图层 8”。设置前景色为绿色（R：16，G：155，B：2）。在树部分使用【画笔工具】填充绿色，效果如图 11.57 所示。设置该图层的图层混合模式为【颜色】，不透明度为 70%。

13 单击【图层】面板下方的【创建新图层】按钮，新建“图层 9”。设置前景为色黄色（R：230，G：251，B：3）。在树部分使用【画笔工具】填充黄色，效果如图 11.58 所示。设置该图层的图层混合模式为【颜色】，不透明度为 40%。

图 11.57 画笔绘制绿色图像

图 11.58 画笔绘制黄色图像

14 单击【图层】面板下方的【创建新图层】按钮，新建“图层 10”。使用【钢笔工具】创建一个如图 11.59 所示的路径。设置前景色为绿色（R：16，G：155，B：2），将路径转换为选区。按 Alt+Delete 组合键填充前景色，取消选区。

15 打开“06.png”素材文件，使用【矩形选框工具】选中右边的树，使用【移动工具】将素材图像移动到图像文件中，按 Ctrl+T 组合键调整位置和大小，效果如图 11.60 所示。

16 将该树图层复制多个，使用【移动工具】调整其位置，将所有树的图层都选中，

执行【图层】|【合并图层】命令，将这些图层合并，效果如图 11.61 所示。

17 使用【套索工具】选中树图层中树干部分，效果如图 11.62 所示。

图 11.59 绘制路径

图 11.60 添加图像素材一

图 11.61 复制图层

图 11.62 创建选区

18 按 Ctrl + T 组合键调整树干大小，效果如图 11.63 所示。

19 打开“06.png”素材文件，使用【矩形选框工具】选中左边的树，使用【移动工具】将素材图像移动到图像文件中，按 Ctrl + T 组合键调整位置和大小，效果如图 11.64 所示。

图 11.63 调整树干大小

图 11.64 添加图像素材二

20 将该图层复制多个，使用【移动工具】调整其位置，给每个树的图层添加图层蒙版，使其过渡自然，效果如图 11.65 所示。将所有树的图层都选中，执行【图层】|【合并图层】命令，将这些图层合并。

21 使用【加深工具】，对树图层的下部颜色加深，效果如图 11.66 所示。

图 11.65 合并图层

图 11.66 加深颜色

22 单击【图层】面板下方的【创建新图层】按钮，新建“图层 11”。设置前景色为绿色（R：58，G：220，B：21），在树区域使用【画笔工具】填充绿色，效果如图 11.67 所示。设置该图层的图层混合模式为【柔光】，不透明度为 40%。

23 单击【图层】面板下方的【创建新图层】按钮，新建“图层 12”。设置前景色为黄色（R：235，G：247，B：9），在树区域上部使用【画笔工具】填充黄色，效果如图 11.68 所示。设置该图层的图层混合模式为【叠加】，不透明度为 70%。

图 11.67 画笔绘制绿色图像

图 11.68 画笔绘制黄色图像

24 隐藏“图层 10”。单击【图层】面板下方的【创建新图层】按钮，新建“图层 13”。使用【钢笔工具】创建一个如图 11.69 所示的路径。设置前景色为棕色（R：59，G：32，B：7），使用【画笔工具】，设置画笔的主直径为 3px，硬度为 80%，用画笔描边路径。使用【画笔工具】，在横线中间画几笔竖直线，栅栏绘制完成，效果如图 11.70 所示。

25 打开“07.png”素材文件，使用【移动工具】将素材图像移动到图像文件中，按 Ctrl+T 组合键调整位置和大小，效果如图 11.71 所示。

26 打开“08.jpg”素材文件，使用【移动工具】将素材图像移动到图像文件中，按 Ctrl+T 组合键调整位置和大小。执行【图层】|【图层蒙版】|【显示全部】命令，除动物部分其余部分使用蒙版将其隐藏，效果如图 11.72 所示。

图 11.69　绘制路径

图 11.70　绘制栅栏

图 11.71　添加图像素材一

图 11.72　添加图像素材二

27 打开“09.png”素材文件，使用【移动工具】将素材图像移动到图像文件中，将花图案再复制出几个，按 Ctrl+T 组合键调整位置和大小，效果如图 11.73 所示。

28 使用【文字工具】添加文字，调整位置，最终效果如图 11.48 所示。

图 11.73　添加图像素材三

任务 11.4 制作房产广告

◎ 任务目的

通过制作如图 11.74 所示的“房产广告”，学习使用 Photoshop 软件设计平面房产广告的技巧。

图 11.74　房产广告效果图

任务实施

技能点拨：本“房产广告”的制作分为广告背景制作、广告中各元素的制作和组合等几个部分。首先制作房产广告中的标志。其次制作广告背景，将山水画和花素材添加到图像文件中，将花去色，完成背景制作。再添加广告中各种元素，水墨画笔、瓷器和石头。最后添加文字部分，完成房产广告的制作。

实施步骤

01 新建一个文件。执行【文件】|【新建】命令，新建一个图像文件，宽度为 35cm，高度为 15cm，分辨率为 100px/in。

02 执行【文件】|【打开】命令，打开“山水风景.jpg”素材文件，使用【移动工具】将风景图移动到图像文件中，调整大小和位置。执行【图像】|【调整】|【去色】命令，生成灰度图像。设置该风景图层的不透明度为 50%，效果如图 11.75 所示。

03 打开“蓝色笔刷.png”素材文件，使用【移动工具】将蓝色笔刷移动到图像文件中，调整大小，放置在图像文件的左上角位置，效果如图 11.76 所示。

04 打开“山水画 1.jpg”素材文件和“山水画 2.jpg”素材文件，使用【移动工具】将素材图像移动到图像文件中，调整大小和位置，效果如图 11.77 所示。

图 11.75　添加风景图

图 11.76　添加蓝色笔刷

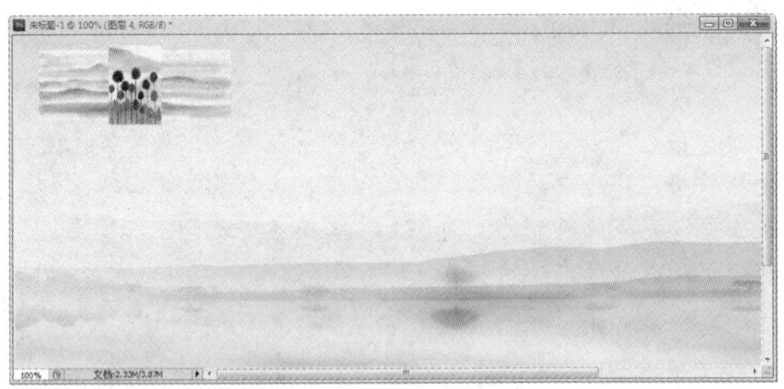

图 11.77　添加水墨山和水墨花

05 选择“水墨山”图层，按住 Ctrl 键并单击蓝色笔刷所在图层，此时选区为蓝色笔刷区域，按 Shift + Ctrl + I 组合键将选区反选，将此时选区中的图像删除。设置该图层的图层混合模式为【线性加深】，效果如图 11.78 所示。

06 选择“水墨花”图层，按住 Ctrl 键并单击蓝色笔刷所在图层，此时选区为蓝色笔刷区域，按 Shift + Ctrl + I 组合键将选区反选，将此时选区中的图像删除。使用【橡皮擦工具】将花的边缘擦除，使其更好地融合到蓝色笔刷中，设置其图层不透明度为 60%，效果如图 11.79 所示。

07 使用【横排文字工具】，在图像上输入“山水雅苑”4 个字，为其添加【外发光】图层样式，参数设置如图 11.80 所示。

图 11.78 修改水墨山

图 11.79 修改水墨花

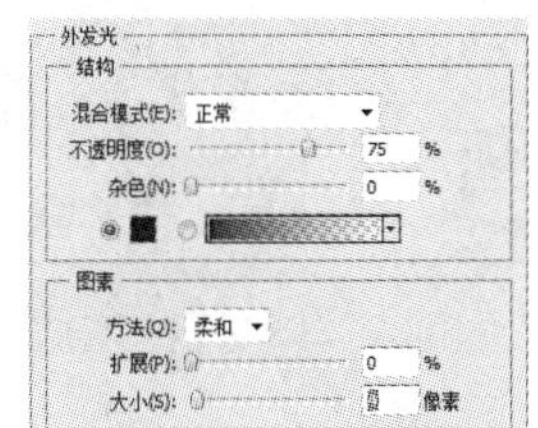

图 11.80 【外发光】参数设置

08 打开“荷花.png”素材文件，使用【移动工具】将荷花移动到图像文件中，调整大小和位置。执行【图像】|【调整】|【去色】命令，效果如图 11.81 所示。

图 11.81 添加荷花素材

09 打开“笔刷 1.png”素材文件和“墨渍 1.png”素材文件，使用【移动工具】将笔刷和墨渍移动到图像文件中，调整大小、角度和位置，效果如图 11.82 所示。

图 11.82　添加笔刷和墨渍素材

10 再复制一个“笔刷”图层，按 Ctrl+T 组合键将其变大，设置图层的不透明度为 20%，使用【橡皮擦工具】将部分边缘擦除，效果如图 11.83 所示。

图 11.83　复制笔刷

11 将“墨渍”图层不透明调整为 80%，再复制一个，按 Ctrl+T 组合键将其变小，使用【橡皮擦工具】将图层边缘擦除，将“墨渍副本”图层的不透明度设置为 100%，效果如图 11.84 所示。

图 11.84　复制墨渍

12 再复制一个“墨渍”图层，执行【编辑】|【变换】|【透视】命令将其变形，效果如图 11.85 所示。

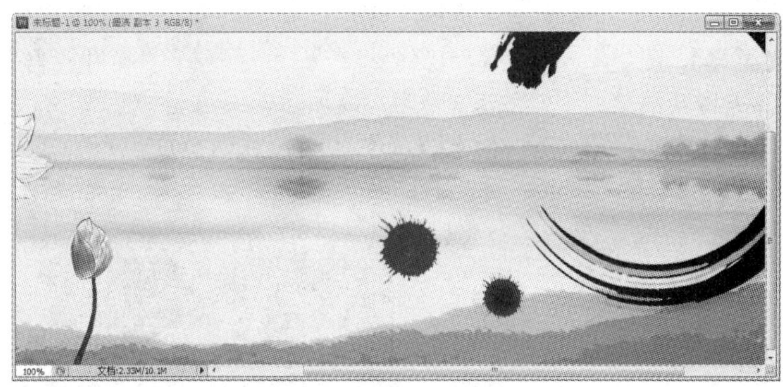

图 11.85 再次复制墨渍

13 同步骤 11 的方法，制作墨渍中间颜色较深部分，效果如图 11.86 所示。

图 11.86 制作墨渍较深部分

14 打开“天空 1.jpg”图像文件，使用【移动工具】将天空素材移动到图像文件中，调整大小和位置，效果如图 11.87 所示。

图 11.87 添加天空素材

15 打开“荷叶瓷器.jpg”图像文件，使用【魔棒工具】将荷叶瓷器选中，使用【移动工具】将素材移动到图像文件中，调整大小和位置，效果如图 11.88 所示。

16 将“天空”图层移动至“荷叶瓷器”图层上方。按住 Ctrl 键并单击“荷叶瓷器”图层，此时出现的选区为“荷叶瓷器”图层的图像区域。选择“天空”图层，执行【图层】|

【图层蒙版】|【显示选区】命令，给“天空”图层添加图层蒙版。设置“天空”图层的图层混合模式为【柔光】，图层不透明度为 50%。将“天空”图层和“荷叶瓷器”图层都选中，按 Ctrl + T 组合键将其稍微调小，效果如图 11.89 所示。

17 选择“荷叶瓷器”图层，设置【外发光】图层样式，发光颜色为黑色，设置如图 11.90 所示。

图 11.88　添加荷叶瓷器素材

图 11.89　给“天空”图层添加图层蒙版

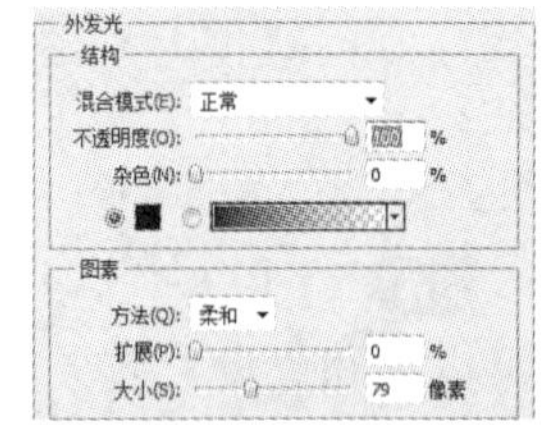

图 11.90　【外发光】参数设置

18 在【图层】面板中选择最上方图层，单击【图层】面板下方的【创建新图层】按钮，新建一个图层。使用【钢笔工具】绘制石头路径，效果如图 11.91 所示。

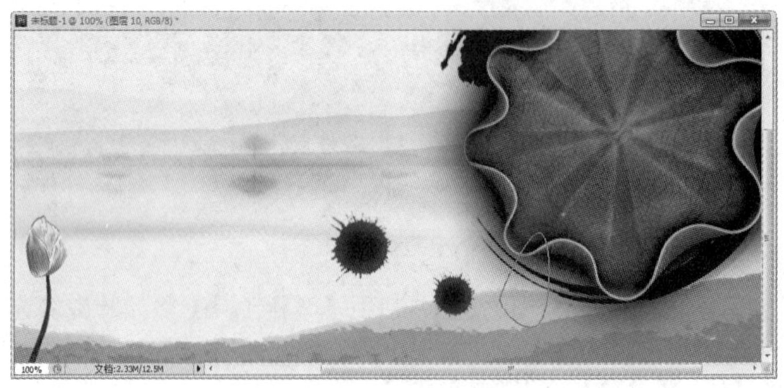

图 11.91　绘制石头路径

19 设置前景色为土黄色（R：156，G：118，B：63）。将路径转换成选区填充前景色，取消选区，按 Ctrl+T 组合键，调整石头的大小。给“石头”图层添加【投影】、【内阴影】、【斜面和浮雕】和【图案叠加】效果，各项参数设置如图 11.92 所示。

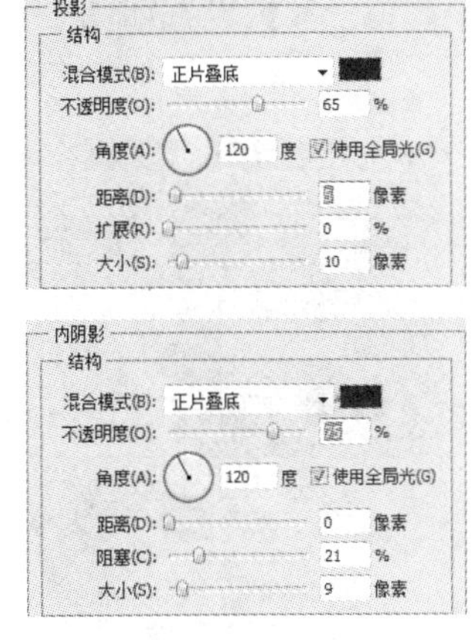

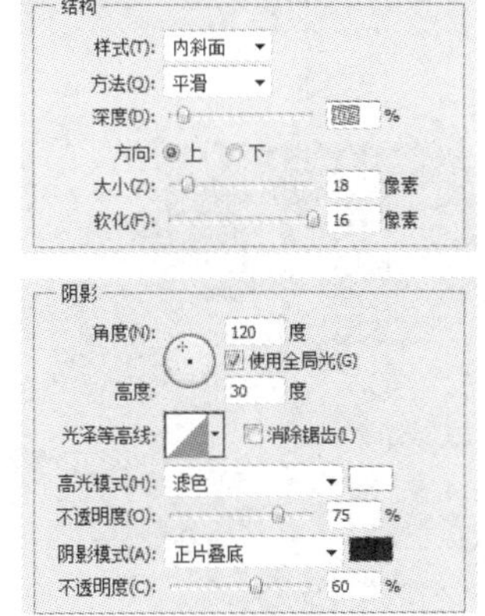

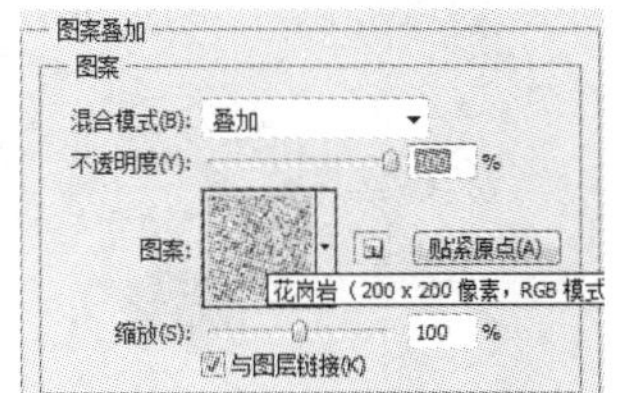

图 11.92　图层样式参数设置

20 再复制两个“石头”图层，执行【编辑】|【变换】|【缩放】命令对其变形，改变石头的颜色，效果如图 11.93 所示。

21 打开“鱼 1.psd”素材文件，将鱼移入图像文件中，调整大小和位置。复制“水墨鱼”图层，按 Ctrl+T 组合键，调整大小和位置，执行【编辑】|【变换】|【水平翻转】命令，效果如图 11.94 所示。

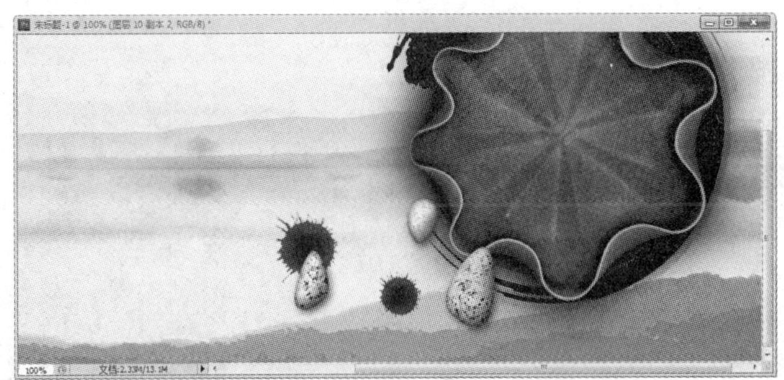

图 11.93　复制石头

图 11.94　添加水墨鱼素材

22 将“荷叶瓷器”图层和“天空”图层分别各复制一个，将复制后的两个图层合并。使用【椭圆选框工具】做一个椭圆选区。执行【选择】|【修改】|【羽化】命令，羽化半径为 20px，效果如图 11.95 所示。

23 执行【滤镜】|【扭曲】|【水波】命令，应用【水波】滤镜，参数设置如图 11.96 所示。

图 11.95　创建选区

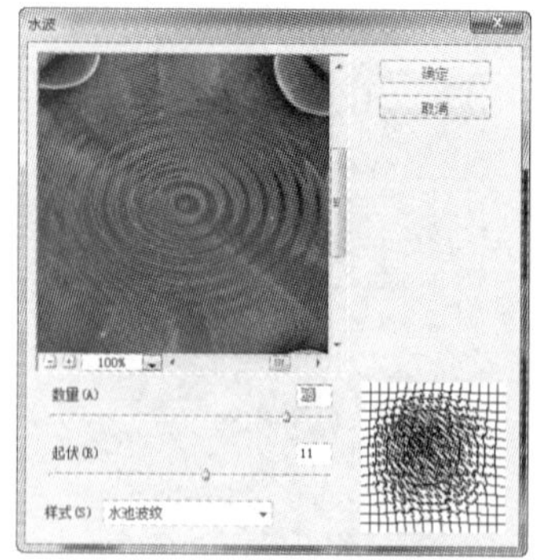

图 11.96 【水波】参数设置

24 执行【文件】|【打开】命令，打开“鱼 2.png”和“鱼 3.png”素材文件，将金鱼素材移入图像文件中，调整大小和位置，效果如图 11.97 所示。

25 使用【横排文字工具】，在文件中分别输入“雅”、“心超乎于行”、“感受行云流水之间的静谧”字样，在右下角分别输入“海龙地产”、“联系电话：021-34778562 021-34778563”、“地址：上海市杨浦区山水雅苑社区”字样，设置文字为不同的字体和大小。最终效果如图 11.74 所示。

图 11.97　添加金鱼素材

任务 11.5 网页设计

Photoshop 是一款功能强大的图像处理软件，在网页制作中有着广泛的应用。使用 Photoshop 设计网页，可以实现网页底纹无缝连接，使网页前景和背景紧密配合，提高图像在网络上的传输效率。

◎ 任务目的

通过制作如图 11.98 所示的“网页”，学习使用 Photoshop 软件设计网页的技巧。

图 11.98　网页效果图

相关知识

网页界面的基本组成包括网页浏览器（工具栏、地址栏和菜单栏）、导航要素（主菜单、子菜单、搜索栏和历史记录）及各种主页内容（标志、图像和文本）。在网页设计中，我们主要制作的是导航要素和主页内容。

1. 导航要素

一般来说，导航是位于主页的上端或者左端，如图 11.99 所示，利用菜单按钮或移动图像区别于一般内容和其他文本，让浏览者知道这些就是导航用的要素。几乎每个网页都有导航栏，对同一个网站内的所有网页来说，导航栏必须在风格上力求一致，在统一的风格下，在每一组或每一个网页中寻求细节上的变化，如图 11.100 所示。

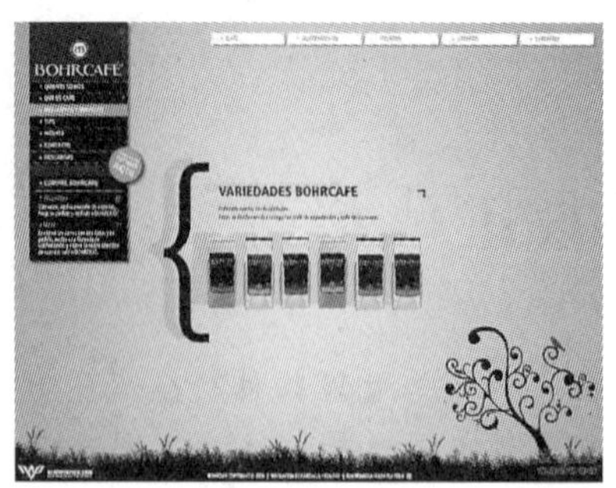

图 11.99　网页

图 11.100　网页

2. 页面内容设计

第一印象是非常重要的，因此，网站的主页（首页）必须包含公司或站点所提供的所有的服务内容。主页的设计必须是干净而有组织、有条理的，要根据主题内容决定网站的整体风格，只有形式与内容的完美统一才能达到理想的宣传效果。页面版面编排应主次分明，中心突出，大小搭配，相互呼应，图文并茂，合理使用线条和形状。

任务实施

技能点拨：本“网页”的制作分为网站背景部分的制作、版面布局的设计、网站中各要素的制作、制作和优化切片 4 个部分。首先分别绘制并填充图像，作为网站背景部分。再分别制作网站各个部分的图像和导航栏部分，完成版面的整体设计。然后进行网站中各要素的制作，最后制作和优化切片。

实施步骤

1. 绘制网页背景和导航条

01 新建一个图像文件，宽度为 38cm，高度为 49cm，分辨率为 72px/in。

02 使用【渐变工具】，设置渐变颜色为白色—灰色（#dedede），渐变类型为【线性渐变】，从上至下做出渐变。

03 制作背景底纹。新建一个文件，宽度为 20px，高度为 20px，分辨率为 72px/in。设置前景色为灰色（#808080），新建一个图层，使用【直线工具】绘制一条斜线，线宽 2px，效果如图 11.101 所示。

04 将“背景”图层隐藏，按 Ctrl + A 组合键将全部图像选中，执行【编辑】|【定义图案】命令，将其定义为图案。选择制作网页的图像文件，新建“图层 1”，使用【油漆桶工具】，填充刚定义的图层。设置“图层 1”图层不透明度为 8%，效果如图 11.102 所示。

05 新建“图层 2”，使用【矩形工具】绘制一个矩形，效果如图 11.103 所示。

06 给“图层 2”图层添加【内阴影】、【外发光】、【渐变叠加】和【描边】图层样式，参数设置如图 11.104 所示。

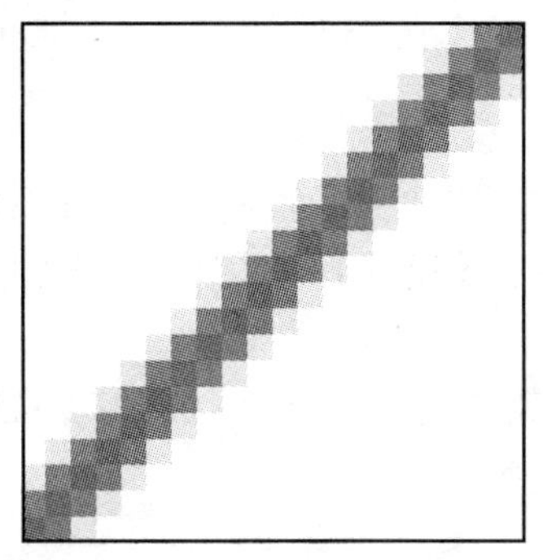

图 11.101　绘制斜线

图 11.102　填充图案

图 11.103　绘制矩形

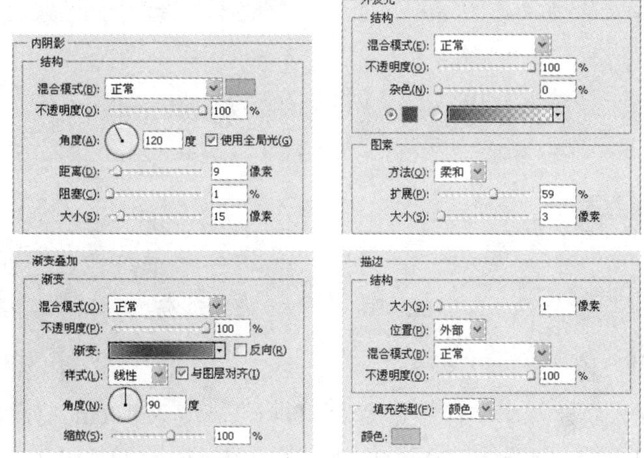

图 11.104　【内阴影】、【外发光】、【渐变叠加】和【描边】参数设置

07 新建“图层 3”。设置前景色为蓝色（#2357a0），使用【直线工具】绘制一条竖直线，线宽 1px，效果如图 11.105 所示。复制“图层 3”，生成“图层 3 副本”，设置前景色为蓝色（#70a5f4），单击【图层】面板上方的【锁定透明像素】按钮，按 Alt + Delete 组合键填充前景色，使用【移动工具】，按住【向右移动】键将图像向右移动 1px，效果如图 11.106 所示。

08 选中“图层 3”和“图层 3 副本”图层，将两个图层合并。使用【移动工具】将其移动到蓝色导航条上，效果如图 11.107 所示。

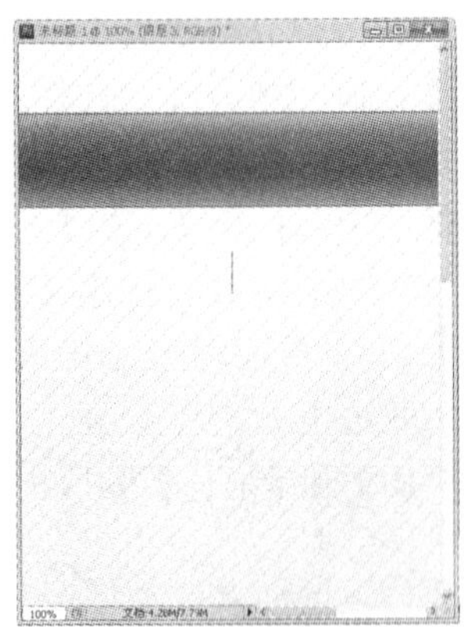

图 11.105　绘制直线

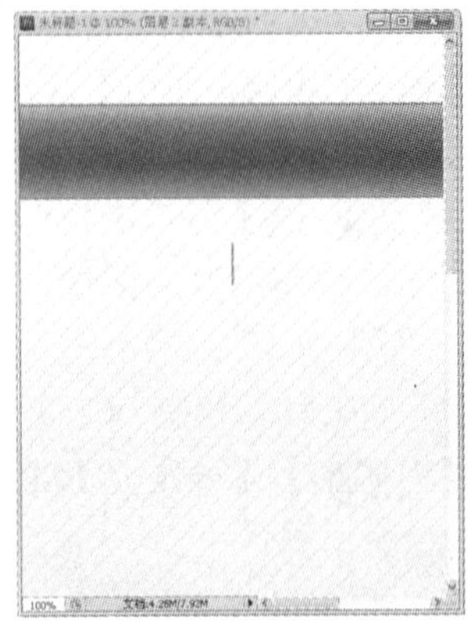

图 11.106　复制图层

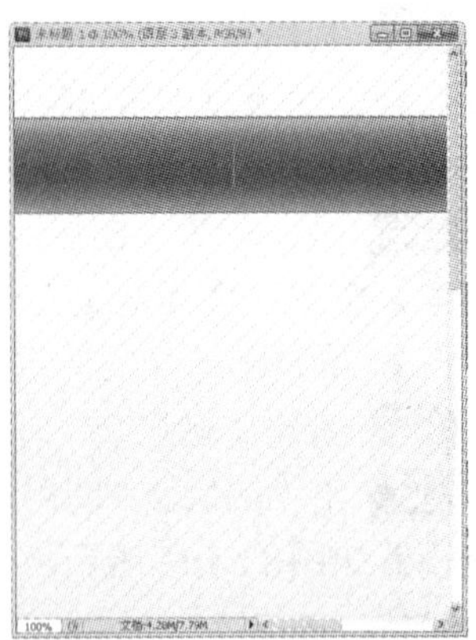

图 11.107　合并图层

09 将该图层复制 4 个，将其均匀排列，添加“网站首页”、“关于我们”、“服务项目”、“客户案例”、“网站建设”和“新闻资讯”字样，给文字添加【投影】和【外发光】图层样式，效果如图 11.108 所示。

10 添加“加入收藏”、“联系我们”、“提交需求”、“付款方式”和“电话：0592-7234567”字样。使用【直线工具】绘制 3 条直线，效果如图 11.109 所示。

图 11.108　添加文字一

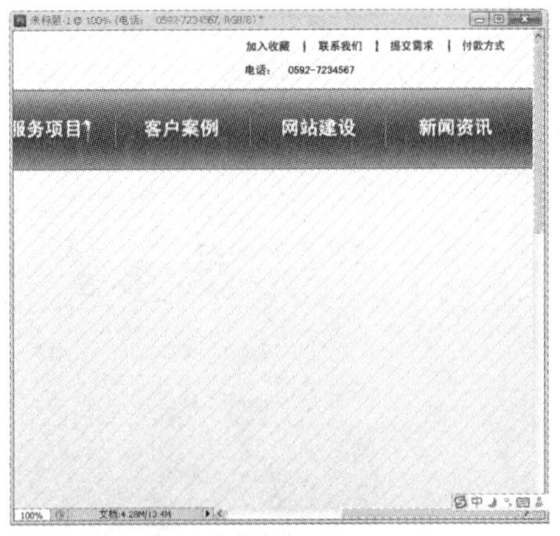

图 11.109　添加文字二

11 制作图标。新建一个文件，宽度为 10cm，高度为 10cm，分辨率为 72px/in。使用【横排文字工具】输入“C”和“X”字样，排列效果如图 11.110 所示。

12 选中两个文字图层栅格化，执行【图层】|【栅格化】|【文字】命令，将栅格化后的图层合并。将合并后的图像移动到网页文件中，调整大小和位置，效果如图 11.111 所示。

13 给图标添加【投影】、【渐变叠加】、【光泽】和【描边】图层样式，参数设置如图 11.112 所示。

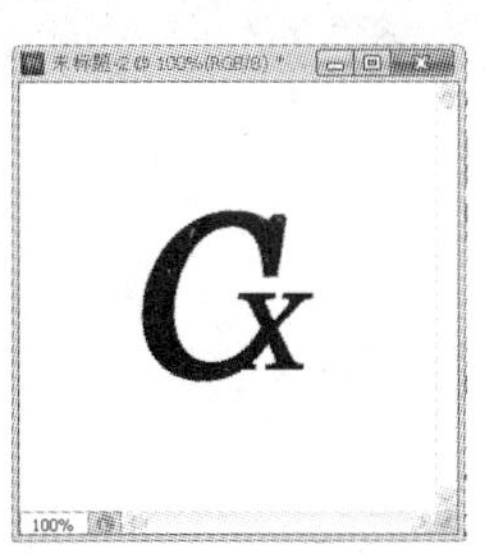

图 11.110 排列文字

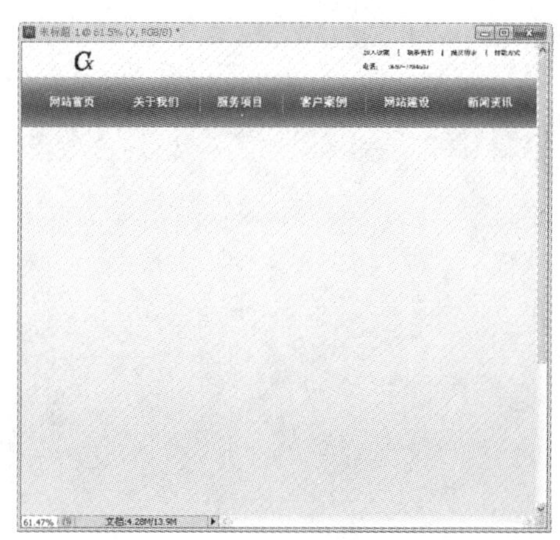

图 11.111 调整图像

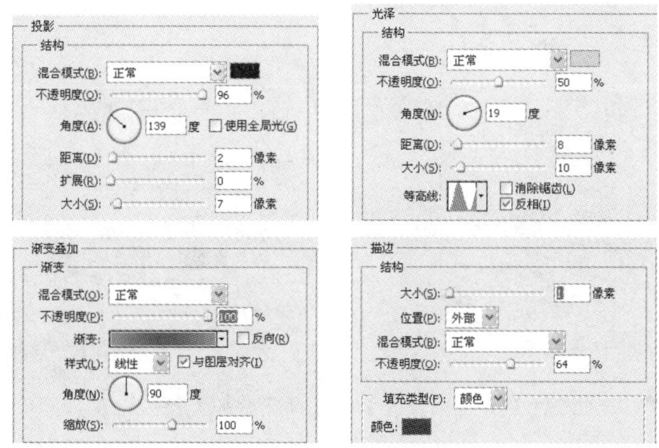

图 11.112 【投影】、【渐变叠加】、【光泽】和【描边】参数设置

14 添加“创新源网络”、“CHUANG XIN NETWORK”、“网站建设”和“推广专家”字样。新建“图层 4”，绘制一条灰色竖直线，效果如图 11.113 所示。

15 将除“背景”和“图层 1”以外的图层选中，按 Ctrl+G 组合键将这些图层编组，将生成的图层组命名为“导航条”。

2. 绘制页面元素

01 新建“组 1”。在图层组中新建“图层 5”。使用【矩形工具】绘制一个黑色矩形，效果如图 11.114 所示。给该图层添加【内发光】和【渐变叠加】图层样式，设置如图 11.115 所示。

02 打开“云彩.png”素材文件，将云彩拖动到图像文件中，调整大小和位置，再复制该图层，效果如图 11.116 所示。

03 将云彩的两个图层选中并合并。添加图层蒙版，效果如图 11.117 所示。将该云彩图层不透明度设置为 90%。再复制该云彩图层，执行【编辑】|【变换】|【水平翻转】命令，调整大小和位置，设置图层不透明度为 15%，效果如图 11.118 所示。

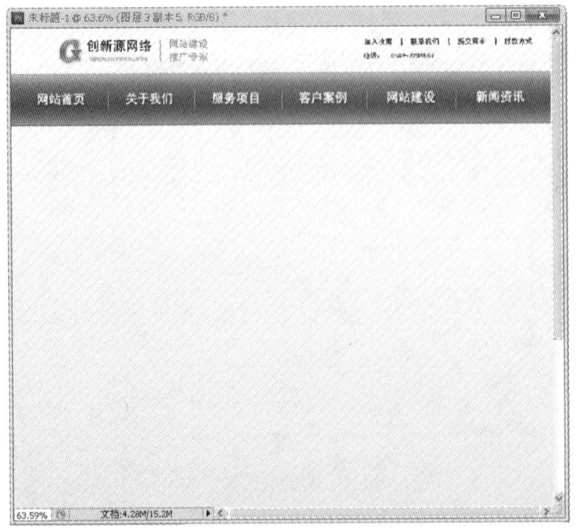

图 11.113　添加文字

图 11.114　绘制矩形

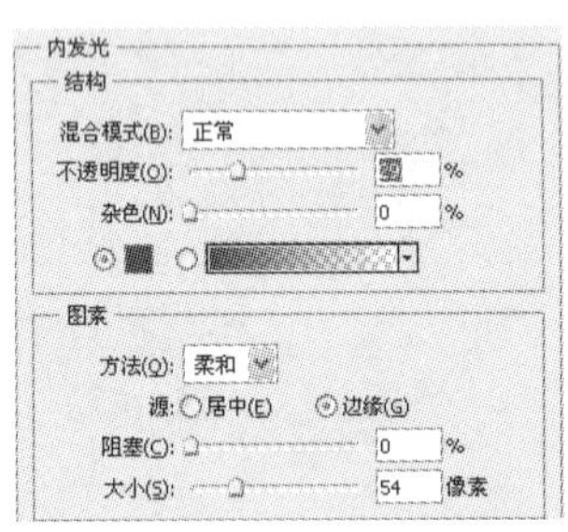

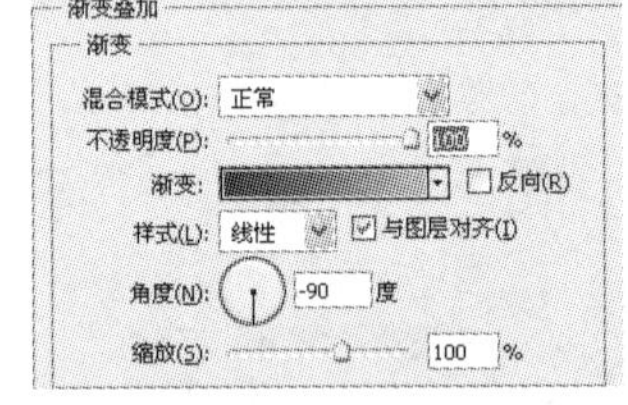

图 11.115 【内发光】和【渐变叠加】参数设置

图 11.116　添加云彩素材

图 11.117　添加图层蒙版

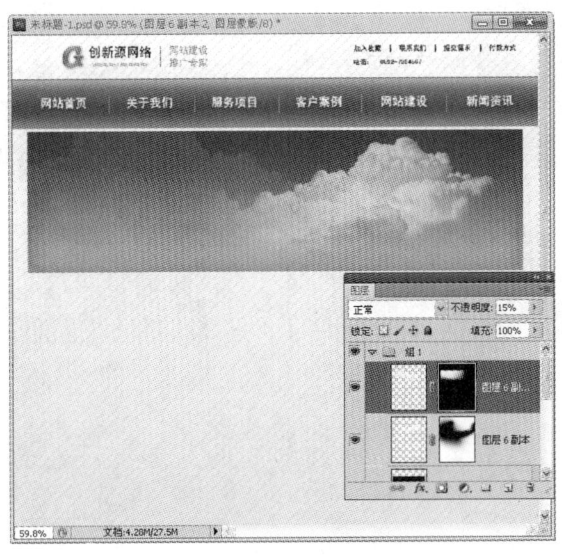

图 11.118　复制图层

04 打开“5.jpg”素材文件，将图像素材拖动到图像文件中，调整大小和位置，添加【投影】和【外发光】图层样式，参数设置和效果如图 11.119 所示。

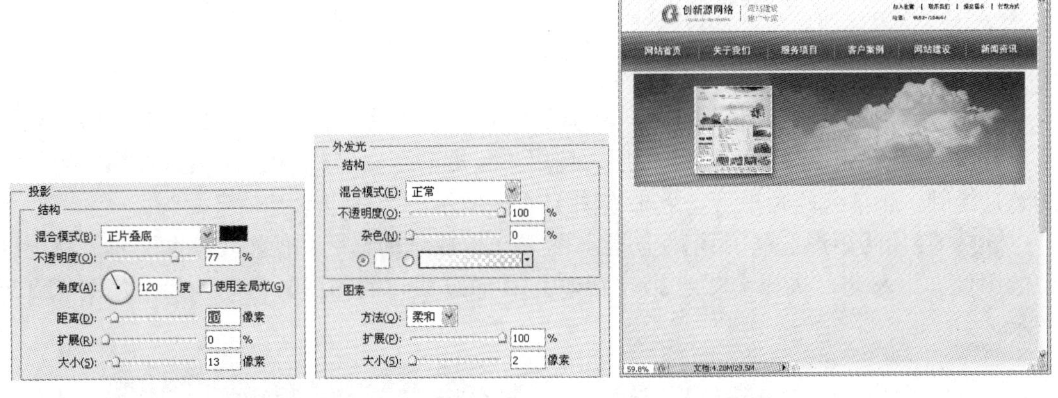

图 11.119　【投影】和【外发光】参数设置

05 打开“1.jpg”素材文件，将图像素材拖动到图像文件中，调整大小和位置。执行【图像】|【调整】|【去色】命令，将该素材移动到素材“5.jpg”图层下方，添加【投影】和【外发光】图层样式，参数设置同素材“5.jpg”图层，效果如图 11.120 所示。

06 打开“6.jpg”素材文件，同步骤 5 方法处理素材图像。调整素材“1.jpg”和“6.jpg”所在图层的不透明度分别为 85%和 75%，效果如图 11.121 所示。

07 添加文字“创意”和“专业”字样，调整文字大小和位置，添加【投影】、【渐变叠加】和【描边】图层样式，参数设置如图 11.122 所示。

图 11.120　添加素材一

图 11.121　添加素材二

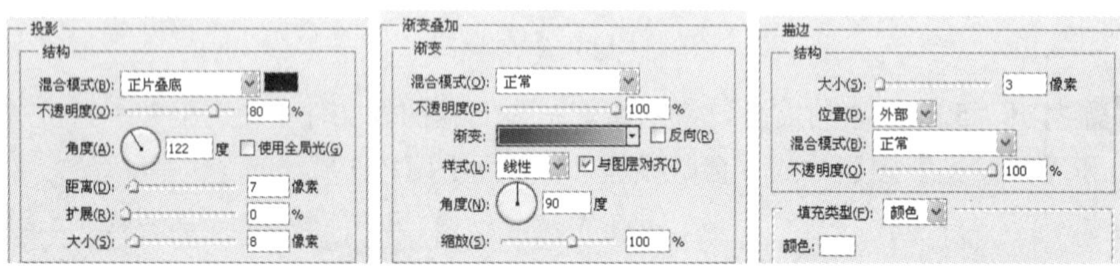

图 11.122 【投影】、【渐变叠加】和【描边】参数设置

08 新建一个图层。使用【矩形工具】绘制一个白色矩形，效果如图 11.123 所示。

09 新建“组 2”。新建一个图层，使用【圆角矩形工具】，设置工具属性栏中半径为 20px，绘制一个黑色圆角矩形，效果如图 11.124 所示。

10 使用【矩形选框工具】，创建如图 11.125 所示的选区。使用【移动工具】将选区中的图像向下移动，执行【图层】|【新建】|【通过剪切的图层】命令，效果如图 11.126 所示。

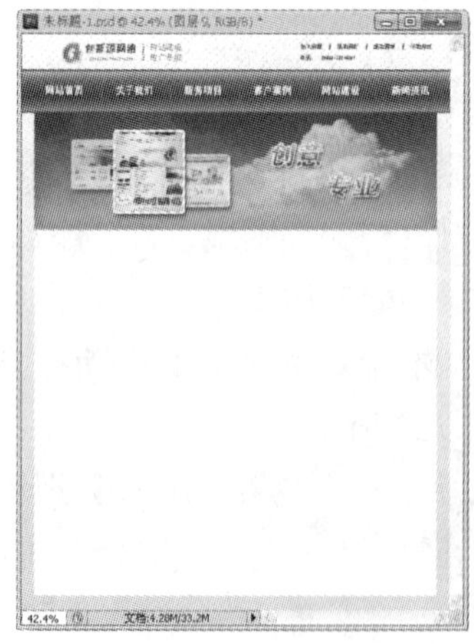

图 11.123　绘制白色矩形

图 11.124　绘制圆角矩形

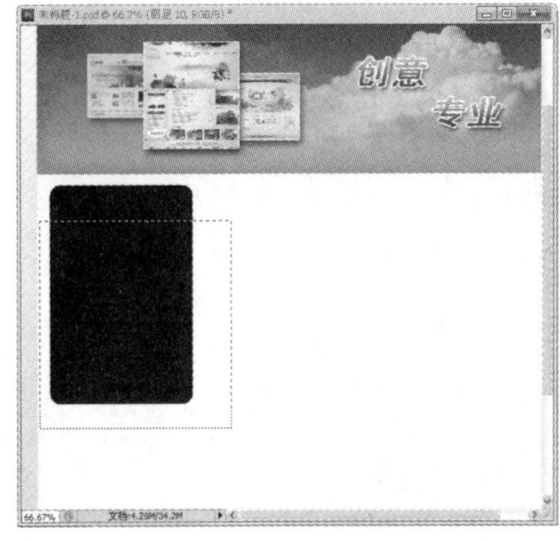

图 11.125 创建选区一

图 11.126 分割图像一

11 使用【矩形选框工具】创建如图 11.127 所示的选区。使用【移动工具】将选区中的图像向下移动，执行【图层】|【新建】|【通过剪切的图层】命令，效果如图 11.128 所示。

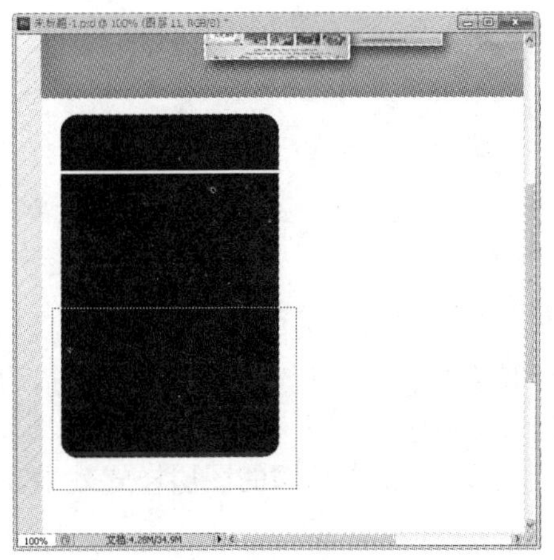

图 11.127 创建选区二

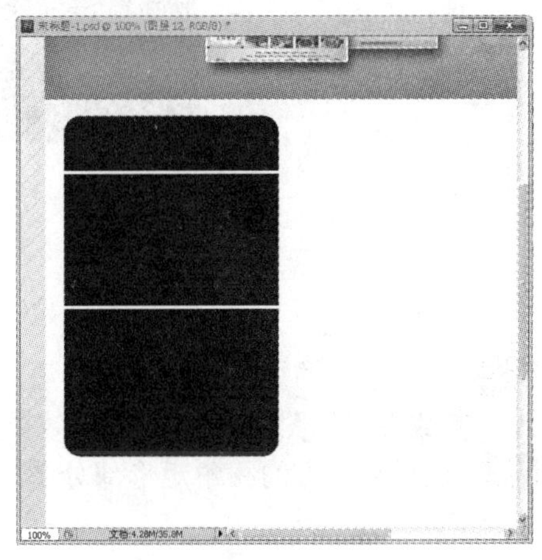

图 11.128 分割图像二

12 选择最上方的圆角矩形部分图层，添加【投影】、【外发光】、【渐变叠加】和【描边】图层样式，参数设置如图 11.129 所示，效果如图 11.130 所示。

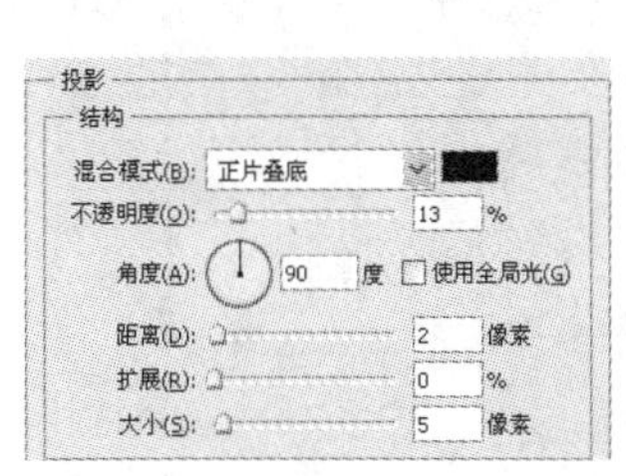

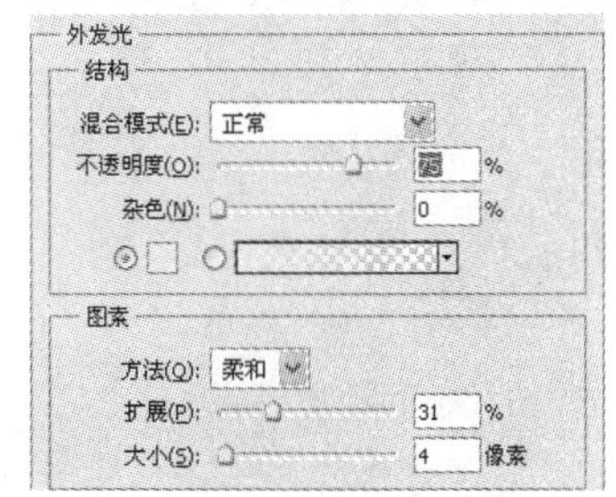

图 11.129 【投影】、【外发光】、【渐变叠加】和【描边】参数设置一

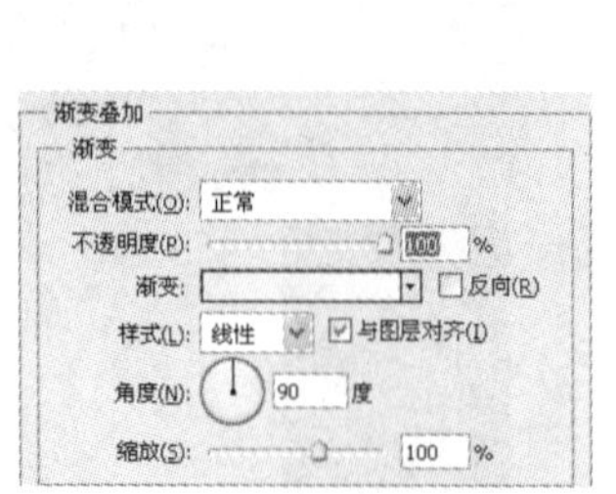

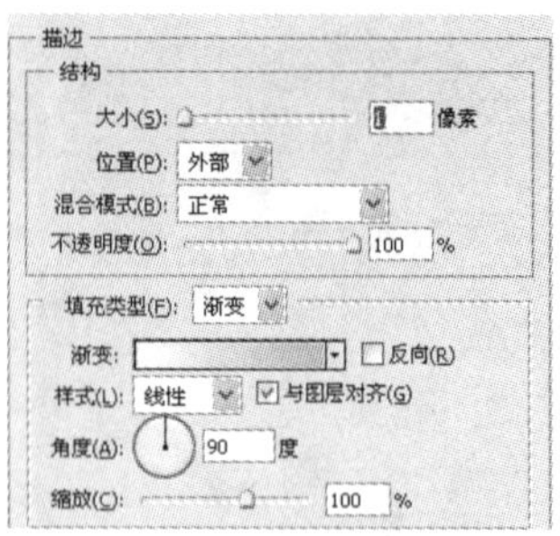

图 11.129 【投影】、【外发光】、【渐变叠加】和【描边】参数设置一（续）

图 11.130 添加图层样式一

13 选择中间的矩形部分图层，添加【投影】、【外发光】、【渐变叠加】和【描边】图层样式，参数设置如图 11.131 所示，效果如图 11.132 所示。

14 选择最下方的圆角矩形部分图层，添加同步骤 13 中相同的图层样式效果，效果如图 11.133 所示。

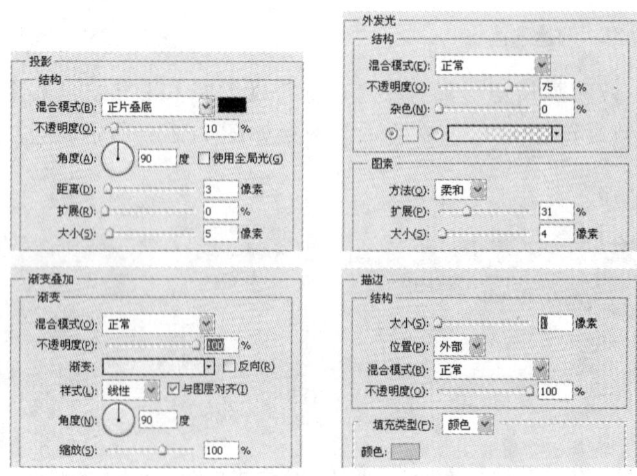

图 11.131 【投影】、【外发光】、【渐变叠加】和【描边】参数设置二

图 11.132　添加图层样式一

图 11.133　添加图层样式二

15 使用【横排文字工具】输入文字“服务中心”、“SERVICE CENTER”、“全国技术支持热线”、“0592-7654132”、“售后服务直线”、“18005770327”、“19005240123”、“客户 110”、“EMERGENCY”和“在线 QQ 客服，请进入选择对应区域”字样，效果如图 11.134 所示。

16 打开“电话.jpg”素材文件，将素材添加到图像文件中，给素材图层添加图层蒙版，效果如图 11.135 所示。

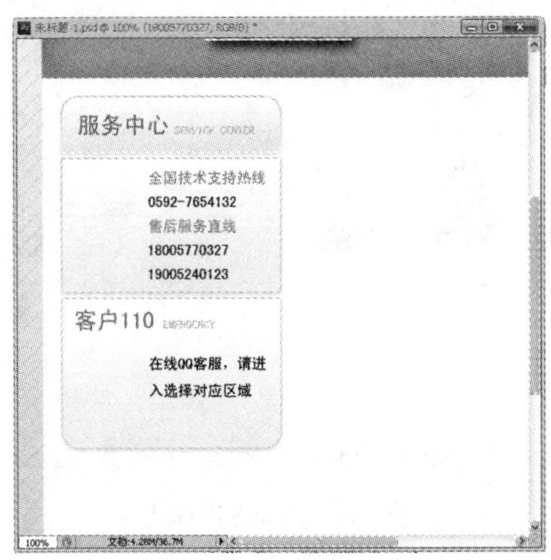

图 11.134　添加文字

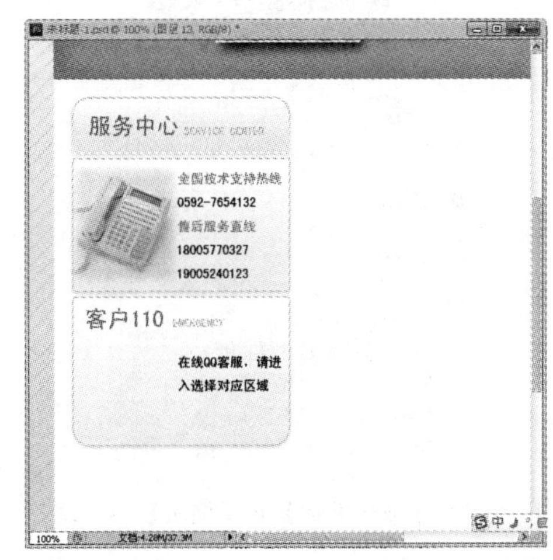

图 11.135　添加图像素材

17 打开“人物.jpg”素材文件，将素材添加到图像文件中，给素材图层添加图层蒙版，效果如图 11.136 所示。

18 新建一个图层，使用【圆角矩形工具】，设置工具属性栏中半径为 6px，绘制一个黑色圆角矩形，效果如图 11.137 所示。

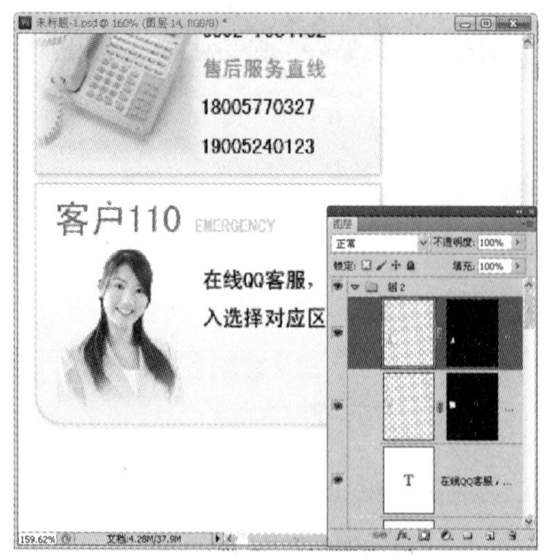

图 11.136　添加人物素材

图 11.137　绘制圆角矩形

19 给该圆角矩形图层添加【渐变叠加】和【描边】图层样式，参数设置如图 11.138 所示，效果如图 11.139 所示。

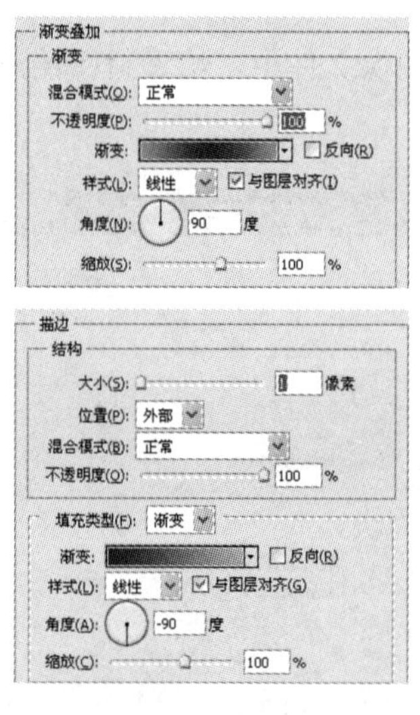

图 11.138 【渐变叠加】和【描边】参数设置

图 11.139　添加图层样式

20 使用【横排文字工具】输入文字“点击进入”字样，效果如图 11.140 所示。

21 新建“组 3”。新建一个图层，使用【圆角矩形工具】设置工具属性栏中半径为 20px，绘制一个黑色圆角矩形，调整其位置，效果如图 11.141 所示。

22 给圆角矩形图层添加【渐变叠加】和【描边】图层样式，参数设置如图 11.142 所示，效果如图 11.143 所示。

图 11.140 添加文字一

图 11.141 绘制圆角矩形

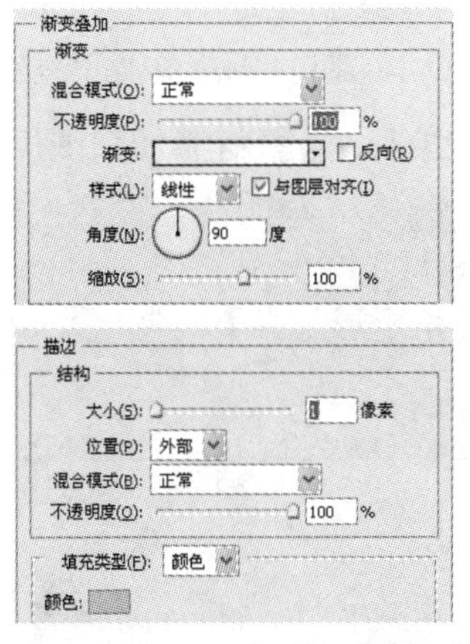

图 11.142 【渐变叠加】和【描边】参数设置

图 11.143 添加图层样式一

23 复制该图层，调整位置，添加文字“网站建设”和“新闻动态”字样，效果如图 11.144 所示。

24 新建一个图层，使用【矩形工具】和【圆角矩形工具】绘制如图 11.145 所示的图形。添加同步骤 13 中相同的图层样式效果，效果如图 11.146 所示。

图 11.144 添加文字二

图 11.145 绘制图形

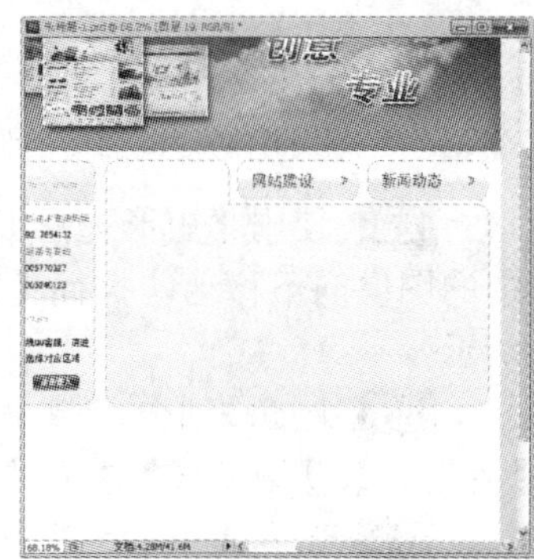

图 11.146 添加图层样式二

25 添加文字“服务套餐”字样，效果如图 11.147 所示。

26 新建一个图层，绘制一条灰色竖直线，线的上下两头使用【橡皮擦工具】将其擦除，效果如图 11.148 所示。再复制一条竖直线。

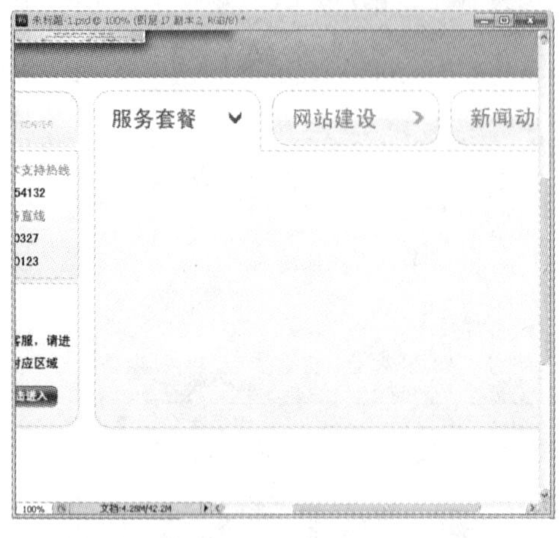

图 11.147　添加文字

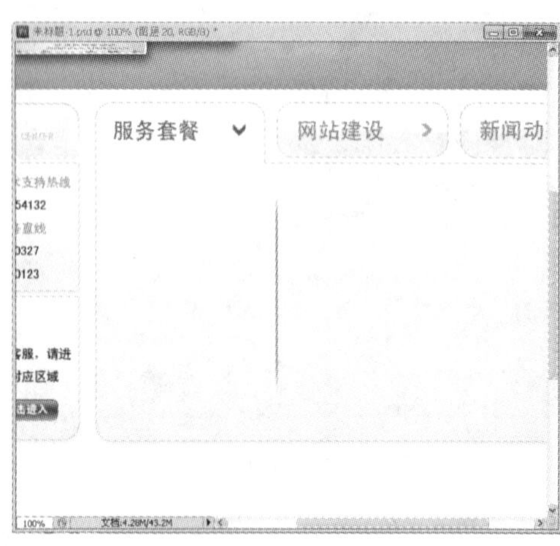

图 11.148　绘制竖直线

27 打开“1.jpg”、“2.jpg”和“3.jpg”素材文件，将素材添加到图像文件中，调整大小和位置。添加【投影】图层样式。添加“企业宣传型”、“2800 元”、“企业专业型”、“4300 元”、“电子商务型”和“8000 元”字样，效果如图 11.149 所示。

28 新建“组 4”。新建一个图层，使用【圆角矩形工具】绘制一个黑色圆角矩形，效果如图 11.150 所示。

图 11.149　添加文字和图像素材

图 11.150　绘制圆角矩形

29 使用【矩形选框工具】创建如图 11.151 所示的选区。使用【移动工具】将选区中的图像向下移动，执行【图层】|【新建】|【通过剪切的图层】命令，效果如图 11.152 所示。

30 圆角矩形的上半部分使用同“服务中心”字样背景的图层样式，添加【投影】、【外发光】、【渐变叠加】和【描边】图层样式，效果如图 11.153 所示。

31 圆角矩形的下半部分使用同“全国技术支持热线”字样背景的图层样式，添加【投影】、【外发光】、【渐变叠加】和【描边】图层样式，效果如图 11.154 所示。

图 11.151　创建选区

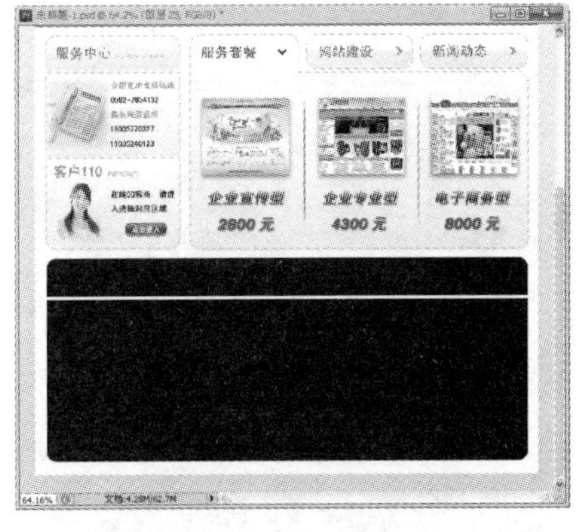

图 11.152　分割图像

图 11.153　添加图层样式一

图 11.154　添加图层样式二

32 添加“最新案例”和“NEW CASE”字样。新建一个图层，使用【矩形工具】绘制一个白色矩形，添加【投影】图层样式，效果如图 11.155 所示。

33 再复制两个矩形。打开“4.jpg”、“5.jpg”和“6.jpg”素材文件，将素材添加到图像文件中，调整大小和位置，添加【描边】图层样式。添加“典雅装饰”、“源脉温泉园”和“隆德集团”字样，效果如图 11.156 所示。

图 11.155　绘制矩形

图 11.156　添加文字和图像素材

34 新建一个图层。设置前景色为蓝色（#458dd4），使用【矩形工具】绘制一个蓝色矩形，效果如图 11.157 所示。添加“网站地图”、“友情链接”、“法律声明”、“联系我们”、

“创新源网络”和“版权所有”字样，效果如图 11.158 所示。

图 11.157　绘制蓝色矩形

图 11.158　添加文字

3. 制作优化网页切片

01 使用【切片工具】绘制切片，效果如图 11.159 所示。

02 执行【文件】|【存储为 Web 和设备所用格式】命令，弹出【存储为 Web 和设备所用格式】对话框，选择【优化】选项卡，将页面进行优化。使用【切片选择工具】选择每一块切片，设置优化如图 11.160 所示。

图 11.159　设置切片

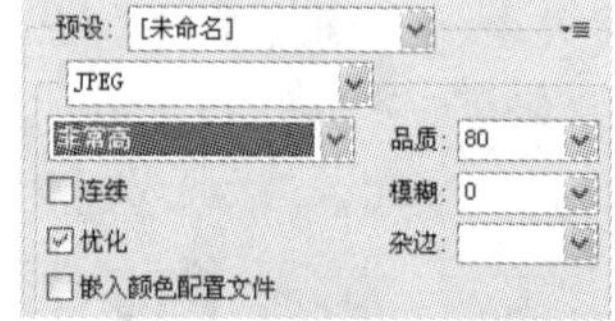

图 11.160　设置【优化】选项

03 将所有切片优化完后，单击【存储】按钮，弹出【将优化结果存储为】对话框，格式选择【HTML 和图像】，保存优化结果，可看到存储了“.html”文件，网页最终效果如图 11.98 所示。

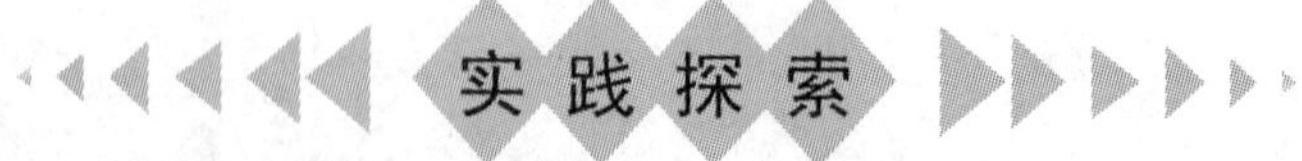

操作题

根据给定的习题素材，设计制作手机创意广告。

参 考 文 献

陈茹，裘德海．2013．Photoshop CS5 平面设计应用教程[M]．2 版．北京：人民邮电出版社．

刘斯．2010．Photoshop CS3 案例教程[M]．北京：科学出版社．

毛小平，尹小港．2010．Photoshop CS5 中文版完全学习手册[M]．北京：人民邮电出版社．

盛秋．2011．中文版 Photoshop CS5 从新手到高手[M]．北京：人民邮电出版社．

袁媛，项焱，高旺．2011．中文版 Photoshop CS5 案例课堂[M]．北京：北京希望电子出版社．